Michael Argyle/Monika Henderson

Die Anatomie menschlicher Beziehungen

Michael Argyle/Monika Henderson

Die Anatomie menschlicher Beziehungen

Spielregeln des Zusammenlebens

mvg verlag

CIP-Titelaufnahme der Deutschen Bibliothek

Argyle, Michael:
Die Anatomie menschlicher Beziehungen : Spielregeln des Zusammenlebens / Michael Argyle ; Monika Henderson. – München : mvg-Verl., 1990
(mvg-Paperbacks ; Bd. 420)
ISBN 3-478-08420-2
NF: Henderson, Monika:; GT

Veröffentlicht mit freundlicher Genehmigung des Junfermann Verlages, Paderborn, in der Taschenbuchreihe der Modernen Verlagsgesellschaft

mvg – Moderne Verlagsgesellschaft mbH, München

Umschlaggestaltung: Gruber & König, Augsburg
Druck- und Bindearbeiten: Presse-Druck Augsburg
Printed in Germany 080 420/290802
ISBN 3-478-08420-2

Für Sonia Argyle und Peter Henderson

Inhalt

Vorwort

Die systematische Untersuchung von zwischenmenschlichen Beziehungen hat in den letzten Jahren rapide Fortschritte erzielt. Unter anderem haben sich Sozialpsychologen auf Freundschaft und Liebe konzentriert, Soziologen auf Familie und Verwandtschaft, Sozialmediziner auf die gesundheitlichen Auswirkungen. Wir haben diese und andere Forschungsrichtungen herangezogen, um einen Überblick über die „Anatomie" all unserer wichtigsten Beziehungen vorzulegen. Unsere eigene Forschung war vor allem den Regeln und Fertigkeiten gewidmet, die erforderlich sind, um Beziehungen erfolgreich zu bewältigen.

Dank schulden wir dem ESRC für die Finanzierung dieser Forschungen sowie einer Reihe unserer Mitarbeiter und Kollegen in Oxford, besonders Adrian Furnham, Peter Collett, David Clarke, Jos Jaspers, Peter Bryant, Mansur Lallje, Rosalie Burnett und Robert McIlveen.

Wir sind ferner unseren Kollegen in Übersee zu Dank verpflichtet, die an der vergleichenden Studie über soziale Regeln mitgewirkt haben — Ralph Exline in Delaware, Michael Bond in Hongkong, Yuichi Iizuka in Hiroshima und Alberta Contarello in Padua.

Die von Steve Duck und Robin Gilmour herausgegebenen Bände über *Personal Relationships* waren für einzelne Kapitel sehr hilfreich, ebenso wie die Konferenz zu diesem Thema, die sie 1982 in Madison organisiert haben.

Außerdem sind wir John Hutton vom Markt- und Meinungsforschungsinstitut MORI dafür dankbar, daß er uns neueste Befragungsergebnisse zugänglich machte, insbesondere die über Nachbarn.

Schließlich bedanken wir uns beim Bibliothekspersonal der *Bodleian* und der *Radcliffe Science Library* sowie bei Ann McKendry für ihre Arbeit am „Textverweigerungssystem".

Abteilung für Experimentelle Psychologie
Oxford, Juni 1983
Michael Argyle, Monika Henderson

1
Einführung

Dieses Buch handelt von sozialen Beziehungen — von Freundschaft, Ehe, Verwandtschaft, Arbeitskontakten und anderen. Wir Menschen sind zwar von Natur aus gesellig, dennoch sind manche Beziehungen recht kompliziert. Warum beispielsweise verlieben sich Menschen, was geschieht dabei und wozu dient es? Auch Beziehungen am Arbeitsplatz sind eigenartig; denn obwohl sie oft als oberflächlich angesehen werden, findet man in ihnen neben flapsigem Umgang auch eine Menge gegenseitiger Unterstützung und sozialen Rückhalts. Und wie steht es mit den losesten von allen, den nachbarlichen Beziehungen? Wir werden sehen, daß auch sie einige sehr interessante Eigenschaften aufweisen. Was schließlich die intensivste unter den Beziehungen, die Ehe, angeht: Warum scheitert sie so häufig, und wie kann das vermieden werden? Wir glauben, eine Reihe von Ehen und anderen Partnerschaften zerbrechen, weil die Beteiligten sich nicht über die wirkliche Natur dieser Beziehungen im klaren sind. Ihnen ist beispielsweise nicht bewußt, daß Konflikte in einer Ehe unvermeidlich sind oder daß die Eltern-Kind-Beziehung auf lebenslange Dauer angelegt ist. Ein weiterer Grund für das Auseinanderbrechen von Partnerschaften ist ein Mangel an sozialen Fertigkeiten, die zur Gestaltung einer jeden Beziehung notwendig sind.

Unsere eigene Forschungsarbeit, wie auch die von Kollegen, gibt einigen Aufschluß über die grundlegenden Eigenheiten jeder Beziehung und über die Fähigkeiten, die nötig sind, um sie am Leben zu erhalten. Wir werden erörtern, wie die verschiedenen Arten von Beziehungen funktionieren, was Menschen zusammen tun, wie sie miteinander umgehen, wie sie einander helfen oder schikanieren. Besonderes Augenmerk werden wir den informellen Regeln widmen, die nach unseren Untersuchungen in allen Beziehungen wirksam sind. Wir werden der Frage nachgehen, wieweit Freundschaft, Ehe und so weiter in verschiedenen sozialen Schichten, Kulturen und geschichtlichen Epochen unterschiedliche Formen annehmen und ob Männer und Frauen, Alte und Junge unterschiedliche Arten von Beziehungen pflegen. Um all dies auch praktisch anwenden zu können, werden wir unter anderem die Grundzüge einer jeden Beziehungsform skizzieren, die in ihr geltenden Regeln darstellen und zeigen, wie man sich die für die Aufrechterhaltung der Beziehung notwendigen Fähigkeiten aneignen sowie häufige Quellen von Schwierigkeiten umgehen kann.

Zusätzlich zu unseren eigenen Ergebnissen haben wir zahlreiche weitere Veröffentlichungen herangezogen. Grundlage unserer Tabellen und Abbildungen sind im wesentlichen die besten und neuesten Studien, wobei wir uns vor allem auf britisches und amerikanisches Material stützen konnten.

Was sind Beziehungen, und wie funktionieren sie?

Als „Beziehungen", „persönliche Beziehungen" oder „Dauerbeziehungen" bezeichnet man regelmäßige soziale Begegnungen mit bestimmten Personen über eine gewisse Zeit hinweg. Im allgemeinen werden diese Begriffe verwendet, um die eher oberflächlichen Kontakte mit Postboten, Busschaffnern und dergleichen auszugrenzen — auch wenn diese für einsame Menschen höchst wichtig sein mögen. Auf Untersuchungen zur sozialen Bedeutung des Kontakts beispielsweise zu Friseuren und Gastwirten werden wir später noch eingehen.

In vielen Fällen finden wir Bindung oder gegenseitige Verpflichtung; das bedeutet, daß der andere bei Abwesenheit vermißt und das Ende der Beziehung als schmerzlich und belastend erlebt wird. Weil aber zu vielen Arbeitskollegen und den meisten Nachbarn keine starke Bindung in diesem Sinne zu bestehen scheint, ist dies kein unerläßliches Merkmal. Genausowenig muß unbedingt eine emotional positive Atmosphäre bestehen, obwohl dies in den engen Beziehungen zwischen Ehegatten, Verwandten oder Freunden gewöhnlich der Fall ist. Am einfachsten lassen sich Beziehungen daher definieren als regelmäßige soziale Interaktionen über eine bestimmte Zeitspanne hinweg und mit der Erwartung einer gewissen Beständigkeit.

In Untersuchungen wurde gefragt, „welchen Personen außerhalb Ihres Haushalts Sie sich am nächsten fühlen". Dabei wurde angenommen, daß die engste Beziehung zum Ehe- oder Lebenspartner besteht. Eine in Toronto durchgeführte Studie erbrachte die folgenden Resultate:

Soviel Prozent der Befragten nannten…

	…unter den ersten fünf	…als erste
Verwandte insgesamt	50 %	65 %
Kinder	6 %	13 %
Eltern	9 %	19 %
Geschwister	15 %	21 %
Sonstige	20 %	12 %
Freunde	38 %	28 %
Nachbarn	6 %	4 %
Arbeitskollegen	6 %	3 %

Wie man sieht, bestehen die engsten Bindungen zu Freunden, gefolgt von Geschwistern, Eltern und Kindern. Arbeitskollegen und Nachbarn rangieren sehr niedrig, obwohl einige Kollegen zugleich Freunde sind; Nachbarn können Freunde, Verwandte oder Kollegen sein, und so fort. Für manche Menschen sind auch Beziehungen wichtig, die im Beruf des anderen begründet sind: etwa zu Ärzten, Geistlichen, Briefträgern, Barkeepern, Friseuren und so weiter.

Diese Beziehungen lassen sich einordnen auf Dimensionen wie

eng — oberflächlich
freundschaftlich — feindselig
egalitär — hierarchisch
aufgabenorientiert — gesellig

Myron Wish und seine Mitarbeiter[2] fanden heraus, daß Beziehungen am Arbeitsplatz beispielsweise relativ *oberflächlich*, stark *aufgabenorientiert* und oft *hierarchisch* sind (siehe Abbildung 2 in Kapitel 10). Ehebeziehungen dagegen sind, wie zu erwarten, *eng, egalitär* und *freundschaftlich*.

Dennoch glauben wir, daß derartige Dimensionen nicht die ganze Vielgestaltigkeit und Vertracktheit unterschiedlicher Formen von Beziehungen zeigen. Es gleicht eher dem Versuch, ein Spiel in solchen Dimensionen darzustellen. Squash etwa könnte als *wettbewerbsorientiert* und *eng* beschrieben werden; aber damit ist noch nichts darüber gesagt, wie man es spielt. Wenn man es tatsächlich spielen will, muß man zunächst die *Regeln* kennen, über die *Ziele* Bescheid wissen (wie man gewinnt), schließlich auch die *Umgebungs*bedingungen und das Bewegungs*repertoire* kennen. Ferner müßte man Unterricht in der *Spieltechnik* erhalten, um erfolgreich zu sein. Wir wollen zeigen, daß dasselbe auch für Beziehungen gilt, und in späteren Kapiteln werden wir die verschiedenen Arten von Beziehungen anhand ihrer Regeln und weiterer Komponenten diskutieren. Um ein Beispiel zu geben: Keine Darstellung der Ehe wäre vollständig ohne die Erwähnung von Gütergemeinschaft, Sexualität und Nachkommenschaft, die allesamt in den oben aufgeführten Dimensionen nicht auftauchen. Aber Beziehungen unterscheiden sich auch wieder von Spielen, weil sie meist eher Kooperation als Konkurrenz verlangen und keiner der Beteiligten zu gewinnen versucht. Andererseits gleichen sie Spielen insofern, als bestimmte Ziele innerhalb durch Regeln gesetzter Grenzen verfolgt werden, dabei nur bestimmte Handlungsweisen erlaubt sind, sie in bestimmten Umgebungen stattfinden und spezifische Fertigkeiten erfordern.

Der Nutzen aus Beziehungen

Der wichtigste Grund für das Interesse von Psychologen an Beziehungen ist deren enge Verbindung zu Gesundheit und Glück. Wie wir im nächsten Kapitel sehen werden, gehört es zu den angenehmsten, positivsten Ereignissen im Leben, eine Beziehung herzustellen, während ihr Verlust die schlimmste und quälendste Lebenssituation ist. Außerdem erfreuen sich Verheiratete, Menschen mit großem Freundeskreis oder sonstwie gearteten tragfähigen Sozialbeziehungen nicht nur eines längeren Lebens, sondern auch besserer körperlicher und geistiger Gesundheit sowie erhöhten Wohlbefindens. Speziell von der Ehe scheinen Männer aus irgendeinem Grund sehr viel mehr zu profitieren als Frauen. Die Frage, woran das alles liegt, erweist sich allerdings als komplexe Materie, die in Kapitel 2 vorsichtig entwirrt werden wird. Zudem gibt es charakteristische Quellen der Befriedigung — wie beispielsweise die Unterstützung durch Familienmitglieder — und ebenso verbreitete Ursachen für Ärger und Konflikte — etwa Ehemänner, die sich vor der Hausarbeit drücken, und Ehefrauen, die im Bett in Ruhe gelassen werden wollen. Damit werden wir uns in späteren Kapiteln beschäftigen.

Die Regeln in Beziehungen

Sie sind das Hauptthema dieses Buches und unser wichtigster Forschungsgegenstand. Alle Beziehungen unterliegen natürlich bis zu einem bestimmten Grad dem Gesetz; darüber hinaus gibt es jedoch zahlreiche informelle Regeln, deren Einhaltung die Mitglieder einer Kultur für notwendig erachten. Die Verletzung mancher dieser Regeln führt zum Zerbrechen oder zum Abbruch der Beziehung. Einige dieser Regeln sind jedem geläufig, andere sind weniger augenfällig.

Der größte Teil des menschlichen Verhaltens wird von Regeln beherrscht, und dies gilt in besonderem Maß für Beziehungen. Wir werden uns mit diesen Regeln im Detail befassen und darstellen, was wir gefunden haben. Regeln sind „funktional", das heißt, sie helfen uns auf die eine oder andere Art, mit dem Leben besser zurechtzukommen. So ermöglichen uns beispielsweise Verkehrsvorschriften, die Straßen ohne Frontalzusammenstöße zu benutzen. Oft erscheinen Regeln einschränkend: Tu dies nicht, tu das nicht. Andererseits machen sie ganze Verhaltensbereiche überhaupt erst möglich — angefangen von so offensichtlich regelgeleiteten Aktivitäten wie Sport und Spiel bis hin zu unseren Beziehungen mit anderen. Solche Regeln entwickeln sich schrittweise, durch stetiges Erproben, als Leistung einer Gruppe. Die Entwicklung der Fußball-Regeln kann zum Beispiel auf diese Weise nachgezeichnet werden. Die Anweisungen werden danach an Gruppenmitglieder weitergegeben, Eltern bringen sie ihren Kindern bei, und die Angehörigen der Gruppe werden dazu gebracht, sie zu befolgen.

Donald Campbell[3] hat die Ansicht vertreten, moralische Normen seien in der Gesellschaft nötig, um unsere im Grunde selbstsüchtige biologische Natur im Zaum zu halten. Besonders unsere moderne städtische Lebensweise wird erst durch das Vorhandensein von Normen ermöglicht, die unredliches und unsoziales Verhalten einschränken — ohne sie wäre das Leben ein chaotischer, antisozialer Dschungel. Andererseits haben Regeln die Tendenz, an der Vergangenheit orientiert zu bleiben, und müssen daher ständig verändert werden, um wechselnden Verhältnissen gerecht zu werden. Wir entdecken neue Spielregeln, indem wir Variationen ausprobieren und schauen, ob sie funktionieren. Campbell meint, für das menschliche Sozialverhalten sei die gesellschaftliche Entwicklung von Normen wichtiger als die biologische Evolution. Auch politischer Druck kann Regeln verändern — Frauen versuchen die Normen zu verändern, welche die Beziehungen zwischen den Geschlechtern bestimmen, und der Jugend ist es gelungen, die sexuellen Normen zu verändern. Andererseits sind Soziobiologen der Auffassung, eine angeborene Tendenz ließe uns Sorge tragen für die Verbreitung und Erhaltung unserer Gene; dies schließe ebenso das Wohlergehen der Kinder wie all jener Verwandten ein, die einen Teil unserer eigenen genetischen Ausstattung weitertragen. Möglicherweise haben also einige der prosozialen Regeln eine biologische Grundlage. Wir werden auch sehen, daß Menschen in engen Beziehungen wechselseitige Fürsorglichkeit entwickeln und nicht unbedingt Vorschriften brauchen, die sie zwingen, nett zueinander zu sein.

Regeln verschaffen dem einzelnen oft Vorteile auf lange Sicht um den Preis kurzfristigen Verzichts — maßvolles Essen und Trinken sind Beispiele. Die Befolgung von Regeln bringt auch den Mitmenschen Vorteile — im Falle des Diebstahls etwa. Hier kann selbst der „potentielle Dieb" davon profitieren, daß Personen in seiner Umgebung sich an die Regel halten und ihm nichts stehlen. Jenen Vorschriften, die vor allem *anderen* nützen, muß manchmal Nachdruck verliehen werden, äußerlich durch die Macht des Gesetzes, durch moralische und religiöse Leitfiguren, innerlich durch das Gewissen. Diese Instanz setzt sich zusammen aus Verboten und Idealen, die von den Eltern vermittelt werden; sie bestraft mit Schuldgefühlen oder belohnt mit der Genugtuung, richtig gehandelt zu haben.

Die Einflüsse von Geschlecht, Alter und Schichtzugehörigkeit

Zweifellos lassen sich Ehebeziehungen genausowenig über einen Kamm scheren wie Freundschaften. Mit die interessantesten Unterschiede ergeben sich aus der Geschlechtszugehörigkeit; und sie beeinflussen den Charakter der gebildeten Beziehung überraschend stark. Männer ziehen, wie wir bereits andeuteten, mehr Nutzen aus einer Ehe als Frauen; für diese wiederum ist es ein größerer Gewinn, Kinder zu haben. Die erste Feststellung ist wahrscheinlich dadurch zu erklären, daß Frauen mehr sozialen und emotionalen Rückhalt gewähren als Männer. Sie gehen auch untereinander engere Freundschaften ein als Männer und halten engeren Kontakt zur Verwandtschaft. Diese Fähigkeit zu tieferen und unterstützenderen Beziehungen könnte zugleich ein Grund für die höhere Lebenserwartung von Frauen sein. Zumindest teilweise werden diese Geschlechterunterschiede erklärlich werden, wenn wir im Rahmen der Eltern-Kind-Beziehung die unterschiedliche Erziehung von Mädchen und Jungen betrachten.

Jede Beschreibung von Sozialverhalten wäre unvollständig, wenn sie nicht auf Schichtunterschiede einginge. In britischen Forschungen hat sich gezeigt, daß viele Angehörige der Arbeiterschaft nach Mittelschichtsmaßstäben keine Freunde haben; sie laden einander nicht nach Hause ein, sondern treffen sich beim Fußball, in der Kirche oder in Kneipen. Andererseits sind bei ihnen die verwandtschaftlichen Bindungen enger; vor allem Mütter und erwachsene Töchter oder Schwestern sehen sich oft täglich.[4]

Ebenso bedeutsam sind Altersunterschiede, weshalb wir den Wandel jeder Beziehungsform vom Kindesalter über die verschiedenen Lebensabschnitte hinweg bis ins Alter verfolgen werden.

Obwohl Beziehungsmuster schon innerhalb unserer eigenen Kultur interessante Unterschiede aufweisen, finden sich noch weit größere Abweichungen, wenn wir Beziehungen in verschiedenen Kulturen vergleichen. So kann die Familie in anderen Weltgegenden bekanntlich eine Vielfalt unterschiedlicher Formen annehmen — man denke nur an die vier Frauen, die den Moslems, oder die Konkubinen, die den Chinesen erlaubt sind. Zu den wichtigsten Unterschieden gehört die höhere Bedeutung von Verwandtschaftsbindungen in vielen nichtwestlichen Ländern: man pflegt dort Kontakte zu einem größeren Kreis von Verwandten, und die Verpflichtung zur gegenseitigen Hilfe ist stärker.

Natürlich gab es auch Veränderungen im Lauf der Geschichte; unsere Idee der romantischen Liebe ist ziemlich neu und unterscheidet sich wesentlich von den Vorstellungen früherer Epochen. Eine Ehe zu schließen, setzte damals keine so ausgeprägte Zuneigung oder Intimität voraus, die Frau war dem Gatten sehr stark untergeordnet, und beide waren in einen weit umfangreicheren Haushalt integriert.

So offenkundig die schicht-, kultur- und zeitspezifischen Ausprägungen von Beziehungen sind, so gibt es doch auch universelle Merkmale, die überall anzutreffen sind. Das hat zum Teil biologische Gründe — nur Mann und Frau können gemeinsam ein Kind zeugen; die Mutter benötigt in den Jahren der Kinderaufzucht Schutz und Unterstützung; und daher steht die Kernfamilie im Vordergrund, auch wenn weitere Frauen an der Kinderbetreuung beteiligt sein können. Die ehelichen Rollen von Mann und Frau, die bislang in den meisten Kulturen ähnlich definiert waren, unterliegen gegenwärtig einem Wandel. Freundschaft zwischen nicht miteinander verwandten Personen gibt es in allen Kulturen, sie scheint etwas allgemein Menschliches zu sein. Beziehungen zwischen Vorgesetzten und Untergebenen oder unter Arbeitskollegen ergeben sich aus der zwangsläufigen Arbeit in Gruppen, auch wenn diese Menschen darüber hinaus Freunde oder Verwandte sind.

Manchmal nehmen Beziehungen eine hinreichend neuartige Gestalt an, um einen neuen Namen dafür zu prägen.

„Blutsbrüderschaft“ etwa ist eine Art von Scheinverwandtschaft zwischen Freunden oder Geschäftspartnern: durch die Zeremonie, aus einer Schnittwunde am Finger austretendes Blut zu vermischen, soll eine tragfähigere Beziehung hergestellt werden, die man als Wahlverwandtschaft bezeichnen könnte. In Japan kennt man eine *oyabum kobun* genannte Patenbeziehung zu Schülern und Untergebenen, eine besondere Form der Lehrer- oder Meisterbeziehung mit spezifischen Verpflichtungen. In einem kurzen Überblick werden wir schließlich die unterschiedlichen Formen darstellen, die Beziehungen vom Urmenschen bis in die Gegenwart angenommen haben. Unser Hauptaugenmerk gilt jedoch den heutigen Verhältnissen und dem derzeitigen Umbruch im menschlichen Zusammenleben.

Die Beziehungsformen wandeln sich

Traditionelle Beziehungsmuster scheinen sich gegenwärtig in mehrfacher Hinsicht zu verändern. Die Ehe als engste Beziehung ist davon am stärksten betroffen; hingegen sind kaum tiefgreifende Veränderungen bei Freundschaft oder Verwandtschaftsbeziehungen erkennbar. Eine der wichtigsten Beziehungen am Arbeitsplatz, nämlich die zwischen Vorgesetzten und Untergebenen, hat sich immerhin möglicherweise in Richtung auf verstärkte Gleichstellung und mehr gegenseitige Rücksprache gewandelt.

Veränderungen in der Ehe. 1. Heute leben mehr Paare schon vor der Ehe zusammen oder heiraten überhaupt nicht — in Großbritannien allerdings heiraten die meisten von ihnen (92 %) schließlich doch. In Kapitel 5 werden die Vor- und Nachteile des Zusammenlebens von Unverheirateten mit denen der Ehe verglichen. Hier kann jedoch schon gesagt werden, daß die Stabilität nicht-ehelicher Partnerschaften eher gering ist; die „Scheidungsrate“ ist außerordentlich hoch — mit den entsprechenden seelischen Belastungen.

2. Die Ehescheidungsrate ist gegenwärtig sehr hoch — in Großbritannien werden etwa ein Drittel aller Ehen wieder geschieden. Zur Erklärung ist angeführt worden, daß die westli-

che Welt in eine neue Ära kurzfristigerer Beziehungen eintrete. Diese Beobachtung ist durchaus richtig, doch wir teilen nicht die weitergehende Ansicht, dies sei ein erstrebenswerter Zustand. Wie wir zeigen werden, verursacht das Zerbrechen von Beziehungen beträchtliches Leid, ja es hat sogar auch Auswirkungen auf die körperliche Gesundheit. Frauen haben zudem noch immer ein starkes Interesse an Beziehungen, die lange genug dauern, um die Mütter während der langen Periode der Kinderaufzucht zu unterstützen und zu unterhalten.

3. Die Zwei-Karrieren-Ehe. In den hochentwickelten Industrieländern haben Berufstätigkeit und Einkommen von Frauen stark zugenommen. Dadurch haben sich die traditionellen Geschlechterrollen in der Ehe insofern gewandelt, als die Frau ebensoviel oder beinahe soviel Einfluß erhält wie der Mann und dieser mehr Hausarbeit übernimmt. Die Vorzüge und Schwierigkeiten solcher Ehen untersuchen wir in Kapitel 6.

Schrumpfende Familien. Ein weiterer allgemeiner Trend geht zu kleineren Haushalten. In Großbritannien ist die Zahl alleinlebender Personen auf 8 % der Bevölkerung gestiegen, und sie nimmt weiter zu. Ebenso ist die Zahl der Familien mit einem alleinerziehenden Elternteil — meist bestehen sie aus einer jungen Mutter und einem oder zwei Kindern — auf fast eine Million gewachsen. Die Großeltern leben weniger häufig bei der Familie und öfter in Heimen. Stärkere soziale Isolation kann die Folge sein, was sich schädlich auf Gesundheit und Lebenszufriedenheit auswirkt.

Die Psychologie der Beziehungen

Wie erklären Psychologen die Existenz, die Vorteile und das Funktionieren dauerhafter Beziehungen? Können uns psychologische Theorien überhaupt helfen, Beziehungen zu verstehen? Ein beliebter Ansatz ist hier die „Austauschtheorie", nach der jemand eine Beziehung aufrechterhalten wird, wenn das Verhältnis von Aufwand („Kosten") und Ertrag („Belohnungen") ebenso günstig ist, wie er es — unter Berücksichtigung der „Kosten" für eine etwaige Veränderung —

von den verfügbaren Alternativen erwarten kann. Diese Theorie läßt sich einigermaßen gut auf Freundschaften anwenden und hat auch die Entwicklung der Paartherapie beeinflußt. Neuerdings beziehen einige Varianten dieser Theorie die Tatsache ein, daß die Partner in einer engen Beziehung ein sorgendes Mitgefühl für den anderen entwickeln: sein Wohlergehen verschafft Befriedigung, während es Sorge bereitet, ihn leiden zu sehen.

Zugleich gibt es jedoch auch Anhaltspunkte, daß Verwandtschaftsbeziehungen nicht von einer solchen Kosten-Nutzen-Balance abhängen: Sie können über viele Jahre hinweg auch bei sehr wenig gegenseitigem Kontakt und vermutlich geringen „Belohnungen" fortbestehen. Grundlagen und verschiedene Erklärungen für diese Form der Bindung sind Thema des 9. Kapitels. Einer dieser Erklärungsansätze bezieht sich auf den sogenannten „Egoismus der Gene", ein weiterer auf frühkindliche Erfahrungen, noch ein anderer stellt das soziale Lernen richtigen Verhaltens gegenüber Verwandten in den Vordergrund.

Davon wiederum unterschieden sind Beziehungen am Arbeitsplatz und im Beruf, was zum Teil an den Erfordernissen, Anreizen und Zwängen der Arbeitswelt liegt, die zur Aufrechterhaltung solcher Beziehungen beitragen. Die Ehe als stärkste Beziehung schließlich wird in Kapitel 6 behandelt.
wissen Grad auch biologische Dispositionen eine Rolle. Die Mutter-Kind-Beziehung ist am stärksten instinktgeprägt; der bei beiden Geschlechtern vorhandene Wunsch nach einem festen Partner dürfte ein weiteres angeborenes Muster sein. In den übrigen Fällen sind Erziehungseinflüsse wichtiger, durch die uns etwa die Vorstellungen von „Freundschaft", „Liebe" und so weiter vermittelt werden — zusammen mit den passenden Verhaltensmaßregeln. So ist auch zu erklären, warum von einer Kultur zur anderen der Verwandtenkreis unterschiedlichen Umfang hat.

Praktische Anwendungen

Als weiterer psychologischer Ansatz kann uns die Analyse sozialen Verhaltens und der dabei benötigten Fertigkeiten hilfreich sein. Oft haben Menschen Schwierigkeiten mit verschiedenen sozialen Situationen; ihnen kann durch die Analyse und das systematische Einüben wirksamer Verhaltensstile und Fertigkeiten geholfen werden. Dafür sind spezielle Techniken entwickelt worden. Bei der Erforschung sozialer Fertigkeiten hat sich gezeigt, wie ähnlich sie in gewisser Hinsicht manuellen Fertigkeiten, etwa dem Autofahren, sind: Es werden über- und untergeordnete Ziele verfolgt, Korrekturen durch Rückkopplung gesteuert, und es müssen sowohl detaillierte Handlungsfertigkeiten als auch die jeweils besten Strategien erlernt werden.

Beziehungsverhalten wird heute bereits recht häufig trainiert, etwa in der Paartherapie oder in der Supervision. Eine Richtung der Paartherapie geht dabei hauptsächlich von der Austauschtheorie aus und betont das wechselseitige Gewähren von Belohnungen sowie das Aushandeln eines besseren „Austausches". Wir werden in diesem Buch anhand von Forschungsergebnissen einige neue Wege aufzeigen, Menschen für Beziehungen zu „schulen" — nicht nur, um Problembeziehungen zu retten oder zu verbessern, sondern auch, um funktionierende Beziehungen zu vertiefen und zu bereichern.

Der wesentliche neue Beitrag, den wir anzubieten haben, besteht darin, für jede Beziehung die bedeutsamsten Regeln darzustellen, deren Verletzung in manchen Fällen zum Zerbrechen der Beziehung führt. Ferner wollen wir eine Art Orientierungskarte liefern, eine Beschreibung von Schlüsseleigenschaften der wichtigsten Beziehungsformen, um dem Leser aus verschiedenen Blickwinkeln zu einem besseren Verständnis der zentralen und grundlegenden Charakteristika von Beziehungen zu verhelfen.

2

DIE VORZÜGE SOZIALER BEZIEHUNGEN

Dieses Buch handelt von Beziehungen: wie sie funktionieren, warum sie scheitern und wie man sie aufrechterhält. Zunächst wollen wir allerdings zeigen, warum Beziehungen wichtig sind. Die Antwort ist einfach: Sie tun uns gut. Mit geeigneten sozialen Bindungen haben wir gute Aussichten, länger zu leben, uns besserer körperlicher wie psychischer Gesundheit zu erfreuen und glücklicher zu sein. Natürlich sind Beziehungen nicht der einzige Garant für Glück und Gesundheit — aber sie sind ein sehr wichtiger Faktor. Die meisten Menschen wissen dies bereits; in diesem Kapitel werden wir jedoch anhand einiger Forschungsergebnisse darstellen, wie stark diese Effekte sind und wer von ihnen am meisten profitiert. Vorab wollen wir festhalten, daß Gesundheit und Lebenszufriedenheit von sozialen Beziehungen stärker beeinflußt werden als von Einkommen, Sozialstatus oder Ausbildung.[1]

Das positivste Lebensereignis: eine Beziehung anzuknüpfen

Ein neues Forschungsgebiet der Psychologie ist die Untersuchung „positiver Lebensereignisse". Um die positivsten unter ihnen herauszufinden, baten wir unsere Versuchspersonen, eine Anzahl erfreulicher Ereignisse auf einer Skala von 0 bis 100 einzustufen, je nachdem, wieviel Glück, Zufrieden-

	Männer unter 21	über 21	*Frauen* unter 21	über 21
Heirat oder Verlobung	47,0	72,5	71,3	71,4
Sich verlieben	75,7	72,9	87,0	73,1
Geburt eines Kindes	41,4	57,8	60,5	70,1
Einen neuen Freund gewinnen	63,0	58,3	75,6	73,4
Besuch von oder bei Freunden	52,1	54,7	68,9	65,2
Aufenthalt bei Bruder, Schwester oder nahem Verwandten	52,9	48,2	65,7	68,3
In Urlaub fahren	64,0	72,0	74,2	71,0
Verleihung eines Titels	61,6	58,5	80,2	72,9
Genesung von einer schweren Krankheit	82,1	60,4	66,6	77,3

Tabelle 1: Die Einstufung positiver Lebensereignisse (aus einer Gesamtzahl von 100)

heit oder Wohlbefinden jedes dieser Ereignisse ihrer Ansicht nach für die meisten Menschen bedeutet. Einige Ergebnisse sind in Tabelle 1 zu sehen.

Als besonders positive soziale Ereignisse wurden eingeschätzt: einen neuen Freund oder Partner zu finden, ein Kind zu bekommen, mit Freunden oder Verwandten zusammen zu sein. Unter den übrigen Ereignissen wurden nur der Urlaubsbeginn, der Abschluß eines Examens und die Genesung von einer schweren Krankheit ähnlich hoch bewertet. Alle anderen positiven Ereignisse rangieren niedriger — sogar ein hoher Geldgewinn. Dabei gibt es einen starken Geschlechterunterschied: Frauen bewerten das Anknüpfen einer Beziehung höher als Männer. J. L. Freedman[2] befragte über 100.000 Personen, was für ihr Lebensglück am wichtigsten sei. Bei alleinlebenden Frauen standen „Freunde und Geselligkeit" sowie „Verliebtsein" ganz an der Spitze der Skala, bei Männern standen sie an erster und dritter Stelle. „Verliebtsein", „Heirat" und „Wohlergehen des Partners" wurden von verheirateten Frauen auf die ersten drei Plätze gesetzt und rangierten bei verheirateten Männern auf Platz zwei, drei und fünf. „Freunde und Geselligkeit" nahmen bei beiden Geschlechtern den achten Platz ein.

Ein Experiment illustriert die Auswirkungen, die das Anknüpfen einer Beziehung hat. 48 Versuchspersonen sollten das Vorkommen positiver Ereignisse in ihrem Leben über einen Monat hinweg steigern, indem sie beispielsweise eine Liebesaffäre begannen, sich zu Rendezvous verabredeten, ihre Beziehungen zu Verwandten verbesserten, neue Freunde suchten oder sich in einem Verein oder in einer anderen freiwilligen Organisation engagierten. Das Resultat: Am Ende des Monats berichteten die Versuchsteilnehmer von einer erhöhten Lebensqualität und erfreulicheren Zukunftsperspektiven. Am meisten profitierten jene, die eine ganze Reihe negativer Lebensereignisse hinter sich hatten: sie fühlten sich weniger deprimiert und zeigten weniger psychiatrische Symptome.[3]

Das belastendste Lebensereignis: eine Beziehung zu verlieren

Wir alle wissen, daß der Tod eines Ehegatten, Kindes oder anderen nahen Verwandten ebenso wie Scheidung oder Verlust der Arbeitsstelle äußerst schmerzliche und erschütternde Erfahrungen sind, die uns psychisch und körperlich krank machen können. In diesem Abschnitt werden wir uns eingehend mit den Folgen befassen, die der Verlust eines Ehepartners nach sich zieht. Eine Möglichkeit, an die Frage heranzugehen, ist der Vergleich von Verwitweten und Geschiedenen mit Verheirateten im Hinblick auf Lebenszufriedenheit, Gesundheit und weitere Kriterien. Abbildung 1 zeigt zum Beispiel die relative Sterblichkeit für Verwitwete sowie Geschiedene oder Getrenntlebende im Vergleich zu Verheirateten. So veranschaulicht der erste Balken, daß verwitwete Männer im Alter von 47 Jahren über einen festgelegten Zeitraum hinweg eine um 77 % höhere Todesrate haben als verheiratete Männer desselben Alters.

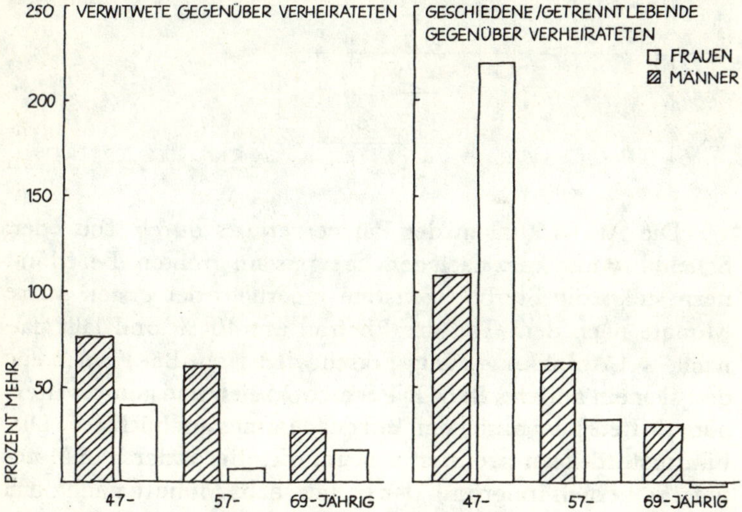

Abb. 1: Die Sterblichkeitsraten verwitweter sowie geschiedener oder getrenntlebender Männer und Frauen im Vergleich mit Verheirateten[4]

Man kann erkennen, daß jüngere Witwen und Geschiedene stärker leiden, wahrscheinlich, weil für die meisten von ihnen das Ereignis weniger lange zurückliegt als für die älteren. In jüngeren Jahren ist Scheidung — besonders für Frauen — traumatischer als der Verlust des Partners durch Tod. Die Sterblichkeitsrate liegt mehr als dreimal (3,19) so hoch wie für verheiratete Frauen desselben Alters (denn sie ist, wie in der Graphik dargestellt, um 219 % höher).

Abb. 2: Der Unterschied zwischen den Sterblichkeitsraten verheirateter und verwitweter Männer über 54 in Abhängigkeit von der Dauer der Witwerschaft[5]

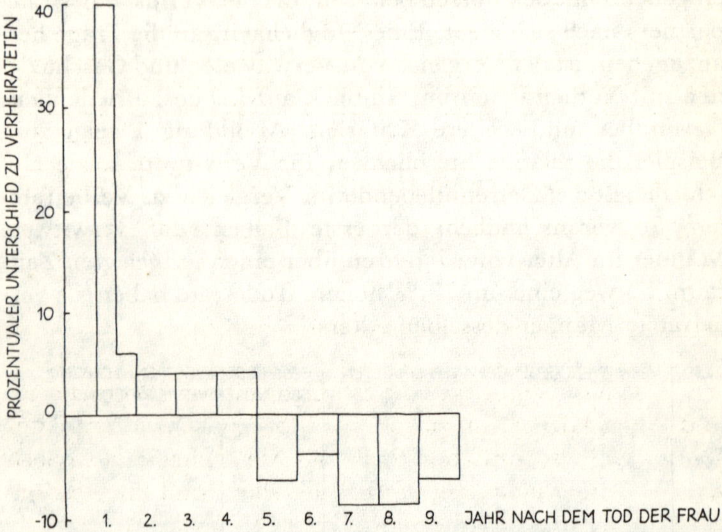

Die Auswirkungen des Partnerverlusts durch Tod oder Scheidung sind kurz nach dem Ereignis am größten. Bei Männern steigt die Sterblichkeitsrate innerhalb der ersten sechs Monate nach dem Tod der Ehefrau um 40 % und fällt danach, wie Abbildung 2 zeigt, rasch wieder ab. Bei Frauen ergibt sich ein anderes Bild: Die Sterblichkeitsrate ist im zweiten oder dritten Jahr nach dem Tod des Mannes am höchsten. Die häufigste Todesursache ist Herzinfarkt. Besonders bei Männern zeigt sich innerhalb der ersten sechs Monate nach dem Verlust des Partners auch eine erhöhte Selbstmordrate.[6]

Körperliche Erkrankungen. Die Anfälligkeit für ein weites Spektrum von Krankheiten ist bei Verwitweten und Geschiedenen erhöht. Sie sind häufiger krank, öfter arbeitsunfähig geschrieben oder bettlägerig und gehen öfter zum Arzt als die Verheirateten oder Ledigen.[7] Sie sterben mit erhöhter Wahrscheinlichkeit an einer Reihe von Krankheiten, wie Tabelle 2 zeigt.

Tabelle 2: Die relative Bedeutung verschiedener Todesursachen

	verwitwet vs. verheiratet		*geschieden/getrennt vs. verheiratet*	
	Männer	Frauen	Männer	Frauen
Tuberkulose*	6,00	2,00	10,00	2,50
Leberzirrhose	4,36	3,25	7,18	4,42
Lungenentzündung	4,17	1,75	7,33	2,50
Brustkrebs	2,50	1,02	2,50	1,13
Mund- und Speiseröhrenkrebs	2,12	1,47	4,10	1,67
Diabetes	2,00	1,57	2,83	1,14
Schlaganfall	1,92	1,63	2,42	1,47
Koronarerkrankungen (Herzinfarkt)	1,56	1,52	2,06	1,41

Vergleich von Verwitweten gegenüber Verheirateten und von Geschiedenen oder Getrenntlebenden gegenüber Verheirateten (US-Bürger über 15 Jahre, alterskorrigiert)

* Diese Verhältniszahlen besagen zum Beispiel, daß sechsmal soviele verwitwete wie verheiratete Männer desselben Alters an Tuberkulose sterben.

Wie man sieht, liegen die Sterblichkeitsraten Verwitweter und Geschiedener für etliche lebensbedrohliche Erkrankungen im Durchschnitt anderthalb- bis zweieinhalbmal so hoch wie für Verheiratete. Die Verhältniszahlen sind für Geschiedene und Getrenntlebende etwas höher als für Verwitwete, sie erreichen für einige Krankheiten den sieben- bis zehnfachen Wert.

Psychische Erkrankungen. Abbildung 3 zeigt, daß ähnliche Zahlen für psychische Störungen gelten. Im Vergleich zu Verheirateten leiden besonders Geschiedene und Getrenntlebende häufiger an seelischen Störungen, werden öfter stationär behandelt oder nehmen sich das Leben (was meist mit Depressionen verknüpft ist). Ferner tritt bei ihnen Alkoholismus häufiger auf. Auch hier sind Männer stärker betroffen, und für Verwitwete ist das Bild günstiger. Die hohen Erkrankungsraten von Geschiedenen und Getrenntlebenden sind unter anderem darauf zurückzuführen, daß bei vielen von ihnen psychische Störungen gerade der Grund für die Trennung waren.

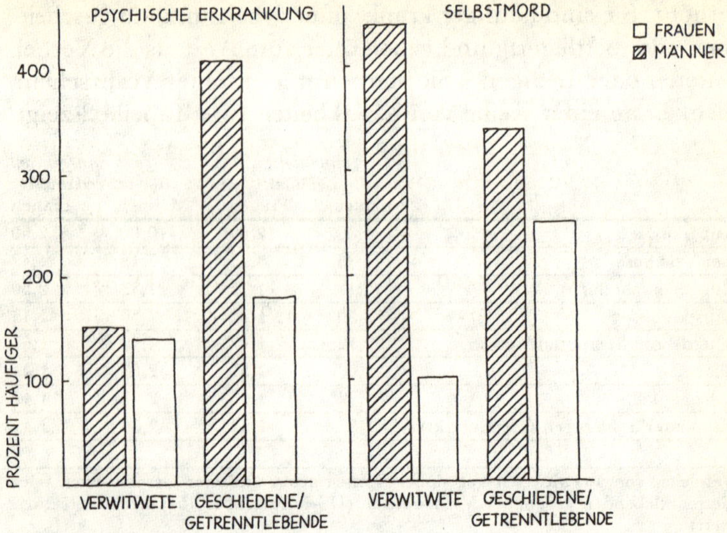

Abb. 3: Die Häufigkeit von Selbstmord und psychischen Erkrankungen bei Verwitweten und Geschiedenen oder Getrenntlebenden im Vergleich zu Verheirateten

Die meisten dieser Menschen leiden unter Depressionen, und verhängnisvollerweise ist der Verlust einer engen Beziehung zudem eine der Hauptursachen der Depression.

Glück. Es überrascht nicht, daß Tod des Partners oder Scheidung das Lebensglück am empfindlichsten beeinträchtigen. Nur 33 % der Geschiedenen oder Getrenntlebenden geben an, mit dem Leben insgesamt zufrieden zu sein, was immerhin 89 % der verheirateten jungen Frauen ohne Kinder von sich sagen. Für Männer liegen die entsprechenden Zahlen bei 42 % und 72 %. Witwen fühlen sich etwas glücklicher als geschiedene Frauen und um einiges glücklicher als verwitwete Männer.

Die Vorteile tragfähiger „Sozialnetze"

Wie wir gesehen haben, bereitet es Freude, eine Beziehung anzuknüpfen; ihr Verlust dagegen verursacht Leid, Depression und Herzinfarkte. Aber sind die Ehe oder andere Beziehungen tatsächlich der Grund für ein glücklicheres, gesünderes und längeres Leben?

Lebenserwartung. Je stärker unsere zwischenmenschlichen Beziehungen sind, desto höher ist unsere Lebenserwartung. In einer berühmt gewordenen Untersuchung wurden in Kalifornien 6900 Erwachsene über neun Jahre hinweg beobachtet. Insgesamt 8 % von ihnen starben während dieses Zeitraums. Innerhalb der verschiedenen Altersgruppen zeigten jeweils die Personen mit den geringsten sozialen Bindungen die höchste Sterblichkeitsrate. Auf der Basis von Ehe, Freundschaften und anderen Beziehungen wurde daher ein Index konstruiert. In jeder Altersgruppe wiesen die Personen, die in ihre sozialen Beziehungen „am stärksten eingebunden" waren, niedrigere Sterberaten auf als die „am geringsten eingebundenen". Am deutlichsten war dies bei den Männern, die zu Beginn der Untersuchung zwischen 50 und 59 Jahre alt waren: 9,6 % aus der Gruppe mit starken Bindungen starben, verglichen mit 30,8 % aus der Gruppe mit den schwächsten Bindungen (Abbildung 4). Diese Graphik zeigt auch, daß der Effekt bei Männern stärker zu sein scheint als bei Frauen — ein Punkt, auf den wir noch zurückkommen werden.

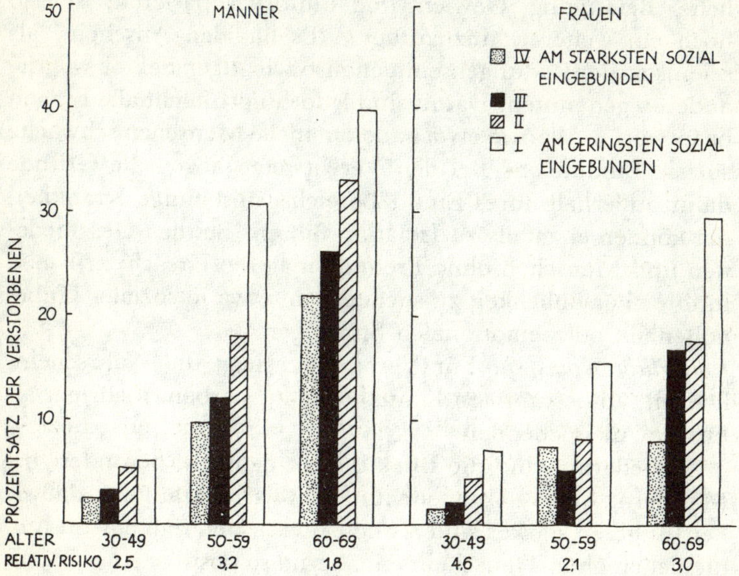

Abb. 4: Sterblichkeitsraten nach Alter, Geschlecht und dem Grad der sozialen Einbindung

Die intensivste Wirkung geht dabei von der Ehe aus; einige Einzelergebnisse werden im nächsten Abschnitt dargestellt. Für Ehepaare haben Kinder ähnlich positive Bedeutung, wie aus Tabelle 3 ersichtlich ist. So liegt beispielsweise die Sterblichkeitsrate, bezogen auf ein Jahr, bei kinderlosen Ehefrauen zwischen 35 und 44 Jahren 2,4 mal so hoch wie bei verheirateten Frauen mit Kindern. Deutlich wird auch, daß jüngere Menschen und Frauen mehr von Kindern profitieren.

Tabelle 3: Die Auswirkung von Kindern auf die Sterblichkeitsrate[13]

	Alter	35-44	45-54	55-60
Kinderlose im Verhältnis zu Eltern	Männer	2,1	1,3	0,9
	Frauen	2,4	1,6	1,1

Andere Untersuchungen haben gezeigt, daß der körperliche Gesundheitszustand von Beschäftigten besser ist als der von Arbeitslosen, der von Verheirateten besser als der von Ledigen und der von Eltern besser als der von Kinderlosen.[14] Den Vorhersagen für unsere Lebenserwartung, wie wir sie in den Fragebögen von Illustrierten und von Versicherungsgesellschaften finden und die auf Faktoren wie Rauchen, körperlicher Betätigung, Gewicht und Blutdruck basieren, ist also noch ein weiterer hinzuzufügen. Es hat den Anschein, als seien soziale Bindungen ein genauso wichtiger Faktor wie die anderen genannten. Damit sind jedoch noch nicht alle Fragen beantwortet. Warum etwa haben manche Menschen schwache soziale Bindungen? Bei den Verwitweten liegen die Gründe dafür außerhalb ihres Einflußbereichs, und einige Krankheiten können ebenfalls zu Isolation führen. Bei den Geschiedenen und Menschen ohne Freunde mag die Ursache teilweise in ihrer Persönlichkeit zu suchen sein, etwa in sozialer Unbeholfenheit oder emotionalen Störungen.

Körperliche Krankheit. Für Verheiratete liegt die Wahrscheinlichkeit, an bestimmten Krankheiten zu sterben, niedriger als für die Alleinlebenden.

Wiederum sind die Effekte recht deutlich, besonders bei Männern. Andere Untersuchungen weisen darauf hin, daß sie bei Jüngeren stärker sind als bei Älteren und daß ein Zusammenleben ohne Trauschein annähernd so positive Auswirkun-

	Männer	Frauen
Tuberkulose	5,67	2,50
Lungenentzündung	5,17	3,75
Leberzirrhose	2,82	0,86
Brustkrebs	2,50	1,41
Diabetes	2,17	1,00
Mund- und Speiseröhrenkrebs	2,16	0,87
Schlaganfall	1,75	1,21
Koronarerkrankungen (Herzinfarkt)	1,34	1,16

Tabelle 4: Die relative Bedeutung verschiedener Todesursachen bei Ledigen im Vergleich zu Verheirateten[15]

gen hat wie das Verheiratetsein. Eine mögliche Erklärung für diese Unterschiede wäre, daß Alleinlebende ledig bleiben, weil sie krank oder krankheitsanfällig sind. Eine Vorhersage-Studie, die an 10.000 verheirateten Männern über 40 in Israel durchgeführt wurde, erbrachte allerdings für den Zeitraum von fünf Jahren ein von 9,3 auf 5,2 % reduziertes Risiko einer Angina-Erkrankung für jene, die die Beziehung zu ihrer Frau als liebevoll und tragfähig einschätzten.[16]

Daß Beziehungen der körperlichen Gesundheit zuträglich sind, läßt sich auch bei der Genesung nach Operationen, Verletzungen oder anderen ernsthaften Erkrankungen feststellen. Eine beträchtliche Anzahl von Untersuchungen hat ergeben: Ehepartner, Eltern oder andere Verwandte, Freunde sowie medizinisches Personal können zur schnelleren Erholung des Patienten beitragen — gemessen am Verschwinden der körperlichen Symptome, der Wiederaufnahme der Beschäftigung und anderer sozialen Rollen sowie der emotionalen Besserung.[17]

Auch die Beziehungen im Berufsleben können sich gesundheitlich positiv auswirken. Allein die Tatsache, beschäftigt zu sein, ist gegenüber Arbeitslosigkeit mit besserer Gesundheit verknüpft. Unter Frauen zeigen sich die vorteilhaften Auswirkungen der Berufstätigkeit vor allem bei den Alleinlebenden, Verwitweten oder Geschiedenen, bei Frauen mit niedrigem Sozialstatus, unbefriedigendem privatem Umfeld und jenen, die in ihrem Beruf aufgehen und Befriedigung finden.[18] Freundschaft wirkt sich gesundheitlich nicht so stark aus, ist jedoch unter jungen Leuten die wichtigste Form der Bindung; und die Qualität der sozialen Kontakte zu Freunden steht wiederum in Zusammenhang mit körperlicher Gesundheit.[19]

Psychische Erkrankungen. Wer allein lebt und nie verheiratet war, läuft ein höheres Risiko, psychisch zu erkranken. Die Verhältniszahlen für Alleinlebende gegenüber Verheirateten betragen 3,13 bei Männern und 1,74 bei Frauen — dies sind die Mittelwerte aus 14 großangelegten Untersuchungen.[20] Der Unterschied ist bei einem Teil der Singles damit zu erklären, daß sie tatsächlich allein leben, und bei anderen damit, daß sie mit anderen Menschen wie etwa ihren Eltern zusammenleben, die für weniger sozialen Rückhalt und mehr Konfliktstoff sorgen als die meisten Ehepartner.[21] Das seltenere Auftreten psychischer Erkrankungen bei Verheirateten ist wahrscheinlich nicht auf eine vorangegangene „Auswahl" in dem Sinne zurückzuführen, daß diese von vornherein weniger gestört als die Alleinlebenden wären. Denn Verwitwete und Geschiedene erkranken sogar häufiger psychisch als Alleinlebende. Streß scheint bei Verheirateten geringeren Einfluß auf psychische Störungen zu haben, woraus man schließen kann, daß die Ehe auf irgendeine Weise gegen Streß schützt.[22]

Es hat sich gezeigt, daß Mangel an sozialem Rückhalt für die Zukunft Depressionen und andere Formen psychischer Störungen erwarten läßt. Andererseits ist bei psychisch Beeinträchtigten aber auch vorherzusagen, daß es ihnen später einmal an sozialen Bindungen mangeln wird.[23]

Mit recht unterschiedlichen Erfolgen erhielten Patienten in Experimenten soziale Zuwendung als „Behandlung",[24] wobei die dadurch vermittelte Unterstützung eher schwach gewesen sein dürfte. Forschungsarbeiten über Frauen zeigen, daß ein Ehemann das Auftreten von Depressionen verringert, besonders wenn er zugleich Vertrauter ist; Berufstätigkeit hat als weitere Form sozialen Rückhalts den gleichen Effekt. Dagegen erhöhen Kleinkinder im Haushalt die Depressionsrate.[25] Offensichtlich sind Kinder eher eine Quelle von Streß als von sozialem Rückhalt, zumindest solange sie nicht älter und selbst Bestandteil des unterstützenden sozialen Netzwerkes der Erwachsenen sind (siehe Abbildung 1 in Kapitel 6). Umgekehrt sind auch die Kinder betroffen: Störungen in der Pubertät stehen nachweislich in Zusammenhang mit belastenden Lebensereignissen und mangelnder Unterstützung durch die Familie.[26]

Glück. Bisher konnten wir uns auf „harte" Daten wie Sterblichkeitsziffern und Klinikaufenthalte berufen. Glück ist schwieriger zu messen, und erhebliche Forschungsarbeit ist investiert worden, um es dingfest zu machen. Manchmal wird nur eine einzige Frage verwendet, etwa: „Wie geht es Ihnen derzeit, alles in allem, Ihrer Meinung nach?", worauf sich die Antworten in einer amerikanischen Studie wie folgt verteilten:

24,5 % sehr glücklich
65,5 % ziemlich glücklich
10,0 % nicht besonders glücklich

Eine andere Methode benutzt einen nichtverbalen Gradmesser für Zufriedenheit, verbunden mit der Frage: „Diese Gesichter drücken unterschiedliche Gefühle aus. Unter jedem steht ein Buchstabe. Welche Gesichter drücken am ehesten aus, wie Sie sich in ihrem Leben insgesamt fühlen?"[27]

A	B	C	D	E	F	G
20	46	27	4	1	2	0%

Damit können wir nun feststellen, wie sich Beziehungen auf die Lebenszufriedenheit auswirken. Wir können beispielsweise gleichaltrige Verheiratete und Unverheiratete, jeweils mit oder ohne Kinder (denn diese sind ebenfalls ein Faktor), miteinander vergleichen. Dies geschah in der berühmt gewordenen Studie *The Quality of American Life*[28], deren Ergebnisse in Abbildung 5 dargestellt sind. Das Diagramm zeigt, daß Verheiratete glücklicher sind als Unverheiratete, und zwar Männer wie Frauen; in besonderem Maße gilt dies für Paare ohne Kinder.

Abb. 5: Die Zufriedenheit alleinlebender und verheirateter, kinderloser Männer und Frauen[28]

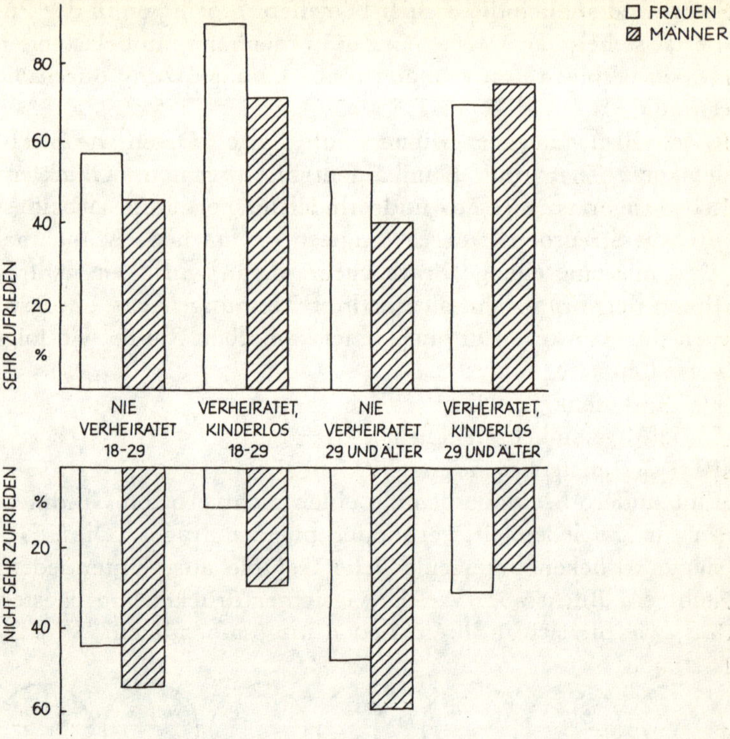

Untersuchungen über Einsamkeit haben ergeben, daß Menschen, die sich einsam fühlen, sich zugleich auch unglücklich, niedergeschlagen, wertlos, selbstunsicher und dergleichen fühlen. Das Gefühl der Einsamkeit ist zwar nicht ausschließlich, aber doch größtenteils in einem Mangel an Freunden und anderen sozialen Bindungen begründet, und es ist während der Adoleszenz am weitesten verbreitet. Mit die wichtigste Ursache für Isolation und Einsamkeit ist das Fehlen sozialer Fertigkeiten[29], ein Punkt, den wir in späteren Kapiteln ausführlicher erörtern werden.

Selbstverständlich können auch Beziehungen Belastungen verursachen, und zumal in der Ehe finden wir oft gleichermaßen Konflikte wie Zufriedenheit. Nichtsdestoweniger ist der Gesamteffekt meist positiv.

Streß und sozialer Rückhalt

Zum besseren Verständnis der Vorteile, die soziale Beziehungen bringen, müssen wir uns genauer mit dem Spannungsfeld von Streß und sozialem Rückhalt beschäftigen. Kurz gesagt, machen uns belastende Lebensereignisse krank; ein guter Ehepartner oder soziale Bindungen und sozialer Rückhalt in anderer Form vermindern dagegen die Wirkungen von Streß beträchtlich.

Um festzustellen, wieviel Streß jemand ausgesetzt war, wird ihm gewöhnlich ein Liste von belastenden Situationen vorgelegt mit der Bitte anzugeben, welche davon er in den letzten sechs Monaten erlebt hat. Das Gewicht der einzelnen Ereignisse kann man entweder ermitteln, indem man eine Reihe von Leuten das vermutete Ausmaß der Belastung einschätzen läßt und dann den Mittelwert aus diesen Schätzungen bildet; oder man befragt eingehend Personen, die diese Ereignisse hinter sich haben, um herauszufinden, wie belastend jedes davon für sie tatsächlich war. Tabelle 5 zeigt die durchschnittlichen Einschätzungen durch eine Stichprobe britischer Urteiler, gewonnen nach der ersten Methode.

Tabelle 5: So wird die Erschütterung durch verschiedene Lebensereignisse eingeschätzt[30]

	Skala von 0 bis 20
Tod eines Kindes	19,5
Tod des Ehepartners	19,1
Verbüßung einer Haftstrafe	17,8
Ernsthafte finanzielle Probleme	17,6
Untreue des Ehepartners	17,3
Gerichtsverhandlung wegen schwerwiegender Vergehen	16,9
Scheidung	16,3
Verlust des Arbeitsplatzes	15,9
Scheitern bei Prüfung oder Ausbildung	14,4
Degradierung	14,3
Beginn einer außerehelichen Affäre	13,7
Nicht gebilligte Heirat eines Kindes	12,7
Umzug in ein anderes Land	11,1
Pensionierung	10,1
Umzug in eine andere Stadt	8,6
Beförderung	5,9
Heirat	5,4

Die wichtigsten Arten von belastenden Lebensereignissen sind: Tod eines Kindes oder des Ehegatten oder ein anderer Bindungsverlust, Verlust des Arbeitsplatzes, Umzug in eine andere Wohnung oder ein anderes Land, Konflikt mit dem Gesetz, Krankheit oder Unfälle von Familienangehörigen. Neben solchen schwerwiegenden Lebensumbrüchen steht aber auch das Maß alltäglicher Ärgernisse im Zusammenhang mit psychischen Störungen. Dazu gehören Streit mit den Nachbarn, Geldprobleme, berufliche Unzufriedenheit, Schwierigkeiten mit den Kindern und schlechtes Wetter. Wie sich gezeigt hat, läßt sich aus der Zahl solcher Verdrießlichkeiten das Auftreten von Symptomen wie Angst und Depression vorhersagen — und zwar sicherer als aus den gravierenden Lebensereignissen. Die häufigsten Ärgernisse sind in Tabelle 6 aufgeführt.

Tabelle 6: Die zehn verbreitetsten Ärgernisse und Sorgen[31]

	% der Nennungen
1. Körpergewicht	52,4
2. Gesundheitszustand eines Familienmitglieds	48,1
3. Preissteigerungen alltäglicher Güter	43,7
4. Hausarbeit	42,8
5. Arbeitsüberlastung	38,6
6. Dinge verlegen oder verlieren	38,1
7. Gartenarbeit oder Außenarbeiten am Haus	38,1
8. Eigentum, Geldanlage oder Steuern	37,6
9. Kriminalität	37,1
10. Äußeres Erscheinungsbild	35,9

Viele Untersuchungen haben erbracht, daß Menschen, die für die zurückliegenden sechs Monate einen hohen Wert auf der Skala belastender Lebensereignisse einnehmen, mit großer Wahrscheinlichkeit im darauffolgenden Jahr körperlich oder psychisch erkranken. Dies schließt Krankheiten wie Arthritis, Herzleiden und weitere ein, die über physiologische Meßwerte wie den Cholesterinspiegel nachweisbar sind.[32] Hinsichtlich psychischer Störungen besagt eine Theorie, daß Menschen besonders von Ereignissen aus der Fassung gebracht werden, die nicht vorhersehbar oder von ihnen nicht kontrollierbar sind. Die Folge sind entweder verzweifelte Versuche, der Lage Herr zu werden, oder das Aufgeben dieser Anstrengungen und Abgleiten in Depression. Vor allem trifft dies für die später noch zu erwähnenden „Typ A-Persönlichkeiten" zu.[33]

Was psychische Störungen angeht, so gibt es hier das Problem der „Ursachen-Reversibilität". Möglicherweise ist eher eine psychische Störung der Grund für eine Scheidung als umgekehrt. Beide Möglichkeiten wurden untersucht, vor allem im Hinblick auf die zeitliche Abfolge, und man stellte fest, daß der Prozeß in beide Richtungen verlaufen kann.[34] So können also manche Lebensereignisse vom einzelnen selbst verursacht oder mitverursacht sein — dies, so hat sich herausgestellt, ist zumindest eine Seite der Medaille.[35] Jedoch sind viele Lebensereignisse, und darunter einige der belastendsten, dem Einfluß des einzelnen entzogen: etwa der Tod eines Kindes oder des Ehepartners, der Verlust des Arbeitsplatzes wegen Schließung des Betriebes, Pensionierung, Krankheit eines Familienmitgliedes oder der Wechsel in eine andere Stadt aus beruflichen Gründen. Diese Belastungen sind im großen und ganzen nicht selbst-verursacht.

Nicht jeder aber, der solche Streßsituationen durchlebt, wird krank. Es gibt Formen von Anfälligkeit einerseits und Widerstandsfähigkeit andererseits, von denen es abhängt, ob ein Mensch körperlich oder psychisch erkrankt.

Widerstandsfähigkeit (hardiness) bezeichnet eine Anzahl von Persönlichkeitsmerkmalen, durch die sich streßunempfindliche Menschen von solchen unterscheiden, die durch Belastungen krank werden. Sie hat drei Komponenten, die durch Fragebögen erfaßt werden können:

1. Engagement — „Die Fähigkeit, an die Wahrheit, Wichtigkeit und Nützlichkeit dessen zu glauben, was man ist und was man tut, und sich deshalb vollständig in den unterschiedlichen Lebenssituationen einschließlich Arbeit, Familie, zwischenmenschlichen Beziehungen und gesellschaftlichen Institutionen einsetzen zu können."
2. Kontrolle — „Die Tendenz zu glauben, man könne den Lauf der Ereignisse beeinflussen, und entsprechend zu handeln."

3. Herausforderung — „Der Glaube, daß im Leben eher Veränderung als Stabilität die Regel ist. Oft kann der Bruch, der mit dem Eintreten eines belastenden Ereignisses verbunden ist, eher als Gelegenheit und Anstoß für persönliches Wachstum wahrgenommen werden statt nur als Bedrohung der Sicherheit.“[36]

Eine andere Gruppe von Menschen, die gegenüber Belastungen relativ widerstandsfähig ist, sind jene mit hohen Werten für „internale Kontrolle“, also Menschen, die glauben, das Geschehen selbst steuern zu können; „Außengesteuerte“ dagegen glauben, die Ereignisse seien mehr vom Zufall oder von anderen Menschen abhängig.[37] Innengesteuerte kommen deswegen besser zurecht, weil sie aktivere Methoden der Problembewältigung verwenden und dabei in ihren Vorgehensweisen flexibler sind; dazu gehört auch, Hilfe und Rat bei anderen zu suchen.[38]

Die Typ A-Persönlichkeit. Dieser Persönlichkeitstyp ist besonders anfällig für Erkrankungen der Herzkranzgefäße. Solche Menschen sind ehrgeizig, aggressiv, ungeduldig und stark erfolgsorientiert. Auf Streß reagieren sie mit zunehmend energischeren Anstrengungen, ihr Ziel zu erreichen und den Gang der Ereignisse zu lenken. Dabei werden sie physiologisch übererregt, was mit erhöhtem Blutdruck einhergeht; wenn der Kontrollversuch mißlingt, reagieren sie mit Depression. Auch ihr soziales Beziehungsmuster ist gestört, sie ziehen sich aus Kontakten zurück und sind zu Hause abweisend und gereizt.[39]

Sozialer Rückhalt. Uns interessiert hier jedoch die Widerstandsfähigkeit gegen Streß, die aus Unterstützung durch andere resultiert. Mit „Engagement“ schließt das „*Hardiness*-Syndrom“ das Aufgehen in sozialen Beziehungen, Selbstbewußtsein und Zielstrebigkeit ein. Zur internen Steuerung gehört auch, andere um Hilfe zu bitten. Typ A-Persönlichkeiten dagegen gehen auf Distanz zu ihren wichtigsten sozialen Systemen, die ihnen Unterstützung geben könnten. Wir werden in diesem Buch noch zeigen, wie man etwa durch Einhalten von Verhaltensregeln und Aneignung der notwendigen Fertigkeiten tragfähige soziale Beziehungen aufrechterhalten kann.

Sozialer Rückhalt mindert Streßfolgen

In Studien über Strategien der Problembewältigung wurden Fragen gestellt wie: „Was tun Sie, wenn Sie sich niedergeschlagen fühlen?“ Zu den häufigsten Antworten gehört, handfeste Hilfe, Mitleid oder Rat bei anderen zu suchen.[40] Viele Untersuchungen haben gezeigt, daß sozialer Rückhalt die Auswirkungen von Belastung auf die körperliche und geistige Gesundheit abschwächen kann. Es spricht einiges für die „Puffer-Hypothese“, die besagt, daß sozialer Rückhalt dann wirksam wird, wenn es nötig ist — wenn also Belastungen auftreten.[41] Man könnte es mit der Schutzwirkung von Sonnenöl vergleichen, die auch nur bei Sonnenbestrahlung eintritt.

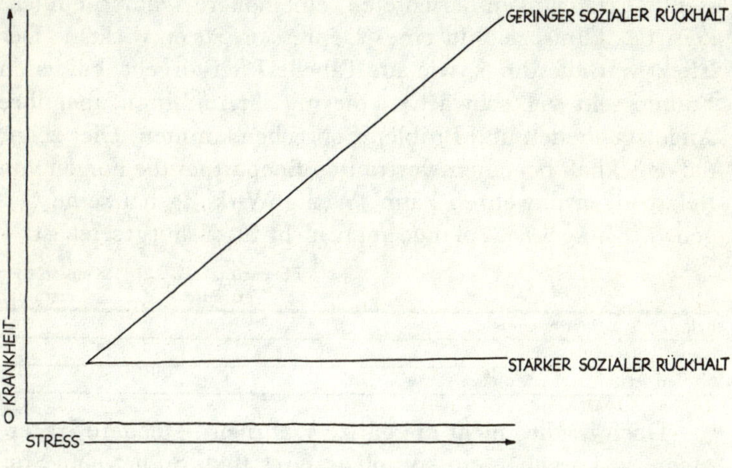

Abb. 6: Die Puffer-Hypothese

Eine bekannte Studie über Schwangerschafts-Komplikationen erbrachte den folgenden Zusammenhang zwischen belastenden Lebensereignissen und sozialem Rückhalt:[42] Komplikationen waren häufig (91 %), wenn belastende Ereignisse und geringer sozialer Rückhalt zusammentrafen, verglichen mit 33 % Komplikationen bei starkem Rückhalt und hoher Belastung, 49 % bei wenig Rückhalt und niedriger Belastung sowie 39 % bei starkem Rückhalt und niedriger Belastung. Andere Untersuchungen zeigten, daß der Verlust des Arbeitsplatzes zu höheren Cholesterin-Spiegeln und häufigeren Arthritis-Erkrankungen führte, wobei der Effekt bei Personen mit guter sozialer Einbindung sehr gering war.[43] Abbildung 6 veranschaulicht diese Zusammenhänge. Man könnte es auch so ausdrücken, daß Streß die Gesundheit nur bei schwacher sozialer Einbindung beeinträchtigt oder daß sozialer Rückhalt sich bei hoher Belastung gesundheitlich bemerkbar macht, beziehungsweise daß ein schlechter Gesundheitszustand aus der Kombination von starker Belastung und geringem sozialem Rückhalt resultiert.

Für psychische Gesundheit erhielt man ähnliche Ergebnisse. In ihren Untersuchungen an Arbeiterfrauen in Süd-London fanden Brown und Harris[44] bei Frauen, die belastende Erfahrungen berichteten, eine höhere Wahrscheinlichkeit, das klinische Bild einer Depression zu entwickeln. Der Effekt war allerdings, wie aus Tabelle 7 hervorgeht, bei jenen Frauen sehr viel schwächer, die mit ihrem Mann über ihre Angelegenheiten und Probleme sprechen konnten. Dies zeigt, daß Rückhalt bei einem vertrauten Ehepartner die Folgen von Belastungen abwehren kann. Wenig Wirkung hat seine Gegenwart hingegen, solange man nicht Streß ausgesetzt ist.

Tabelle 7: Die Auswirkung von Lebensereignissen und sozialem Rückhalt auf Depression (Prozentzahlen)[44]

	Ehepartner als Vertrauter	Kein solcher Vertrauter
Belastende Lebensereignisse	10	41
Kaum belastende Ereignisse	1	4
(in den letzten sechs Monaten)		

Doch ist dies nicht die ganze Wahrheit — neuere Untersuchungen ergeben ein komplizierteres Bild. So hat eine Studie gezeigt, daß neurotische Erkrankungen auf die *Wahrnehmung* zurückgehen, man werde sozial nicht ausreichend unterstützt, diese Wahrnehmung selbst jedoch wiederum von einer neurotischen Disposition abhängig ist.[45] Eine andere Studie wies nach, daß Menschen mit schwachen sozialen Bindungen eine bestimmte — rigide und autoritäre — Persönlichkeitsstruktur aufweisen.[46] Als weitere Erklärungsalternative kommt in Betracht, daß Depressionen oder andere negative Gemütszustände zur Schwächung des sozialen Beziehungsgeflechts führen. Es sollte jedoch möglich sein, den Kreis von Ursache und Wirkung aufzubrechen und diesen Menschen zu zeigen, wie sie mehr sozialen Rückhalt erlangen können.

Man hat aber auch festgestellt, daß sozialer Rückhalt nachteilige Folgen haben kann: Zuviel Hilfe von anderen kann das Selbstvertrauen schwächen, Verwirrung stiften oder die Aufmerksamkeit von der tatkräftigen Lösung der Probleme ablenken.[47] Ein weiterer Aspekt dabei ist, daß Beziehungen neben „Belohnungen“ immer zugleich „Kosten“ bedeuten — auch wenn eine Beziehung bei allzu hohen „Kosten“ wahrscheinlich nicht weitergeführt wird. Natürlich bestehen einige der belastenden Erlebnisse im Verlust einer Beziehung, so daß sozialer Rückhalt einfach deren Ersatz bedeutet — wenn jemand seinen Ehepartner verliert, werden sich Freunde verstärkt seiner annehmen.

In anderen Untersuchungen wurde eine unmittelbare Wirkung sozialen Rückhalts auch bei geringeren Belastungen gefunden, wenngleich dieser Effekt schwächer ist. Dieser Befund kann damit zusammenhängen, daß gute soziale Einbindung bestimmte Ereignisse verhindern kann; starker Rückhalt bei Arbeitskollegen beispielsweise könnte feindseliges Verhalten des Chefs einschränken. Auch die Möglichkeit, aus dem Bekanntenkreis Hilfe zu erhalten, könnte manchen Ereignissen die Spitze nehmen und die Bewältigung erleichtern.[48]

Welche sozialen Beziehungen sind am förderlichsten?

Wer glücklicher und bei besserer körperlicher und geistiger Gesundheit ist, verfügt wahrscheinlich auch über gut funktionierende Beziehungen aller Art. Aber welche davon sind am wichtigsten? In einer Reihe von Untersuchungen ist es gelungen, die Effekte von verschiedenen Bestandteilen des sozialen Netzwerks statistisch zu trennen.

Ehe, Zusammenleben ohne Trauschein und ähnliche Beziehungen sind am wichtigsten — besonders für die psychische Gesundheit. Deswegen haben wir uns zu Beginn dieses Kapitels näher mit der Ehe beschäftigt und konnten große Unterschiede zwischen Verheirateten einerseits und Geschiedenen, Verwitweten und Alleinlebenden andererseits feststellen. Wer unverheiratet zusammenlebt oder in einer ähnlich engen Beziehung engagiert ist, kommt beinahe ebensogut weg. Unter den Verheirateten sind jene in der besten Verfassung, die eine enge und vertrauensvolle Beziehung genießen. Was zählt, ist die Qualität der Ehe, nicht einfach das Leben unter einem Dach oder das Bestehen einer sexuellen Beziehung.[49]

Familie und Verwandtschaft. Wer Kinder hat, lebt tendenziell länger (vergleiche Tabelle 3 in diesem Kapitel). Während die Kinder zu Hause wohnen, sind die Eltern jedoch weniger glücklich als vor oder nach dieser Zeitspanne, und die Frau läuft eher Gefahr, an Depression zu erkranken.[50] Nachdem jedoch die Kinder das Haus verlassen haben, sind jene Eltern bei besserer Gesundheit, die ihre Kinder öfter sehen. Wichtig ist auch der Kontakt zu Geschwistern und anderen Verwandten, von denen in Krisenzeiten am ehesten echte Hilfe zu erwarten ist. Studien an Patienten mit psychischen Störungen ergaben, daß es diesen vor allen an familiären Beziehungen, weniger an Freunden mangelte.[51]

Freunde. Es hat sich gezeigt, daß der Kontakt zu Freunden vor allem in Jugend und Alter wichtig ist, weniger in der Zwischenzeit. Bedeutsam ist hier nicht die Quantität sozialer Interaktion mit Freunden, sondern ihre Qualität — das Maß an Vertrautheit, Aus-Sich-Herausgehen und ob der Kontakt angenehm und befriedigend ist.[52] Auch das außerfamiliäre soziale Netzwerk kann in Krisenzeiten auf verschiedene Art hilfreich sein.

In Untersuchungen an psychiatrischen Patienten stellte sich heraus, daß diese wohl von anderen Zuwendung erhalten, sie jedoch nicht erwidern.[53] Bei Forschungsarbeiten über Hilfeverhalten fand man, daß Hilfe für eine Person, die sich dafür nicht in irgendeiner Weise erkenntlich zeigen kann, deren Selbstachtung beeinträchtigt und feindselige Gefühle gegen den Helfer verursacht.[54]

Beziehungen am Arbeitsplatz. Berufstätige sind geistig und körperlich gesünder und erfreuen sich eines ausgeprägteren

Wohlbefindens als Arbeitslose oder Hausfrauen.[55] Die meisten berufstätigen Frauen sind zufriedener und gegenüber Belastungen widerstandsfähiger als ihre nicht-berufstätigen Geschlechtsgenossinnen.[56] Zwar kann Arbeit auf verschiedene Weise belastend sein — wegen langer Arbeitszeiten, eintöniger Arbeit an Maschinen, Zeitdruck, Verantwortung für andere (beispielsweise bei Managern, Ärzten oder Fluglotsen), Konkurrenz unter Kollegen, Karriere- und Aufstiegsproblemen, schwierigen Vorgesetzten oder Kollegen. All diese Formen von Streß stehen in Zusammenhang mit körperlicher oder psychischer Krankheitsanfälligkeit. Sind jedoch die Beziehungen zu Vorgesetzten oder Kollegen gut, so ist die Verbindung zwischen Streß und Krankheitsanfälligkeit entweder erheblich schwächer oder fehlt ganz.

Die Beziehungen zu Arbeitskollegen wie Vorgesetzten können sowohl eine Quelle von Streß als auch von sozialem Rückhalt und Befriedigung sein. Vorgesetzte haben in ihrer Position die Möglichkeit, Probleme direkt zu lösen; Arbeitskollegen können dem einzelnen den Rücken stärken und durch zusätzlichen Druck zur Lösung von Problemen beitragen, sie können sich Klagen anhören und Ratschläge anbieten. Soziale Unterstützung am Arbeitsplatz wirkt sich dämpfend auf das wahrgenommene Streß-Niveau aus.[57]

Nachbarn und Vereine, Kirche, Parteien. Dies sind die schwächsten Beziehungen mit dem geringsten Nutzen. Nichtsdestoweniger sind gute Kontakte zu Nachbarn, die Zugehörigkeit zu Kirchen oder anderen örtlichen Vereinigungen besonders bei älteren Menschen nicht ohne Einfluß auf Gesundheit und Wohlbefinden.[58] Zudem können nachbarliche Integration und Bindung besonders für Angehörige ethnischer Minderheiten bedeutsam sein.[59] Das lokale Netz aus Nachbarn, Freunden und Bekannten ist ein wichtiger Ausgangspunkt für Hilfe: Irgend jemand ist immer darunter, der entweder selbst helfen kann oder weiß, wo man Hilfe findet. Menschen mit ähnlichen Problemen können sich zu Gruppen zusammenschließen, um sich gegenseitig Hilfe und Unterstützung zu gewähren.

Wodurch helfen Beziehungen?

Der soziale Rückhalt aus Beziehungen kann auf verschiedene Weise wirken. Die recht unterschiedlichen Formen von Vorteilen, die aus jeweils andersartigen Beziehungen resultieren, bilden eine nützliche Leitlinie. Allgemein hat sich gezeigt, daß gerade enge Beziehungen wichtig sind. Ein kleines, hilfreiches Netzwerk ist nützlicher als ein größeres und ausgedehnteres.[60]

1. *Enge und vertraute Bindungen.* Fürsorglichkeit, Vertrauen und Mitgefühl spielen vor allem eine wichtige Rolle für kleine Kinder. Die Nähe der Mutter vermittelt ihnen die notwendige Sicherheit, um fremde Umgebungen zu erforschen. Im späteren Leben kann eine enge Bindung ähnliche Vorteile bedeuten.

2. *Vertrauenspersonen.* Die Beziehung zu einem Vertrauten kann sich von der erwähnten Bindungsform unterscheiden, obwohl beide oft miteinander einhergehen. Vieles spricht dafür, daß eine vertrauensvolle Beziehung zu einem Ehepartner oder Freund die psychische und körperliche Gesundheit positiv beeinflußt. Der dabei ablaufende Prozeß des Mitteilens und Erörterns persönlicher Probleme kann einer Psychotherapie recht ähnlich sein. Dies ist auch der Hauptgrund, warum die Ehe gegen Streß zu schützen vermag.[61]

3. *Bestätigung, Vermittlung von Zuversicht, gestärkte Selbstachtung und der Glaube an die eigene Fähigkeit, mit Problemen fertig zu werden.* Vorteilhafte Einschätzung durch andere kann zur generellen Erwartung ähnlicher Beurteilungen und zu Erfolgszuversicht führen; der Glaube an die eigenen Fähigkeiten bewirkt ein entschiedenes Angehen von Problemen.[62]

4. *Tätige Hilfe.* Wir werden sehen, daß Hilfe in kleineren und alltäglichen Angelegenheiten oft von Nachbarn kommt, in schwerwiegenderen Fällen von Verwandten, bei der Arbeit von Kollegen. Dies ist die unmittelbarste Art von Unterstützung.

5. *Hilfe durch Information.* Wie wir gesehen haben, sind soziale Netzwerke eine der wichtigsten Informationsquellen. Ausgedehnte und vielfältige Netzwerke schließen Fachleute ein oder ermöglichen den Zugang zu Fachleuten für eine große Anzahl von Problemen.

6. Soziale Integration. In einer Gruppe von Freunden akzeptiert zu werden und an regelmäßigen geselligen Aktivitäten teilnehmen zu können, kann eine besondere und wesentliche Form von sozialem Rückhalt sein.

Einige dieser Prozesse sind wichtiger als andere. Ihre unterschiedliche Wirkung auf die psychische und körperliche Gesundheit aufzuschlüsseln, gelang in einer neueren Studie. Der Zugang zu einer Vertrauensperson und die Möglichkeit, positive Wertschätzung durch andere zu erfahren, erwiesen sich dabei als die wichtigsten Faktoren.[63]

Wie beeinflussen soziale Beziehungen die körperliche Gesundheit? Es gibt einige einfache Erklärungen: Ehegatten sorgen füreinander und achten aufeinander, während beispielsweise Alleinlebende gesundheitlich ungünstigere Lebensgewohnheiten haben, etwa mehr trinken und rauchen.[64] Wahrscheinlich ist jedoch ein noch wichtigerer Vorgang im Spiel. Es gibt neuerdings Hinweise darauf, daß Streß die Menschen krank macht, indem er das Immunsystem — die natürliche Abwehr gegen Krankheitserreger — schwächt.[65] Und sehr wahrscheinlich trägt sozialer Rückhalt auf dem Weg über die Verringerung von Streß dazu bei, das Immunsystem funktionsfähig zu erhalten. Eine weitere Möglichkeit ist, daß die Entspannungsreaktion durch soziale Unterstützung aktiviert wird; dies wiederum hebt die biochemischen Wirkungen von Streß auf.[66]

Geschlechtsunterschiede

Im allgemeinen ziehen Frauen aus sozialem Rückhalt mehr Nutzen als Männer.[67] In der wichtigsten Beziehung, der Ehe, hingegen ergeht es den Männern besser. Die oben angeführten Zahlen zu den vorteilhaften Auswirkungen der Ehe haben verdeutlicht, daß diese den Ehemännern wesentlich mehr nützt als den Frauen. Dies war das Ergebnis einer großen Zahl sorgfältig durchgeführter Untersuchungen, wobei die von uns bereits erörterten Probleme der Umkehrbarkeit der Ursachen keinen Einfluß haben. Was also ist die Erklärung?

Der wahrscheinlichste Grund ist, daß Ehefrauen — ja Frauen allgemein — im Durchschnitt mehr Rückhalt gewähren als Ehemänner. Man fand beispielsweise, daß Ehefrauen herzlicher, dankbarer und aufmunternder sind, eher vertrauten Umgang pflegen und sich in der ehelichen Beziehung ausgleichend verhalten.[68] Mehr Ehemänner sehen in ihrer Frau eine Vertraute als umgekehrt (vergleiche Kapitel 6). Wie wir später darstellen werden, herrscht in der Ehe nicht völlige Gleichberechtigung. Gewöhnlich haben die Männer mehr Macht und interessante Berufe, während die Frauen eher langweilige Hausarbeit verrichten.

Verwitwung hat geringere Folgen für Frauen, vielleicht, weil sie weniger verlieren. Darüber hinaus verfügen sie über ein besseres Netz von Freundschaften, auf die sie zurückgreifen können. Für Witwer gibt es weniger Möglichkeiten, was teilweise schlicht mit ihrer geringeren Anzahl zusammenhängt — sie können sehr isoliert sein. Außerdem sehen sich Witwer unter Umständen vor häusliche Schwierigkeiten gestellt — während Witwen oft finanzielle Probleme haben.

Für Frauen können Freunde und Verwandte von größerem Nutzen sein, weil sie, wie wir noch sehen werden, zu beiden Personengruppen engere Beziehungen pflegen als Männer. Männer haben andererseits eine stärkere Bindung an Arbeitskollegen, und dies steht stärker in Zusammenhang mit der psychischen Gesundheit von Männern als der von Frauen.[69] Zu Freunden entwickeln Männer weniger enge Beziehungen, sie gehen weniger aus sich heraus. Ihre Bindung bezieht sich oft auf eine Gruppe, und sie verbringen ihre Zeit eher mit gemeinsamen Aktivitäten als mit persönlichen Gesprächen. Es hat sich gezeigt, daß Frauen eher Hilfe suchen, während sich Männer eher zurückziehen; Frauen erhalten mehr soziale und instrumentelle Hilfe (allerdings nicht mehr berufliche Hilfe) als Männer.[70]

Auf jeden Fall scheinen Männer biologisch für viele Krankheiten — darunter einige tödliche — anfälliger zu sein. Frauen neigen mehr zu Depression und Ängstlichkeit, haben öfter Bagatellkrankheiten, leben jedoch länger. Vielleicht hilft ihnen ihre ausgeprägtere Fähigkeit, tragfähige Beziehungsnetze zu knüpfen.[71] Einige, gemeinhin als weiblich betrachtete Eigenschaften wie soziales Geschick und der Wunsch nach Nähe könnten sich vorteilhaft auf ihre Gesundheit auswirken. Man hat herausgefunden, daß sich aus der Intimitäts-Motivation 30jähriger Männer verschiedene Vorhersagen für das Maß an Glück und Angepaßtheit 17 Jahre später treffen ließen.[72]

Schichtunterschiede

Die soziale Schicht ist eine der wichtigsten Einflußgrößen für Unterschiede in der Lebensgestaltung. Betrachtet man verschiedene Kennwerte für Gesundheit und Wohlbefinden, so erkennt man, daß Angehörige der Arbeiterschicht im Durchschnitt stärker psychisch gestört, häufiger krank, weniger glücklich und anderes mehr sind; allerdings sind die Auswirkungen der Schichtzugehörigkeit weniger deutlich als die von sozialen Beziehungen. Teilweise sind diese Schichtdifferenzen damit zu erklären, daß Angehörige der Arbeiterschicht stärkeren Belastungen ausgesetzt sind — es geht ihnen materiell schlechter, und das Risiko der Arbeitslosigkeit (eines der belastendsten Lebensereignisse) ist höher. Es hat sich auch gezeigt, daß die körperlich und psychisch krankmachenden Folgen von Streß für Mitglieder der Arbeiterschicht stärker sind.[73] Sie sind, mit anderen Worten, anfälliger für Belastungen und ihre Auswirkungen als Mittelschichtsangehörige.

Erhalten Arbeiter weniger soziale Unterstützung als Angehörige der Mittelschicht? Umfragen zur Einsamkeit zeigen, daß Menschen mit niedrigerem Einkommen und besonders solche mit geringer Schulbildung weniger häufig enge Vertraute haben.[74]

Welche Arten von Beziehungen fehlen Angehörigen der Arbeiterschicht? Schichtunterschiede zeigen sich bei fast allen sozialen Beziehungen; wir werden sie in späteren Kapiteln detailliert erörtern. Kurz nur soviel: Ehen in der Arbeiterschicht sind weniger glücklich, die Partner verbringen weniger Zeit miteinander, Scheidung ist häufiger. Freundschaften sind insgesamt schwächer, dafür sind die Verwandtschaftsbande stärker ausgeprägt. Die Verbindungen zu Nachbarn sind — außer auf den untersten gesellschaftlichen Ebenen — nicht schwächer. Berufliche Beziehungen hängen von der Art der Tätigkeit ab: Sie können bei Mitgliedern der Arbeiterschicht stärker sein, weil Leitungsaufgaben häufig mit belastenden und belasteten Beziehungen zu anderen einhergehen. Einfache Arbeiter haben mit einer begrenzten Anzahl von Menschen zu tun; Facharbeiter verfügen über ein differenzierteres Beziehungsgeflecht, und es wurde vermutet, daß dies eine größere Bandbreite von Hilfe und sozialem Feedback schafft.[75]

Weiteres Licht auf diese Fragen wirft die Erkenntnis, daß sozialer Rückhalt die Wahrscheinlichkeit von Depression bei Angehörigen der Arbeiterschicht nur unter hoher Belastung reduziert, während bei niedrigerer Belastung keine Wirkung eintritt. Für Angehörige der Ober- und Mittelschicht hat sozialer Rückhalt auf jedem Belastungsniveau positive Wirkungen.[76] Sozialer Rückhalt, so scheint es, ist (zumindest in den USA) nicht regulärer Bestandteil des Lebens in der Arbeiterschicht, wird jedoch wirksam, wenn es eindeutig notwendig ist.

Wie man sich sozialen Rückhalt verschafft

Wenn also sozialer Rückhalt so nützlich für uns ist — wie bekommen wir ihn? Die Antworten lauten: heiraten und verheiratet bleiben, Freunde gewinnen und behalten und dergleichen mehr. Mithin geht es um die sozialen Fertigkeiten, mit Beziehungen umzugehen, und davon handelt dieses Buch. In Kapitel 12 wird beschrieben, wie man Menschen die notwendigen Fähigkeiten vermittelt.

Sich Rat und Hilfe zu verschaffen, ist ebenfalls eine Kunst, auch wenn ein vorhandenes Beziehungsgeflecht dies erheblich erleichtert. Man muß aber nach der jeweils benötigten Art von Hilfe suchen und fragen. Schon Kinder tun dies, und so entwickeln sich die Fertigkeiten zur Suche nach Unterstützung bei den meisten Menschen im Verlauf der Kindheit.[77]

3

Zusammenleben – Ein Spiel nach Regeln

Soziale Beziehungen gleichen in mancher Hinsicht Spielen. Beide sind Sozialsysteme in Miniatur; sie bringen durch Handeln im Rahmen von Regeln kooperatives Verhalten hervor, das zum Erreichen von Zielen führt. Die Analogie zwischen Spielen und sozialen Situationen sowie deren Grundbestandteile wurden von unserer Forschungsgruppe bereits früher herausgearbeitet.[1] Soziale Beziehungen haben ähnliche Eigenschaften; wir werden diese Merkmale hier verwenden, um unterschiedliche Beziehungen zu analysieren. Folgende Basiskomponenten haben wir festgestellt:

1. *Ziele, Quellen von Befriedigung.* Niemand wird an einem Spiel teilnehmen oder eine Beziehung aufrechterhalten, wenn ihm dies nicht hinreichende Befriedigung verschafft, die größer ist als die entstehenden „Kosten". Deren Art wechselt mit unterschiedlichen Beziehungen.
2. *Repertoire.* Dies sind die in einem Spiel erlaubten und als sachdienlich anerkannten Spielzüge oder die für eine bestimmte Art von Begegnung oder Beziehung typischen Verhaltensweisen. Solche Züge sind Schritte in Richtung auf die Ziele.
3. *Rollen.* Beim Fußball gibt es Abwehrspieler, Stürmer und so weiter. In ähnlicher Weise gibt es Rollen im Berufsleben, etwa die von Ärzten, Schwestern und Patienten, sowie Rollen in Familien.
4. *Umgebungsbedingungen.* Für die meisten Spiele gibt es besondere Spielfelder. Ebenso spielen sich Beziehungen, beispielsweise zu Freunden oder in der Familie, in einer charakteristischen Umgebung ab.
5. *Regeln.* Spiele sind vor allem durch ihre Regeln bestimmt. Um etwa Fußball oder Eishockey zu spielen, muß eine Anzahl von Menschen dieselben Regeln befolgen — anderenfalls kommt kein Spiel zustande.

Die Spiele von Kindern sind ein gutes Beispiel dafür, wie Regeln unmittelbar aus der Situation heraus festgelegt werden: „Du darfst dich nicht im nächsten Vorgarten verstecken" und dergleichen mehr. Solche Regeln entwickeln sich im Lauf der Zeit. Die Fußball-Regeln sind komplex und können nicht einfach damit erklärt werden, daß sie einigen Leuten am Samstagnachmittag zu körperlicher Betätigung verhelfen. Das Spiel war bereits im Altertum in vielen Ländern verbreitet und bestand gewöhnlich darin, daß eine große Zahl von Leuten, oft aus verschiedenen Ortschaften, praktisch ohne irgendwelche Regeln mit einem Ball herumkickte. Gewalttätigkeiten waren so häufig, daß das Spiel zuweilen gesetzlich verboten wurde. Über einen langen Zeitraum hinweg entstanden dann durch schrittweisen Ausbau, durch Veränderung und Verfeinerung der Regeln verschiedene Formen des Spiels, die inzwischen jeweils zu einem ausgefeilten System geworden sind. Die Erfinder von Brettspielen wie Monopoly entwickeln das gesamte Regelwerk in einem Zug, doch muß dieses erprobt und modifiziert werden, damit ein befriedigender Spielverlauf möglich wird.

In ähnlicher Weise bilden die Regeln für soziale Beziehungen ein komplexes Ganzes. Regeln zu verändern, kann ein verzwicktes Unterfangen sein, weil sie alle miteinander in Verbindung stehen. So wurden beispielsweise die Rugby-Regeln geändert, um zu erreichen, daß weniger Spiele durch Strafstöße gewonnen wurden. Zu diesem Zweck wurde für bestimmte kleinere Übertretungen der Freistoß (das heißt, ein Fallabstoß anstatt eines Tritts, der das „Ei" über den ganzen Platz schleudert) eingeführt. Weil diese Maßnahme die Anzahl der durch Strafstöße gewonnenen Punkte nicht verminderte, wurde der Freistoß selbst geändert: Der Ball mußte mit dem Fuß gespielt werden, bevor auf das Tor geschossen werden durfte. Als Folge davon entstand die Strategie, den Ball dem besten Schützen zuzuspielen — eine dritte Regeländerung steht allerdings noch aus.[2]

Ein Großteil menschlichen Verhaltens wird nicht nur von Regeln gesteuert, sondern durch sie erst ermöglicht. Einige davon sind formell festgeschrieben und gesetzlich sanktioniert, wie beim Inzestverbot oder den Menschenrechten. Andere dagegen sind eher informell, Übertretungen werden eher normativ als gesetzlich geahndet. In diesem Buch werden wir die für die wichtigsten sozialen Beziehungen gültigen Regeln erörtern. Wir wollen den Beweis antreten, daß sie einen Schlüssel für die Fähigkeit darstellen, mit Beziehungen erfolgreich umzugehen, und daß uns diese Regeln zum besseren Verständnis von Beziehungen verhelfen.

Aber was hat man sich eigentlich genau unter einer Regel vorzustellen? Eine Regel ist eine Aussage darüber, was die meisten Menschen, das heißt, die meisten Mitglieder einer Gruppe, Nachbarschaft oder Subkultur als erwünschtes oder unerwünschtes Verhalten ansehen. Regeln können sich auf besondere *Situationen* beziehen, beispielsweise auf das Benehmen bei Tisch oder beim Arzt. Ebenso können sie für bestimmte *Beziehungen* gelten, etwa wenn sie eine Aussage darüber treffen, wie man sich gegenüber Freunden oder Arbeitskollegen verhält.

In diesem Buch beschäftigen wir uns mit einer speziellen Art von Regeln — mit den informellen Regeln in Beziehungen. Obwohl es Überschneidungen gibt, sind sie durchaus verschieden von anderen Arten von Regeln wie:

Gesetzen. So ist es in unseren Breiten nicht erlaubt, die eigene Schwester zu heiraten oder mit zwei Personen zugleich verheiratet zu sein. Einige der Gesetze, die Beziehungen regeln, werden wir noch erwähnen; im großen und ganzen jedoch beschäftigen sich Gesetze nicht mit Verhaltensregeln oder dem Umgang mit Beziehungen.

Anstandsregeln. Wir werden einige Beispiele für diese Art von Regeln anführen. Sie ähneln Beziehungs-Regeln insoweit, als sie beleidigendes Verhalten oder andere Probleme vermeiden helfen, beziehen sich jedoch gewöhnlich auf unbedeutendere Anlässe und besondere Situationen.

Sitten. Manche unserer Regeln haben auch einen moralischen Inhalt, insofern sie bestimmtes Verhalten billigen oder ablehnen — etwa fordern, Geheimnisse für sich zu behalten. Der Grad der Billigung oder Ablehnung ist jedoch geringer als bei traditionellen Moralvorschriften und beruht auf der Überzeugung, daß ein Regelbruch der Beziehung schadet.

Wie Regeln funktionieren

Unsere Vorannahme ist einfach: Regeln werden entwickelt, damit Menschen in verschiedenen Beziehungen oder Situationen ihre Ziele erreichen können. Ein geläufiger Grundsatz der Psychologie besagt, daß eine Person oder ein Lebewesen entweder durch Versuch und Irrtum oder durch andere Formen des Problemlösens Wege finden wird, seine angestrebten Ziele zu erreichen. Wir schlagen nun eine Erweiterung dieses Prinzips vor: Auch Gruppen von Menschen finden Wege zu ihren Zielen; diese Wege sind gemeinsame Lösungen und umfassen ebenso die notwendige Koordination bestimmter Verhaltensweisen wie auch den Ausschluß anderer durch Regeln. Nur wenn solche Koordination verwirklicht ist, werden auch die gemeinsamen Ziele erreicht.

Ein Beispiel dafür sind die Verkehrsregeln, die es den Menschen ermöglichen, sich ohne Zusammenstoß in entgegengesetzter Richtung zu bewegen. Leon Mann[3] untersuchte die Herausbildung von Verhaltensregeln beim Schlangestehen für Fußball-Eintrittskarten in Australien, das 24 Stunden und länger dauern kann. Er fand heraus, daß sich Regeln entwickelten und durchgesetzt wurden, die das Verhalten in einer solchen Situation steuerten und das Schlangestehen erträglich machten, indem sie etwa zeitweiliges Verlassen der Schlange zuließen. Dies waren dann auch schon die wichtigsten Verhaltensregeln beim Schlangestehen. Dagegen wird nichts über irgendwelche Regeln berichtet, die die Leute davon abhalten sollten, zu lärmen, Zärtlichkeiten auszutauschen oder sich zu betrinken, wie es in vielen anderen Situationen der Fall ist; derartige Einschränkungen sind nicht notwendig, weil solches Verhalten den Zielen des Schlangestehens nicht zuwiderliefe. Im geschilderten Fall wirkt die Regelung vor allem dadurch, daß sie das Verhalten einer Anzahl unterschiedlicher Menschen koordiniert — und sie wirkt nur dann, wenn alle sich daran halten. In anderen Fällen richten sich die Regeln an Einzelpersonen und beschreiben die effektivste Methode, mit einer Situation umzugehen. Empfehlungen zu Führungsstilen sind Regeln dieser Art.

Nicht immer werden Vorschriften befolgt. Wir leben beispielsweise nicht in einer Welt, „in der Männer vor Damen den Hut ziehen; wo junge Leute gegenüber Älteren in der Öffentlichkeit Ehrerbietung zeigen; wo ledige Mütter eine Seltenheit sind; wo Bürger den Gesetzeshütern zu Hilfe eilen; wo niemand Kaugummis unter Tische klebt oder auf den Bürgersteig fallen läßt; wo Fernsehtechniker Fernsehapparate in Ordnung bringen und Kinder ihre betagten Eltern respektieren".[4] Wie wir später sehen werden, kann jedoch auch eine Regel, die von vielen Leuten übertreten wird, noch immer für wichtig erachtet werden.

Regeln sind nicht ganz dasselbe wie Konventionen, die sich auf so wechselhafte Gebräuche wie Bekleidungsmoden erstrecken. Beim Tennis ist es eine *Regel*, daß die Spieler eine bestimmte Art von Schläger benutzen, hingegen wäre es eine *Konvention*, dabei unbedingt weiße Hosen tragen zu müssen. Wir interessieren uns eher für Normen im Sinne jener Tennis-Regeln, deren Übertretung das Spiel unmöglich macht oder unterbricht. Wenn solche Regeln nicht eingehalten werden, werden es die Beteiligten nicht interessant oder lohnend genug finden, um weiterzuspielen oder wiederzukommen.

Übereinstimmendes Verhalten von Mitgliedern einer Familie kann nach unserem Verständnis ebenfalls als regelhaft angesehen werden. Wir werden jedoch sehen, daß der Geltungsbereich vieler Regeln noch erheblich weiter reicht. Der Grund dafür ist, daß alle Familien ähnlichen Problemen gegenüberstehen und zu ihrer Bewältigung ähnliche Normen benötigen, die in jedem Fall als Teil der kulturellen Sozialisation gelernt werden.

Regeln klingen oft einschränkend, doch bedingen diese Beschränkungen, wie wir gesehen haben, oft augenfällige Vorteile — das Fahren auf einer bestimmten Straßenseite beispielsweise oder der Verzicht auf Unterhaltungen während eines Konzerts. Darüber hinaus machen Regeln, wie erwähnt, ganze Verhaltensbereiche überhaupt erst möglich. „Sprache zu benutzen, Spiele zu spielen, um jemanden zu werben, zu heiraten, mathematische Beweise zu führen, in Gremien Entscheidungen zu fällen, ein Haus zu kaufen und zu verkaufen, über den eines Verbrechen Überführten das Urteil zu sprechen und sogar einen Krieg auszufechten — all dies sind weithin durch Normen geleitete Aktivitäten."[5] Sie sind sämtlich Beispiele für die sogenannte „soziale Konstruktion der Wirklichkeit".

Funktional orientierte Anthropologen haben Erklärungen für verbreitete soziale Normen angeboten. So haben etwa die strikten Umgangsregeln, welche die Tätigkeit von Ärzten, Anwälten und in anderen Berufen umgeben, die Funktion, eine gewisse Distanz aufrechtzuerhalten, damit beispielsweise Ärzte sehr persönliche Fragen stellen können, ohne daß sich übermäßige Vertraulichkeit oder Betroffenheit entwickelt.[6] Wir werden einer Anzahl von Regeln für Beziehungen begegnen, die so gedeutet werden können. Die weithin gültige Vorschrift etwa, seinen Ehepartner aus einer anderen Sippe oder Familie zu wählen, hat die Funktion, verschiedene Gruppen innerhalb einer Gesellschaft aneinander zu binden (vergleiche Kapitel 9)

Manchmal können bestimmte Zwecke auf mehr als eine Art und Weise und durch mehr als ein Regelsystem erreicht werden. So können etwa Kauf und Verkauf (1) zu festen Preisen, (2) mit Handeln, (3) per Versteigerung oder (4) durch Tauschhandel geschehen. Ähnlich gibt es mehr als einen Komplex von Heiratsregeln und mehr als eine Art von beruflichen Beziehungen. Auch haben sich die heutigen Beziehungsformen im Lauf der Zeit langsam entwickelt, und sie verändern sich weiterhin, beispielsweise im Fall der ehelichen Beziehung zwischen Mann und Frau.

Gelegentlich sind Versuche gescheitert, Regeln umzugestalten. In Australien versuchten Missionare einem Eingeborenenstamm zu helfen, indem sie Stahläxte verschenkten, weil Äxte dort sehr knapp zu sein schienen. Dies erwies sich jedoch als schwerwiegender Eingriff ins Stammesleben, weil nur ältere Männer Steinäxte besessen hatten und diese ein Teil des Statussystems waren; außerdem bildete der Handel mit Äxten ein Bindeglied zwischen verschiedenen Gruppen.[7]

Das Problem ist, daß sich zwar die hohe Bedeutung einer Regel zeigen läßt, daß jedoch die Mitglieder einer Gesellschaft, die nach dieser Norm leben, nicht immer über ihre Funktion Bescheid wissen. So mag es manchen Menschen nicht klar sein, warum sie ihre Schwester nicht heiraten dürfen oder (in manchen Gesellschaften) eine Tochter des Bruders ihrer Mutter zur Frau nehmen sollen; sie stellen als Resultat der Funktionsweise des sozialen Systems einfach fest, daß sie sich zu einer bestimmten Person hingezogen fühlen und zu einer anderen nicht.

Manche Auswirkungen von Regeln sind also nicht ganz offensichtlich, zumal sie, wie die Regeln bei einem Spiel, zusammenwirken und dabei integrierte Systeme bilden. Dennoch brauchen wir keine konservative Haltung gegenüber Regeln einzunehmen — schließlich sahen die meisten von ihnen in der Vergangenheit anders aus, und auch von einer Kultur zur anderen werden die Dinge unterschiedlich gehandhabt. Tatsache bleibt aber, daß ihre Veränderung sehr schwierig sein kann und daß eventuell mehr als eine Regel geändert werden muß.

In welchem Maß können Regeln an einem Ort variieren, beispielsweise zwischen verschiedenen Ehen oder Freundespaaren? So offenkundig Ehen sich unterscheiden, teilen sie doch auch bestimmte gemeinsame Eigenschaften, wie wir sehen werden. Unsere Untersuchungen zeigen, daß es eine außerordentlich weit verbreitete Übereinstimmung bezüglich der Regeln für Ehen und andere Beziehungen gibt; wahrscheinlich ist daher der Spielraum für örtliche Abweichungen wesentlich kleiner, als manchmal angenommen wird.

Regeln variieren von Kultur zu Kultur

Unkenntnis der Funktionsweise sozialer Regeln führt zu Schwierigkeiten, sobald wir mit einem völlig neuen System von sozialen Normen konfrontiert werden. Denn Umgangsformen und die Angemessenheit oder Ungehörigkeit von Verhaltensweisen in bestimmten Situationen unterscheiden sich zwischen verschiedenen Kulturen beträchtlich. Eine einfache

Begrüßung reicht von dem in Europa üblichen Händeschütteln über die Verbeugung in vielen östlichen Kulturen bis hin zum traditionellen Nasenreiben der Maoris und noch ausgefalleneren Grußvarianten in verschiedenen Stammeskulturen. Sogar jene Formen nicht-verbalen Verhaltens, die wir als selbstverständlich betrachten — wie Blickkontakt beim Gespräch oder den räumlichen Abstand, den wir zu anderen einhalten — variieren in unterschiedlichen Ländern stark.[8] Während die verfolgten Ziele ähnlich sein können, entwickeln sich andersartige Regelgefüge, um sie zu erreichen. So besteht etwa in einigen Weltgegenden, wie in Afrika, die Erwartung, daß Leute ihre Verwandten unterstützen, indem sie ihnen Arbeit verschaffen, während in anderen Ländern solche „Vetternwirtschaft" mißbilligt wird. In vielen Teilen der Welt ist es normal, Fachleuten oder Staatsbeamten für ihre Dienste eine „Privatgebühr" zu bezahlen, während in anderen Kulturen solche „Bestechung" als unmoralisch oder gar ungesetzlich angesehen wird. Auch der Umgang mit Zeit ist oft stark kulturell geprägt: Während man beispielsweise hierzulande unbedingt pünktlich zu einer Verabredung kommen sollte, gilt anderswo eine Verspätung von ein oder zwei Stunden als tragbar.[9]

Unterschiedliche Arten von Regeln

Es gibt viele unterschiedliche Arten von Regeln für Beziehungen. Dies sind einige der wichtigsten Typen:

Belohnungsregeln. Der wichtigste Lehrsatz der „Austauschtheorie" besagt, daß Menschen bestimmte Beziehungen nur dann aufrechterhalten, wenn der „Gewinn" abzüglich der „Kosten" für sie höher ist, als er bei jeder erreichbaren Alternative unter Berücksichtigung der „Kosten" eines Wechsels wäre. Manche Beziehungen kann man nur unter Schwierigkeiten oder überhaupt nicht aufgeben — die zu Verwandten beispielsweise. Allerdings können in diesen Fällen Nähe, Kontakthäufigkeit oder das Ausmaß der Unterstützung eingeschränkt werden. Wir können also erwarten, daß eine Reihe eindeutiger Verhaltensregeln darauf abzielt, die anderen zustehenden Belohnungen auf einem annehmbaren Niveau zu halten, und daß einige dieser Regeln für alle Beziehungen gleichermaßen gelten. Darüber hinaus erwarten wir, daß es Regeln zur Vermeidung unangemessener „Kosten" für die anderen gibt und daß einige dieser Regeln ebenfalls allen Beziehungen gemeinsam sind.

Intimitäts-Regeln. Einer der wichtigsten Gesichtspunkte, in denen sich Beziehungen unterscheiden, ist das erwünschte und angebrachte Maß an Nähe. Weiter hinten werden wir eine Studie darstellen, die für die Festlegung von Nähe gegenüber Familie und Freunden deutlich andere Regeln als gegenüber Nachbarn und Arbeitskollegen fand. Bei letzteren sind viele dieser Regeln ins Gegenteil verkehrt, um das Maß an Vertraulichkeit und Enge niedrig zu halten.

Koordination und das Vermeiden von Schwierigkeiten. Wir kommen jetzt zu Regeln, die ganz bestimmte Beziehungen betreffen und die Aufgabe haben, Verhalten zu koordinieren, um die Ziele der Beziehung erreichen zu können. Damit spiegeln sie die grundlegenden Eigenschaften dieser Beziehungen recht genau wider. Einige verleihen den anerkannten Rollen Nachdruck, andere vermeiden gängige Verlockungen oder andere verbreitete Ursachen von Schwierigkeiten. Einige richten das Verhalten auf die besonderen Zwecke der Beziehung aus.

Verhaltensregeln gegenüber Dritten. Weil Paare im allgemeinen nicht isoliert leben, sind Normen zur Verhaltensregelung gegenüber Außenstehenden nötig — um mit den Problemen wie der Eifersucht, dem Bewahren von Geheimnissen oder dem Sich-Einsetzen für andere zu Rande zu kommen.

Gibt es für alles Regeln?

Wird das Verhalten in sämtlichen Beziehungen und Situationen durch Normen gelenkt? Wir vermuten, daß alle Beziehungen der Steuerung durch Regeln bedürfen, und wir werden tatsächlich sehen, daß für alle in diesem Buch erörterten Beziehungen Regeln existieren.

Ebenso erwarten wir, daß sämtliche Situationen — sogar die zwanglosesten — durch Regeln bestimmt sind. Price und

Bouffard[10] baten Versuchspersonen, die Angemessenheit von 15 Verhaltensweisen jeweils für 15 unterschiedliche Situationen zu beurteilen. Sie stellten fest, daß sich die Situationen zwar in dem für akzeptabel gehaltenen Verhaltensspielraum unterschieden, daß jedoch jede Situation einige Dinge ausschloß.

In einer Reihe von Untersuchungen offensichtlich unsozialen oder gesetzwidrigen Verhaltens fanden Marsh und seine Mitarbeiter[11], daß auch dieses von Regeln geleitet wird. So befragte er beispielsweise Fußballrowdies nach ihrem „Stiefeleinsatz" und ähnlichem. Bei diesen Interviews wurde von den Befragten mehr oder weniger direkt eine Reihe von Regeln beschrieben; beispielsweise war es nicht akzeptabel, Mitglieder der gegnerischen Gruppe zu verletzen, obwohl man versuchte, sie einzuschüchtern. Anne Campbell[12] fragte weibliche Häftlinge eines Jugendgefängnisses nach ihren Ansichten über verschiedene Verhaltensweisen in Verbindung mit Schlägereien. Dabei wurden beispielsweise die folgenden Regeln ermittelt:

Man sollte Freunde nicht bitten, die Polizei zu rufen (85 %).
Man sollte Freunde nicht bitten einzugreifen (81 %).

In einer weiteren Studie untersuchten wir Verhaltensregeln für 25 Situationen, die Psychologie-Studenten in Oxford häufig erleben.[13] Für jede der 25 Situationen schätzten die Versuchspersonen ein, wie passend oder unpassend insgesamt 124 Verhaltensweisen waren. Es zeigte sich, daß bestimmten Situationen Bündel von Regeln zugeordnet waren. Das erste Bündel — „Freundlich sein", „Höflich sein", „Andere nicht verärgern" und so weiter — wurde für fast alle Situationen als gültig beurteilt. Dies waren allgemeine Regeln, die wir erwartet hatten — Regeln, die das Belohnungsniveau für andere aufrechterhalten und sie so an die Situation binden sollen.

Andere Bündel von Regeln galten für spezielle Situationen: Die Normen „Bei erfreulichen Gesprächsthemen bleiben" beispielsweise oder „Sich gepflegt kleiden" wurden Stehempfängen und ähnlichen gesellschaftlichen Ereignissen zugeordnet. So, wie es Bündel von Regeln gibt, gibt es auch Bündel von Situationen, wobei für jede Situation dieses Bündels weitgehend dieselben Normen gelten.

Einige Regeln schließlich hatten nur für eine einzige Situation Gültigkeit. Für den Gang zum Arzt beispielsweise bestanden zwei spezielle Regeln: sauber zur Untersuchung zu erscheinen und ihm gegenüber absolut ehrlich zu sein. In Seminaren gilt: „Nicht vorgeben, etwas zu verstehen, wenn es nicht der Fall ist“.

Diese Studie veranschaulicht einige der Eigenarten, die wir bei Beziehungsregeln allgemein zu finden erwarteten, und sie diente als Modell für einen Teil der Untersuchungen, die wir in späteren Kapiteln darstellen werden.

Regeln und Fertigkeiten

Ist das Einhalten von Regeln Bestandteil sozialer Fertigkeiten? Regeln hatten wir als nach Meinung der Leute erwünschtes oder unerwünschtes Verhalten definiert. Wir hatten die Erwartung geäußert, daß der Bruch von Regeln zum Scheitern einer Beziehung führen würde, und haben dieses Kriterium benutzt, um die Bedeutung von Regeln zu überprüfen. Soziale Fähigkeiten wurden häufig durch Vergleich erfolgreicher und erfolgloser Verhaltensweisen entdeckt. Deshalb überschneiden sich die Begriffe „Regel“ und „Fertigkeit“ ein gutes Stück. Und deshalb können Regeln auch ein Wegweiser zu Fertigkeiten sein, wie wir im Schlußkapitel sehen werden.

Der wichtigste Unterschied ist, daß wir unter Fertigkeiten sowohl die Möglichkeit verstehen, sich für ein bestimmtes Verhalten zu entscheiden, als auch, dieses auszuführen. Man könnte etwa einem Nichtschwimmer einleuchtend die Schwimmzüge und die dafür geltenden Regeln erklären; um jedoch über Wasser zu bleiben, ist auch ein gewisses Können nötig. Komplexere Fertigkeiten wie Turnen oder Musizieren erfordern zu ihrer Beherrschung jahrelange Übung. Manchmal, beispielsweise bei öffentlichen Auftritten, besteht das Problem darin, Angst oder andere Emotionen unter Kontrolle zu halten.

Die Regeln für das Verhalten von Eltern gegenüber Kindern oder von Aufsichtskräften gegenüber Arbeitsgruppen werden in späteren Kapiteln erörtert. In beiden Fällen haben jene, die mit diesen Beziehungen vertraut sind, ziemlich feststehende Vorstellungen von den Regeln und damit von der richtigen Art und Weise, mit diesen Beziehungen umzugehen. Dies kann teilweise daher rühren, daß sie durch eigene Erfahrung oder durch Beobachtung anderer herausbekommen haben, was funktioniert und was nicht. Ihre Vorstellungen mögen aber auch der Lektüre von Büchern und Zeitschriften (beispielsweise über Elternschaft) oder Schulungskursen für Führungspersonal entstammen. Heute lehnen sich solche Bücher und Kurse recht eng an Forschungsergebnisse zu den fraglichen Fähigkeiten an, was bis vor nicht allzu langer Zeit kaum der Fall war. Dadurch nähern sich verbreitete Ansichten immer stärker den tatsächlich wirksamen Fertigkeiten.

Dennoch weiß man aus der Forschung über soziale Fertigkeiten, daß einige ihrer Aspekte selbst unter erfahrenen Praktikern *nicht* generell bekannt sind. Beispielsweise sind manche subtileren Gesichtspunkte der nichtverbalen Kommunikation oder der Gesprächsführung noch nicht Allgemeingut geworden, obwohl dies eines Tages zweifellos so sein wird.[14] Auf diesen Gebieten bilden Regeln eine unvollständige Orientierungshilfe für soziale Fertigkeiten.

Regeln als Schlüssel zu Beziehungen

Regeln sind nicht allein der Schlüssel zu den wirksamsten Fertigkeiten innerhalb einer Beziehung, sie sind auch der Schlüssel zum Verständnis von Beziehungen. Sie sind zwar nur ein, aber in vieler Hinsicht das wichtigste Merkmal von Beziehungen. Wenn Regeln die Aufgabe haben, das Erreichen von Zielen zu ermöglichen, müßten sie uns zugleich Auskunft über die Ziele selbst geben können. Und wenn sie die Funktion haben, alltägliche Probleme zu vermeiden, sollten sie uns auch zeigen, worin diese bestehen. Dabei ist allerdings zu bedenken, daß Regeln oft nur *eine* mögliche Lösung für ein Problem anbieten.

Können Regeln also Aufschluß über die Ziele von Beziehungen geben? Wir werden sehen, daß die Regeln für Freundschaften viel mit dem Austausch von „Belohnungen“, wie etwa Zuwendung und Hilfe, zu tun haben, deren Bedeutung gerade hier durch andere Untersuchungen erwiesen ist. Eheregeln besagen wenig über den Austausch von Belohnungen, beziehen sich aber häufig auf das Aufrechterhalten von Nähe, die aus sich selbst heraus belohnend ist. Die wichtigsten Regeln für berufliche Beziehungen haben einen reibungslosen Betriebsablauf zum Ziel.

Manche Regeln haben eindeutig den Zweck, alltägliche Schwierigkeiten verschiedener Art zu vermeiden. Dies war ein durchgängiges Motiv bei den Regeln, die wir für verschiedene Situationen fanden. Das Schlangestehen beispielsweise erlaubt es den Menschen, auf geordnete und faire Art und Weise Eintrittskarten zu erwerben, obwohl jeder einzelne für sich allein erfolgreicher sein könnte, indem er sich vordrängelt, weiter vorn stehende Freunde bittet, für ihn eine Karte zu kaufen, oder andere fragt, ob sie seinen Platz für längere Zeit besetzt halten würden. Einige Beziehungsregeln haben den gleichen Zweck: Ehepartner sollten einander treu sein, Geheimnisse sollten nicht ausgeplaudert werden. Diese beiden Regeln beziehen sich auf das Verhalten gegenüber Dritten. Ähnliche Regeln *innerhalb* einer Beziehung sind: „Nicht nörgeln“ (für Ehefrauen) und „Ein gerechtes Arbeitspensum akzeptieren“ (unter Arbeitskollegen).

Andere Regeln ermöglichen es, in einer Beziehung häufig auftauchende Probleme zu vermeiden. Anstandsregeln scheinen zu diesem Zweck geschaffen. So erleichtert etwa die Sitte, Einladungen nicht früher als drei Wochen vor dem Termin zu verschicken, dem Empfänger die Absage; ebenso empfehlenswert ist, sich zu räuspern, bevor man einen Raum betritt, in dem sich ein junges Paar aufhält.[15] Eine Reihe von Regeln im Hinblick auf Beziehungen sind von dieser Art und lassen vermuten, daß es in diesem Bereich einige sehr verbreitete Schwierigkeiten gibt. *Debrett's Etiquette and Modern Manners*, der "Knigge“ der Briten, enthält Verhaltensregeln für eine Vielzahl von Lebenslagen, die sich von der Brautwerbung und Scheidung über „diplomatische, formelle und Anlässe bei Hofe“ bis zum „Verhalten bei Geschäften“ erstrecken. Über die Scheidung heißt es beispielsweise:

„Es wird für korrekt erachtet, während der Ehe ausgetauschte Geschenke zurückzugeben. Die Frau bietet gewöhnlich die Rückgabe ihres Verlobungsringes an, was selten angenommen wird; deshalb behält sie ihn, gibt ihn an eine Tochter weiter oder verkauft ihn.“[16]

Oder man findet unter „Geschäftsgebaren“ zum Umgang mit Arabern:

„Ein Geschäftsmann wird kaum die Ehefrau seines Geschäftspartners kennenlernen und sollte sich auch nicht nach ihr persönlich erkundigen, sondern lieber nach ‚dem Haus‘ seines Gegenübers fragen. Am sichersten vermeidet man Mißverständnisse, wenn man sich verhält, als gäbe es Frauen überhaupt nicht.“[17]

Für den Umgang mit Moslems:

„Auch entspricht es der Höflichkeit, im ersten Monat des islamischen Jahres keine Parties zu geben, weil Mohammeds Enkel in diesem Monat ermordet wurde.“[18]

Und für das Begrüßen königlicher Hoheiten gilt:

„Wird die königliche Hand ausgestreckt, erfaßt man sie kurz und locker, wobei man gleichzeitig einen kurzen Knicks mit dem Gewicht auf dem vorangestellten Bein oder eine Verbeugung des Nackens (nicht aus der Hüfte) ausführt.“[19]

Wie man Regeln herausfindet

Wir hatten Regeln als gemeinsame Überzeugungen oder Ansichten bezüglich dessen definiert, was getan oder unterlassen werden sollte. Daraus folgt, daß man Regeln herausfindet, indem man Mitglieder einer Gruppe nach ihren Verhaltensmaximen befragt und nach Übereinstimmungen sucht. Die einfache Bitte, diese Regeln zu beschreiben, stellt nicht notwendigerweise das beste Vorgehen dar. Im Fall der Grammatik beispielsweise wären nur professionelle Linguisten dazu in der Lage, obwohl die meisten von uns mit den Regeln gut genug vertraut sind, um sie zu befolgen und Fehler zu erkennen. Ähnlich dürften wir alle erkennen, wann ein Verhaltensstil unangebracht ist, obwohl wir vielleicht nicht immer in der Lage sind anzugeben, was in der betreffenden Situation tatsächlich angemessen wäre.

Man kann Fragen in der Form „Ist es für Ehemänner wichtig, ihren Frauen treu zu sein?“ anhand einer Skala mit abgestuften Gewichtungen einschätzen lassen. Eine andere Möglichkeit ist, Beispiele für Regelverletzungen zu geben und die Befragten um eine Beurteilung von deren Angebrachtheit oder Ungehörigkeit zu bitten.

Wir werden freilich noch sehen, daß man durch diese Art der Fragestellung eine Reihe von Regeln erhält, die nicht unbedingt sehr wichtig sind. Deshalb besteht ein weiterer Test für Regeln darin, herauszufinden, was geschieht, wenn sie durchbrochen werden. Falls sich niemand daran stört, spielt die Regel vielleicht wirklich keine Rolle. Es kann Möglichkeiten geben, Normen auf akzeptable Weise zu übertreten — indem man andeutet, dies sei scherzhaft oder als Versuch zur Verbesserung der Regeln gemeint, oder indem man einfach positive Stimmung verbreitet.[20] Außerdem verstehen es manche Menschen gut, mit Regelverletzungen umzugehen und so einen Bruch zu vermeiden — indem sie darüber lachen oder mit dem Betreffenden ein ernstes Wort reden. Allerdings gibt es meist Ärger, wenn Leute sich etwa in einer Schlange vorzudrängeln versuchen. Und Industriearbeiter, die ihr Arbeitspensum nicht einhalten, können deshalb „kaltgestellt“ werden. In feineren Gesellschaftskreisen wird es andererseits kaum sichtliche Reaktionen geben, weil hier höherrangige Regeln wirksam sind, die Freundlichkeit und Toleranz vorschreiben.

Eine bessere Möglichkeit, die Bedeutung von Beziehungsregeln zu überprüfen, besteht darin, zu untersuchen, ob ihre Übertretung zum Abbruch einer Beziehung führt. Wir werden Forschungsarbeiten darstellen, in denen das regelgemäße Verhalten mittlerweile geschiedener Paare in der Zeit vor der Scheidung mit dem Verhalten von noch Verheirateten verglichen wird. Allerdings ist denkbar, daß es zunächst zum Scheitern der Beziehung kam und dies zur Nichteinhaltung von Regeln führte. Diesem Problem kann man begegnen, indem man Menschen, die einen Beziehungsverlust erlitten haben, danach befragt, inwieweit eigene oder Regelverletzungen des Partners dafür verantwortlich waren. Über die Ergebnisse solcher Untersuchungen werden wir in späteren Kapiteln berichten.

Unsere eigenen Regel-Studien

Wir begannen mit der Zusammenstellung einer Liste von 33 Regeln, die auf die meisten Beziehungen angewandt werden konnten. Dazu gehörten Regeln über erwünschte oder unerwünschte Gesprächsthemen, den Ausdruck von Gefühlen, Kleidung und persönliches Erscheinungsbild und so weiter. Wir stellten außerdem eine Liste von 22 geläufigen Beziehungen auf, die sich von sehr persönlichen Bindungen wie der zwischen Ehepartnern oder Eltern und Kindern bis hin zu „professionellen" Beziehungen etwa zwischen Arzt und Patient oder zwischen Lehrer und Schüler erstreckt, denen wir alle täglich begegnen.

180 gebürtige Engländer beiderlei Geschlechts mit unterschiedlichem beruflichen und sozialen Hintergrund nahmen an der Untersuchung teil. Jeder von ihnen gab an, wie wichtig seiner, beziehungsweise ihrer Meinung nach die vorgegebenen Regeln in sechs bis acht der beschriebenen Beziehungen waren, wobei die Beurteilungsskala von „sehr wichtig" über „ziemlich wichtig" bis „nicht anwendbar" reichte. Weil bei manchen Regeln für bestimmte Beziehungen möglicherweise auch das Gegenteil zutrifft (so kann etwa in einigen Beziehungen das Verbergen, in anderen die Äußerung von Ärger wichtig sein), konnten die Befragten auch ankreuzen, ob das Gegenteil der aufgestellten Regel ziemlich oder sehr wichtig ist.

Da Männer und Frauen unterschiedliche Ansichten über die Angemessenheit mancher Regeln haben könnten, wurde jeder Fragebogen von gleich vielen Männern wie Frauen ausgefüllt. Zudem vermuteten wir Alters- oder Generationsunterschiede und teilten unsere Versuchspersonen daher in Ältere (30-60jährige) und Jüngere (18-25jährige) auf in der Annahme, daß jede Gruppe bezüglich ihrer Vorstellungen von Beziehungsregeln relativ homogen sei.

Uns interessierte ferner, ob die gefundenen Beziehungsregeln für unsere eigene Kultur spezifisch waren oder auch für andere Länder zutrafen. Deshalb ließen wir unsere Fragebögen übersetzen und von Mitarbeitern an Männer und Frauen in Italien, Hongkong und Japan verteilen. Unsere Ergebnisse stammen von insgesamt 300 japanischen, 280 hongkongchinesischen, 230 italienischen und 180 britischen Befragten.

Zu Anfang bestimmten wir die Zahl der Regeln, welche die Befragten in den vier Ländern für jede Beziehung als wichtig einstuften. In Hongkong wurden fast zwei Drittel (63 %) der insgesamt 726 Kombinationen von Regeln und Beziehungen von unseren Gewährsleuten als wichtig bezeichnet. Die Zahl war für Männer und Frauen in Großbritannien (63 %) und in Italien (56 %) geringfügig niedriger und lag in Japan bei 51 %.

Durch Aufteilung unseres Regel-Sets in Vorschriften und Verbote fanden wir einen weiteren Unterschied zwischen den vier Kulturen. In Japan ergab sich eine fast gleichgewichtige Aufteilung: Von den 371 Kombinationen zwischen Regeln und Beziehungen, die Japaner für wichtig hielten, bezogen sich 182 auf *erwünschte* Verhaltensweisen und 189 auf Dinge, die man *unterlassen* sollte. Auch in Hongkong war die Verteilung annähernd gleichgewichtig, wobei 55 % der wichtigen Regeln Gebote, 45 % Verbote beinhalteten. Ganz anders fielen die Resultate für die beiden europäischen Kulturen aus. In Italien bezogen sich fast zwei Drittel der wichtigen Regeln darauf, was jemand tun sollte, im Vergleich zu 35 % Unterlassungs-Regeln. Diese Asymmetrie war in Großbritannien noch stärker ausgeprägt — 70 % der wichtigen Regeln in einer Beziehung hatten erwünschtes Verhalten, nur 30 % unerwünschtes zum Inhalt.

In Italien und Großbritannien wurde den eher intimen Beziehungen die höchste Zahl bedeutsamer Regeln zugeordnet — denen zwischen Ehepaaren, Eltern und Heranwachsenden sowie unter Geschwistern. In Hongkong gibt es für diese engen Beziehungen ebenfalls eine große Zahl bedeutsamer Regeln, zusätzlich genausoviele für das Verhältnis zwischen Vorgesetzten und Untergebenen am Arbeitsplatz. In Japan schließlich sind diesen beruflichen Beziehungen mehr wichtige Regeln zugeordnet als jeder engen persönlichen Beziehung.

Allgemeingültige Regeln

Gibt es Regeln, die für alle Beziehungen über alle vier verschiedenen Kulturen hinweg Gültigkeit besitzen? Nur vier Regeln wurden von den britischen, italienischen, hongkongchinesischen und japanischen Informanten als bedeutsam für alle oder fast alle unserer 22 Beziehungsformen eingeschätzt. Es sind:

Tabelle 1: Allgemeingültige Regeln

Man sollte die Intimsphäre des anderen respektieren.
Man sollte dem anderen während des Gesprächs in die Augen sehen.
Man sollte vertrauliche Mitteilungen des anderen nicht diskutieren.
Man sollte den anderen nicht öffentlich kritisieren.

Die wichtigste Regel über alle Beziehungen und Kulturen hinweg ist die Unantastbarkeit der Privatsphäre. Sie wird von 60 % sämtlicher Befragten als sehr wichtig und von weiteren 30 % als ziemlich bis sehr wichtig eingestuft. Es gibt also Regeln, die Menschen aus sehr verschiedenen Ländern und Kulturen im Umgang mit anderen für wichtig halten, wobei das Spektrum dieser Beziehungen von zeitlich sehr begrenzten und aufgabenorientierten (wie zwischen Wohnungsinhaber und Klempner) bis hin zu sehr persönlichen und langfristigen

Tabelle 2: Regeln, die kulturübergreifend in mehr als der Hälfte der Beziehungen für gültig erachtet werden

Man sollte sich nicht zu sexuellen Aktivitäten mit dem anderen hinreißen lassen.
Man sollte den anderen mit dem Vornamen anreden.
Man sollte sich für den anderen in dessen Abwesenheit einsetzen.
Man sollte versuchen, Schulden zurückzuzahlen und sich für Gefälligkeiten und Komplimente unabhängig von ihrem Wert erkenntlich zu zeigen.
Man sollte dem anderen keinen Einblick in die eigenen Gefühle und persönlichen Probleme geben.
Man sollte den anderen nicht um materielle Hilfe bitten.

(wie Ehemann und -frau) reicht. Ferner gibt es Regeln, die in allen vier Kulturen für mehr als die Hälfte der 22 verschiedenen Beziehungen anerkannt werden (siehe Tabelle 2).

Diese Regeln gelten für mehr als die Hälfte der Beziehungen in allen vier Ländern; es gibt jedoch auch interessante *Unterschiede* zwischen den Kulturen im Hinblick auf die allgemeine Anwendbarkeit bestimmter Regeln. Beispielsweise gilt die Maxime „Man sollte den anderen nicht um persönlichen Rat fragen" für mehr als die Hälfte der britischen, italienischen und hongkong-chinesischen Beziehungen, jedoch in Japan nur für vier von 22 Beziehungsformen. „Man sollte mit dem anderen über Sexualität und Tod sprechen" trifft auf alle intimen Beziehungen in Italien und Großbritannien zu, hingegen nur auf vier in Hongkong und zwei in Japan. Dasselbe gilt für die Aussage „Man sollte mit dem anderen über Religion und Politik sprechen", die in Hongkong, Großbritannien und Italien für alle intimen Beziehungen Gültigkeit besitzt, in Japan jedoch nur für Ehefrauen und Eltern. „Man sollte dem anderen uneingeschränkte Hochachtung entgegenbringen" ist eine Forderung, die mit Nachdruck für sämtliche Beziehungen in Hongkong, für alle intimen und die meisten beruflichen Beziehungen in Japan, für alle intimen Beziehungen in Großbritannien, jedoch für keine einzige Beziehung in Italien erhoben wird.

Auch Scherzen und Frotzeln werden kulturell unterschiedlich eingeschätzt. Werden sie in Großbritannien von der Norm verlangt — Briten halten es für wichtig, mit dem Partner in engen Beziehungen, mit Arbeitskollegen, Nachbarn und Mitbewohnern zu scherzen —, so ist dies in keinem anderen Land für irgendeine Beziehung der Fall. Im Gegenteil besteht dort für viele Beziehungen eine Norm gegen das Frotzeln.

Gleichermaßen unterliegt der Gefühlsausdruck unterschiedlichen Regeln. In Großbritannien und Italien wird für persönliche Beziehungen gefordert „Man soll Ärger zeigen" und „Man soll Angst oder Sorge zeigen". In Japan und Hongkong dagegen wird besonders für berufliche und dienstliche Beziehungen, gegenüber Nachbarn sowie zwischen Vorgesetzten und Untergebenen am Arbeitsplatz Emotionslosigkeit verlangt. „Man sollte in Gegenwart des anderen keine Flüche benutzen“ gilt in Hongkong für alle 22 Beziehungen, in Japan für alle außer engen Freunden, Geschwistern und Ehepartnern, in Großbritannien für 14 Beziehungen, jedoch nur für sechs in Italien. Die Vorschriften über das persönliche Erscheinungsbild sind ebenfalls unterschiedlich, und so wird die Forderung „Man soll sich sauber und ordentlich kleiden, wenn man den anderen trifft“ in Italien nur für Lehrer, Schüler und Ärzte erhoben, in Großbritannien darüber hinaus für Vorgesetzte und Untergebene am Arbeitsplatz sowie für Rendezvous, in Hongkong und Japan dagegen für mehr als die Hälfte der Beziehungen, einschließlich derer zu Arbeitskollegen und Schwiegersohn beziehungsweise Schwiegertochter.

Neben Regeln, die für eine Reihe von Beziehungen in verschiedenen Ländern gelten, gibt es einige bemerkenswerte Variationsmuster über die Kulturen hinweg. Anderer Leute Privatleben zu respektieren und Geheimnisse zu bewahren, sind überall geläufige Verhaltensregeln. Dagegen finden Normen über Gefühlsausdruck, Selbstoffenbarung, die Erörterung sehr persönlicher Themen und das Ersuchen um materielle Hilfe oder persönlichen Rat stärkere Anwendung bei den beiden europäischen Gruppen, besonders der italienischen. Derart vertrauliches Verhalten kann im Gegensatz dazu in Hongkong und Japan regelrecht *un*erwünscht sein, vor allem in dienstlichen und beruflichen Beziehungen. Japanische Normen — wie beispielsweise, nicht zu fluchen, sich sauber zu kleiden und als Anrede den Familiennamenzu benutzen — sind von der Tendenz her eher formell, vor allem bei Beziehungen am Arbeitsplatz.

Kulturelle Unterschiede

Wie ähnlich sind die Beziehungen in unseren vier Ländern? Gibt es zum Beispiel vergleichbare Regelsysteme für Ehepartner, die — ganz gleich in welchem Land — die Ehe von allen anderen Beziehungen unterscheiden? Um die Gesamtstruktur von Regeln und Beziehungen zu betrachten, bedienten wir uns der statistischen Technik der Clusteranalyse. Sie berücksichtigt und erfaßt das Gefüge von Übereinstimmungen und Unterschieden innerhalb eines komplexen Datensatzes und gruppiert die Daten nach ihrer Ähnlichkeit in allen verwandten Dimensionen gleichzeitig. Anhand der Punktwerte der 33 gängigen Regeln für jede Beziehung in jeder Kultur wollten wir die Beziehungsgruppierungen überprüfen. Wenn wir feststellten, daß die meisten „Cluster" oder Gruppierungen unabhängig von ihrem Herkunftsland dieselben Beziehungen enthalten, könnten wir sagen, daß diese Beziehungen kulturübergreifend durch ein gemeinsames Muster von Regeln gekennzeichnet sind. Fänden wir dagegen, daß unsere Cluster viele verschiedene Beziehungen aus ein und demselben Land enthalten, dann könnten wir folgern, daß kulturelle Unterschiede im Regelgebrauch die Ähnlichkeit zwischen Beziehungen überwiegen.

Abbildung 1 gibt einen Überblick über die zehn entstandenen Cluster. Einige davon sind beziehungs-konsistent, unabhängig vom Ursprungsland; andere sind kultur-konsistent, unabhängig von der Beziehung. So enthält beispielsweise Cluster 1 nur Beziehungen in Großbritannien, Cluster 4 nur solche in Italien, Cluster 5 nur Beziehungen in Hongkong und Cluster 6 nur solche aus Japan. Cluster 10 hingegen umfaßt Arzt- und Lehrer-Beziehungen aus allen vier Ländern sowie die Beziehungen zu Arbeitsvorgesetzten aus drei der vier Länder, während Cluster 8 die Patienten-Beziehungen in allen vier, das erwünschte Verhalten von Hausmeistern und Handwerkern in drei der vier Länder sowie das von Schülern in Japan einschließt.

Das Diagramm zeigt, daß es für bestimmte Beziehungen ziemlich einheitliche Muster von Regeln über alle vier Länder hinweg gibt. Auf Ärzte, Lehrer und Vorgesetzte am Arbeitsplatz (Cluster 10) beziehen sich in allen vier Ländern weitgehend dieselben Regeln. Dieses Regelgefüge unterscheidet sich von den Verhaltensnormen, die für Schüler und Untergebene am Arbeitsplatz (Cluster 9) oder für Patienten, Hausmeister und Handwerker (Cluster 8) gelten. Und während die Men-

Abb. 1: Die Gruppierung von Beziehungen zu „Bündeln" gemeinsamer Merkmale in unterschiedlichen Kulturen

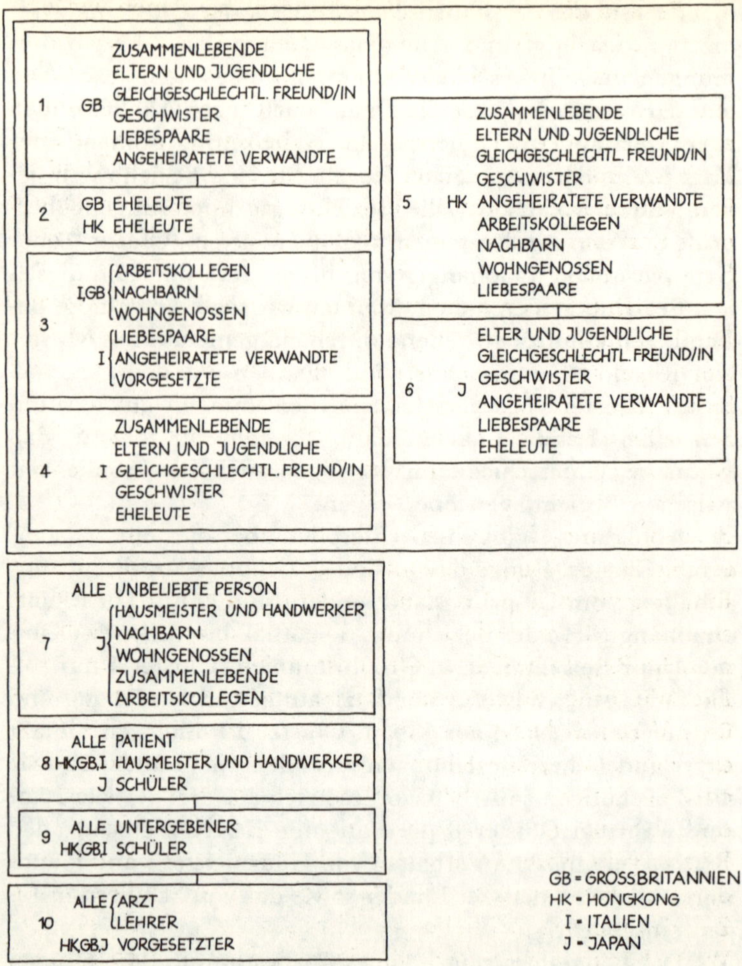

schen in allen vier Ländern dazu neigen, denselben Regelkomplex auf Leute anzuwenden, mit denen sie „nicht auskommen" (Cluster 7), halten die Japaner sich darüber hinaus an die gleichen Normen im Umgang mit Nachbarn, Arbeitskollegen, Hausmeistern und Handwerkern sowie — unabhängig vom Geschlecht — gegenüber jenen, mit denen sie die Unterkunft teilen.

Es sind die eher engen Beziehungen, bei denen wir eine stärker kultur- als beziehungsspezifische Übereinstimmung finden. Persönliche und eheliche Beziehungen in Japan (Cluster 6) werden beispielsweise von anderen Regeln bestimmt als in Italien (Cluster 4). Doch die Verhaltensnormen für Eheleute in Großbritannien und Hongkong haben mehr Ähnlichkeit miteinander (Cluster 2) als mit den Regeln für andere enge Beziehungen im jeweils eigenen Land (Cluster 1 beziehungsweise 5).

Worin bestehen diese unterschiedlichen Regelstrukturen? Die Hauptunterschiede liegen zwischen den eher intimen Beziehungen auf der linken Seite unseres Diagramms sowie den beruflichen und Dienstleistungs-Beziehungen auf der rechten Seite. Es überrascht nicht, daß mehr Verhaltensregeln über vertrauten Umgang auf die engeren Beziehungen angewandt werden, wogegen das gleiche Verhalten in weniger intimen Beziehungen mißbilligt wird. Dies gilt besonders für die Erörterung der persönlichen Finanzlage, die Mitteilung eigener Empfindungen und Probleme sowie für Bitten um persönlichen Rat oder materielle Hilfe. Darüber hinaus wenden wir manche Regeln bezüglich der Intimsphäre in beruflichen und Dienstleistungsbeziehungen strikter an, insbesondere, nicht über Vertrauliches zu sprechen, keine unangekündigten Besuche zu machen, den anderen nicht zu berühren, zu necken oder zu hänseln. Manche Normen gelten jedoch für intime und nicht-intime Beziehungen in gleichem Maße. Bei diesen Regeln geht es um Blickkontakt, die Rückzahlung von Schulden und das Erwidern von Gefälligkeiten sowie darum, die Zeit des anderen nicht über Gebühr zu beanspruchen, positive Wertschätzung zu zeigen, die Intimsphäre zu respektieren, den anderen nicht öffentlich zu kritisieren und nicht zu fluchen.

Auch für die Gruppe der beruflichen und Dienstleistungsbeziehungen gibt es in allen vier Kulturen klar umrissene Regelsysteme. Bestimmte Intimitätsregeln sollten von Vorgesetzten am Arbeitsplatz, Ärzten und Lehrern ausdrücklich nicht angewandt werden, während sie für Untergebene und Schüler schlicht als bedeutungslos eingeschätzt werden. Dies trifft besonders zu auf die Mitteilung von Problemen und Empfindungen, auf das Zeigen von Ärger, Angst und Schmerz in Gegenwart des anderen sowie die Bitte um materielle Hilfe oder die Erörterung der persönlichen Finanzlage. Mit anderen Worten: Vorgesetzte, Lehrer und Ärzte sollten versuchen, ihre persönlichen Empfindungen und privaten Probleme vor ihren Untergebenen, Schülern und Patienten zu verbergen, während diese sich nach allgemeiner Auffassung nicht unbedingt ebenso zu verhalten haben.

Betrachten wir enge Beziehungen, so finden wir, daß eheliche und intime Beziehungen in Japan (Cluster 6) am meisten den nicht-ehelichen Intimbeziehungen und Bekanntschaften in Hongkong (Cluster 5) ähneln. Beide unterscheiden sich von den italienischen und britischen Gruppierungen durch geringere Betonung der Regeln zur Intimität. Für die Cluster 5 und 6 wird es als weit weniger wichtig eingeschätzt, sehr persönliche Themen zu erörtern, die eigenen Gefühle auszudrücken, Zuneigung in der Öffentlichkeit zu zeigen, den anderen zu berühren, um materielle Hilfe zu bitten oder über persönliche Geldangelegenheiten zu sprechen — dies besonders in Relation zu intimen Beziehungen in Großbritannien und Italien, aber auch im Vergleich mit britischen und italienischen Bekanntschaftsbeziehungen wie zu Arbeitskollegen oder Nachbarn.

Es scheint, daß die europäischen Kulturen weit mehr Wert auf den Ausdruck von Gefühlen und Zuneigung, auf die Stellungnahme zu sehr persönlichen Themen sowie auf das Ersuchen um Hilfe und Rat legen als ihre Gegenstücke in Hongkong und Japan, zumindest, soweit es um intime Beziehungen geht. Enge Beziehungen, gleichgültig ob es sich um Ehepartner, Familie, Freunde, angeheiratete Verwandtschaft oder heterosexuelle Intimverhältnisse handelt, werden als Quellen sozialen Rückhalts betrachtet, und es gibt Regeln, wie man sich ihrer entsprechend bedient. Wir *sollen* in unseren intimen Beziehungen um materielle Hilfe bitten, unsere persönlichen Probleme und Empfindungen mitteilen und um Rat fragen. Gleichartige Regeln wenden wir in geringem Ausmaß auch auf weniger nahestehende Bekannte wie Arbeitskollegen und Nachbarn an — damit benutzen wir sie ebenfalls als Quelle sozialen Rückhalts. Während die Befragten in Hongkong ganz ähnliche Regeln für Eheleute beschreiben, sind japanische Ehen durch eine geringere Betonung des offenen Ausdrucks von Vertrautheit gekennzeichnet. Dasselbe gilt auch für andere enge Beziehungen in Japan und Hongkong.

Bei der Clusteranalyse jeder einzelnen Kultur fanden wir, daß die Einschätzungen der britischen Befragten sich zu zwei Bündeln von Beziehungen gruppierten — intim und nicht-intim:

Intimitäts-Cluster: Ehemann und -frau, Elternteil und Schwiegersohn oder -tochter, Eltern und Heranwachsende, Geschwister, enge Freunde, Liebespaare und unverheiratet Zusammenlebende.

Nicht-intimes Cluster: Arbeitskollegen, Vorgesetzte und Untergebene, Nachbarn, Handwerker-Wohnungsinhaber, Arzt-Patient, Lehrer-Schüler, Leute, die eine Wohnung teilen, und solche, die sich nicht vertragen.

Regeln zum Ausdruck persönlicher Gefühle, Einstellungen und von Zuneigung wurden vor allem für das Intimitäts-Cluster genannt, während solche über formelles Verhalten in beiden Gruppen gleichermaßen gelten.

Für Hongkong ergaben sich drei Cluster, die sich im Intimitäts-Niveau unterscheiden:

Cluster mit hoher Intimität: Ehemann-Ehefrau, Geschwister, Eltern, naher Freund und Zusammenlebende unterschiedlichen Geschlechts.

Cluster mit gemäßigter Intimität: Elternteil und Schwiegersohn/-tochter, Heranwachsende, Paare im Stadium des Kennenlernens, Zusammenwohnende des gleichen Geschlechts, Arbeitskollegen und Nachbarn.

Nicht-intimes Cluster: Wohnungsinhaber-Handwerker, Arzt-Patient, Lehrer-Schüler, Vorgesetzte und Untergebene am Arbeitsplatz sowie Leute, die sich nicht vertragen.

Regeln über den Ausdruck von Gefühlen, Ansichten und Zuneigung werden für sehr wichtig beim Intimitäts-Cluster gehalten, während es beim nicht-intimen Cluster Regeln gibt, die den Ausdruck von Emotionen unterbinden. Nicht-intime Beziehungen sind außerdem durch eine höhere Zahl formeller Regeln über Kleidung und äußere Erscheinung gekennzeichnet.

Auch für die japanischen Beziehungen ließen sich drei Cluster unterscheiden:

Intimitäts-Cluster: Eltern-Heranwachsende, enge Freunde, Paare, die sich kennenlernen, Eltern und Schwiegersohn/-tochter, Geschwister.

Nicht-intimes Cluster: Arbeitskollegen, Vorgesetzte und Untergebene, Nachbarn, Handwerker-Wohnungsinhaber, Arzt-Patient, Lehrer-Schüler, gleich- und gegengeschlechtliche Personen, die eine Wohnung teilen, und Leute, die sich nicht vertragen.

Ehe-Cluster: Ehemann-Ehefrau.

Hier wird nur in ehelichen Beziehungen der Ausdruck von Gefühlen, Ansichten und Zuneigung forciert. Im nicht-intimen Cluster ist der Ausdruck von Gefühlen und Zuneigung unerwünscht.

Italiener zeigen ebenfalls drei Beziehungs-Cluster:

Cluster mit hoher Intimität: Ehemann-Ehefrau, Eltern-Heranwachsende, enge Freunde, Geschwister, zusammenlebende Paare.

Berufs- und Geschäfts-Cluster: Wohnungsinhaber-Handwerker, Arzt-Patient, Lehrer-Schüler.

Cluster mit gemäßigter Intimität: Arbeitskollegen, Vorgesetzte und Untergebene, Eltern und Schwiegersohn/-tochter, Nachbarn, Paare, die sich kennenlernen, Gleichgeschlechtliche, welche die Unterkunft teilen, und Leute, die sich nicht vertragen.

Wiederum ist das Cluster mit hoher Intimität durch Regeln über den Ausdruck von Gefühlen, Meinungen und Zuneigung sowie das Ersuchen um Hilfe und Rat gekennzeichnet. Berufliche und geschäftliche Beziehungen unterliegen nur wenigen anerkannten Regeln, während das dritte Cluster einige Verhaltensnormen über den Ausdruck von Meinungen, nicht jedoch solche über Gefühle oder Bitten um Hilfen aufweist.

Alles in allem läßt sich sagen, daß sämtliche vier Kulturen zwischen intimen und weniger intimen Beziehungen unterscheiden. Insgesamt kennen jedoch die östlichen Kulturen, besonders Japan, weniger Regeln zum Ausdruck von Gefühlen, Meinungen und Zuneigung, die über alle Beziehungstypen hinweg angewandt werden. Während alle Kulturen Familie und Freunde in einem einzigen Cluster zusammenfassen, gelten in Japan für die eheliche Beziehung andere Regeln als für alle anderen engen Beziehungen. Und während in Großbritannien und Japan Verschwägerte ähnlich wie Familienmitglieder und Freunde behandelt werden, haben sie in Italien und Hongkong eher den Rang weniger intimer Beziehungen wie die zu Arbeitskollegen und Nachbarn.

Geschlechtsunterschiede

Wir vermuteten, daß Männer und Frauen Regeln unterschiedlich bewerten würden, weil auch ihr Verhalten in engen Beziehungen wie Freundschaften oder gegenüber Verwandten geschlechtsspezifische Unterschiede aufweist, wie wir in späteren Kapiteln noch sehen werden. Tatsächlich fanden wir beträchtliche geschlechtsspezifische Abweichungen in der Gewichtung von Regeln für fast alle Beziehungen über die vier Kulturen hinweg. Nur bei drei Beziehungen — denen zu Nachbarn, Eltern und Vorgesetzten — ergaben sich zwischen Männern und Frauen keine konsistenten Unterschiede.

Viele der Geschlechtsunterschiede bezogen sich auf die Anwendung von Regeln über Intimität. Quer durch alle Kulturen halten es Frauen eher für wichtig, Gefühle wie Ärger und Ängstlichkeit auszudrücken, persönliche Empfindungen und Probleme sowie Erfolgserlebnisse mitzuteilen. Aber Frauen billigen auch bestimmte Regeln, die zur Einschränkung von Intimität dienen. Für 15 von 22 Beziehungen messen sie Regeln über die Privatsphäre größeres Gewicht zu als Männer und glauben, man solle keineswegs „die Zeit des anderen nach Belieben beanspruchen". Auch den Verboten von

Berührungen und Sexualität pflichten sie in nicht-intimen Beziehungen, insbesondere am Arbeitsplatz, stärker bei als Männer. Ferner meinen Frauen, daß der Blickkontakt zum anderen während des Gesprächs wichtig ist, und bewerten diese Regel in zwölf Beziehungen, vor allem intimen, weit höher als Männer. Besonders ausgeprägt sind diese Geschlechtsunterschiede in den Beziehungen zwischen Geschwistern und bei Paaren, die sich kennenlernen.

Altersunterschiede

Wir erwarteten bestimmte alters- oder generationsspezifische Unterschiede insofern, als junge Erwachsene beiderlei Geschlechts (18- bis 25jährige) andere Regeln für wichtig halten würden als die Älteren (30- bis 60jährige). Wir fanden bedeutsame Unterschiede zwischen beiden Altersgruppen über die vier Kulturen hinweg und für alle Beziehungen außer denen zu Schwiegersöhnen und -töchtern, aber auch dort zeigten sich alterspezifische Differenzen zumindest für eine der Kulturen. Die Richtung der Unterschiede nach Altersgruppen wechselte jedoch in Abhängigkeit von der jeweiligen Kultur.

Im allgemeinen tendierten jüngere Leute besonders in Japan und Hongkong zu einer stärkeren Betonung der Intimitäts-Regeln, während die Gruppe der Älteren eher der Feststellung zuneigte, man solle es unterlassen, Gefühle und Probleme mitzuteilen, persönliche Themen zu erörtern, Zuneigung in der Öffentlichkeit zu zeigen oder um persönlichen Rat zu fragen. Dies gilt zumal für Beziehungen zwischen Nicht-Verwandten wie engen Freunden, Paaren, die sich kennenlernen, und Zusammenlebenden beiderlei Geschlechts.

Vor allem in Großbritannien und Italien legten die älteren Befragten größeren Wert auf Regeln über ordentliche Kleidung und äußere Erscheinung. Zwischen jüngeren und älteren japanischen Teilnehmern an unserer Studie unterschieden sich nur wenige Regeln über das persönliche Erscheinungsbild. Ähnlich konnten formelle Regeln wie die Mißbilligung des Fluchens im allgemeinen nicht quer durch alle vier

Kulturen zwischen den beiden Altersgruppen trennen. Insgesamt zeigten die britischen Befragten die größte Diskrepanz hinsichtlich der von Jüngeren und Älteren vertretenen Regeln, während die Japaner in beiden Altersgruppen sehr ähnliche Antworten gaben.

Wir wissen bisher nicht, wieweit solche Unterschiede Folgen des natürlichen Alterungsprozesses sind oder wieweit sie möglicherweise geschichtliche Veränderungen der Regeln widerspiegeln, die von den Angehörigen einer Kultur vertreten werden.

Schlußfolgerungen

Was sagen uns diese Ergebnisse über Beziehungen im allgemeinen? Erstens zeigen sie, daß Menschen sich weitgehend einig darüber sind, welches Verhalten in welchen Beziehungen angebracht ist. Zweitens: Während bestimmte Regeln für sämtliche Beziehungen in allen vier Kulturen gelten, sind andere eher für bestimmte Beziehungen spezifisch — manchmal über mehrere Kulturen hinweg, öfter jedoch innerhalb einzelner Kulturen. Was wir in der einen Beziehung unterlassen sollten, ist in der anderen strikt vorgeschrieben, und es kann für wieder andere oder für die gleiche Beziehung in einem anderen Land überhaupt nicht in Betracht kommen. Dadurch können leicht Schwierigkeiten und Mißverständnisse entstehen, wie schon viele westliche Geschäftsleute im Umgang mit nichtwestlichen Gesellschaften zu ihrer Verblüffung erleben mußten. Brislin und Pederson[21] stellen fest:

„Was zwischen unterschiedlichen Kulturen die meisten Schwierigkeiten bereitet, sind oft nicht die so offensichtlichen Unterschiede in Bekleidung, Gestik oder Ernährung, obwohl die exotischen Aspekte dieser Unterschiede gern zur Verdeutlichung kultureller Unterschiede herangezogen werden. Der Angleichungsprozeß führt zur Neuordnung täglicher Verhaltensgewohnheiten, die in ihrer Subtilität der bewußten Aufmerksamkeit entgehen können; so wird etwa dasselbe Wort auf verschiedene Weise gebraucht, unterschiedliche Rangsymbole dürfen nicht verletzt werden, abweichende überlieferte Wertvorstellungen oder unterschiedliche Ansichten über die Bedeutung persönlicher Beziehungen sind zu beachten."

Wie kommen sowohl Angehörige einer Kultur als auch Fremde, die eine ganze Reihe zwischenmenschlicher Verhaltensweisen neu lernen müssen, innerhalb des weiten Spektrums persönlicher Beziehungen zurecht? Wir haben bereits gesehen, wie Regeln Beziehungen bestimmen; in jeder Kultur verlangen jedoch unterschiedliche Werte und Traditionen die Anwendung unterschiedlicher Regeln. In unserer eigenen Kultur beispielsweise messen wir den Regeln über das Bewahren von vertraulichen Mitteilungen in allen Beziehungen sehr hohe Bedeutung bei, mehr als den Regeln bezüglich öffentlicher Kritik. Anderer Leute Geheimnisse zu enthüllen, würden wir als Vertrauensmißbrauch, den Täter als kaum noch ehrenhaften oder moralischen Charakter betrachten. Ob wir diese Regel dann auch in der Praxis so strikt anwenden, erscheint angesichts der Beliebtheit von Klatsch fraglich; immerhin vertreten wir sie entschlossen. In Japan dagegen liegt größerer Nachdruck auf der Wahrung des „Gesichts". Kein ehrbarer Mensch würde einen anderen „das Gesicht verlieren lassen", und deshalb verhindern strenge Regeln die Kritik an anderen in der Öffentlichkeit. Diese Norm wurde von den japanischen Befragten für alle Beziehungen als bedeutsam beurteilt — sie wird höher eingeschätzt als Regeln über das Ausplaudern von Geheimnissen, obwohl auch diese wichtig sind, weil ihr Bruch ebenfalls zu einem Gesichtsverlust führen würde.

Dieses Bestreben, das Gesicht zu wahren, hat im geschäftlichen Umgang zu vielen Mißverständnissen geführt. In der japanischen Kultur werden direkte Fragen vermieden, sofern nicht völlige Sicherheit darüber besteht, daß die Antwort den einzelnen nicht in eine peinliche Lage bringen wird. Denn zuzugeben, daß man beispielsweise einen Produktionswunsch nicht erfüllen oder einen Zeitplan nicht einhalten könne, würde einen Gesichtsverlust bedeuten. Deswegen dürfen direkte Fragen nach der Kapazität oder Leistungsfähigkeit eines japanischen Unternehmens auch dann bejahend beantwortet werden, wenn dies nicht der Situation entspricht — was zu ernsthaften Mißhelligkeiten führt.[22]

Die japanische Kultur legt ferner Wert darauf, den Ausdruck von Emotionen in der Öffentlichkeit unter Kontrolle zu halten. Das Ideal ist, besonders in angsterzeugenden Situationen, ein gleichmütiges Gesicht zu zeigen. Dementsprechend bestehen in Japan Regeln, Kummer, Angst oder Ärger nicht zu zeigen. Sie haben in vielen Beziehungen Gültigkeit — nur in der Ehe ist der Ausdruck von Angst oder Sorge erlaubt, der von Ärger selbst dort nicht. In den beiden europäischen Kulturen hingegen wird der Ausdruck solcher Emotionen in vielen Beziehungen gebilligt. In unserer Kultur gibt es keine derartigen Regeln, möglicherweise negative Regungen zu verbergen. Besonders in Japan ist der Ausdruck anderer Gefühle in der Öffentlichkeit ähnlich eingeschränkt. Öffentliche Zurschaustellung von Zuneigung auch zwischen einander Nahestehenden ist weniger üblich, und selbst freudige Empfindungen werden in der Öffentlichkeit meist unterdrückt.[23] Wie wir in einem Experiment zeigen konnten, sind selbst für japanische Beobachter Gefühlsregungen von Japanern anhand nichtverbaler, mimischer Hinweisreize schwieriger zu identifizieren als in den Gesichtern von Engländern oder Italienern.[24]

Ein anderer Unterschied zwischen den Kulturen besteht in der Natur der Beziehungen am Arbeitsplatz. Wir haben bereits gesehen, daß japanische Befragte für die Beziehungen am Arbeitsplatz einer größeren Zahl von Regeln Bedeutung zumessen als für andere Beziehungen. Offensichtlich gibt es für das richtige Verhalten zwischen Vorgesetzten und Untergebenen mehr Vorschriften als für jede intime Beziehung. Die Norm über Selbstdarstellung beispielsweise — „Man sollte versuchen, sich den anderen in bestmöglichem Licht darzustellen" — wird nur für Vorgesetzte und Untergebene, aber für keine andere Beziehung als bedeutsam beurteilt. Tendenziell besteht im Westen eine eher egalitäre Beziehung zwischen Vorgesetzten und Untergebenen, die Anrede mit Familiennamen ist jedoch hier wie dort üblich. In Japan werden hierarchische Beziehungen stärker hervorgehoben, gleichzeitig wird jedoch auch die Unterstützung durch die Gruppe sehr betont, und die paternalistische Sorge um die Untergebenen (die *ojabum-kobun*-Beziehung) stellt einen sittlichen Wert dar. Dies führt zu Regeln wie „Man sollte dem anderen bedingungslose positive Wertschätzung entgegenbringen“, was beiden Seiten als wichtig gilt.

Wie steht es nun mit den intimeren Beziehungen? Wir wissen bereits, daß Japaner hier weniger Regeln für verbindlich halten, als es in unseren beiden europäischen Kulturen der Fall ist. Aus Abbildung 1 können wir entnehmen, daß intime Beziehungen in Hongkong (ausgenommen Ehemann und -frau) insgesamt den intimen und ehelichen Beziehungen in Japan sehr ähnlich sind. Dies überrascht nicht, verbindet doch die beiden Kulturen (wie auch die italienische und englische) ein gemeinsames Erbe — sie haben sicher untereinander mehr Gemeinsamkeiten als jede östliche Kultur mit dem Westen, unbeschadet des starken westlichen Einflusses in Hongkong. In beiden fernöstlichen Ländern wird weniger Wert auf den Ausdruck von Gefühlen und Meinungen gelegt. In England und noch mehr in Italien hält man es für wichtig, etwaige negative Emotionen oder Themen, die Konflikte in sich bergen, zu diskutieren und auszudrücken. In östlichen Kulturen wird dies in den meisten engen Beziehungen nicht verlangt und eher mißbilligt. Der Grund dafür dürfte das Bestreben sein, mögliche Konfliktursachen zu vermeiden, zumal man weiß, daß östliche Kulturen (und besonders Chinesen) sozialer Konformität und harmonischem Gruppenverhalten großes Gewicht beimessen. Die Japaner haben das Prinzip des *chowa* oder *wa* (Harmonie), und eine Schriftrolle mit diesen chinesischen Zeichen wird oft zu Hause, in Schulen oder Betrieben an die Wand gehängt. Der Wert zwischenmenschlicher Harmonie und Zurückhaltung, um Konflikte zu verhindern, wird den Menschen von Kindheit an nahegebracht.[25] Für ältere Kinder ist kein schlimmeres Verhalten denkbar, als mit Leuten außerhalb der Familie in Streit zu geraten. In östlichen und latein-amerikanischen Ländern ist man allgemein bestrebt, gute soziale Beziehungen aufrechtzuerhalten, indem man in außerfamiliären Beziehungen Meinungsverschiedenheiten vermeidet und weniger selbstbewußt auftritt, was sich sogar bis auf engere Beziehungen erstrecken kann. Entscheidend ist dabei nicht, daß man es unterläßt, möglicherweise konfliktträchtige Meinungen oder Emotionen zum Ausdruck zu bringen, sondern daß deren Bedeutung generell heruntergespielt wird. In Japan gibt es ferner den Begriff *amae*, der den Wunsch bezeichnet, sich auf wechselseitiges Wohlwollen zu verlassen und schwach und abhängig zu sein.[26] Dies wurde als direktes Gegenstück zum westlichen Ideal des Selbstvertrauens beschrieben und wird innerhalb der Familie oder unter engen Freunden gezeigt, besonders jedoch zwischen Ehepartnern. In diesen *amae*-Beziehungen ist weniger untersagt, und deshalb gibt es weniger Regeln.

Der Zweck von Regeln

Welche Aufgabe erfüllen Regeln in Beziehungen? Wir haben bereits eine funktionale Theorie der Regeln vorgeschlagen. Beziehungen bestimmen weitgehend die Art von Situationen, in denen wir uns begegnen. Für die Beziehung zwischen Wohnungsinhaber und Handwerker ist der Kreis möglicher Situationen auf die anstehende Aufgabe beschränkt. Es ist unwahrscheinlich, daß die beiden Personen sich privat treffen würden oder Gelegenheit hätten, über persönliche Probleme zu sprechen oder ihre Ansichten über Sexualität und Tod auszutauschen. Infolgedessen besteht wenig Notwendigkeit, diesbezügliche Regeln für solche Beziehungen zu entwickeln. Andererseits umfaßt die Beziehung zwischen Ehepartnern viel Zeit, die in engem Kontakt miteinander und über viele Jahre hinweg verbracht wird, sowie ein hohes Maß an emotionaler Beteiligung. Dabei kann ein viel weiteres Spektrum von Situationen auftreten, und damit ergeben sich wesentlich mehr Möglichkeiten für unterschiedliche Zielvorstellungen.

Regeln erfüllen unserer Ansicht nach in Beziehungen zwei Hauptfunktionen. Erstens regulieren sie Verhalten, um mögliche Konfliktursachen, an denen die Beziehung zerbrechen könnte, auf ein Minimum zu beschränken. Diese Regeln dienen eher dem Aufrechterhalten der Beziehung selbst als dem Erreichen besonderer Ziele. Zweitens gibt es Regeln, die einen Austausch von Belohnungen gewährleisten und so die Individuen dazu motivieren, in der Beziehung zu bleiben. Regulierungs-Regeln sollen Verhalten so steuern, daß individuelle Ziele durch die Aufrechterhaltung einer Beziehung erreicht werden. Belohnungsregeln setzen Verhaltensweisen fest, die den Zielen der Beteiligten entsprechen und deswegen einen Anreiz für das Wachstum der Beziehung bilden.

Beziehungen unterscheiden sich in der Zahl und Bandbreite ihrer Ziele und deshalb auch hinsichtlich der Art von Regeln. In Beziehungen mit eng umschriebenen Zielen wie denen zwischen Wohnungsinhaber und Handwerker oder zwischen Arzt und Patient gibt es wenige relevante Belohnungsregeln. Das Hauptziel der Interaktion ist aufgabenorientiert, und es gibt kaum Möglichkeiten zur Fortentwicklung der Beziehung. Die wichtigsten wirksamen Regeln sind deshalb jene, die eine effiziente Erfüllung der anstehenden Aufgabe erleichtern und es ermöglichen, daß die Beziehung dazu genügend lange und reibungsfrei besteht. Bei intimen Beziehungen hingegen gibt es kein einzelnes Ziel, keine einzelne Aufgabe. Um anzudauern, muß die Beziehung selbst belohnend sein. Regulierungs-Regeln sind daher ebenfalls wichtig, um den Rahmen abzustecken, in dem Belohnungsregeln funktionieren können; und weil das Konfliktpotential größer ist, sollte man annehmen, daß mehr regulierende Normen notwendig sind. Deshalb erwarten wir, bei intimen Beziehungen zahlreiche Regulierungs- *und* Belohnungs-Regeln vorzufinden, während für weniger enge Beziehungen nur regulierende und aufgabenorientierte Normen als wichtig angesehen werden dürften.

Wie sehen die Regulierungs-Regeln aus, die Beziehungen aufrechterhalten, indem sie Konflikte, die möglicherweise zum Bruch führen, vermeiden? Eine Regel besteht darin, die Intimsphäre des anderen zu respektieren; sie wird, wie wir gesehen haben, in allen vier Kulturen bei sämtlichen Beziehungen — gleichgültig, ob intime oder nicht-intime — für wichtig gehalten. Damit verwandt sind die beiden Regeln, Geheimnisse, die man einander anvertraut hat, nicht auszuplaudern und den anderen nicht öffentlich zu kritisieren; diese Normen werden ebenfalls in fast allen Beziehungen und Kulturen für wichtig gehalten.

Andere Regulierungs-Regeln richten sich auf beziehungsspezifische Konfliktursachen, etwa Normen über das Tolerieren Dritter in engen Beziehungen oder über Treue in heterosexuellen Beziehungen. Wir werden diese beziehungsspezifischen Regeln detaillierter in späteren Kapiteln untersuchen, wenn wir uns ausführlicher mit den Regelstrukturen befassen, die Individualbeziehungen kennzeichnen.

Und wie steht es mit den Belohnungsregeln? Regeln über den Austausch von Belohnungen, wie etwa gute Nachrichten mitzuteilen, Schulden zurückzuzahlen, sich für Komplimente erkenntlich zu zeigen oder emotionale Unterstützung zu gewähren, sind bei den meisten der zehn sehr engen Beziehungen in allen vier Ländern gebräuchlich. Für weniger enge Beziehungen werden sie nicht so stark und weniger durchgängig vertreten. Eine Ausnahme bildet Japan, wo ein solcher Austausch beispielweise im ritualisierten Austausch von Geschenken (*zoto*) oder Versprechen gegenseitiger Verpflichtung wie *on* und *giri* formalisiert werden kann. Am nachhaltigsten wurde diese Norm in Japan für Beziehungen am Arbeitsplatz, zu Nachbarn und unter zusammenwohnenden Personen beiderlei Geschlechts vertreten. Andere Regeln über die belohnenden Aspekte von Beziehungen, wie Unterstützung in der Öffentlichkeit und persönliche Offenheit, haben viele enge Beziehungen in allen vier Kulturen gemeinsam, während einige, wie der öffentliche Ausdruck von Zuneigung oder positiver Wertschätzung, kulturspezifischer sind.

Wir haben in diesem Kapitel einen Überblick über die Ähnlichkeiten und Unterschiede in den Regelstrukturen quer durch Beziehungen und Kulturen gegeben. In den folgenden Kapiteln werden wir die jeweiligen Regeln genauer untersuchen, die mit spezifischen Beziehungen verknüpft sind.

4

Freundschaften

Was sind Freunde? Ein englisches Lexikon definiert „Freund" als „jemand, der einem anderen in gegenseitigem Wohlwollen und Vertraulichkeit verbunden ist". Eine Freundschaft wird in unserer Kultur nicht wie die Ehe durch eine Zeremonie begründet oder getrennt und ist nicht abhängig von irgendwelchen Rollenbezügen, wie es zwischen Arbeitskollegen oder Verwandten der Fall ist. Freunde sind ganz einfach Menschen, die einander mögen und gern gemeinsam bestimmte Sachen unternehmen. Im Gegensatz zu Verwandtschaft ist Freundschaft völlig freiwillig, und es bestehen keine klar umrissenen Regeln darüber, welche Leute Freunde sein können oder was sie zusammen tun sollten.

Freundschaft nimmt eine Vielzahl von Formen an, die nach Alter, Geschlecht und sozialer Schicht geringfügig variieren. Dennoch gibt es ein allgemeines Motiv, und die Menschen scheinen eine klare Vorstellung davon zu haben, was Freundschaft ist.

In etlichen Untersuchungen wurden ausgewählte Personen gefragt, was sie unter einem Freund verstehen. Bei verschiedenen Gruppen von Befragten in unterschiedlichen Ländern erhielt man weitgehend gleichartige Antworten: Freunde sind Menschen, die man mag, deren Gesellschaft man genießt, mit denen man Interessen und Aktivitäten teilt, die hilfreich und verständnisvoll sind, denen man vertrauen kann, mit denen man sich wohl fühlt und die emotionale Unterstützung gewähren.

Freundschaften sind unterschiedlich eng. Es gibt „beste" oder „enge" Freunde sowie „Bekannte". Obwohl sich die Forschung oft mit „engen" Freunden befaßt hat, sind diese möglicherweise weniger typisch als „gute" Freunde. Auf jeden Fall sind sie weniger zahlreich. Der Unterschied zwischen diesen Abstufungen ist, daß unter engen Freunden persönlichere Themen diskutiert werden, mehr Hilfe geleistet wird, die Menschen sich ungezwungener fühlen und glauben, mehr sie selbst sein zu können.

Es gibt, um einen späteren Abschnitt dieses Kapitels vorwegzunehmen, einen durchgängigen Geschlechterunterschied: Für Männer sind Freunde Menschen, mit denen zusammen sie etwas tun, wie beispielsweise die Freizeit zu verbringen, während Freunde für Frauen Menschen sind, denen sie vertrauen und die emotionalen Rückhalt gewähren. Und um noch mehr vorwegzunehmen: Junge Leute erwarten von Freunden, daß sie unterhaltsam sind, ältere Menschen, daß sie nützlich und hilfreich sind. Wir treffen also auf unterschiedliche Abstufungen von Freundschaft und verschiedene Arten von Freunden; jeder Typus verkörpert einen Aspekt von Freundschaft in besonderem Maße, während andere Aspekte weniger wichtig sind. Bei der Betrachtung kulturspezifischer Variationen von Freundschaft werden wir einige recht interessante Varianten finden, die sich unter speziellen Umständen entwickelt haben. Nichtsdestoweniger finden wir die Freundschaftsbeziehung in allen Lebensabschnitten bei beiden Geschlechtern und in sämtlichen Schichten und Kulturen; sie ist eine der wichtigsten Beziehungen.

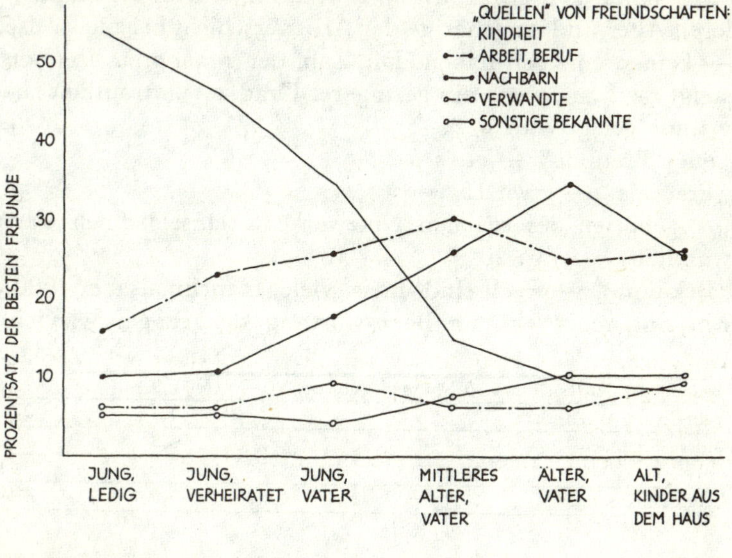

Abb. 1: Die Anknüpfung und Entwicklung von Freundschaften im Lauf eines Lebens (bei Männern)

Gewöhnlich unterscheidet man Freunde von Verwandten. Dennoch sind 7 % der Freunde oder mehr auch Verwandte. Mit anderen Worten wird zu einigen wenigen Verwandten freiwillig ein hinreichend freundschaftliches Verhältnis entwickelt, so daß sie wie Freunde betrachtet und behandelt werden.[1] Beim umgekehrten Vorgang werden enge Freunde ehrenhalber zu Verwandten ernannt — „Sie ist für mich wie eine Schwester". Auf ähnliche Weise werden manche Arbeitskollegen zu Freunden. Dies ist häufiger der Fall bei Lehrern, Sozialarbeitern und anderen, deren berufliche Arbeit in den Freizeitbereich übergeht, deren soziale Kontakte zu Kunden oder Klienten wichtig sind und deren Arbeit ihr zentrales Lebensinteresse bedeutet.[2] Auch einige Nachbarn werden zu Freunden, besonders bei älteren Leuten und in traditionellen Arbeitergegenden[3] (Abbildung 1).

Wieviele Freundschaften haben Menschen, wie lange dauern sie?

Das hängt davon ab, was wir unter einem Freund verstehen. Wenn wir damit „beste Freunde" meinen, haben Menschen einen oder zwei, obwohl viele Leute — Männer im mittleren Alter und Angehörige der Arbeiterschicht beispielsweise — keinen einzigen haben. Die Zahl der genannten Freunde steigt rasch an, wenn ein geringerer Grad an Vertrautheit zugrunde gelegt wird:

„enge Freunde" — etwa 5
„Freunde" — etwa 15
„Angehörige des sozialen Netzwerkes" (einschließlich Verwandten) — etwa 20
„Bekannte" — wechselnd, meist viele, manchmal über 1000.

Ein anderer Weg zur Beantwortung der Frage, wieviele

Tabelle 1: Anzahl der während der vergangenen Woche getroffenen Freunde[4]

	Männer	Frauen
Freunde am Ort (höchstens 10 Minuten Fußweg)	2,9	2,4
Freunde am Arbeitsplatz	1,4	0,3
Andere Freunde	3,3	1,9
Freunde insgesamt	7,6	4,6

Freunde jemand hat, besteht darin, herauszufinden, wieviele er in der letzten Woche getroffen hat[4] (Tabelle 1).

Nicht immer nennen Frauen, wie in dieser Londoner Untersuchung, weniger Freunde als Männer — und Frauen haben mehr *enge* Freunde. Die Menschen mit den meisten Freunden sind:
jung (18-25)
Angehörige der Mittelschicht
alleinlebend
extravertiert.

Während einige Personen eine Menge Freunde haben, haben andere überhaupt keine oder sehr wenige, beziehungsweise weniger, als sie gern hätten. Heranwachsende fühlen sich oft einsam — 10 bis 15 % von ihnen sind ernsthaft isoliert und allein, mehr als 50 % geben an: „Ich fühle mich oft einsam", und zwar Mädchen häufiger als Jungen.[5] Menschen im mittleren Alter, besonders Männer, haben zwar oft wenige Freunde, fühlen sich jedoch nicht einsam, weil sie andere soziale Kontakte zu Hause und am Arbeitsplatz haben.

Die Stabilität von Kindheitsfreundschaften ist bekanntermaßen gering — „Immer mit denselben Freunden zusammenzusein, kann schrecklich langweilig werden". Die Freundschaften dauern länger, wenn Kinder älter werden; und Freundschaften, die während der Adoleszenz und in den frühen, der Heirat vorangehenden Erwachsenenjahren geknüpft werden, sind oft die engsten und dauerhaftesten. Die Zahl der Freunde wechselt in Abhängigkeit von den Lebensumständen recht stark, wie Tabelle 2 zeigt.

Verheiratete haben weniger Freunde, solange Kinder im Haus sind, und mehr nach deren Auszug. Die Geschiedenen, Verwitweten und Getrenntlebenden haben mehr *enge*, Alleinlebende insgesamt mehr Freunde. Andere Untersuchungen zeigen, daß Unverheiratete mehr Zeit mit Freunden verbringen als Verheiratete.[7]

Junge Leute finden wiederum ziemlich leicht neue Freunde, einschließlich neuer „bester Freunde". Ältere Menschen haben größere Schwierigkeiten, neue Freunde zu ge-

Tabelle 2: Zahl der Freunde und Lebensumstände[6]

	verheiratet keine Kinder	verheiratet mit Kindern	verheiratet erwachs. Kinder
enge Freunde	3,8	4,1	11,1
Freunde insgesamt	17,4	14,6	29,4

	Single alleinlebend	Single mit Partner lebend	Single geschieden, getrennt, verwitwet
enge Freunde	4,4	5,6	7,8
Freunde insgesamt	22,4	20,0	18,4

	Single		verheiratet	
	allein-lebend	mit anderen	zu zweit lebend	mit anderen
enge Freunde	4,4	4,3	4,6	8,8
Freunde insgesamt	21,7	25,5	14,3	29,4

winnen, halten jedoch die Verbindung zu ihren alten Freunden länger aufrecht. In einer kanadischen Studie über enge Beziehungen in einer Großstadt stellte man fest, daß 57 % dieser Beziehungen länger als elf Jahre bestanden hatten (hier waren Verwandte allerdings eingeschlossen); bei 29 % der Befragten blieb die persönliche Rangordnung der Beziehungen über einen Zeitraum von fünf Jahren unverändert.[8] Freundschaften währen länger, wenn die Betreffenden nahe beieinander wohnen oder sich, etwa am Arbeitsplatz, regelmäßig treffen. Oft bricht der Kontakt ab, wenn eine Person wegzieht.

Am längsten halten Freundschaften zwischen älteren Menschen, Verheirateten mit Kindern, Leuten, die in unmittelbarer Nähe zueinander wohnen, unter Angehörigen eines umfangreicheren sozialen Netzwerks sowie recht engen Freunden.

Soziale Netzwerke

Freunde treten nicht immer paarweise auf: A und B kennen auch C. Deshalb wird die Beziehung zwischen A und B durch ihre Verbindungen mit C und dem weiteren Netzwerk beeinflußt. Man kann Netzwerke ermitteln und graphisch darstellen, indem man alle Bewohner einer Gegend oder Mitglieder irgendeiner Gruppe fragt, wer ihre Freunde sind oder wen sie regelmäßig treffen. Alle Verbindungen werden als Linien dargestellt, und das Netzwerk kann dann auf verschiedene Weise analysiert werden. Als „Dichte" bezeichnet man zum Beispiel den Anteil der „aktiven" unter den möglichen Verbindungen zwischen den Beteiligten. Wir neigen dazu, die Freunde unserer Freunde ebenfalls zu mögen. Das könnte daran liegen, daß so ein Gefühl des Ungleichgewichts vermieden wird, aber auch daran, daß die Mitglieder einer Gruppe ähnliche Wertvorstellungen und Interessen haben; oder es könnte die Folge davon sein, daß einige Menschen beliebter sind als andere und wir und unsere Freunde daher die gleichen Leute mögen.[9] Eine Freundschaft wie die zwischen A und B auf der linken Seite von Abbildung 2, in der beide dieselben Freunde haben, wird dauerhafter sein als die zwischen A¹ und B² auf der rechten Seite[10].

Abb. 2: Soziale Netzwerke

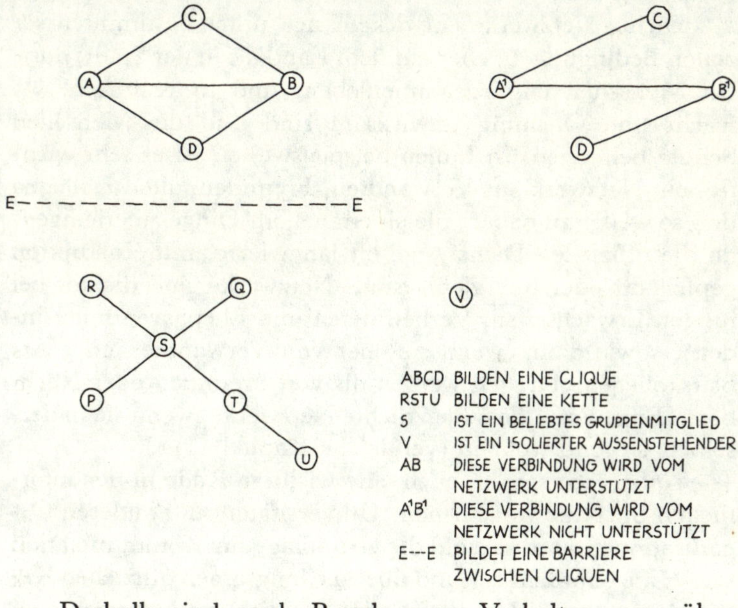

Deshalb sind auch Regeln zum Verhalten gegenüber Dritten in Freundschaften so wichtig — etwa tolerant und auf andere Beziehungen nicht eifersüchtig zu sein, was eine wesentliche Ursache für Reibereien zwischen Freunden ist. In Abbildung 2 sehen wir einige weitere häufige Merkmale von

Netzwerken — Cliquen, Ketten, Schranken, beliebte und unbeliebte Leute.

Manchmal werden Netzwerke auf der Basis von Freundschaftswahlen dargestellt, das heißt, anhand der Freunde, die jeder zu haben behauptet. Diese Aussagen sind oft, aber nicht immer umkehrbar. Beliebte Menschen bekommen eine große Zahl solcher Nennungen; ihrerseits geben sie kaum mehr Nennungen an als andere, aber ihre Wahlentscheidungen werden immer erwidert. Für die Untersuchung von Freundschaften sind Netzwerke ein nützlicheres Konzept als „Gruppen", weil Freunde gewöhnlich eher Netzwerke als klar umrissene Gruppen bilden, obwohl natürlich auch Netzwerke „Verdichtungszonen" aufweisen, die Gruppen von Freunden entsprechen.

Dichte Netzwerke entwickeln sich unter bestimmten sozialen Bedingungen: eher auf dem Land als in der Stadt; dort, wo Menschen eng zusammenleben; und in Kulturen, wo Recht und Ordnung unwirksam sind und die Menschen Schutz benötigen. In Indien beispielsweise[12] ist es sehr wichtig, ein Netzwerk aus Verwandten, Freunden, alten Kollegen und so weiter zu haben, die einem helfen, Dinge zu erledigen, da die offiziellen Dienstwege oft langwierig, mit Korruption gepflastert oder unergiebig sind. Netzwerke sind dichter bei jungen Erwachsenen, Verheirateten und Ehepaaren mit Kindern, sowie dann, wenn sie eher von Verwandten oder Arbeitskollegen getragen werden als von Freunden oder Nachbarn. Enge Freunde bilden dichte Netzwerke, wenn sie in derselben Gegend wohnen (vergleiche Kapitel 11).[13]

Netzwerke spielen auch eine wichtige Rolle in der informellen Struktur von Firmen, Universitäten und anderen Organisationen, und sie sind die Grundlage für Kommunikation und Hilfe oberhalb der und über die langsamen offiziellen Kanäle hinweg. Sie sind bedeutsam für die Verbindungen zwischen Organisationen, beispielsweise in Form übergreifender Direktorenämter und auswärtiger Prüfer.

Netzwerke haben vielerlei Wirkungen auf ihre Mitglieder:

1. In dichteren Netzwerken gibt es häufiger Begegnungen.
2. Konformitätsdruck und Konformität sind größer.
3. Freundespaare, Liebespaare und Ehepaare werden zusammengehalten, wenn beide dem gleichen Netzwerk angehören.
4. Einzelne suchen bei ihrem Netzwerk Hilfe. Hier verspricht ein weitläufiges Netzwerk mit vielerlei Mitgliedern am ehesten Zugang zur richtigen Art von Hilfe. Dazu kann gehören, Arbeit und Unterkunft zu finden, angemessene medizinische Versorgung zu erhalten und Beziehungen aller Art spielen zu lassen.
5. Die psychische Gesundheit von Leuten mit dichten Netzwerken ist besser, möglicherweise zum Teil auch, weil sie fähig waren, in ein solches Netzwerk zu gelangen. Jedenfalls sind Netzwerke eine wichtige Quelle sozialen Rückhalts. Ideen, einschließlich Meinungen über Politik, Mode oder neue Filme, verbreiten sich durch Netzwerke. Ärzte erfahren so von neuen Medikamenten, Bauern von neuartigem Saatgut und Wissenschaftler von neuen Theorien.[14]

Es gibt eine ganze Anzahl unterschiedlicher Rollen, die Individuen in Netzwerken spielen können. Einige sind auf einem bestimmten Gebiet Meinungsführer — für Politik, Reisen oder was auch immer. Diese *opinion leaders* sind besser informiert und stehen in Kontakt zu anderen Bereichen des Netzwerkes, die mit ihrem Spezialgebiet verknüpft sind.

Das Wachsen von Freundschaften

Freundschaft zu schließen, ist ein allmählich fortschreitender Prozeß, der in drei Abschnitte eingeteilt werden kann: 1. Man gewinnt Eindrücke vom anderen aus der Distanz, bei zufälligen Begegnungen am Arbeitsplatz oder in der Nachbarschaft und so weiter. 2. Erste Treffen durch Verabredung oder Einladung. 3. Regelmäßige Treffen und wechselseitige Bindung. Diesen Prozeß kann man als Aussieben oder Selektion möglicher Freunde betrachten, bei dem in jedem Stadium einige wegfallen.

Bei zufälligen Begegnungen Eindrücke vom anderen gewinnen. Freundschaften basieren vor allem auf Kontakten am Arbeitsplatz, in der Nachbarschaft, in Vereinen oder bei anderen Freizeitaktivitäten. Ebenso kann man sie aber auch über andere Freunde — als Teil des Netzwerks — oder durch irgendwelche zufälligen Begegnungen gewinnen. Viele Freundschaften entstehen im Lauf alltäglicher Aktivitäten — beispielsweise bei der Arbeit —, ohne daß man sich gegenseitig bewußt aussuchen oder einander besondere Aufmerksamkeit schenken würde.

Je häufiger sich zwei Menschen treffen, desto besser lernen sie sich kennen und in den meisten Fällen auch schätzen. Die Kontakthäufigkeit wiederum hängt von der räumlichen Nähe ab, so daß sich Freundschaft leichter zwischen Menschen entwickelt, die nahe beieinander wohnen, im selben Büro arbeiten oder sich in derselben Kirchengemeinde, im selben Verein treffen. Dies — ausreichende Kontakthäufigkeit — ist das erste „Sieb“.

An Schülern und Studenten durchgeführte Untersuchungen zeigen, daß diese sich um so besser leiden können, je näher beieinander sie wohnen. Unter Erwachsenen werden jedoch Nachbarn nur zu einem kleinen Teil auch Freunde (vergleiche Kapitel 11). Der Unterschied besteht darin, daß Studenten viel gemeinsam haben und einander so ähneln, daß beinahe jedes Paar eine Freundschaft entwickeln könnte, während Nachbarn im Erwachsenenalter sehr viel unterschiedlicher sind. Am Arbeitsplatz oder in anderen strukturierten Situationen können wir mit einem weiten Spektrum von Leuten hervorragend zurechtkommen. Bei Freundschaften sind wir hingegen wählerischer — wir bevorzugen Menschen, die uns ähnlich sind. Zunächst müssen sie uns meist hinsichtlich Alter, sozialer Schicht und ethnischer Abstammung gleichen; diese Merkmale sind leicht auch auf Distanz auszumachen.

Außerdem fühlen wir uns stärker von anderen Menschen angezogen, die wir gern betrachten, und dies kann im Anfangsstadium auch alles sein, woran wir uns orientieren können. Körperliche Attraktivität ist für Freundschaften ebenso wichtig wie in der Liebe, zum Teil wegen der stereotypen Überzeugung, attraktive Menschen seien herzlich, gesellig, interessant, freundlich und so weiter. (Bisher ist nicht bekannt, ob sie das tatsächlich sind.) Die Bedeutung äußerlicher Attraktivität wird im nächsten Kapitel unter dem Thema „Partnerwahl“ eingehender erörtert. Auch die Kleidung ist wichtig: Einerseits beeinflußt sie die äußere Attraktivität, andererseits signalisiert sie soziale Schicht, Zugehörigkeit zu Gruppen (zum Beispiel einer bestimmten Richtung der Jugendkultur) und Lebenseinstellung (etwa zurückhaltend oder auffällig, ordentlich oder unordentlich).

Über andere können wir eine Menge erfahren, wenn wir ihr Verhalten beobachten. Anhand ihres nichtverbalen Verhaltens wie des Gesichtsausdrucks und Tonfalls können wir uns ein Bild davon machen, ob sie herzlich oder kühl sind; wir erkennen Extraversion an sichtlicher Umgänglichkeit; außerdem Selbstbewßtsein oder Dominanz, Intelligenz, Neigung zur Konformität oder zu Abweichungen. Diese und andere Persönlichkeitsdimensionen können durch einfache Verhaltensbeobachtung eingeschätzt werden. Jeder von uns ist an bestimmten Persönlichkeitszügen besonders interessiert: Wir können beispielsweise den Wunsch haben, daß unsere Freunde herzlich, bescheiden und intelligent sind. Wenn ein potentieller Freund dieses „Sieb“ passiert, kann sich die Keimzelle der Freundschaft zum nächsten Stadium weiter entwickeln.

Zusammentreffen bei Verabredung und Einladung. Dies ist eine entscheidende Stufe in der Entwicklung einer Freundschaft. Jetzt wird das Zusammentreffen von zwei Menschen bewußt gesucht — in einer anderen Umgebung als vorher und mit der klaren Absicht, einander besser kennenzulernen. Mittelschichtsangehörige laden sich gegenseitig zum Essen und Trinken nach Hause ein, Angehörige der Arbeiterschicht werden sich eher in einem Lokal oder Verein treffen. Hier sind erstmals soziale Fertigkeiten erforderlich, um das erste Treffen vorzuschlagen oder eine Einladung auszusprechen. Bei diesen ersten Treffen wird geredet und oft gleichzeitig gegessen und getrunken. In diesem Gespräch tauschen zwei Menschen oder eine Gruppe von Menschen vor allem Information übereinander aus, was den Beginn persönlicher Öffnung bedeutet. Dies geschieht anfangs sehr vorsichtig, indem eher oberflächliche Gesichtspunkte, aber nicht die grundlegenden Wertvorstellungen, Probleme, Hoffnungen oder Ängste enthüllt werden.

Viele Untersuchungen haben ergeben, daß wir Menschen schätzen, die uns in persönlichem Hintergrund, Interessen und Freizeitaktivitäten, in Ansichten und Wertvorstellungen, Denkweise und Lebensstil gleichen. Das wichtigste „Sieb" besteht in diesem zweiten Stadium darin herauszubekommen, wie ähnlich uns ein potentieller Freund unter diesen Gesichtspunkten ist. Aus der Distanz ist dies kaum zu erkennen, obwohl man annehmen kann, daß man in der Kirche Menschen mit dem gleichen Glauben und in einer Volkstanzgruppe Leute mit einem gemeinsamen Interesse trifft. Wie wir gesehen haben, genieren sich Menschen, bei den ersten Treffen zuviel von sich preiszugeben; deshalb bedarf es auf dieser Stufe der Kunst, behutsam vorzugehen, mit schrittweise erwiderter und zunehmender Offenheit, und übereinstimmende Interessen und Wertvorstellungen zu entdecken. Die Gefahr liegt darin, Dinge zu offenbaren, die der andere nicht billigt — wie etwa die Unterstützung einer anderen politischen Partei oder zu reich, beziehungsweise zu arm zu sein. In diesem Entwicklungsstadium von Freundschaften erleben wir ein beträchtliches Maß an Selbstdarstellung: Leute bringen ihr Haus in Ordnung, kleiden sich sorgfältig, verheimlichen dunkle Flecken ihrer Vergangenheit und präsentieren sich allgemein auf angenehme Weise. Man kann dies als „Einschmeicheln" betrachten — es wird versucht, dem anderen zu gefallen, indem man ihm recht gibt, ihm Komplimente macht und Konflikte vermeidet; in Wirklichkeit ist es jedoch ein Teil der generellen Selbstdarstellung — der Versuch, sich als Person mit guten Eigenschaften darzustellen, die deshalb liebenswert ist.

Besonders wichtig ist, daß zwei potentielle Freunde in gleicher Weise über Dinge denken; Duck[15] fand, daß enge Freunde dieselben Kategorien zur Einschätzung von Leuten benutzen. Ferner ist bedeutsam, daß sie auf Ereignisse ähnlich reagieren, so daß sie Erfahrungen teilen können und wissen, daß der andere genauso empfinden und dieselben Dinge für gut oder schlecht halten wird. Wir mögen Leute mit gleichartigen Ansichten und Wertvorstellungen, besonders, wenn es sich dabei um relativ ungewöhnliche Wertvorstellungen handelt.[16]

Andererseits ist durchweg festzustellen, daß Freunde einander nicht notwendigerweise in ihrer Persönlichkeit ähneln. In unserer eigenen Studie über Freundschaften von Frauen fanden wir, daß es zwischen Freundinnen keine Ähnlichkeit in Persönlichkeitsfaktoren gab, daß sie sich jedoch hinsichtlich bestimmter Bedürfnisse, besonders dem Bedürfnis nach Geborgenheit glichen.[17] Während manche Leute Freunde wegen grundsätzlicher Gemeinsamkeiten wählen, suchen andere unterschiedliche Menschen für verschiedene Aktivitäten und teilen ihr soziales Leben stärker auf. Diese Menschen beobachten auch ihr eigenes Verhalten sorgfältig und ändern es stärker in Abhängigkeit von der Situation.[18]

Ein weiteres Kriterium ist in diesem Stadium, wie stark der oder die andere als „belohnend“ empfunden wird. Ähnlichkeit kann als Teilaspekt dessen betrachtet werden — wir lassen uns unsere Anschauungen gern von anderen bestätigen und treffen gern Menschen mit ähnlichen Interessen, ähnlicher Lebensgeschichte und ähnlichen Denkweisen. Andere können aber auch unmittelbarer durch die Art ihres sozialen Verhaltens belohnend sein — beispielsweise durch herzliches und freundliches nichtverbales Verhalten oder indem sie heiter, amüsant, interessant, nett, hilfreich und vor allem uns offensichtlich zugetan und an uns interessiert sind.

Dies sind die wirksamsten Belohnungen. Wir mögen Leute, die uns mögen, die eine gute Meinung von uns haben und uns so sehen, wie wir uns selbst sehen. Bei langjährigen Freunden gibt es einen engen Zusammenhang zwischen dem Selbstkonzept und der Wahrnehmung durch den anderen.[19] Personen mit geringem Selbstgefühl sind empfänglicher für gegenseitige Rückmeldungen, und Experimente haben gezeigt, daß Leute mit vermindertem Selbstvertrauen sich stärker Menschen zuwenden, von denen sie sich eher positiv beurteilt fühlen, und Leute stärker ablehnen, die sie zurückweisen oder negativ einschätzen.[20] Vor allem positive Rückmeldung zu Bereichen, über die sich der Empfänger selbst unsicher ist, wird als belohnend erlebt. Mit anderen Worten: Wenn wir auf unseren Sinn für Humor stolz, jedoch unseres Geschmacks bei der Kleidung nicht so sicher sind, wird ein Kompliment über unseren scharfen Witz für uns wahrscheinlich weniger belohnend sein als eines über unser Aussehen.

Freunde bringen auch materielle Vorteile mit sich — durch Einladungen zum Essen, Geschenke und materielle Hilfe, deren Umfang allerdings viel geringer ist als bei Verwandten (vergleiche Kapitel 9). Solche Aufmerksamkeiten sollen zwar in irgendeiner Form erwidert werden, wenn es aber allzu geflissentlich geschieht, wird dies in unserer Kultur als Zeichen einer ziemlich oberflächlichen Beziehung betrachtet.[21] Wir haben bereits gesehen, daß einige Menschen lustige und unterhaltsame Freunde haben möchten, andere dagegen nützliche; manche wollen Gespräche führen, andere zusammen Dinge unternehmen. „Belohnend“ zu sein, ist für das Schließen von Freundschaften eine entscheidende soziale Fähigkeit und hat viele Bestandteile. Es hat sich jedoch herausgestellt, daß der nichtverbale Ausdruck einer herzlichen und freundlichen Haltung dabei besonders wichtig ist.

Wir können eine Person nicht nur wegen ihrer äußeren Erscheinung, sondern auch wegen ihrer Fähigkeiten im Umgang mit anderen Menschen, also ihrer sozialen Kompetenz, anziehend finden. Unsere Begabung, ein interessantes Gespräch zu beginnen und fortzuführen, das Richtige zu sagen und zu tun, kann unsere Attraktivität für andere beeinflussen. Wir sind lieber mit Menschen zusammen, bei denen wir uns wohl und entspannt fühlen, als mit solchen, bei denen uns angestrengt und unbehaglich zumute ist. Wir genießen das Zusammensein mit jemandem, der unsere Aufmerksamkeit fesselt, uns zum Lachen bringt oder uns das Gefühl gibt, anziehend zu sein. Wir werden die Rolle sozialer Fertigkeiten in Beziehungen später noch detaillierter erörtern. Immerhin ist soziale Kompetenz ein wichtiger Bestandteil der Anziehung zwischen Menschen, den die zahlreichen Studien über körperliche Attraktivität eher übersehen haben.

Regelmäßige Treffen und wechselseitige Bindung stellen in der Entwicklung einer Freundschaft einen weiteren bedeutenden Schritt nach vorn dar — wenn beispielsweise zwei Leute beschließen, jeden Mittwoch zusammen zu Mittag zu essen oder einmal in der Woche miteinander Tennis zu spielen. Darüber hinaus können sie auch ernsthaftere gemeinsame Aktivitäten betreiben — Arbeit, Geschäfte oder Erwerb von Eigentum etwa, obwohl dies weniger häufig ist. Sie erwarten jetzt regelmäßige „Belohnungen" voneinander, weil sie regelmäßig unter vier Augen miteinander sprechen können oder gemeinsam etwas unternehmen. Die Belohnung basiert entweder auf dem angenehmen Verhalten des anderen oder auf der gemeinsamen Aktivität selbst.

Jeder von beiden ist nun, um diese regelmäßigen Belohnungen zu erhalten, vom anderen abhängig. Der andere ist Teil seines normalen Lebensablaufs. Jeder zieht Vorteile aus der Beziehung, mag auch der eine mehr profitieren als der andere. Mittlerweile hat sich verstärkte Zuneigung entwickelt, und jeder trägt für den Gewinn des anderen ebenso Sorge wie für seinen eigenen. Bei der Entscheidung, wie die gemeinsame Zeit zugebracht werden soll, wird jeder auch das Vergnügen des anderen in Betracht ziehen.

Bis zu diesem Punkt ist die persönliche Öffnung ein ganzes Stück vorangekommen, und die Freunde haben einander viel über sich selbst anvertraut. Jeder verläßt sich darauf, daß der andere diese Informationen vertraulich behandelt, und beginnt den anderen als Vertrauten zu sehen, mit dem er seine Probleme besprechen und von dem er verläßlichen sozialen Rückhalt erwarten kann. Das Maß an Intimität dieser Selbstoffenbarungen reicht von sehr unpersönlichen Dingen wie den Vorlieben für Fernsehprogramme bis hin zu sehr viel persönlicheren wie Geldangelegenhieten und Sexualität. Wenn sich Menschen kennenlernen, bewegen sie sich auf dieser Skala aufwärts bis zu einem Punkt, der das Maß an erreichter

Nähe bestimmt. Tabelle 3 zeigt Beispiele für das Niveau von Selbst-Öffnung gegenüber Freunden und anderen Personen auf einer solchen Skala.

Tabelle 3: Persönliche Offenheit gegenüber Freunden und anderen Menschen[22]

	bei Männern	Frauen
Gleichgeschlechtl. Freund/in	42	52
Gegengeschlechtl. Freund/in	40	43
Mutter	39	48
Vater	34	37
Insgesamt	154	180

Gemeinsame Aktivitäten mit Freunden

Wir können untersuchen, wie oft man seine Freunde trifft. In einer amerikanischen Studie ergaben sich die in Tabelle 4 dargestellten Resultate.

Tabelle 4: Wöchentliche Begegnungen zwischen Freunden in % der Befragten[23]

Freunde, die sich weniger als 8 Jahre kennen	56 %
Freunde, die sich länger als 13 Jahre kennen	34 %
Beste Freunde, die in der Nachbarschaft wohnen	58 %
Beste Freunde, die in derselben Stadt wohnen	35 %
Beste Freunde, die außerhalb der Region wohnen	25 %
Freunde aus dem Wohnviertel	60 %
Freunde am Arbeitsplatz	43 %
Jugendfreunde	54 %
Rollen nicht bekannt	20 %

Die meisten Leute sehen enge Freunde fast wöchentlich, besonders, wenn diese in derselben Gegend wohnen. Alte Freunde hingegen sehen sie seltener, wahrscheinlich, weil sie nicht nahe genug wohnen. Was unternehmen Freunde, wenn sie sich treffen? Bei unserer in Oxford durchgeführten Untersuchung über gemeinsame Aktivitäten in unterschiedlichen Beziehungen fanden wir, daß die folgenden Aktivitäten für Freundschaften im Vergleich zu anderen Arten von Beziehungen am kennzeichnendsten waren: Tanzen, Tennis, Parties, gemeinsames Nichtstun, Kneipenbesuch, persönliches Gespräch, Spazierengehen.

Diese Aktivitäten unterscheiden sich deutlich von den gemeinsamen Unternehmungen von Ehepartnern oder Verwandten (vergleiche Kapitel 6 und 9). Bei Freunden liegt das Schwergewicht auf Nichtstun, Essen, Trinken und Gesprächen.

Geschlechterunterschiede bei Freundschaften

Besonders für Frauen sind Gespräche wichtig. Weibliche Freundespaare verbringen den größten Teil ihrer gemeinsamen Zeit mit Unterhaltungen, sie erörtern mit einem hohen Maß an Offenheit persönliche Probleme, geben und empfangen sozialen Rückhalt. Freunde — und wiederum besonders Frauen — agieren oft gegenseitig als „Therapeuten", und es gibt Anzeichen dafür, daß einige von ihnen genauso erfolgreich sind wie professionelle Therapeuten.

Dagegen werden befreundete Männer eher etwas zusammen *tun* — spielen oder anderen gemeinsamen Freizeitbeschäftigungen nachgehen. Viele Freundschaften bestehen zwischen verheirateten Paaren, die etwa miteinander essen gehen oder gemeinschaftlich Aktivitäten betreiben. Vor allem in der Mittelschicht besucht man sich oft zu Hause. Manche Paare tun einen weiteren Schritt in Richtung auf Nähe und verbringen den Urlaub zusammen.

Es hat sich oft gezeigt, daß Männer und Frauen Freundschaft unterschiedlich betrachten. Frau legen Wert auf intime, vertrauliche Beziehungen mit einem hohen Maß an persönlicher Offenheit, Zuwendung und sozialem Rückhalt. Männer glauben, daß es wichtig ist, Dinge zu unternehmen und Spaß zu haben. Frauen verfügen über eine größere Zahl enger Freundschaften, vor allem mit anderen Frauen; die Freundschaften von Männern sind weniger eng, sie verbinden oft verheiratete Paare. Männer haben, vor allem im mittleren Alter, häufig überhaupt keine engen Freunde. Andererseits verfügen sie über eine weitere Skala von gesellschaftlichen Kontakten und Bekannten — teilweise, weil sie bei der Arbeit mit Leuten zusammentreffen, aber auch, weil ihnen ein breiteres Spektrum von Freizeitmöglichkeiten wie Lokale, Vereine und Sport zugänglich ist.[24] Männer scheinen leichter Gruppen und Vereine aller Art zu bilden; Eifersucht auf Dritte ist für sie ein geringeres Problem als für Frauen. Einen Eindruck vom gesellschaftlichen Leben verheirateter Männer gibt Abbildung 3. Man sieht, daß sie sehr viel weniger Zeit mit Freunden als mit engen Verwandten oder Arbeitskollegen verbringen.

Abb. 3: Die Tagesaufteilung verheirateter Männer und die Zeit, die sie täglich mit Freunden verbringen

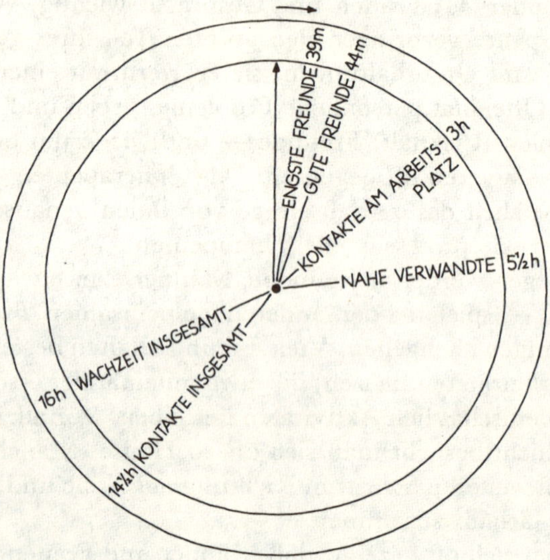

Warum entwickeln Frauen engere Freundschaften als Männer? Eine Möglichkeit ist, daß Männer Homosexualität fürchten, eine andere, daß sie bei der Arbeit und bei Spielen viel Zeit in Konkurrenz miteinander verbringen.[26] Außerdem ist es für Männer sozial nicht akzeptabel, Gefühle wie Angst oder Niedergeschlagenheit zu zeigen. Beifall findet die „mannhafte" Kontrolle solcher Gefühle. Die Forschung über Maskulinität und Femininität hat ergeben, daß die folgenden Eigenschaften bei den beiden Geschlechtern für wünschenswert gehalten werden:

Männer: Durchsetzungsvermögen, Führerschaft, Unabhängigkeit, Selbstvertrauen.

Frauen: Menschliche Wärme, Mitgefühl, Freundlichkeit, Sanftheit, Fröhlichkeit.

Wenn Menschen sich diese Qualitätsmerkmale zu eigen machen, überrascht es nicht, daß Frauen die besseren Freunde abgeben. Eine neue Untersuchung über Einsamkeit hat erbracht, daß sowohl für männliche wie für weibliche Befragte das beste Vorhersagekriterium für das Ausbleiben von Einsamkeitsgefühlen die Interaktionshäufigkeit mit Frauen sowie die angegebene „Bedeutsamkeit“ dieser Kontakte ist. Die mit Männern verbrachte Zeit hatte keinen Einfluß auf Empfindungen von Einsamkeit.[26] Folglich bringen Frauen möglicherweise unabhängig davon, ob sie es mit einer Frau oder mit einem Mann zu tun haben, Bedeutsamkeit und emotionale Nähe in eine Interaktion ein. Die einzigen Männer, die ebenfalls emotionale Nähe beisteuerten, waren solche mit hohen Werten auf Feminitäts-Skalen.

Wir haben gesehen, daß Frauen intimere Freundschaften bilden und daß sie anderen eher die Einsamkeit vertreiben. Allerdings werden wir später auch sehen, daß Menschen ebensosehr eine andere Form von Kontakt brauchen, ohne die sie sich einsam fühlen: Sie benötigen die Zugehörigkeit zu strukturierten Gruppen, die sich lohnenden Aufgaben widmen — und dazu finden Männer leichter Zugang.[27]

Freundschaft in unterschiedlichen Lebensaltern

Viel können wir über Freundschaft durch die Betrachtung ihrer unterschiedlichen Formen in verschiedenen Lebensperioden lernen.

Kindheit. Kinder im Alter von drei bis fünf Jahren haben vorübergehende Spielgefährten, je nachdem, wer gerade verfügbar ist. „Freunde“ werden danach beurteilt, wie nahe sie wohnen und was man mit ihnen gemeinsam unternehmen kann. Es handelt sich hier um eine einfache, egoistische und sehr unbeständige Beziehung. Zwischen vier und neun Jahren entwickelt sich ein zweites Stadium. Freunde werden aufgrund dessen eingeschätzt, was sie für den einzelnen „bringen“, sie werden möglicherweise bewundert, müssen aber bestimmte Regeln einhalten. Die Beziehung basiert auf kurzfristigen Belohnungserwartungen und ist immer noch recht instabil.

Wenn Kinder älter werden, zeigen sie immer weniger unerwünschtes Verhalten wie Schreien und stattdessen eher positive Verhaltensweisen wie Lachen und Sprechen; sie lernen, Belohnung zu geben. Kooperation nimmt zu, wird jedoch als Möglichkeit betrachtet, eigene Interessen zu befriedigen.

Ein wichtiger Entwicklungsschritt vollzieht sich bei vielen Kindern zwischen acht und zehn Jahren, wenn das Kind den Standpunkt des anderen verstehen und zum beiderseitigen Vorteil zusammenarbeiten kann. Kinder erkennen die Bedürfnisse anderer, kooperieren und zeigen sich erkenntlich. Sie werden sich der Möglichkeit von Freundschaft als dauerhaftem Band bewußt. Diese Veränderung in der Haltung gegenüber Freunden ist von großem theoretischem Interesse — sie markiert den Punkt, an dem sich Menschen über das Interesse an unmittelbaren Belohnungen hinausentwickeln.[28] Die Entwicklung geistiger Fähigkeiten und sozialer Fertigkeiten scheint Hand in Hand zu gehen. In diesem Alter wissen Kinder, was Freundschaft ist, verstehen die Sichtweise des anderen und kennen die Wirkungen verschiedener Arten von Verhalten auf eine Beziehung. Sie erwerben Kenntnisse über soziale Fertigkeiten.

Ab zwölf Jahren, an der Schwelle zur Pubertät, verspüren Kinder das Bedürfnis nach einem engen Freund und sind auch bereits in der Lage, dem anderen eine gewisse Unabhängigkeit zuzugestehen. Sie steuern eine sehr wichtige Phase der Freundschaft an, in der Freunde dabei helfen, von den Eltern unabhängig zu werden und sich weitere soziale Fertigkeiten anzueignen. Freunde treten nun in Gruppen — oder Netzwerken — auf, und eine ihrer Hauptbeschäftigungen ist, sich zu vergnügen.[29]

Geschlechterunterschiede in den Formen von Freundschaften zeigen sich bereits in der Kindheit. Werden zwei Jungen im Labor zusammengebracht, um eine Aufgabe zu lösen oder ein Spiel zu spielen, machen sie sich sofort an die Arbeit; Mädchen verbringen viel Zeit damit, sich kennenzulernen und über sich selbst zu sprechen.[30] Carol Gilligan schreibt: „Durch ihre Spiele erlernen Jungen sowohl die Unabhängigkeit als auch die organisatorischen Fähigkeiten, die notwendig sind, um die Aktivitäten großer und heterogener Gruppen von Menschen zu koordinieren. Durch die Teilnahme an kontrollierten und gesellschaftlich gebilligten Wettkampf-Situationen lernen sie den Umgang mit Konkurrenz in einer relativ offenen Weise — mit ihren Feinden zu spielen und mit ihren Freunden wettzustreiten — stets im Einklang mit den Spielregeln. Im Gegensatz dazu neigen Mädchen eher zum Spielen in kleineren und intimeren Gruppen, oft zu zweit mit der besten Freundin und im privaten Bereich."[31]

Pubertät. In diesem Alter ist die Freundschaft zu Gleichgeschlechtlichen am intensivsten. Während der Adoleszenz werden die Jugendlichen unabhängig von ihren Eltern, durchlaufen körperliche Veränderungen und müssen sich mit sexuellen Impulsen auseinandersetzen. Das wichtigste Merkmal der Freundschaften von Heranwachsenden ist ihre Intensität. In der Tat sind sie der Liebe so ähnlich, daß manche Psychologen die Ansicht vertreten, es handele sich um latente Homosexualität. Sobald heterosexuelle Beziehungen aufgenommen werden, verlieren die gleichgeschlechtlichen an Intensität. Zumindest können wir sagen, daß diese ein Übungsfeld für oder eine Vorbereitung auf heterosexuelle Intimität sind.[32]

Zwischen der Bildung intimer Freundschaften und der Identitätsentwicklung besteht eine enge Verbindung. Es gibt einige Hinweise darauf, daß Mädchen als erstes eine enge Beziehung aufbauen müssen, während Jungen zunächst eine Identität entwickeln müssen, bevor sie eine enge Beziehung eingehen können.[33] Heranwachsende suchen sich als intime Freunde Menschen aus, die sie bewundern und die sie als ihrem Selbst-Ideal (der Art von Person, die sie gern wären) ähnlich ansehen, und sie suchen sich Freunde aus ihrer eigenen Altersgruppe, die den gleichen Problemen wie sie gegenüberstehen. Die Vertrauenswürdigkeit von Freunden besitzt im Alter von 15 bis 16 Jahren große Bedeutung, die Freundschaften sind sehr ausschließend. In diesem Alter sind Sorgen wegen Eifersucht und die Angst, Freunde zu verlieren, recht verbreitet. So fand Coleman[34], daß 15jährige Mädchen beispielsweise häufig sagten: „Wenn drei Leute zusammen sind, kommt es oft zu Eifersüchteleien, ich weiß auch nicht warum." Wie Abbildung 4 zeigt, sind diese Ängste bei Mädchen am stärksten.

Abb. 4: Die relative Anzahl der Jungen und Mädchen in vier Altersgruppen, die bei einem Satz-Ergänzungstest zum Thema Freundschaft Angstmotive ausdrücken

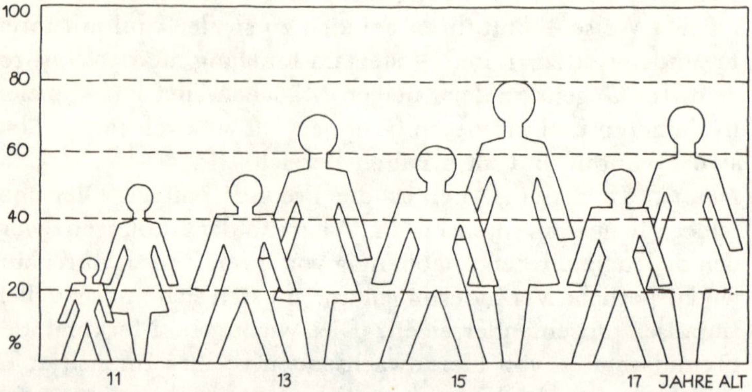

Mädchen entwickeln früher als Jungen das Bedürfnis nach einer intimen Freundschaft und beginnen früher mit Rendezvous. Sie haben einige wenige enge Freundinnen, während Jungen eine Gruppe (oder „Clique") bilden; Mädchen-Paare sind ausschließender gegenüber Dritten. Die Freundschaften von Mädchen entsprechen eher dem romantischen Ideal einer zärtlichen Beziehung, während Jungen Kumpanen bei gemeinsamen Unternehmungen sind.[35]

Freundschaft im Erwachsenenalter. Junge Erwachsene im Alter zwischen 18 und 25, oder allgemein vor ihrer Heirat, haben — wie Heranwachsende — enge Freunde, die sie oft täglich sehen oder mit denen sie telefonieren. Junge Ehepaare bilden in ähnlicher Weise enge Beziehungen zu Gleichaltrigen, die in einer vergleichbaren Lebenssituation stehen, und treffen sich häufig mit ihnen.

Zwischen 30 und 60 Jahren verändert sich die Struktur der Freundschaften. Freunde werden weniger wichtig, und man trifft sich seltener: statt täglich oder wöchentlich jetzt monatlich oder jährlich. Freundschaften lassen in dem Maße nach, wie Menschen heiraten, Kinder bekommen oder sich stärker beruflich engagieren. Freundschaften gründen sich nun weniger auf Bindungen, die früher einmal geschlossen wurden, sondern mehr auf nachbarliche und berufliche Kontakte, die tendenziell weniger persönlich sind (vergleiche auch Abbildung 1 am Anfang dieses Kapitels).

Im Lebensalter zwischen 55 und 65 gewinnen Menschen weniger leicht neue Freunde; sie halten an früheren Freundschaften fest, die enger sind als die neueren, treffen aber diese älteren Freunde weniger oft. Wenn ältere Menschen allerdings eine schwerwiegende Umbruchsituation durchmachen — Scheidung, eine neue Arbeit oder ein Umzug in eine andere Stadt —, so bemühen sie sich auch, neue Freunde zu finden. In diesem Lebensabschnitt basieren Freundschaften nicht so sehr auf nachbarschaftlicher Nähe. Freundschaften können zu Menschen jeden Alters bestehen, und die Bandbreite unterschiedlicher Freunde ist größer.

Freundschaft im Alter. Nach der Pensionierung nehmen die Kontakte zu Freunden ab, obwohl die Menschen über mehr Freizeit verfügen und die sozialen Kontakte am Arbeitsplatz verloren haben. Dieser Rückzug geschieht nicht freiwillig, sondern ist eine Folge des Verlusts beruflicher Kontakte, von Krankheit und verminderter Beweglichkeit. Die verbleibenden Freunde kennen sich jedoch oft schon seit vielen Jahren. Die Freunde von älteren Menschen leben meistens in der Nähe und sind in ähnlichem Alter. Zwar haben ältere Leute manchmal auch jüngere Freunde, diese empfinden aber häufig, daß solche Freundschaften gewisse „Kosten" (wie Hilfeleistungen) mit sich bringen, und den Älteren ist das Ungleichgewicht der „Belohnungen" peinlich. Daher wenden sie sich mit der Bitte um Hilfe eher an ihre Verwandten, besonders an die eigenen Kinder (vergleiche Kapitel 9). Ältere Frauen haben mehr Freunde als ältere Männer und mit größerer Wahrscheinlichkeit eine Vertrauensperson. Männer verlieren bei der Pensionierung eine Anzahl ihrer Freunde aus dem Berufsleben, doch ist es andererseits möglich, daß sie eine weniger enge Auffassung von Freundschaft haben und mit einer größeren Zahl oberflächlicher Kontakte ganz zufrieden sind.[36]

Alte Menschen treffen ihre Freunde häufiger und erhalten mehr Hilfe von Freunden und Nachbarn, wenn sie verwitwet sind und wenn sie keine in der Nähe lebende Tochter haben. Obwohl viele alte Menschen allein leben (29 % der 65- bis 74jährigen und 47 % der über 74jährigen), fühlen sich nur wenige von ihnen einsam; entweder, weil sie sich mit dem Alleinsein abgefunden haben, oder weil sie die Zurückgezogenheit und etwas Ruhe und Frieden tatsächlich schätzen.

Freundschaft in unterschiedlichen sozialen Schichten und Subkulturen

Sowohl in Großbritannien als auch in anderen Ländern gibt es deutliche quantitative Unterschiede zwischen den sozialen Schichten hinsichtlich der Struktur ihrer Freundschaften. Mittelschichtsangehörige haben mehr Freunde, die verschiedenartiger sind und in größerer Entfernung leben. Die Unterschiede sind aber auch noch subtiler.

Mittelschichtsangehörige entwickeln Freundschaften vorsichtig, aber wirksam — beispielsweise, wenn sie in eine neue Gegend ziehen. Sie lernen Freunde hauptsächlich über Nachbarn und Arbeitskollegen kennen oder treffen sie in Vereinen oder Freizeitgruppen. Die beruflichen Kontakte der Mittelschicht enthalten oft ein starkes gesellschaftliches Element, was ebenfalls hilft, schnell Wurzeln zu schlagen. Mittelschichtsangehörige laden andere nach Hause ein und treffen sie in mehr als einer Umgebung. Nicht-berufstätige Ehefrauen laden tagsüber andere Frauen ein — eine einfache Möglichkeit, Freunde zu gewinnen. Im übrigen haben Ehemänner und ihre Frauen dieselben Freunde — meist Ehepaare, die sie gemeinsam treffen.

Ganz anders sieht es mit Freundschaften in der Arbeiterschicht aus. Zunächst einmal benutzen viele Angehörige der Arbeiterschicht in Großbritannien den Begriff „Freund" überhaupt nicht, und viele sagen, sie hätten keine Freunde. Die Frauen treffen statt dessen zahlreiche Nachbarinnen — sie schauen unangekündigt "mal rein" oder begegnen sich im Hausflur. Frauen aus der Arbeiterschicht sehen auch häufig ihre Verwandten. Die Männer haben „Kumpel", das sind Männer aus der Nachbarschaft, die man meist zufällig und ohne vorherige Verabredung in einem Lokal oder Verein trifft — meistens in einer Gruppe. Eine Minderheit hat Freunde vom Arbeitsplatz her, vor allem in Betriebssiedlungen, doch das mag daran liegen, daß sie zugleich Nachbarn sind. Ehemänner und ihre Frauen haben oft unterschiedliche Freunde und laden diese nicht nach Hause ein. Angehörige der Arbeiterschicht sehen ihre Freunde in verschiedenen und jeweils spezifischen Umgebungen. Young und Willmott[37] zitieren die Aussage: „Ich habe Freunde bei der Arbeit, Freunde beim Sport und Freunde, mit denen ich einen trinke... Ich bin immer gut mit Leuten ausgekommen, lade aber niemanden nach Hause ein." Allan[38] vertritt die Ansicht, der grundlegende Unterschied zwischen Freundschaften in den beiden Schichten bestehe darin, daß sie in der Arbeiterschicht an bestimmte Umgebungen (*settings*) gebunden seien, während sie sich in der Mittelschicht über mehr als ein *setting* und besonders auf den häuslichen Bereich ausweiteten. Auf der anderen Seite bewirten Angehörige der Arbeiterschicht ihre Verwandten ausgiebiger zu Hause, als Mittelschichtsangehörige dies tun. Die Wohnung bleibt der Familie und engen Verwandten vorbehalten.

Zu erwähnen ist hier, daß wir Menschen zu Freunden wählen, die uns — besonders im Hinblick auf die soziale Schicht — recht ähnlich sind. Vor allem am oberen und unteren Ende der Gesellschaftsskala, beispielsweise bei Personen mit besonders qualifizierter Ausbildung oder in angesehenen Berufen zeigt sich, daß Freunde in dieser Hinsicht besonders homogen sind.[39]

Man findet Freundschaft in allen Kulturen, es gibt jedoch einige interessante Varianten des Themas. In Australien entwickelte sich zu Pionierszeiten eine Form von Kameradschaft (*mateship*) unter Bergarbeitern und Händlern, die fast ohne Frauen isoliert in der Wildnis lebten und einen Freund brauchten, auf den sie sich unbedingt verlassen konnten. Deshalb wurde die *Mateship*-Beziehung entwickelt, von der man sagte, sie sei ebenso intensiv und manchmal intensiver als die

Ehe, obwohl Homosexualität wahrscheinlich kaum mitspielte. Auch heute hat *mateship* in Australien unter Männern noch eine Bedeutung. Man beobachtet sie nicht nur im Busch, sondern auch bei den Streitkräften, in Männerlokalen und als Absonderung der Geschlechter bei Parties.

Eine weitere Form von Freundschaft ist die Bildung einer „Blutsbrüderschaft", wobei man sich entweder durch einen Schnitt in der Haut gegenseitig das Blut des anderen einreibt oder etwas davon trinkt. So geschah es im Altertum und wird es immer noch in Teilen von Afrika praktiziert. Der Zweck ist, zwischen einzelnen oder Gruppen ein absolutes Band des Vertrauens zu schaffen oder einen Feind zum Freund zu machen. Man glaubt, daß ein Blutsbruder, der den anderen im Stich läßt, durch die Wirkung des „brüderlichen" Bluts krank wird und stirbt. Auf diese Weise entsteht aus Freundschaft eine Art von Verwandtschaft.

In Europa wurde die Blutsbrüderschaft von der katholischen Kirche unterdrückt, während des Feudalismus jedoch durch *Compadrazgo* oder Patenschaft ersetzt. Die Rituale der Taufe und Konfirmation wurden benutzt, um diesen Bund zwischen Eltern und Paten sowie manchmal zwischen Eltern und Priester herzustellen. Dies diente auch der Schaffung von Bündnissen mit anderen Familien oder mächtigen Einzelpersonen. Die Beteiligten durften nicht heiraten, sie wurden praktisch als Verwandte betrachtet und bildeten eine starke, kooperierende Gruppe. Luther wetterte gegen diese Einrichtung, und mit dem Aufstieg des Kapitalismus lösten unpersönliche Verträge solche Bündnisse zwischen Familien als Grundlage der Gesellschaft ab. Sie existieren noch in den bäuerlichen Regionen Griechenlands, Italiens, Spaniens und Südamerikas; in Großbritannien sind sie verschwunden. Paten werden gewöhnlich unter Freunden und Verwandten ausgesucht, wodurch bestehende Bande verstärkt werden.[40]

Warum brauchen wir Freunde?

Darüber versuchten wir in einer Umfrage nach den Quellen von Befriedigung in unterschiedlichen Beziehungen Aufschluß zu gewinnen. Wir fanden drei Hauptbedürfnisse, die von Beziehungen befriedigt werden: Hilfe, sozialer Rückhalt und gemeinsame Interessen.[41] Ihre Bedeutung für unterschiedliche Beziehungen zeigt Abbildung 5.

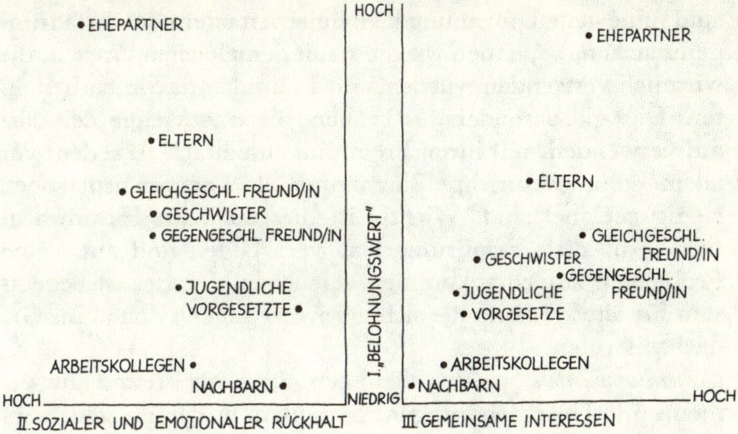

Abb. 5: Die Einordnung von Beziehungen auf drei Dimensionen von Zufriedenheit

Hilfe. Wir werden sehen, daß von Verwandten prompte und ernstzunehmende Hilfe kommt. Viele Untersuchungen haben erwiesen, daß in unserer Gesellschaft Freunde im großen und ganzen nicht als Quelle derartiger Hilfe angesehen werden. Freunde sind eher für Spaß und Vergnügen da, als uns in Schwierigkeiten zu helfen. Dennoch gibt es Freunde, die sehr viel mehr als dies tun. Für junge Menschen zwischen Adoleszenz und Heirat ist Freundschaft die intensivste Beziehung, und sie versuchen innerhalb ihrer Möglichkeiten zu helfen. Dies schließt jedoch nicht immer erhebliche materielle Hilfe, etwa mit Geld oder Unterkunft, ein, da sie darüber nicht in großem Umfang verfügen. Arbeitskollegen, auch wenn sie nicht gerade Freunde im üblichen Sinn sind, helfen sich gegenseitig bei der Arbeit. In anderen Kulturen nimmt Freundschaft eine Form an, bei der ernsthafte Hilfe fest erwartet wird, wie in der *mateship* Australiens und der Blutsbrüderschaft.

Sozialer Rückhalt. Dies ist einer der wichtigsten Gründe, warum wir Freunde brauchen — um mit ihnen über unsere Probleme zu sprechen und Rat oder Laien-Psychotherapie zu erhalten. Auf einer alltäglicheren Ebene ist der schlichte Erfahrungsaustausch wichtig für uns, um eine gemeinsame geistige Welt aufzubauen, unsere persönlichen Erlebnisse in Worte zu fassen und sie mit denen anderer zu vergleichen. Wenn wir allein sind, eine neue Umgebung kennenlernen oder neue Erfahrungen machen, benennen wir diese mit den gleichen Worten, die wir auch verwenden würden, um Freunden davon zu berichten. Dies gilt besonders für Frauen, die eine Menge Zeit darauf verwenden, mit ihren Freundinnen einfach zu reden, vor allem dann, wenn ihre Ehemänner als Vertrauenspersonen wenig geeignet sind. Wichtig ist dies auch für Heranwachsende, die neue Erfahrungen zu verarbeiten und mit neuen Problemen zurechtzukommen versuchen. Und es ist bedeutsam für ältere Leute, die sich gern vergangene Zeiten ins Gedächtnis rufen.

Gemeinsame Interessen. Vor allem benötigen wir Freunde für gemeinsame Unternehmungen, besonders in der Freizeit, zum Ausgehen und für Vergnügungen. So schön es manchmal ist, allein zu sein, führt doch das Zusammensein mit Freunden zu größerer Ausgelassenheit und Heiterkeit. Kinder lachen viel, wenn sie zusammen sind. Männer spielen Spiele mit ihren Freunden. Manchmal verfolgen wir mit Freunden gemeinsame Freizeitinteressen, manchmal essen und trinken wir schlicht, während wir ein weiteres wichtiges Ziel — Gespräche — verfolgen.

Diese Bedürfnisse können insgesamt als „Anschluß-Bedürfnisse" betrachtet werden, welche durch die Gesellschaft von Freunden erfüllt werden. Eine der am breitesten anerkannten Theorien über Freundschaft ist die „Austauschtheorie". Ihre wichtigste Stütze findet sie in der offenkundigen Tatsache, daß wir Leute mögen, die uns „etwas bringen", und daß die belohnendsten Menschen auch die beliebtesten sind.

Eine wichtige Erweiterung dieser Theorie geht davon aus, daß sich Menschen ebenso um die „Gewinne" und Belohnungen für den anderen kümmern wie um ihre eigenen.[42] Solche mitfühlende und altruistische Anteilnahme ist in Liebe und

Ehe häufig und stark ausgeprägt, sie spielt aber auch für Freundschaften eine bedeutende Rolle. Wir haben gesehen, daß sich bereits Kinder über die Sorge um ihren eigenen Vorteil hinaus entwickeln, und nur gestörte Heranwachsende ohne Freunde handeln wie „Austauschtheoretiker".

Manche Forscher haben behauptet, die wahrgenommene Balance von Belohnungen und Kosten innerhalb einer Beziehung entscheide über deren Fortdauer und Qualität. Dieser Denkansatz ist als „Gleichgewichtstheorie" (*equity theory*) bekannt, deren Grundprinzipien lauten:

1. Menschen fühlen sich in einer Beziehung am wohlsten, wenn sie genau das bekommen, was ihnen ihrer Meinung nach zusteht.
2. Sobald jemand entdeckt, daß eine Beziehung ungleichgewichtig ist, folgt der Versuch, das Gleichgewicht wieder herzustellen durch:
(a) Wiederherstellung *tatsächlichen* Gleichgewichts
(b) Wiederherstellung *psychologischen* Gleichgewichts — das heißt, der Überzeugung, daß es sich um eine gerechte Beziehung handelt
(c) Beendigung der Beziehung.[43]

Mit anderen Worten: Menschen in einer Beziehung werden die Kosten und den Nutzen dieser Beziehung einschätzen. Wenn sie das Verhältnis zwischen beidem für gerecht halten und glauben, zu bekommen, was sie zu verdienen meinen, wird die Beziehung fortbestehen. Auf ähnliche Weise werden die einzelnen zu Beginn einer Beziehung Kosten und Nutzen abschätzen. Dies erlaubt ihnen, eine Voraussage über den möglichen Nutzen aus einer Weiterführung der Beziehung zu treffen. Fällt diese Voraussage positiv aus, wird die Beziehung sich weiterentwickeln und vertiefen.

Die Gleichgewichtstheorie wurde vor allem benutzt, um Beziehungen zu erklären, die sich zu einem bestimmten Zeitpunkt in einem besonderen Zustand des Gleichgewichts oder Ungleichgewichts befinden. Sie ist weniger erfolgreich bei der Vorhersage von Zufriedenheit in Beziehungen und ihrer Stabilität über die Zeit hinweg[44] oder von Situationen, in denen

Gleichgewicht zu Ungleichgewicht wird.[45] Es hat sich sogar gezeigt, daß die Hälfte derer, die eine Situation als ungleichgewichtig beurteilen, sie immer noch für „gerecht" halten. Der wichtigste Faktor war, welcher der Partner die Veränderung eingeleitet hatte: Im allgemeinen wird erwartet, daß die für den Wechsel zum Ungleichgewicht verantwortliche Person (gleichgültig, ob er oder sie dadurch Vor- oder Nachteile erleidet) die Situation als gerecht betrachtet, während man vom dafür nicht verantwortlichen Partner annimmt, daß er stark auf das Gleichgewicht achtet und mit einer solchen Situation weniger zufrieden ist.[46]

Auch mit anderen Modellen hat man versucht, Zufriedenheit in einer Beziehung zu erklären. Das Investitions-Modell[47] basiert auf den Formeln:

Zufriedenheit = (Nutzen — Kosten) — Vergleichswert

Engagement = Zufriedenheit — Qualität der Alternative + Ausmaß der Investition.

Anders gesagt, werden wir eher mit Beziehungen zufrieden sein, die großen Nutzen bei niedrigen Kosten bringen und unsere allgemeinen Erwartungen an Beziehungen der betreffenden Art übersteigen. Die Aufrechterhaltung einer Beziehung wird uns dann besonders am Herzen liegen, wenn wir mit ihr zufrieden sind, keine akzeptablen Alternativen erkennen und erheblich in sie investiert haben. Dieses Modell stellt das ausgewogene Geben und Nehmen von Belohnungen weniger in den Vordergrund als die Gleichgewichtstheorie und hilft uns zu verstehen, warum offensichtlich ungleichgewichtige Beziehungen dennoch andauern.

Allerdings gibt es beträchtliche individuelle Unterschiede in der Stärke des Bedürfnisses nach Anschluß. Die berühmte Untersuchung über die Lebensqualität in Amerika[48] ergab, daß Menschen, die bereits viele Freunde hatten, noch mehr wünschten, und umgekehrt (siehe Tabelle 5).

Schafft die Befriedigung dieser Bedürfnisse Verbundenheit zwischen Freunden, oder ist noch etwas anderes notwendig? Wie wir gesehen haben, bilden wir nur unter bestimmten Bedingungen eine ständige Bindung an unsere Freunde.

		Interesse, neue Freunde kennenzulernen		
		sehr interessiert	etwas interessiert	nicht sehr interessiert
Wieviele sehr gute Freunde haben Sie?	Eine ganze Menge	+.53 (528)	+.29 (250)	+.11 (41)
	Mittlere Anzahl	−.08 (347)	−.14 (482)	−.09 (97)
	Nicht viele	−.89 (121)	−.56 (181)	−.40 (98)

Tabelle 5: Zufriedenheit mit Freundschaft, ausgedrückt durch die Zahl der Freunde und das Interesse an neuen Freundschaften[49]

Freundschaften, die zwischen Heranwachsenden, Studenten oder beim Militär entstehen, sind manchmal sehr dauerhaft. Cousins, die in der Kindheit Spielgefährten waren, werden oft zu Lieblingsvettern (vergleiche Kapitel 9). Es scheint, als könnte die Enge und Intensität dieser Freundschaften ein fast immerwährendes Verbundensein erzeugen. Auch Blutsbrüderschaft oder irgendeine andere Freundschaft, die durch ein besonderes Ritual begründet wird, sind sehr dauerhaft.

Nichtsdestoweniger ist Freundschaft mit „Kosten" und „Nutzen" gleichermaßen verbunden. Einen Hinweis auf die Art dieser Kosten geben die Regeln, deren Bruch nach verbreiteter Auffassung die Ursache für das Zerbrechen von Freundschaften ist (vergleiche Seite 122).

Man kann Freundschaft als Fall eines „Annäherungs-Vermeidungs-Konflikts" begreifen — wir werden von Menschen angezogen und gleichzeitig abgestoßen. Im Endergebnis pendeln wir uns auf ein mittleres Niveau von Nähe ein. Es ist, als wollten sich zwei Igel gegenseitig wärmen — kommen sie einander zu nahe, kriegen sie die Stacheln zu spüren. In einer engen Freundschaft ist es notwendig, für ein hohes Maß an Belohnungen zu sorgen und gleichzeitig das Aufbürden von Kosten zu vermeiden, was bedeutet, sich an die Regeln zu halten.

Die Vorzüge von Freundschaften

Nützt Freundschaft uns auf die gleiche Weise wie die Ehe? Viele Untersuchungen haben erwiesen, daß Menschen, die mehr Freunde haben, diese häufiger sehen oder mehr Zeit mit ihnen verbringen, glücklicher und gesünder sind sowie länger leben. Ein Beispiel gibt Abbildung 6.

Abb. 6: Der Zusammenhang zwischen sozialem Kontakt und Sterblichkeit[50]

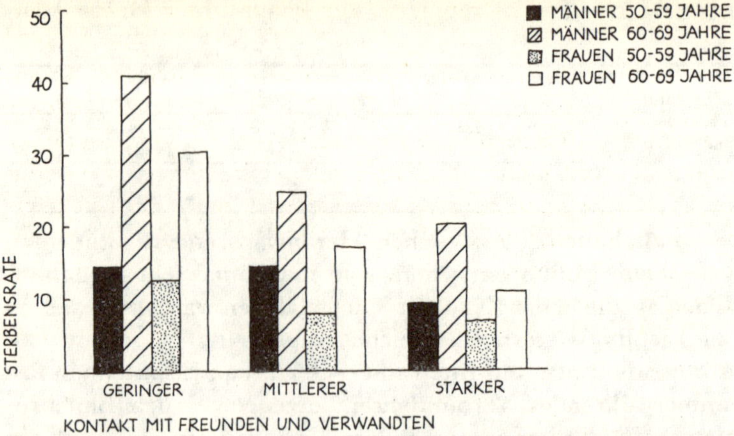

Die stärksten Auswirkungen hat Freundschaft in der Altersgruppe zwischen 60 und 69 Jahren, bei Männern und bei Leuten, die eher eine niedrige als eine mittlere Zahl von Freunden besitzen. Menschen, die ihre Freunde häufig treffen, haben meist auch viel Kontakt zu Verwandten, Nachbarn und anderen. Einigen Studien gelang es, die Effekte dieser unterschiedlichen Beziehungen statistisch zu trennen. Die Ehe wirkt sich stärker auf Gesundheit und Wohlbefinden aus als Freunde; Verwandte sind recht wichtig, weil sie Unterstützung gewähren, und Arbeitskollegen können bei beruflich bedingten Belastungen gut Hilfe leisten. Es gibt jedoch zwei Lebensabschnitte, in denen Freunde von besonderem Vorteil sind. Junge Leute zwischen 18 und der Eheschließung fühlen sich wohler, wenn sie mehr Freunde haben, weil ihnen dies zu einem gesteigerten Gefühl von sozialer Kompetenz und infolgedessen zunehmender Selbstachtung verhilft. Wir fanden bei unserer Forschungsarbeit über „positive Lebensereignisse", die in Kapitel 2 kurz erwähnt wurde, daß Beziehungen zu und Aktivitäten mit Freunden höchst wichtige Determinanten von Glück und Wohlbefinden sind. Einen neuen Freund zu gewinnen, wurde sogar höher eingeschätzt als ein großer Geldgewinn, eine berufliche Beförderung oder Gehaltserhöhung, Urlaubsbeginn oder der Kauf eines neuen Hauses oder Autos. Und es rangierte nur knapp unter Heirat oder Verlobung.

Unternehmungen mit Freunden wie Besuche bei anderen, Ausgehen zum Essen oder Treffen in der Kneipe wurden als wichtige Ursachen für Glück oder Wohlbefinden genannt, und zwar weit mehr als nicht-gesellige Ereignisse, wie beim Sport zu gewinnen oder zuzusehen, eine neue Sportart oder Liebhaberei aufzunehmen oder Kleider zu kaufen. Dies gilt besonders für Frauen, die soziale und zwischenmenschliche Ereignisse insgesamt positiver einstuften als Männer.

Wir beurteilen gemeinsame Aktivitäten mit Freunden nicht nur als sehr erfreuliche Ereignisse, sondern neigen auch dazu, unser Leben so einzurichten, daß diese relativ oft zustande kommen. Wir fragten unsere 217 Informanten nach dem Eintreten positiver Lebensereignisse während des vergangenen Jahres und erfuhren, daß über 90 % von ihnen solche Ereignisse in Verbindung mit Freundschaften erlebt hatten (vergleiche Tabelle 1 im zweiten Kapitel).

Freundschaften können für junge Leute in mehr als einer Hinsicht wertvoll sein. Bochner und seine Mitarbeiter[51] fanden heraus, daß ausländische Studenten auf Hawaii zwei Arten von Freunden hatten, nämlich Hawaiianer und Landsleute. Die Hawaiianer brauchten sie, um sich in die örtlichen Gegebenheiten einweihen zu lassen, und die Landsleute, um gewohnte Aktivitäten und Gesprächsthemen beizubehalten.

Vor allem für Frauen wird Freundschaft später im Leben nochmals sehr wichtig. Auch hier haben Freunde mit Gesundheit und Wohlbefinden zu tun.[52] Frauen ohne Geschwister beschreiben manche ihrer Freundinnen eher mit Worten wie „Sie ist eine alte Freundin und würde alles für mich tun“ als in so spezifischer Weise wie „Wir spielen Bridge miteinander“; sie scheinen ihre Freundinnen förmlich zu Ersatzgeschwistern zu machen.[53] Unverheiratete verbringen weit mehr Zeit mit ihren Freundinnen als Verheiratete.[54]

Kann Freundschaft die Ehe ersetzen? Ob Freunde ebensogroße Vorteile bringen wie die Ehe (vergleiche Kapitel 2), ist zweifelhaft. Gibt es zusätzlich zur Ehe ein Bedürfnis nach

Freunden? Ihnen wird viel weniger Zeit gewidmet als dem Ehepartner, und das Maß an Befriedigung ist, wie aus Abbildung 5 zu ersehen, geringer. Andererseits scheinen zumindest Ehefrauen aus der Arbeiterschicht Freundinnen ebensosehr zu benötigen wie ihren Ehemann. Eine australische Studie ergab, daß Neurotiker weniger Freunde als durchschnittliche Vergleichspersonen hatten und daß ihre Freunde kein Netzwerk bildeten. Daraus zog man allerdings eher den Schluß, dies werde durch die Unfähigkeit von Neurotikern verursacht, Freunde zu gewinnen, als daß sie umgekehrt aus Mangel an Freunden neurotisch seien.[55] In anderen Untersuchungen fand man jedoch, daß Gesundheit und Stimmung von Personen sich verbesserten, wenn sie eine Zeitlang das Ausmaß ihrer geselligen Aktivitäten steigerten. Wir wissen nicht genau, was hier Ursache und was Wirkung ist, und es ist gut möglich, daß Gesundheit und soziale Aktivität einfach miteinander einhergehen.

Auf welche Weise hilft Freundschaft älteren Leuten? Mit der Rolle des Vertrauten, die für Frauen besonders wichtig ist und die Wirkungen von Verwitwung und Pensionierung ausgleichen kann, haben wir bereits eine wichtige Funktion von Freundschaft erörtert. Eine weitere ist die des Begleiters; wer Freunde hat, unternimmt mehr — Spaziergänge, Einkaufsbummel, Kirchgang und den Anschluß an andere gesellige Zirkel zusätzlich zu gegenseitigen Besuchen zu Hause. Dies gilt unabhängig von Gesundheitszustand, Bildungsniveau und Einkommen. Freunde zu haben, ist der Gesundheit im übrigen zuträglicher, als zur Kirche zu gehen oder Nachbarn zu haben.[56]

Diese Vorteile kommen nicht allen zugute. Menschen mit niedrigem sozialen Status, schlechtem Gesundheitszustand sowie solche, die keine Verwandten in der näheren Umgebung haben oder verwitwet sind, profitieren am meisten von Freundschaft. Wie Abbildung 6 zeigt, werden die gesundheitlichen Auswirkungen jenseits des sechzigsten Lebensjahres ausgeprägter. Diese Darstellung zeigt auch, daß die Menschen mit einer geringen Zahl von Freunden im Gegensatz zu jenen mit einer mittleren Anzahl am meisten leiden, was uns zu unserem nächsten Thema, der Einsamkeit, führt.

Einsamkeit

Sie ist ein verbreiteter und äußerst bedrückender Zustand. Eine Umfrage des britischen Markt- und Meinungsforschungsinstituts MORI[57] ergab vor kurzem, daß sich 24 % der Bevölkerung manchmal, 4 % täglich und 8 % einmal in der Woche oder öfter einsam fühlen. Sich einmal im Monat oder öfter einsam zu fühlen, trifft häufiger zu für:

Frauen (18 %) gegenüber Männern (10 %)

Alte über 65 (20 %) und junge Leute von 15 bis 24 (18 %)

Verwitwete (36 %) und Geschiedene (29 %)

Alleinlebende zwischen 16 und 59 (27 %) und alleinerziehende Eltern (38 %)

Angehörige der unteren Sozialschichten (19 %) gegenüber den gehobenen (10 %).

Andere Untersuchungen lassen vermuten, daß Blinde oder in anderer Weise Behinderte ebenfalls sehr einsam sind. Am wenigsten einsam fühlen sich berufstätige Männer mittleren Alters, obwohl diese interessanterweise nur wenige Freunde angeben. Die schlimmsten Situationen sind: krank im Bett zu liegen, in einer Menschenmenge von Fremden zu sein, die Zeit nach dem Tod eines engen Freundes oder Verwandten sowie Weihnachten. Einsame Menschen haben weniger Kontakt zu Ehepartnern, Familie und Freunden und gehen auch seltener zu Parties, in Lokale, zum Tanzen oder in die Kirche. Aber was tun sie statt dessen? Sie gehen zum Arzt (jeder Fünfte einmal im Monat), und sie gehen zum Bingo (ein in Großbritannien sehr verbreitetes Glücksspiel). Einige besuchen Abendkurse, wo es ihnen leichter fällt, mit Fremden ins Gespräch zu kommen. Bei der MORI-Umfrage wurden Einsame danach gefragt, was sie tun, wenn sie sich einsam fühlen. Die häufigsten Antworten waren:

Mit einem Freund oder Nachbarn sprechen (20 %), vor allem unter jüngeren Leuten und Mittelschichtsangehörigen;

Spazierengehen (17 %), vor allem bei Bewohnern Schottlands (25 %);
Fernsehen (15 %), vor allem bei älteren Leuten und Angehörigen der Arbeiterschicht; 21 % der sehr Einsamen sehen täglich über fünf Stunden fern;
Lesen (15 %), besonders bei älteren Leuten;
einem häuslichen Hobby nachgehen (14 %), hauptsächlich bei Frauen.

Weitere Reaktionen auf das Gefühl von Einsamkeit sind, in Kneipen zu gehen (21 % der Männer), im Garten zu arbeiten (12 % der über 44jährigen) sowie mit Freunden (20 % der Jüngeren) oder Verwandten (17 % der Älteren) zu telefonieren. Unter Heranwachsenden und Studenten ist Einsamkeit stark verbreitet. Zehn bis 15 % geben an, sehr einsam zu sein, und etwa 50 % fühlen sich oft einsam. Diese Einsamen empfinden sich auch als niedergeschlagen, ängstlich, gelangweilt, ohne Selbstwertgefühl, schüchtern, gehemmt und gegenüber anderen leicht feindselig.

Man kann sich auch inmitten von Freunden oder in der Familie einsam fühlen, wenn die Beziehungen nicht die ersehnte Qualität besitzen. Es hat sich herausgestellt, daß manche einsame Menschen ebensoviele Freunde haben wie „Nicht-Einsame" und auch von anderen zu Freunden gewählt werden, daß jedoch das Maß an Nähe und Offenheit geringer ist.[58] Einsame Menschen empfinden eine Diskrepanz zwischen ihren sozialen Bindungen und dem, was sie sich wünschen; wie wir mittlerweise wissen, besteht das Problem hauptsächlich darin, daß ihre Freundschaften nicht eng genug sind.

Welche Menschen fühlen sich einsam? Junge Leute fühlen sich viel stärker einsam als ältere. Diese haben sich oft recht gut ans Alleinsein angepaßt; das gleiche gilt für Personen mit höherem Bildungsstand, die bei der Beschäftigung mit Lektüre, Arbeit, künstlerischen Aktivitäten, Meditation oder sogar Fernsehen ganz zufrieden sein können.[59] Vor allem unter den Jüngeren geben mehr Frauen als Männer an, sich einsam zu fühlen.[60]

Die gerade erwähnten Untersuchungen zeigen, daß sich einsame Menschen mehr Nähe wünschen; Verheiratete oder Personen mit vergleichbaren engen Beziehungen fühlen sich nicht in dieser Weise einsam. Bei Verheirateten und nicht berufstätigen Frauen ist das Gefühl der Einsamkeit manchmal von anderer Art: Sie sind nicht in sinnvolle, organisierte Gruppenaktivitäten integriert. Diese zweite Art der Zugehörigkeit bezieht sich auf Arbeitsgruppen und Gruppen von Freunden mit gemeinsamen Unternehmungen; dabei erwächst Befriedigung aus der Beteiligung am Gruppengeschehen, aus der Zusammenarbeit an lohnenden Projekten, der Anerkennung für die eigenen Fähigkeiten und den eigenen Beitrag, der Ausübung von Einfluß und der Selbstdefinition.

Eine Reihe von Untersuchungen dokumentiert die Unterschiede in den sozialen Fertigkeiten, die zu Einsamkeit führen, also die Unfähigkeit, Freundschaften der gewünschten Art aufzubauen. Die wichtigsten Ergebnisse besagen, daß Einsame

1. weniger persönliche Offenheit zeigen, was wiederum zu geringerer Offenheit bei anderen führt und die Beziehung behindert;[61]
2. während der Interaktion weniger Interesse am anderen zeigen — weniger Fragen stellen, weniger Bezug auf den anderen nehmen und dem Gesprächsthema ihres Gegenübers weniger folgen;[62]
3. weniger selbstbewußt und eher passiv sind;
4. weniger „belohnend" sind, andere weniger mögen und ihnen weniger vertrauen, gegenüber Menschen eine negative Einstellung zeigen;
5. ihre zwischenmenschlichen Mißerfolge auf ein unabänderliches Defizit an eigener sozialer Kompetenz anstatt auf mangelndes Bemühen oder den Gebrauch einer falschen Strategie zurückführen, so daß sie schnell entmutigt sind.[63]
6. Andere sehen bei ihnen einen Mangel an Selbstwertgefühl und fehlendes Interesse an anderen Menschen, finden, sie seien schwierig kennenzulernen und hätten möglicherweise Probleme.[64]

7. Einsame und isolierte Personen senden tendenziell nur unzureichend nichtverbale Signale aus, besonders keine über Gesichtsausdruck und Stimme vermittelten Signale der Zuneigung.
8. Einsame und isolierte Menschen haben vor allem während der Pubertät oft keine angemessene Vorstellung davon, was Freundschaft bedeutet. Sie machen sich nicht klar, daß sie Sorge um das Wohlergehen des anderen, Loyalität und inneres Engagement erfordert.[65]

Von unschätzbarem Wert ist dieses psychologische Wissen beim Entwurf von Übungsprogrammen, um einsamen Menschen soziale Fertigkeiten zu vermitteln — mehr darüber in Kapitel 12.

Die letzten beiden Abschnitte haben gezeigt, daß Freunde in erheblichem Maß zu unserem Vergnügen und unserer Gesundheit beitragen. Obwohl sie auch in gewissem Umfang materielle Hilfe leisten, ist dies kein wesentliches Merkmal von Freundschaft. Der Gewinn aus einer Freundschaft entspringt eher dem Zusammensein, dem Gespräch oder gemeinsam verbrachter Freizeit, der Freude an der Gesellschaft des anderen. Damit dies alles jedoch glatt abläuft, müssen die üblichen Reibungspunkte vermieden werden. Wie man das macht, zeigen die Regeln für Freundschaft, die wir als nächstes erörtern werden.

Die Regeln für Freundschaft

Anders als die Ehe wird Freundschaft nicht von gesetzlichen oder formellen Normen bestimmt. Fragt man jedoch Leute, was Freunde ihrer Meinung nach im Umgang miteinander tun oder lassen sollten, so ergibt sich ein hohes Maß an Übereinstimmung. Die vorherrschende Ansicht ist, daß die Übertretung solcher Normen wahrscheinlich zum Zerbrechen der Freundschaft führt. Die wichtigsten Regeln für Freundschaft sind in Tabelle 6 dargestellt.

Menschen wenden diese Regeln auch in ihrem praktischen Verhalten gegenüber unterschiedlichen Arten von Freunden an. Als wir Leute baten, ihr Verhalten gegenüber

1.	Freiwillig Hilfe anbieten, wenn sie benötigt wird
2.	Die Privatsphäre des Freundes/der Freundin respektieren
3.	Geheimnisse wahren
4.	Einander vertrauen, sich aufeinander verlassen
5.	Sich für den anderen in dessen Abwesenheit einsetzen
6.	Einander nicht öffentlich kritisieren
7.	Emotionalen Rückhalt gewähren
8.	Während der Unterhaltung dem anderen in die Augen sehen
9.	Sich beim Zusammensein bemühen, daß der andere glücklich ist
10.	Keine Eifersucht auf oder Kritik an den Beziehungen des anderen
11.	Tolerant gegenüber den Freunden des anderen sein
12.	Einander Erfolgsneuigkeiten mitteilen
13.	In persönlichen Dingen um Rat fragen
14.	Nicht nörgeln
15.	Mit dem Freund/der Freundin scherzen und frotzeln
16.	Versuchen, Schulen zurückzuzahlen und sich für Gefälligkeiten und Komplimente erkenntlich zu zeigen
17.	Dem Freund/der Freundin persönliche Gefühle und Probleme offenbaren

Tabelle 6: Regeln für Freunde und Freundinnen

einem gegenwärtig guten Freund im Vergleich mit jemandem zu beschreiben, der einmal ein guter Freund war, dies jedoch jetzt nicht mehr ist (ein „gewesener" Freund), berichteten sie von verschiedenartigen Verhaltensweisen.[66] Einem gegenwärtigen Freund würden sie eher freiwillig Hilfe anbieten, ihm Vertrauen entgegenbringen, sich für ihn einsetzen, emotionale Unterstützung und positive Wertschätzung zeigen, Erfolgserlebnisse mitteilen, Gefühle und Probleme offenbaren, Gratulationskarten zum Geburtstag und Geschenke schicken, sich bei Krankheit um ihn kümmern und sich beim Zusammensein um beiderseitige Zufriedenheit bemühen. Die Menschen glauben nicht nur, daß Regeln allgemein für Freundschaften wichtig sind, sondern sie handhaben auch viele dieser Regeln unterschiedlich gegenüber Freunden und Leuten, die keine Freunde mehr sind.

Deshalb gibt es Regeln, die zwischen guten und gewesenen Freunden differenzieren. Was geschieht aber, wenn Freunde die Regeln nicht einhalten?[67] Wir baten über 150 Personen, an eine bestimmte Freundschaft zu denken, die aus irgendeinem gewichtigen Grund zu Ende gegangen war —

aus einem Grund, der mit der Beziehung zu tun hatte und nicht nur beispielsweise damit, daß jemand weggezogen war und man sich deshalb nicht mehr traf. Die Befragten sollten angeben, in welchem Ausmaß die Nichtbeachtung jeder einzelnen Regel zum Scheitern der Beziehung beigetragen hatte. Einige der „Regelverstöße" wurden als nicht besonders bedeutsam für das Zerbrechen der Freundschaft angesehen — etwa, keine Geburtstagskarten zu schicken oder sich nicht um den anderen zu kümmern, wenn er krank war. Bestimmten Regeln allerdings wurde von den meisten Befragten ein Anteil am Zusammenbruch der Beziehung zugeschrieben. Sie sind in Tabelle 7 aufgeführt.

Tabelle 7: Freundschaftsregeln und das Zerbrechen von Freundschaften

	mäßig oder sehr maßgeblich für das Zerbrechen von Freundschaft	kaum maßgeblich für das Zerbrechen von Freundschaft
Eifersucht auf oder Kritik an Ihren Beziehungen zu Dritten	57 %	22 %
Mit anderen über vertraulich Mitgeteiltes reden	56 %	19 %
Nicht freiwillig Hilfe anbieten, wenn sie benötigt wird	44 %	23 %
Kein Vertrauen in Sie zeigen	44 %	22 %
Öffentlich Kritik an Ihnen üben	44 %	21 %
Keine positive Wertschätzung Ihrer Person zeigen	42 %	34 %
Sich nicht in Ihrer Abwesenheit für Sie einsetzen	39 %	28 %
Nicht tolerant gegenüber Ihren übrigen Freunden sein	38 %	30 %
Keine emotionale Unterstützung zeigen	37 %	25 %
An Ihnen herumnörgeln	30 %	25 %

Männer und Frauen waren sich über diese Regeln einig, jedoch neigten Frauen sehr viel mehr als Männer zu der Aussage, der fehlende Ausdruck positiver Wertschätzung oder emotionaler Unterstützung habe zum Scheitern der Freundschaft beigetragen.

Damit kennen wir Regeln, deren Befolgung in Freundschaften allgemein für wichtig gehalten wird, Regeln, die in der Praxis zwischen guten und gewesenen Freunden trennen, und Regeln, deren Nichtbeachtung zum tatsächlichen Bruch einer Freundschaft beiträgt. Diese Regeln erstrecken sich im wesentlichen auf zwei Bereiche. Belohnungsregeln wie „Man sollte positive Wertschätzung zeigen“ und „Man sollte freiwillig Hilfe anbieten, wenn sie benötigt wird“ wurden in jeder Hinsicht als wichtig eingeschätzt. Eine zweite Gruppe von Regeln galt für Beziehungen zu Dritten, und diese waren es, die als häufiger Grund für Zerwürfnisse betrachtet wurden — „Man sollte nicht auf andere Beziehungen eifersüchtig sein oder diese kritisieren“, „Man sollte Geheimnisse bewahren“, „Man sollte in der Öffentlichkeit keine Kritik üben“.

5

Liebe, Partnerwerbung und „Wilde Ehe“

Liebe, diese „süße Krankheit“, ist ein ebenso alltägliches wie außergewöhnliches Phänomen. Die meisten von uns leiden mindestens einmal an ihr, doch bis vor kurzem fiel den Psychologen die Erklärung recht schwer. Sich zu verlieben, verliebt zu sein und geliebt zu werden, aber auch das Ende einer Liebe und unerwiderte Liebe beeinflussen unsere Stimmungen, unser Verhalten, unsere Einstellungen und unser Selbstwertgefühl. Wir haben bereits in früheren Kapiteln festgestellt, wie uns langfristige Beziehungen beeinflussen. In diesem Kapitel werden wir untersuchen, wie mächtig selbst flüchtige Liebesbeziehungen sein können, und das Wie, Warum und Wann von Liebe und Zuneigung zwischen den Geschlechtern genauer betrachten.

Die Bedeutung der Liebe

In Umfragen zu positiven Lebensereignissen — Ereignissen also, die unsere Zufriedenheit und unser Gefühl des Wohlbefindens steigern — hat Liebe sich als ein bedeutendes, aber nicht notwendigerweise das wichtigste unter den Erlebnissen erwiesen, von denen wir meinen, daß sie uns glücklich machen. Bei einer Befragung von über 100.000 Amerikanern und Amerikanerinnen fand Freedman[1], daß „Verliebtsein“ von alleinstehenden Frauen nach „Freunde und Geselligkeit“ als zweitwichtigstes, von alleinstehenden Männern nach „Freunde und Geselligkeit“ sowie „Beruf oder Hauptbeschäftigung“ als drittwichtigstes Ereignis genannt wurde, während verheiratete Frauen es für das wichtigste und verheiratete Männer für das zweitwichtigste hielten. In unserer eigenen Untersuchung in Großbritannien hingegen rangierte „Sich verlieben“ sowohl bei Männern wie bei Frauen aller Altersstufen als das für Glück und Wohlbefinden wichtigste Ereignis auf dem ersten Platz. Wie positiv sie „Sich verlieben“ einstuften, war unabhängig davon, ob sie sich während des vergangenen Jahres tatsächlich verliebt hatten; es stand jedoch in Zusammenhang mit der vermuteten Wahrscheinlichkeit, daß dies während der folgenden zwölf Monate geschehen würde — das heißt, Menschen, die vom Eintreten des Ereignisses fest überzeugt waren, beurteilten es als positiver als jene, die es für unwahrscheinlich hielten.

Im vorigen Kapitel haben wir die Faktoren erörtert, die darüber entscheiden, welchen Eindruck wir uns von anderen bilden. Die gleichen Faktoren gelten auch für das „Sichverlieben". Wir werden eher von Personen angezogen, die
1. Liebe oder Zuneigung zu uns zeigen oder sich von uns angezogen fühlen,
2. uns ähnlich sind,
3. körperlich attraktiv sind.

Was ist Liebe?

Liebe ist eine allgegenwärtige Erscheinung. Wir sprechen von Liebe zu unseren Kindern, Eltern, Großeltern — „unseren Lieben" — und von Liebe zu engen Freunden des gleichen Geschlechts. Für die Zwecke dieses Kapitels haben wir den Begriff auf heterosexuelle Beziehungen beschränkt; dort unterscheiden die Leute dann immer noch zwischen Liebe und Verliebtsein, zwischen „realistischer" und romantischer, zwischen „wirklicher" Liebe und allem anderen.

Auch Wissenschaftler haben versucht, diese Begriffe zu unterscheiden. Rubin[2] hat zur Einschätzung des Maßes an romantischer Liebe eine Skala entwickelt, die drei Hauptmerkmale romantischer Bindung mißt:
1. Bedürfnis nach dem anderen — beispielsweise „Es wäre schwer für mich, ohne X weiterzuleben";
2. Sorge um den anderen — beispielsweise „Wenn X sich schlecht fühlte, wäre meine erste Aufgabe, ihn/sie aufzuheitern";
3. Ausschließlichkeit und völlige Inanspruchnahme — beispielsweise „Ich fühle mich sehr besitzergreifend gegenüber X" oder „Ich glaube, daß ich X in wirklich jeder Hinsicht vertrauen kann".

Romantische Liebe ist also mit einem starken Bedürfnis verbunden, mit dem anderen zusammenzusein, ihm oder ihr auch um den Preis der Selbstaufopferung zu helfen sowie eng vertraut und ausschließlich vom anderen in Anspruch genommen zu sein. Rubin unterscheidet dies von Zuneigung, die eine weniger ausschließliche Form von Achtung und Bewunderung für den anderen darstellt und die Neigung einschließt, den anderen als mir ähnlich zu sehen. Er entwickelte eine „Zuneigungs"-Skala, die Aspekte wie die folgenden erfaßt:
1. Vorteilhafte Einschätzung und Achtung der anderen Person — beispielsweise „Ich habe großes Vertrauen in das Urteil von X" oder „X ist einer der liebenswertesten Menschen, die ich kenne";
2. Wahrgenommene Ähnlichkeit — beispielsweise „Wenn ich mit X zusammen bin, sind wir fast immer in der gleichen Stimmung" oder „So wie X wäre ich selbst gerne".

Es ist interessant, die Beziehung zu einem Liebhaber mit der zu einem besten Freund zu vergleichen. Mit Liebe gehen Faszination, Ausschließlichkeit, sexuelles Verlangen und starker innerer Rückhalt einher.[3] Menschen, die deutlich „Sorge für den anderen" zeigen, werden für verliebter gehalten als jene, die die andere Person lediglich „brauchen".[4] Wir können ferner zwischen „romantischer" oder „leidenschaftlicher" Liebe und „kameradschaftlicher" Liebe unterscheiden, wie man sie bei älteren Ehepaaren findet. Pope[5] definiert romantische Liebe folgendermaßen:
"Ein völliges 'Ergriffensein' durch eine andere Person. Ein tief empfundenes Verlangen, mit der geliebten Person zusammenzusein. Ein Gefühl der Unvollständigkeit ohne sie bzw. ihn. Häufiges Denken an die geliebte Person, sowohl in ihrer An- wie Abwesenheit. Trennung ruft häufig Gefühle echter Verzweiflung oder sehnlichen Erträumens der Wiedervereinigung hervor. Diese soll Gefühle euphorischer Ekstase oder des Friedens und der Erfüllung bringen."

Kameradschaftliche Liebe ist auf der anderen Seite „freundschaftliche Zuneigung zu und tiefe Bindung an jemand".[6] Während wir zu der Annahme neigen, daß nur junge Leute sich verlieben, gestehen wir immerhin zu, daß ältere oder verheiratete Paare einander noch immer lieben können. In gewissem Sinn benutzen wir auf alltagsnaive Art die von Walster und Walster[7] vorgeschlagene Unterscheidung zwischen „leidenschaftlicher" und „kameradschaftlicher" Liebe. Leidenschaftliche Liebe, so behaupten sie, ist „eine empfindliche Blume" und kaum von Dauer, während kameradschaftliche Liebe „ein weit widerstandsfähigerer Ableger" ist und ein ganzes Leben halten kann. Aus ihren eigenen Untersuchungen und denen anderer Forscher gibt es Anhaltspunkte, daß romantische Liebe mit der Zeit nachläßt, um dann von der weniger leidenschaftlichen kameradschaftlichen Liebe ersetzt zu werden.

In drei neueren Untersuchungen kommen Elaine Walster und ihre Mitarbeiter jedoch zu einem optimistischeren Schluß. Bei Interviews mit Paaren, die sich gerade kennenlernten, Paaren, die schon länger zusammen waren, und älteren Frauen (zwischen 50 und 82 Jahren) fanden sie, daß die Angaben über die Ausprägung leidenschaftlicher und kameradschaftlicher Liebe ziemlich hoch bleiben; bei beiden Formen der Liebe zeigt sich über die Zeit hinweg nur eine leichte — und gleichmäßige — Verringerung.[8]

Partner kennenlernen, um sie werben und sich verlieben

Die weitaus meisten Menschen haben, vor allem im Alter zwischen 15 und 25 Jahren, Liebesaffären mit Angehörigen des anderen Geschlechts. Sie gehen bei Verabredungen gemeinsam aus, suchen sich einen dauerhaften Partner, mit dem sie später zusammenleben oder eine Ehe eingehen wollen und in den sie sich irgendwann verlieben. In diesem Abschnitt werden wir das Stadium der Werbung und Partnerwahl erörtern.

Männliche amerikanische Studenten zwischen 19 und 24 Jahren geben durchschnittlich fünf bis sechs Liebesaffären oder Romanzen an, die weiblichen sechs bis sieben; verliebt waren sie nach ihren Aussagen durchschnittlich 1,2 bzw. 1,3 mal.[9] In einer anderen Studie gaben 20% der Männer und

15% der Frauen an, daß sie sich beim vierten Treffen verliebten, 30% der Männer und 43% der Frauen waren jedoch auch beim beim zwanzigsten Treffen noch nicht sicher, ob sie verliebt waren.[10] Bei einer neueren britischen Befragung äußerten 25% — vor allem ältere Männer — , sie hätten sich in ihren gegenwärtigen Partner auf den ersten Blick verliebt.[11]

Freilich kann Liebe eine Reihe unterschiedlicher Gestalten annehmen. Eine Untersuchung bei australischen Studenten[12] ergab die folgenden drei Dimensionen:

1. Begehren,
2. Liebe, Bindung und Dauerhaftigkeit,
3. Sexualität.

Interessant ist, daß Liebe und Sexualität unterschiedliche Faktoren bilden. Urlaubsaffären, Sex für eine Nacht und Tändeleien wurden in engen Zusammenhang zu Sexualität gestellt, jedoch kaum zu Liebe; bei platonischer und religiös motivierter Liebe verhielt es sich umgekehrt. Junge Ehen und Ehen nach 25 Jahren erzielten auf allen drei Faktoren hohe Werte.

Das Werben um einen Partner kann schnell oder langsam vorankommen. Huston et al.[13] unterschieden vier Typen von Werbung:

1. Beschleunigt-blockierte Werbung, die sich nach einem raschen Beginn später verlangsamt, bevor sie in Gewißheit mündet.
2. Beschleunigte Werbung, die in den meisten Fällen schnell zur Heirat führt.
3. Gemäßigte Werbung, die allmählich zu einem hohen Maß an Gebundensein führt.
4. Verlängerte Werbung mit einem langsamen und mühseligen Anstieg bis zur Ehe.

Die Paare wurden gebeten, die Wahrscheinlichkeit einer Heirat zu verschiedenen Zeitpunkten abzuschätzen. Die Ergebnisse zeigt Abbildung 1.

Die beschleunigte Werbung beispielsweise führte durchschnittlich in etwas weniger als fünf Monaten zur Gewißheit der Eheschließung.

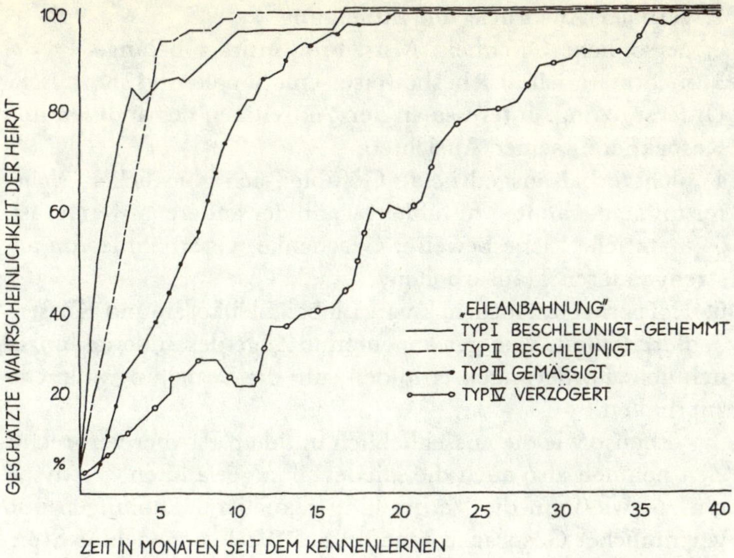

Abb. 1: Durchschnittliche Entwicklungsverläufe von Paarbeziehungen bis zur Ehe — nach unterschiedlichen Typen des Werbens um den Partner[14]

Aktivitäten

Die Menge an Zeit, die zwei Menschen im Stadium der Rendezvous miteinander verbringen, variiert erheblich. Bei Studenten sind ein oder zwei Treffen am Tag der Durchschnitt. Während der Phase des Kennenlernens und der Anbahnung einer dauerhafteren Beziehung verbringen die Paare einen wesentlichen Teil ihrer Freizeit miteinander, wie Tabelle 1 zeigt.[15]

	Rendezvousphase	„Werbungs"-phase
Nur mit dem Partner	35 %	42 %
Mit dem Partner und anderen	13 %	12 %
Nur mit anderen	15 %	10 %
Allein	39 %	36 %

Tabelle 1: Anteil der mit dem Partner verbrachten Zeit an der eigenen Freizeit

Was tun Verliebte, wenn sie zusammen sind? In einer Studie gaben 1200 Teilnehmer[16] an, wie häufig sie gemeinsam mit ihrem Liebespartner 400 unterschiedlichen Aktivitäten nachgingen.

Sieben Aktivitätsbereiche erwiesen sich als spezifisch für Liebesbeziehungen:

1. verbaler Ausdruck von Zuneigung,
2. persönliche Offenheit: Mitteilung intimer Belange,
3. nichtmaterielle Liebesbeweise: emotionale und moralische Unterstützung, Interesse an den Aktivitäten des anderen und Respektieren seiner Ansichten,
4. nichtverbal ausgedrückte Gefühle: sich glücklicher, sicherer und entspannter zu fühlen, wenn der andere anwesend ist,
5. materielle Liebesbeweise: Geschenke, Übernahme von anstrengenderen Hausarbeiten,
6. Körperlicher Ausdruck von Liebe: Liebkosen und Küssen,
7. Bereitschaft, weniger angenehme Züge des anderen hinzunehmen: Forderungen erdulden, um die Beziehung aufrechtzuerhalten.

Ebenso wie die ausschließlich mit dem Partner verbrachte Zeit nehmen also auch die „liebevoll zugewandten" Aktivitäten zu, wie man die Verbindung sexueller Handlungen und vertraulicher Gespräche genannt hat. Viele angenehme Stunden werden so verbracht. Der Grad an sexueller Intimität wächst, häufig bis zum vorehelichen Geschlechtsverkehr. In Großbritannien finden heute 56 % der jungen Leute vorehelichen Beischlaf in Ordnung, und 68 % wären bereit dazu.[17]

Nach einer anderen Umfrage befürworten es 52 % der jungen Leute in Großbritannien, mit jemandem zu schlafen, mit dem man nicht verheiratet ist, während 36 % es für *falsch* hielten, jemanden zu heiraten, *ohne* vorher mit ihm oder ihr geschlafen zu haben. Natürlich dachten die übrigen anders.[18] Meist findet vorehelicher Verkehr jedoch unter Paaren statt, die heiraten wollen oder zusammenleben. Untersuchungen in den USA, Kanada und Deutschland zeigen erheblich höhere Raten vorehelichen Geschlechtsverkehrs.

Eine erst kürzlich durchgeführte amerikanische Studie ergab beispielsweise, daß der erste Verkehr bei Jungen durchschnittlich im Alter von 18 und bei Mädchen von 17,7 Jahren stattfand, meist in einer Beziehung mit regelmäßigen Rendezvous. Eine beträchtlichen Zahl der Jugendlichen empfand ihn allerdings nicht als angenehm — 25 % der Mädchen und 12 % der Jungen. Diejenigen, die bereits früh Geschlechtsverkehr hatten, waren unabhängiger und rebellischer, weniger religiös und weniger hoch gebildet, und sie hatten ein schlechteres Verhältnis zu ihren Eltern.[19]

Paare, die frühzeitig vorehelichen Verkehr hatten — in den ersten Monaten des „Miteinander-Gehens" —, wurden mit solchen verglichen, die ihn spät — nach sechs Monaten — aufnahmen. Die „Spätzünder" erreichten höhere Werte auf der Rubin-Skala für Liebe und fühlten sich stärker verliebt; wahrscheinlich warteten sie mit dem Verkehr, bis sie ihre Beziehung für eng genug hielten.[20] Andererseits scheint zwischen frühem oder spätem Sex einerseits und der Dauerhaftigkeit der Verbindung andererseits kein Zusammenhang zu bestehen.

Paare in der Phase des Kennenlernens und Werbens sprechen viel miteinander, wobei die persönliche Offenheit zunimmt. Sie ist ebenso groß, wenn nicht größer als in jeder anderen Beziehung. Körperliche Nähe und gegenseitiges Kennenlernen gehen Hand in Hand. Mit Vorliebe betreiben Paare auch jene gemeinsamen Freizeitaktivitäten, die sie möglicherweise zusammengebracht haben — Tanzen, Spazierengehen, Kirche, Tennis und dergleichen. Wenn sich die Beziehung weiterentwickelt, nehmen auch die gemeinsam erledigten praktischen Pflichten zu.

Entwicklung

Wie gelangen wir aus dem Stadium der Verliebtheit zu langfristigeren emotionalen Bindungen? Heterosexuelle Beziehungen können als fortschreitender Prozeß betrachtet werden, von gelegentlichen Verabredungen (bei denen noch diverse Partner im Spiel sein können) über ernsthafte Rendezvous (bei denen die Tendenz zu einer monogamen Beziehung mit einem einzigen Rendezvous-Partner und mit einem gewissen Maß gegenseitiger Verpflichtung besteht) bis hin zu einem längerfristigen Kontrakt wie Verlobung, Heirat oder Zusammenleben.

Wenn ein Paar von gelegentlichen zu regelmäßigen Treffen übergeht, treten verschiedene Veränderungen in der Natur der Beziehung ein. Dazu gehören:

1. Es wird mehr Zeit in Gesellschaft des anderen verbracht, das Zusammensein findet in einem breiteren Spektrum von Situationen und Umgebungen statt.
2. Positive Gefühle wie Zuneigung, Liebe und Vertrauen nehmen zu.
3. Der Ausdruck sowohl positiver als auch negativer Gefühle nimmt zu; mit stärkerer Bindung wächst das Potential sowohl für die Entwicklung von Intimität als auch von Konflikten.
4. Wechselseitig werden immer intimere Aspekte des Selbst preisgegeben, einschließlich von Haltungen und Wertvorstellungen, die den Partner und Verpflichtungen innerhalb der Beziehung betreffen.
5. Die Anteilnahme am Wohlergehen des anderen verstärkt sich; Freude und Leid des einen werden zu Freude und Leid des anderen.
6. Die Partner teilen ein Gefühl von Einssein und Verpflichtung; sie sehen einander zunehmend als Einheit und werden von Dritten als Paar behandelt. Mit dem wachsenden Gefühl gemeinsamer Identität ist zugleich ein Rückgang der Unsicherheit über die Zukunft der Beziehung verbunden.

Braiker und Kelley[21] haben dieses Fortschreiten von gelegentlichen über ständige Treffen zu Partnerschaft und Ehe bei einer Gruppe verheirateter Paare in einem Diagramm festgehalten. Sie stellten fest, daß Paare zur Beschreibung der Entwicklung ihrer Beziehung vier Hauptdimensionen benutzten:
1. Liebe — mit Bezügen zu Fürsorglichkeit für den anderen, dem Bedürfnis nach ihm, Bindung und wechselseitiger Abhängigkeit;
2. Konflikt/Negativität — etwa Streit und Probleme;
3. Ambivalenz — Unsicherheit oder Verwirrung in den Gefühlen gegenüber dem anderen; Angst vor wachsender Verpflichtung oder dem Verlust der Unabhängigkeit;
4. Erhaltungsaufwand — zum Beispiel Diskussionen über die Beziehung, Offenheit und Versuche, das Verhalten des anderen zu verändern.

Man erkennt in Abbildung 2, daß Konflikte und Negativität vor allem in der Periode zwischen gelegentlichen und

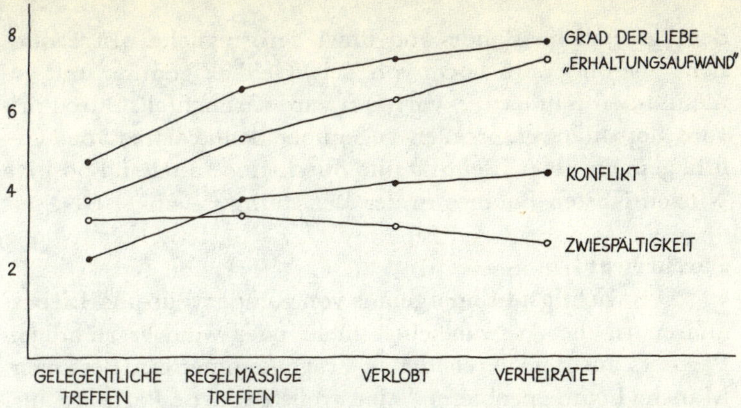

Abb. 2: Die Entwicklung von Liebesbeziehungen[22]

„ernsthaften" Rendezvous zugenommen und später nicht mehr abgenommen haben. Eine weitergehende Analyse zeigte, daß Liebe und Konflikt als Merkmale der Beziehung ziemlich unabhängig und deshalb miteinander vereinbar sind. In den früheren Stadien stehen Aktivitäten zur Aufrechterhaltung der Beziehung mit Liebe, in späteren mit Konflikt im Zusammenhang. Die mögliche Bedeutung von Konflikten bei der Entwicklung enger Beziehungen werden wir später erörtern.

Bei der „beschleunigten Werbung" (siehe S. 128 f.) erreichen Paare die Stufe der Bindung oder Heirats-Gewißheit in sechs Monaten oder schneller, mit wenigen Konflikten. Die „verlängerte Werbung" kann drei oder vier Jahre dauern und umfaßt Perioden des Konflikts, von „Sturm und Drang" und äußerster Unsicherheit. Gewöhnlich durchlaufen Paare drei Stadien: Auf anfängliche Begeisterung folgen zunächst Ernüchterung und Entfremdung, schließlich Verpflichtung — jedoch mit einem realistischeren Bild voneinander.[23]

Verpflichtung bedeutet die Absicht, in guten wie in schlechten Tagen für lange Zeit und vielleicht „bis daß der Tod uns scheidet" zu einer Beziehung zu stehen. Dies ist ein wichtiger Bestandteil vieler Formen von Liebe. Deshalb ist es nicht unwichtig herauszufinden, wie eine solche Verpflichtung zustande kommt. Sie wird gesteigert durch öffentliche Versprechen und Rituale, durch die Unterstützung von Freunden, gesetzliche Bande und unwiederbringliche „Investitionen“, besonders in Form von Zeit, Geld, Eigentum und gemeinsamen Kindern.[24] Verstärkt wird sie ebenfalls durch private Loyalitätsversprechen gegenüber dem Partner, das Gefühl gemeinsamer Identität und durch eine anhaltend positive Nutzen-Kosten-Balance in der Beziehung.[25]

Partnerwahl

Das wichtigste Endergebnis von Rendezvous und Liebesaffären ist die Auswahl eines mehr oder weniger ständigen Partners aus dem Kreis der in Frage kommenden Personen. Manche Leute „probieren“ eine große Zahl von Partnern aus, während andere beim ersten Mal den Richtigen oder die Richtige finden. Der Vorgang kann als eine Abfolge von „Sieben“ beschrieben werden. Das erste Sieb, das ein potentieller Partner passieren muß, ist am leichtesten sichtbar — eine annehmbare oder eher attraktive körperliche Erscheinung. Wenn sich ein Paar besser kennenlernt, wird es auch feststellen, ob es sich im Hinblick auf Herkunft, Interessen und Wertvorstellungen genügend ähnlich ist. Schließlich müssen die beiden noch herausfinden, ob sie in ihren Vorstellungen von Geschlechtsrollen und anderen Aspekten sozialer Interaktion zusammenpassen.[26] Nicht alle Paare durchlaufen diese Abfolge. Auch wenn die Partner eines oder mehrere dieser Siebe nicht passieren, können sich Menschen ineinander verlieben.

Es gibt kaum Zweifel an der Wichtigkeit körperlicher Attraktivität, vor allem für Männer bei der Einschätzung von Frauen und besonders in den frühen Stadien des Kennenlernens. In einem klassischen Experiment wurden 750 Erstsemester-Studenten zu einer „Computer-Tanzparty“ eingeladen und nach Zufall in Paare eingeteilt (bis darauf, daß der Mann immer der körperlich größere war). Die beste Voraussage dafür, wie sehr die beiden einander mochten und wie oft sie sich später trafen, ergab die Einschätzung ihrer körperlichen Attraktivität durch die Versuchsleiter.[27] Andererseits wird die Partnerwahl auch dadurch bestimmt, wie hoch man selbst die Wahrscheinlichkeit einschätzt, vom anderen akzeptiert zu werden: Personen mit geringem Selbstwertgefühl, das manchmal auf geringe körperliche Attraktivität zurückgeht, geben sich mit weniger attraktiven Partnern zufrieden.[28]

Zumindest die Angehörigen jeweils einer Kultur sind sich untereinander recht einig, welche Menschen am attraktivsten sind. Die Gewinnerinnen der Miß-Universum-Wettbewerbe sind meist um die 21 Jahre alt, 173 cm groß, blond und braunäugig und haben die Maße 88-61-88. Ein attraktives Gesicht ist schon schwieriger zu beschreiben. Die genaue Form der Nase oder die Position eines Muttermals können bedeutsam sein. Männer unterscheiden sich darin, was sie attraktiv finden: Extravertierte mögen große Brüste, während in sich gekehrte und religiöse Männer kleine vorziehen. Frauen wünschen sich Männer 12 bis 15 cm größer als sie selbst, mit kleinem Gesäß, schlank und mit einem flachen Bauch. Beide Geschlechter mögen gesunde Menschen mit guter Gesichtsfarbe; sie fühlen sich durch erweiterte Pupillen und andere Zeichen sexueller Erregung angezogen.[29]

Frauen schätzen selbstbewußte und dominante Männer. In einem Experiment halfen Männer Frauen, denen man die Augen verbunden hatte, den Weg durch ein Labyrinth zu finden. Die jungen Frauen fühlten sich zu ihrem Partner stärker hingezogen, wenn er sie entschlossen, bevorzugt mit festem Griff, führte, allerdings nur dann, wenn er auch kompetent war.[30] In einer anderen Untersuchung wurden die Befragten gebeten, anzugeben, welche Eigenschaften sie bei Partnern beiderlei Geschlechts für begehrenswert hielten. Die Resultate zeigt Tabelle 2.

Bei einer neueren britischen Umfrage wurde das Aussehen von 40 % der Männer und 23 % der Frauen für wesentlich gehalten. Von beiden Geschlechtern wurden freilich Treue und Persönlichkeit, vor allem Sinn für Humor, Besonnenheit und Zuverlässigkeit als wichtiger eingeschätzt.[32]

Viele Studien haben gezeigt, daß Frischverliebte sich ähnlich wie Freunde und Ehepaare in mancher Hinsicht gleichen. In Alter, sozialer Schichtzugehörigkeit, Religion, Körper-

Tabelle 2: Wünschenswerte Eigenschaften eines Partners

Bei einem männlichen Partner	Bei einem weiblichen Partner
1. Erfolg	Körperliche Attraktivität
2. Dominanz	Erotisches Geschick
3. Berufliche Kompetenz	Affektive Kompetenz
4. Ökonomische Kompetenz	Soziale Kompetenz
5. Unterhaltungstalent	Hauswirtschaftliche Fähigkeiten
6. Intellektuelle Fähigkeiten	Schneiderische Fähigkeiten
7. Beobachtungsgabe	Zwischenmenschliches Verstehen
8. Gesunder Menschenverstand	Kunstverstand
9. Sportliches Talent	Moralisch-geistiges Verstehen
10. Theoretische Begabung	Künstlerisch-kreative Begabung

größe, Intelligenz, Wertvorstellungen und Anschauungen, psychiatrischer Auffälligkeit und einigen weiteren Persönlichkeitsmerkmalen sind sie sich überzufällig ähnlich. Sogar hinsichtlich Dominanz und Unterwürfigkeit sind sie nicht, wie früher vermutet wurde, gegensätzlich, sondern eher gleichartig. Andererseits liegt die Ähnlichkeit nicht weit über Zufallsniveau, und manche dieser Übereinstimmungen sind wahrscheinlich auf die gegenseitige Beeinflussung der beiden, etwa bei der Auswahl von Freizeitinteressen, zurückzuführen. Die Ähnlichkeit ist geringer als zwischen Freunden (vergleiche Kapitel 4) und liefert keine gute Prognose für den weiteren Verlauf der Beziehung.[33] Auch wenn Juden meist Juden und Katholiken meist Katholiken wählen, ist dies nicht immer der Fall. Selbst in Nordirland gibt es einige Ehen zwischen Katholiken und Protestanten.

Tierforschungen aus jüngster Zeit geben einige interessante Hinweise, warum Menschen Partner wählen, die ihnen ähnlich sind.[34] So zeigten japanische Wachteln, die zusammen mit ihren Geschwistern aufgezogen worden waren, eine ausgeprägte Vorliebe für leibliche Vettern beziehungsweise Kusinen des entgegengesetzten Geschlechts.[35] Tiere scheinen Partner zu bevorzugen, die einerseits den ihnen aus frühen Lebensstadien vertrauten Individuen — ihrer unmittelbaren Verwandtschaft — ähneln und sich andererseits geringfügig von diesen unterscheiden. Sollte ein ähnliches biologisches Prinzip bei Menschen wirken, dann würden Männer und Frauen Partner wählen, die ihren eigenen unmittelbaren Verwandten und damit vor allem auch ihnen selbst ähneln, zumal sie die gleiche Erziehung und den gleichen sozialen Hintergrund haben dürften. Eine biologische Sicherung gegen Inzest besteht darin, daß die Präferenz sich auf Partner richtet, die den nächsten Verwandten ähnlich, jedoch nicht mit diesen identisch sind. In vielen menschlichen Gesellschaften ist die Heirat mit einem leiblichen Vetter oder einer Kusine recht verbreitet,[36] was möglicherweise diesen biologischen Mechanismus widerspiegelt.

Ein wichtiger Faktor ist Unterstützung durch das soziale Netzwerk. Man weiß, daß die romantische Bindung stärker ist, wenn die Beziehung auf beiden Seiten von Familie und Freunden unterstützt wird und eine starke Sympathie sowie häufiger Kontakt zu der Familie und den Freunden des Partners vorhanden sind. Auch der „Romeo-und-Julia-Effekt", bei dem elterliche Opposition die Liebe verstärkt, wurde gefunden; jedoch nur, wenn der Widerstand aus der Familie eines Partners, die ja nur einen Teil des Geflechts darstellt, gering ist.[37]

Regeln und Fertigkeiten

Wir haben bereits gesehen, daß Regeln für die Gestaltung und Bewältigung von Beziehungen wichtig sind. Manche Regeln sind für die frühen Stadien einer Beziehung entscheidend, während andere wichtiger werden, wenn die Beziehung fortschreitet und die Intimität zunimmt.

In unserer Studie erwiesen sich die in Tabelle 3 dargestellten Regeln als die bedeutsamsten für den gegengeschlechtlichen Partner in einer sich anbahnenden Liebesbeziehung.

Betrachten wir diese Regeln für junge Männer und Frauen (unter 25), so finden wir einige interessante geschlechtsspezifische Unterschiede. Während beide Geschlechter glauben, daß gegenseitiges Vertrauen, Gebrauch des Vornamens und Achtung der Privatsphäre wichtig sind, halten es junge Frauen darüber hinaus für wesentlich, persönliche Themen zu erörtern, einander in die Augen zu sehen und einander zu berühren; junge Männer hingegen legen besonderes

Tabelle 3: Regeln für Liebespaare

1.	Den anderen mit Vornamen anreden
2.	Die Privatsphäre des anderen respektieren
3.	Gegenseitiges Vertrauen zeigen
4.	Pünktlich sein
5.	Während der Unterhaltung dem anderen in die Augen sehen
6.	Einander nicht in der Öffentlichkeit kritisieren
7.	Sich für den anderen in dessen Abwesenheit einsetzen
8.	Geheimnisse wahren
9.	Interesse an den Alltagsaktivitäten des anderen zeigen
10.	Einander treu sein
11.	Erfolgsnachrichten mitteilen
12.	Geburtstagskarten und Geschenke austauschen
13.	Ihn/Sie nicht öffentlich kritisieren
14.	Den Freunden des anderen gegenüber tolerant sein
15.	Schulen zurückzahlen, sich für Gefälligkeiten und Komplimente erkenntlich zeigen
16.	Den anderen absichtlich berühren
17.	Einander mit Geschenken überraschen

Gewicht darauf, sich für die Partnerin einzusetzen und sie nicht in der Öffentlichkeit zu kritisieren sowie mit ihr praktische Angelegenheiten wie Erfolgsneuigkeiten und Tagesaktivitäten zu erörtern.

Wir untersuchten eine Gruppe von 45 jungen Frauen, um herauszufinden, ob ihre Angaben über die Berücksichtigung dieser Regeln in der Praxis mit der Bedeutung übereinstimmten, die sie ihnen beimaßen. Wir fanden eine recht hohe Übereinstimmung zwischen der einer Regel zugemessenen Bedeutung und dem Ausmaß, in dem sie sich im Alltag dieser Norm gemäß zu verhalten meinten. Mit anderen Worten: Wer eine bestimmte Regel für sehr wichtig hielt, neigte dazu, sich in Übereinstimmung damit zu verhalten, und je mehr eine Norm gebilligt wurde, desto stärker stimmte das geschilderte Verhalten mit ihr überein. Nur für die Regeln 6 bis 8 ergab sich kein starker Zusammenhang zwischen der Einschätzung ihrer Bedeutsamkeit durch die Befragten insgesamt und der Häufigkeit ihrer Anwendung bei Rendezvous.

Unterteilen wir jedoch die Gesamtgruppe anhand der Häufigkeit ihrer Rendezvous, so sind es jene mit den selteneren Treffen (weniger als zwei im Monat), die die geringste Übereinstimmung zwischen den für wichtig gehaltenen Regeln und deren tatsächlicher Anwendung auf ihr eigenes Verhalten bei Rendezvous zeigen. Der Unterschied zwischen den Gruppen besteht jedoch nicht in der Art der Regeln, die für wichtig gehalten werden, und auch nicht in dem tatsächlich gezeigten Norm-Verhalten, sondern in der *Diskrepanz* zwischen vertretenen und angewandten Regeln: Jene mit seltenen Rendezvous neigen weniger dazu, auch zu praktizieren, was sie predigen. Der Grund dafür ist möglicherweise, daß sie unrealistisch hohe Erwartungen von angemessenem Verhalten haben. Die dargestellten Regeln für Rendezvous-Beziehungen ähneln in manchem denen für die Ehe (vergleiche Kapitel 6) und, wie wir im nächsten Abschnitt sehen werden, denen für „wilde Ehen".

Wenn ein Paar von gelegentlichen zu regelmäßigen Treffen und schließlich zur Verlobung übergeht, steigt damit zugleich die Intensität der Liebe. Auch Konflikte und Streitigkeiten nehmen beim Übergang von gelegentlichen zu regelmäßigen Rendezvous zu, hingegen wieder ab, wenn der Schritt zur Verlobung getan wird. Mit der Zunahme von Konflikten, die diese Veränderung der Beziehung begleitet, tauchen Regeln auf, welche die potentiellen Konfliktfelder zu bereinigen helfen. In unserer Rendezvous-Untersuchung an Frauen hielten es jene mit einer einzigen Beziehung für sehr viel wichtiger, dem Partner unbedingte positive Wertschätzung entgegenzubringen, sich im Fall von Krankheit um ihn zu kümmern und Interesse für seine Alltagstätigkeiten zu zeigen, als Frauen, die sich mit mehr als einem Partner trafen. Frauen mit nur einem Rendezvous-Partner berichteten auch von anderer Anwendung der Regeln in der Praxis. Sie waren eher treu, fragten um persönlichen Rat, zeigten in Gegenwart des anderen Sorge oder Angst sowie Interesse an den Alltagsaktivitäten des Partners.

Bei männlichen amerikanischen Teenagern fand man eine weitere Regel, nach der es zur Vermeidung von Streitigkeiten um Mädchen notwendig ist, sich mit der Gruppe abzusprechen, ehe man eine neue Begleiterin ausführt.[38] Allgemein haben sich die Regeln für sexuelles Verhalten bei Rendezvous in den letzten Jahrzehnten rapide verändert. Bis etwa 1939 folgten in Großbritannien Paare aus der Mittelschicht einer Norm, die nur Petting erlaubte — heute jedoch nicht mehr. In den sechziger Jahren stellte man fest, daß Mädchen die Petting-Norm bei ernsthaften Beziehungen befolgten, wogegen die meisten jungen Männer, vor allem wenn sie aus der Arbeiterschicht stammten, im Alter von 20 Jahren zum Geschlechtsverkehr übergegangen waren. Gegenwärtig gibt es keine allgemein anerkannten Regeln in bezug auf körperliche Intimität, obwohl Geschlechtsverkehr für Verlobte oder Paare in einer ernsthaften Beziehung weithin für zulässig gehalten wird.

Die Verhaltensweisen bei der Anbahnung von Beziehungen sind jedoch nicht strikt und vollständig durch Normen bestimmt. Vielerlei Strategien können dazu dienen, Angehörige des anderen Geschlechts auf sich aufmerksam zu machen: Man kann die eigene hohe Meinung über sie zu verstehen geben, Dinge für sie tun, ihnen zustimmen und sich selbst direkt oder indirekt anziehende Charakteristika zulegen — all das kann als „Einschmeicheln" beschrieben werden.[39] Eine Studie verglich Männer, die bei Rendezvous mit Mädchen erfolgreich waren, mit erfolglosen. Den Erfolgreichen gelang es schneller und ungehemmter, das Richtige zu sagen, und sie stimmten ihrem Gegenüber öfter zu. Auch ihr nichtsprachliches Verhalten war unterschiedlich — sie lächelten und nickten häufiger.[40] Nichtverbale Kommunikation ist eine der wichtigsten Weisen, sexuelles Interesse mitzuteilen. Dazu gehören unter anderem tiefe, beharrliche Blicke, Pupillenerweiterung (die allerdings nicht willentlich kontrollierbar ist), Nähe und Berührung sowie eine Körperhaltung und Aufmerksamkeit, die ein hohes Maß an Erregung signalisieren.[41]

Die körperliche Attraktivität ist in gewissem Ausmaß gezielt beeinflußbar. Attraktive Männer haben mehr Rendezvous und geselligen Kontakt, dies jedoch vor allem, weil sie zugleich selbstbewußter und sozial kompetenter sind. Attraktive Frauen sind dagegen nicht kompetenter als andere Frauen: sie brauchen es nicht zu sein, weil die Männer die Initiative übernehmen.[42]

Zusammenleben ohne Trauschein

Viele Menschen, besonders Junge oder Geschiedene, wollen und müssen Kompromisse schließen. Einerseits möchten sie die Selbständigkeit und Unabhängigkeit von Alleinstehenden bewahren, andererseits wünschen sie sich die emotionale und sexuelle Nähe und Gemeinschaft der Ehe. Eine „wilde Ehe“ scheint vielen diese einzigartige Kombination von Merkmalen zu ermöglichen.[43]

Die sogenannte „Ehe auf Probe“ wurde Anfang der vierziger Jahre in Schweden und Dänemark populär und hat sich seither in anderen westlichen Ländern stetig ausgebreitet.

Etwa 3 % aller Frauen in Großbritannien, 8 % der ledigen Frauen, 18 % der ledigen Frauen Ende 20 und 20 % der geschiedenen Frauen leben in „wilder Ehe“, wobei Frauen aus der Arbeiterschicht sich lieber als „verheiratet“ beschreiben. Tabelle 4 zeigt, daß in Großbritannien zu Beginn der achtziger Jahre 18 % der erstmals heiratenden Paare vor der Ehe zusammengelebt hatten, hingegen 58 % der Paare, bei denen einer der Partner vorher bereits verheiratet gewesen war. Die Zahl der unverheiratet zusammenlebenden Paare hat sich in den letzten 20 Jahren bedeutend erhöht (Tabelle 4).[44]

	Jahr der Heirat 1960-1964	1971-1973	1979-1980
Erste Ehe für beide Partner,			
Alter der Frau unter 20	3	4	19
Alter der Frau 20-24	2	8	15
Alter der Frau 25 und darüber	7	10	18
alle Altersgruppen	3	7	18
Vorangegangene Ehe eines Partners,			
alle Altersgruppen	26	43	58

Tabelle 4: Prozentsatz der Paare, die vor der Ehe zusammengelebt hatten[45]

Der Ausdruck „Zusammenleben“ kann etliche unterschiedliche Formen von Beziehungen umfassen. Das Zusammenleben ohne Trauschein kann von einem Paar als befristete oder gelegentliche Affäre, sei es der Annehmlichkeit oder wirtschaftlicher Vorteile wegen, ohne starke Verpflichtung zur Beständigkeit betrachtet werden; öfter jedoch sieht das zusammenlebende Paar seine Beziehung als ziemlich dauerhaft. Dabei kann es sich um eine Ehe zur Vorbereitung oder auf Probe handeln — als Möglichkeit, vor einer offiziellen Heirat die wechselseitige Verträglichkeit als Partner zu überprüfen — oder um eine Alternative zur Ehe ohne die Absicht, sich formell trauen zu lassen. Die beiden letztgenannten Arten von Zusammenleben sind langfristige intime Beziehungen, die in vielen Merkmalen mit der Ehe übereinstimmen. Es gibt das Gefühl der Verpflichtung, gemeinsame Verantwortlichkeiten, emotionale, soziale und wirtschaftliche Abhängigkeit und — wie in der Ehe — zwischenmenschliche Belastungen und Konflikte.

Menschen, die sich entscheiden, unverheiratet zusammenzuleben, unterscheiden sich im Durchschnitt von anderen. Unverheiratet Zusammenlebende sind viel seltener religiös gebunden. Andererseits leben viele Katholiken unverheiratet zusammen — sie wissen, daß sie nach kirchlicher Lehre nur einmal heiraten dürfen, und wollen sichergehen. Auch viele Juden leben in „wilder Ehe". In ihrer Persönlichkeit sind unverheiratet Zusammenlebende weniger zurückhaltend und gehemmt, sondern meist unabhängiger und aggressiver. Die Frauen beschreiben sich als maskuliner, die Männer als femininer. Beide sehen sich selbst als androgyner und unkonventionell.

Aktivitäten

Unverheiratet Zusammenlebende betreiben im wesentlichen die gleichen Aktivitäten wie verheiratete Paare, allerdings mit einigen interessanten Unterschieden. Zusammenlebende Paare *sagen*, sie würden Gleichheit und nicht-traditionelle Geschlechtsrollen bevorzugen und wären bereit zum Rollentausch bei der Arbeit; in der Praxis unterscheiden sie sich jedoch nicht sehr von verheirateten Paaren. Weiterhin leisten die Frauen den größten Teil der Hausarbeit, vor allem, wenn Kinder im Haus sind.[46] Unverheiratete Paare sind stärker „territorial" orientiert: Sie bestehen auf ihrer eigenen Betthälfte, ihrem eigenen Bereich im Badezimmer und ihrem eigenen Stuhl am Tisch, möglicherweise, um damit ein gewisses Maß an Eigenständigkeit zu symbolisieren.[47] Andersherum zeigen sie ein geringeres Maß an Verpflichtung und Neigung zum Zusammenbleiben als verheiratete Paare. Dies soll nicht heißen, alle unverheiratet zusammenlebenden Paare würden diese Lebensform auf Dauer als Alternative zur Ehe wählen. Über 90 % der Zusammenlebenden haben vor, irgendwann zu heiraten, jedoch erst in einem höheren Alter; wenn sie schließlich heiraten, bringen sie in den ersten vier Jahren der Ehe weniger Kinder zur Welt als verheiratete Paare, die vorher nicht zusammengelebt hatten. Ohne Trauschein Zusammenlebende führen außerdem ein freizügigeres Sexualleben, experimentieren mehr mit ungewöhnlichen Formen von Sexualität, manchmal auch mit anderen Partnern.

Wie lange halten „wilde Ehen"?

Wir haben gesehen, daß es verschiedene Grade von Gebundensein zwischen Zusammenlebenden gibt. Es ist jedoch nicht immer einfach, Paare in dieser Hinsicht einzuordnen, zumal sich die Verbindlichkeit der Beziehung ändern kann. Alles in allem scheint die Beständigkeit solcher Bindungen recht gering zu sein, zumindest unter Studenten, die sich oft am Ende eines Studienabschnitts oder beim Abgang von der Hochschule trennen. In einer Studie mit 231 amerikanischen Studentenpaaren trennten sich 45 % innerhalb von zwei Jahren.[48] In Großbritannien sind zusammenlebende Paare vor der Ehe seit durchschnittlich 15 Monaten zusammen; jedoch schon 26 Monate, wenn einer oder beide sich vorher von einem früheren Partner getrennt haben oder geschieden sind.

Das Ausmaß von Gebundensein läßt sich ermitteln anhand des erklärten Wunsches und der Entschlossenheit, mit dem gegenwärtigen Partner zusammenzubleiben. Ein weiteres Maß ist die Häufigkeit des Gebrauchs von „wir" anstatt

„ich". Die Bindung ist am stärksten bei verheirateten Paaren; bei unverheiratet Zusammenlebenden ist sie vor allem dann weniger ausgepägt, wenn die Partner nicht verlobt sind. Die Bindung ist enger, wenn das Zusammenleben mit dem anderen innerlich sehr lohnend war oder wenn in die Beziehung viel „investiert" wurde an Zeit, Anstrengung, Geld oder gemeinsamer Elternschaft.[49] Obwohl unverheiratet Zusammenlebende möglicherweise weniger gebunden sind als Verheiratete, geben sie sich manchmal auch aus Furcht vor dem Zerbrechen der Beziehung mehr Mühe im Umgang miteinander, und sie befinden sich meist im frühen, romantischen Stadium der Zuneigung.

Regeln für das Zusammenleben von Unverheirateten

Menschen, die ohne Trauschein zusammenleben, haben traditionelle Normen durchbrochen. Wie wir gesehen haben, sind sie auch in anderer Hinsicht radikaler und eher nonkonformistisch. Ihre Beziehung wird jedoch kaum überdauern, wenn sie nicht irgendwelche Regeln als gültig betrachten. Wir fanden, daß die folgenden Regeln für diese Art von Beziehung am nachdrücklichsten vertreten wurden:

Tabelle 5: Regeln für das Zusammenleben ohne Trauschein

1. Gegenseitiges Vertrauen zeigen
2. Die Privatsphäre des anderen respektieren
3. Emotionale Unterstützung gewähren
4. Den anderen mit Vornamen anreden
5. Einander treu sein
6. Die Hausarbeit teilen
7. Die Kosten für Haus und Wohnung teilen
8. Sich im Krankheitsfall um den anderen kümmern
9. Dem anderen Erfolgsnachrichten mitteilen
10. Interesse an den Alltagsaktivitäten des anderen zeigen
11. Einander nicht kritisieren, wenn man unter Leuten ist
12. Während der Unterhaltung dem anderen in die Augen sehen
13. Sich für den anderen in seiner/ihrer Abwesenheit einsetzen
14. Tolerant gegenüber den Freunden des anderen sein
15. Um persönlichen Rat fragen
16. Geheimnisse wahren
17. Dem anderen persönliche Gefühle und Probleme offenbaren
18. Geburtstagskarten und Geschenke austauschen

19.	Mit dem anderen über Sexualität und Tod sprechen
20.	Nicht nörgeln
21.	Den anderen absichtlich berühren
22.	Den anderen über den eigenen Zeitplan unterrichten
23.	Mit dem anderen über Religion und Politik sprechen

Die Regeln zu Treue, emotionalem Rückhalt, der Mitteilung von Neuigkeiten und dem Respektieren der Privatsphäre werden, wie das nächste Kapitel zeigt, von Eheleuten ebenso betont. Tatsächlich sind die wichtigsten Normen für unverheiratet Zusammenlebende weitgehend identisch mit denen für verheiratete Paare. Einige dieser Regeln — vor allem Vertrauen, Treue und Respekt vor der Privatsphäre des anderen — gelten gleichermaßen auch für Paare, die noch am Anfang einer engeren Beziehung stehen. Darüber hinaus gibt es jedoch spezielle Regeln für unverheiratete Partner, die mit den eher praktischen Aspekten des Zusammenlebens zu tun haben — etwa über die Aufteilung von Hausarbeit und Ausgaben für den gemeinsamen Haushalt —; und diesen wird großes Gewicht beigemessen. Die scheinbar so bedeutsame Regel, treu zu sein, wird allerdings von vielen unverheiratet Zusammenlebenden nicht anerkannt und eingehalten, was das häufige Auseinanderbrechen dieser Beziehungen erklären könnte.

Vorzüge und Nachteile des Zusammenlebens ohne Trauschein

Den meisten, die sich für diese Lebensform entscheiden, bringt das Zusammenleben ohne Trauschein einen beträchtlichen Gewinn an Freude und Glück. Die Wirkungen sind denen der Ehe, die wir später erörtern werden, sehr ähnlich; einige Studien haben überhaupt keinen Unterschied ergeben. Eine australische Untersuchung an unverheiratet Zusammenlebenden fand indes bei diesen einen weniger ausgeprägten Sinn für Romantik, Liebe und Zuneigung, und zwar sowohl im Vergleich zu verheirateten Paaren als auch zu Rendezvous-Beziehungen.[50]

In einer Befragung quer durch die USA waren unverheiratet Zusammenlebende wesentlich glücklicher als Alleinlebende, jedoch nicht ganz so glücklich wie Verheiratete, obwohl sie mit ihrem Sexualleben zufriedener waren als diese.[51]

Das Zusammenleben ohne Trauschein sorgt auch für Spannung und Aufregung. Manche Menschen (Männer eher als Frauen) haben ein starkes Bedürfnis nach Erregung; unterschiedliche Sexualpartner und wechselnde Formen von Sexualität sind zwei Möglichkeiten, es zu befriedigen.

Leidenschaft und Erregung sind eng — vielleicht untrennbar — miteinander verbunden. Verliebt zu sein, ist erregend; das Vergnügen, jemanden von Grund auf kennenzulernen oder eine neue sexuelle Beziehung zu entdecken, ist ebenfalls erregend. Unsere Erregung verstärkt unsere Leidenschaft, und so fällt der Schluß leicht, daß wir verliebt sind; die beiden feuern sich gegenseitig an.[52]

Aber Liebe kann auch Schmerz verursachen, wenn einer dem anderen zweispältig gegenübersteht, wenn er oder sie einander gleichzeitig lieben und hassen, wenn es Streitigkeiten und Momente gibt, in denen die Partner alles hinschmeißen möchten. Sie können die Beziehung jedoch nicht einfach abbrechen, weil jeder an den anderen gebunden und von den „Belohnungen" abhängig geworden ist, die der andere ihm spendet. Und zudem kann auch Ärger sexuelle Erregung hervorrufen.

Welche Wirkung hat das nicht-eheliche Zusammenleben auf eine anschließende Heirat? Aus einer Reihe sorgfältiger Langzeitstudien läßt sich schließen, daß vorheriges Zusammenleben keinen großen Unterschied bedeutet, daß solche Paare jedoch mit etwas höherer Wahrscheinlichkeit wieder geschieden werden — in einer Studie lagen die entsprechenden Zahlen bei 36 % gegenüber 26 %. Von den derzeit geschiedenen oder getrennt lebenden Frauen in Großbritannien hatten 25 % vor der Ehe mit ihrem Partner zusammengelebt, im Vergleich zu 12 % der noch Verheirateten oder Verwitweten.[53] Die Scheidungen waren allerdings nicht unbedingt durch das voreheliche Zusammenleben verursacht.

Interessanter ist vielleicht das Ergebnis, daß Partner, die vor der Ehe zusammengelebt haben, auf einer höheren Stufe ehelicher Gleichgültigkeit geschieden werden — sie zeigen weniger innere Verpflichtung oder Motivation, die Ehe retten zu wollen, und sie sind nicht darauf eingestellt, „gute und schlechte Zeiten" zu ertragen. Die Ehe ist ein weniger wichtiger Bestandteil ihres Lebens, und sie trennen sich wahrscheinlich freundschaftlicher und unter weniger Schmerz.[54] Ähnlich werden übrigens auch diejenigen, die vor der Ehe Sexualverkehr hatten, mit größerer Wahrscheinlichkeit wieder geschieden.[55]

Solche Unterschiede dürften jedoch eher darauf zurückzuführen sein, daß unverheiratet Zusammenlebende ein anderer Menschenschlag sind (zum Beispiel weniger konformistisch, weniger religiös), als auf irgendwelche ursächlichen Auswirkungen des vorehelichen Zusammenlebens. Collett und Lamb[56] fanden bei Paaren, die gerade kurz vor der Heirat standen, unterschiedliche Vorstellungen und Erwartungen, je nachdem, ob sie zusammen oder getrennt lebten. Die Zusammenlebenden waren tendenziell weniger romantisch und weniger auf die Idee der Ehe festgelegt als die Getrenntlebenden. Obwohl beide Gruppen von der bevorstehenden Heirat eine Verbesserung ihrer Situation erhofften, erwarteten die Getrenntlebenden einen größeren Gewinn, etwa im Hinblick darauf, wie sehr sie einander ein Jahr später lieben würden, oder auf sexuelle Befriedigung.

Das Ende von Liebschaften

Keine Erörterung von Liebe und zwischenmenschlicher Anziehung wäre vollständig ohne ein abschließendes Wort über das Ende von Liebschaften. Die meisten von uns können sich aus eigener Erfahrung an wenigstens eine zerbrochene Liebschaft erinnern. In Kirkpatrick und Caplows früher Umfrage[57] unter Studenten berichteten Männer wie Frauen von durchschnittlich zwei in die Brüche gegangenen Romanzen, und auch die Hälfte aller während der Studienzeit geschlossenen Verlobungen war wieder gelöst worden. Als Hauptgründe gaben 47 % der Männer und 38 % der Frauen an, sie und ihr Partner hätten das Interesse aneinander verloren. Der Rest waren einseitige Trennungen, wobei 32 % der Frauen gegenüber 15 % der Männer die Beziehung wegen Interesses an einer dritten Person abbrachen. Frauen brauchten etwas länger, um über eine zerbrochene Liebschaft hinwegzukommen, was bei 7 % der Männer und 11 % der Frauen länger als ein Jahr dauerte.

Andere Untersuchungen erbrachten weitere Gründe für das Ende von Liebesbeziehungen: Einer der Partner nimmt eine Stelle in einer anderen Stadt an; die Eltern widersetzen sich heftig der Beziehung; die Frau fühlt sich zu abhängig; das Engagement, die Kosten und der Nutzen sind ungleich verteilt.

Das Ende der Liebe und die Auflösung der Beziehung gehen oft von beiden Seiten zugleich aus, aber unabhängig davon, ob es sich um eine gemeinsame oder eine einseitige Entscheidung handelt, sind die Abläufe ähnlich. Eine der am besten erforschten und abgesicherten Erklärungen für das Scheitern von Beziehungen im allgemeinen basiert auf der Vorstellung von Kosten und Nutzen. Die Differenz zwischen Kosten und Nutzen muß, so wird behauptet, einen „Bezugswert", den jeder Mensch für sich hat, übersteigen, damit die Beziehung aufrechterhalten wird. Sind wir verliebt, so sind die wahrgenommenen Vorteile hoch. Wenn ein Paar gegenseitige Abhängigkeit entwickelt, ändert sich möglicherweise nicht der Nutzen, aber die Kosten können steigen. Weil dieses Anwachsen der partnerschaftlichen Passivbilanz die aus der Beziehung gezogene Befriedigung unter den „Vergleichswert" fallen läßt, kann die Liebe ein Ende finden — vor allem dann, wenn wir über eine Alternativbeziehung verfügen, von der wir uns mehr Nutzen (oder geringere Kosten) versprechen.

Im Verlauf einer Beziehung können sich Kosten und Nutzen aus einer Reihe von Gründen verändern. Mit wachsender gegenseitiger Vertrautheit werden die beiden Partner lernen, was für den jeweils anderen „belohnend" ist. Deshalb können Paare in Dauerbeziehungen großes Geschick entwickeln, ein für den anderen belohnendes Verhalten zu zeigen; die steigenden Kosten der Verbundenheit werden so durch ein entsprechendes Anwachsen des Nutzens aufgefangen. (Umgekehrt werden die Kosten, die Beziehung aufzulösen, höher.)

Was für einen Partner belohnend ist, muß es nicht für den anderen sein, und auch die Bezugswerte von zwei Menschen können sich sehr unterscheiden. Der „Auflösungspunkt" ist erreicht, wenn ein Partner seinen kritischen Vergleichswert zugunsten von Alternativen erreicht, was unabhängig davon geschehen kann, wie zufrieden der oder die andere mit der Beziehung ist. Wir werden die Mechanismen bei der Auflösung einer Beziehung in späteren Kapiteln detaillierter untersuchen und dabei sehen, daß das Ende einer Liebesbeziehung vor allem in der Ehe nicht notwendigerweise die Auflösung der Beziehung als solcher bedeutet.

War das Maß an Befriedigung hoch, so werden die Partner mit größerer Wahrscheinlichkeit eine Lösung ihrer Probleme durch Erörtern der Situation und Warten auf Besserung zu finden versuchen als durch Trennung, Ignorieren des anderen oder Suche nach neuen sexuellen Beziehungen.[58] Ist der Punkt erreicht, an dem ein Partner aussteigen möchte, so gibt es verschiedene Arten, dies zu tun. Grundsätzlich besteht die Wahl zwischen offener Konfrontation, Rückzug oder Vermeidung sowie der Hinwendung zu Dritten. War die Beziehung eng, werden eher direkte Methoden, also Konfrontation, angewandt. Die Beendigung einer Beziehung entspricht dem Beenden eines Gesprächs und umfaßt oft die gleichen Komponenten: Durch Konfrontation wird eine Bilanz der geänderten Situation gezogen, Rückzug deutet auf den Wunsch nach vermindertem Kontakt hin, und positive Strategien sind eine Form fortgesetzter Unterstützung.[59]

Das Ende von Liebesaffären ist gewöhnlich äußerst schmerzhaft. Eine Studie an 17- bis 26jährigen Amerikanerinnen ergab, daß 60 % von ihnen irgendwann einmal aus Liebeskummer ernsthaft deprimiert waren und 25 % an Selbstmord gedacht hatten.[60] Die zu Beginn dieses Abschnitts zitierte Untersuchung hatte gezeigt, wie Studenten auf das Zerbrechen von Liebesbeziehungen reagierten — sie träumten nachts oder tagsüber in der Phantasie von dem verlorenen

Partner, suchten mit der Erinnerung an ihn verbundene Orte auf und so weiter (Tabelle 6).

Tabelle 6: Reaktionen von Studenten auf gescheiterte Liebesbeziehungen[61]

	Männer (%)	Frauen (%)
Orte mit gemeinsamen Erinnerungen aufsuchen	22	10
Orte mit gemeinsamen Erinnerungen meiden	3	3
Zusammentreffen vermeiden	5	5
Zusammentreffen herbeizuführen versuchen	6	4
Sich nur an erfreuliche Dinge erinnern	16	16
Sich nur an unerfreuliche Dinge erinnern	2	4
Vom Partner träumen	16	11
Tagträumen	14	11
Sich ein Zusammentreffen vorstellen	6	8
Menschen wegen Ähnlichkeit mögen oder ablehnen	6	5
Angewohnheiten des anderen nachahmen	2	2
Andenken aufbewahren	7	11
Alte Briefe nochmals lesen	7	9

Unterschiede nach Geschlecht, Alter und sozialer Schicht

In der volkstümlichen Literatur gilt es als Vorrecht junger Menschen, sich zu verlieben. Wir sprechen romantisch von „Jungverliebten" im Gegensatz zu den eher weltlichen Gefühlen, die wir in unserem Vorurteil „reiferen" Paaren zuschreiben. Von älteren Leuten erwartet man nicht, daß sie sich verlieben; der Liebe zwischen „Grünschnäbeln" stehen wir jedoch ebenso mißtrauisch gegenüber.

In welchem Alter beginnen Menschen, sich zu verlieben? Nach den Ergebnissen einer älteren amerikanischen Umfrage unter mehr als 1000 College-Studenten[62] hatten die meisten im Alter von 13 Jahren ihre ersten Rendezvous. Im selben Alter siedelten sie auch ihr erstes „Verknalltsein" an, die erste „Liebeserfahrung" machten jedoch die meisten nicht vor dem 17. Lebensjahr.

Mädchen erleben, wie sie berichten, die erste Verliebtheit sechs Monate eher als Jungen, und sie „verknallen" sich auch häufiger. Viele Anzeichen deuten aber darauf hin, daß Mädchen „kühler" und weniger impulsiv sind. Sie lassen sich weniger von der äußeren Erscheinung beeinflussen, verlieben sich selten in Männer, die jünger sind oder aus einer niedrigeren sozialen Schicht stammen, und häufiger als Männer sagen

Frauen, daß sie auch heiraten würden, ohne den anderen wirklich zu lieben.[63] Wir haben vorhin gesehen, daß etwa 43 % der Frauen im Gegensatz zu 30 % der Männer beim 20. Rendezvous noch nicht sicher sind, ob sie verliebt sind. Mädchen beginnen durchschnittlich auch in einem späteren Alter mit Geschlechtsverkehr und anderen intimen Sexualaktivitäten als Männer.

Obwohl es unter Studenten ziemlich häufig vorkommt, ist das Zusammenleben ohne Trauschein bei den über 25jährigen wesentlich weiter verbreitet als unter Jüngeren; die Beziehung ist bei älteren Paaren auch stabiler. Außerdem sind „wilde Ehen" sehr viel häufiger bei jenen, die vorher schon einmal verheiratet waren. Der Sinn für Romantik läßt bei den unverheiratet Zusammenlebenden mit steigendem Alter beträchtlich nach, was auf die Liebe nicht zutrifft.[64]

Es gibt beim Zusammenleben ohne Trauschein einige recht interessante Geschlechtsunterschiede. Eine Untersuchung an 231 studentischen Paaren ergab, daß die Männer sich als erste verliebten, während die Frauen die ersten waren, bei denen die Liebe nachließ. Ferner drängten Frauen oft auch dann auf Trennung, wenn sie der emotional stärker betroffene Teil waren — möglicherweise ein weiterer Beweis der stärkeren Rationalität von Frauen in Liebesdingen.[65] Aus anderen Untersuchungen weiß man, daß Frauen zwar höhere Werte als Männer für Liebe und Zuneigung, jedoch *niedrigere* für Romantik erreichen.[66]

Wir werden in Kapitel 8 sehen, daß Mädchen geschützter und unter größeren Einschränkungen als Jungen erzogen werden. Dies wird verstärkt durch die doppelte Sexualmoral für beide Geschlechter, die auf der Furcht der meisten Frauen vor Schwangerschaft und ihrem traditionell stärkeren Bedürfnis nach einem ständigen Partner basiert. Von jungen Männern wird andererseits Abenteuerlust erwartet, und ihr Interesse an sexuellen Abenteuern und Eroberungen ist größer.[67]

Dabei gibt es keine erheblichen Schichtunterschiede. Schofield[68] stellte fest, daß Heranwachsende aus der Arbeiterschicht etwas eher Geschlechtsverkehr hatten als Mittelschichts-Jugendliche; in Großbritannien dürfte der Grund dafür sein, daß Mittelschichtskinder häufiger getrenntgeschlechtliche Schulen besuchen, manche auch Internate. Gewisse Schichtunterschiede gibt es beim Zusammenleben ohne Trauschein — Paare aus der Mittelschicht praktizieren es häufiger.

Man stieß auch auf Unterschiede in Persönlichkeitsmerkmalen, und manche Psychoanalytiker meinen, wir verliebten uns aus dem Bedürfnis nach einem Menschen, der uns zu einer vorteilhafteren Selbsteinschätzung verhilft. Demnach müßten Menschen mit geringer Selbstachtung eher dazu neigen, sich zu verlieben, und dafür gibt es tatsächlich einige experimentelle Beweise. Dion und Dion[69] baten Studenten, die Intensität und Häufigkeit ihrer Liebeserlebnisse einzuschätzen. Sie fanden, daß Versuchspersonen mit geringer Selbstachtung intensiveres Verliebtsein als jene mit hoher Selbstachtung berichteten. Unsere Einstellung zu uns selbst kann also bestimmen, wie bereitwillig wir uns verlieben. Das gleiche gilt für unsere Weltsicht. Menschen, die das, was ihnen zustößt, eher auf ihr eigenes Verhalten zurückführen als auf das Wirken von Schicksal, Zufall oder anderen Menschen, berichten weniger oft, verliebt gewesen zu sein. Sie vertreten auch eine weniger idealistische Ansicht über Liebe und geben zugleich eine längere Dauer romantischen Verliebtseins an als jene, die ihr Verhalten von äußeren Einflüssen beherrscht empfinden.

Liebe in verschiedenen Kulturen und Epochen

Wir können hier nicht mehr als einige grundsätzliche Fragen aufgreifen. Voreheliche Sexualität ist in manchen Kulturen völlig tabu, in anderen ein alltäglicher Bestandteil des Lebens von Heranwachsenden. Am engsten wird sie in jenen Kulturen begrenzt, in denen es fortgeschrittene Formen von Ackerbau gibt und Frauen Eigentum und besonders Land erben, so daß die Familien sexuelle Verbindungen möglichst in Schranken halten müssen.[70] Oft üben Oberschichtfamilien stärkere Kontrolle aus, weil sie Sorge für ein umfangreiches

Vermögen zu tragen haben.[71] Mit der verbesserten Zugänglichkeit und Wirkung von Empfängnisverhütungsmitteln, der größeren Unabhängigkeit junger Leute von ihren Eltern sowie durch den kulturellen Einfluß Skandinaviens und Kaliforniens, von wo die „sexuelle Revolution" ihren Ausgang nahm, hat der voreheliche Geschlechtsverkehr zumindest in nordeuropäischen und nordamerikanischen Gesellschaften erheblich zugenommen.

Je nach der „Verfügbarkeit" der beiden Geschlechter in einer Bevölkerung nimmt Liebe unterschiedliche Formen an. In einigen geschichtlichen Epochen bestand beispielsweise akuter Mangel an Frauen. Während des Mittelalters fehlte es in der Oberschicht an Frauen, weil diese häufig ins Kloster gingen. Dies könnte die Ausbreitung von Minnedienst und höfischer Liebe während des frühen Mittelalters im europäischen Adel erklären. Die kavaliershafte Minne unterlag komplizierten Regeln, sie wurde mit großer Hingabe betrieben und endete häufig in Scheitern und psychischer Pein. In manchen Gegenden des amerikanischen Westens betrug im letzten Jahrzehnt des 19. Jahrhunderts das Verhältnis von Männern zu Frauen 16 zu eins, weil sich damals erst wenige Frauen nach Westen gewagt hatten. Daraus resultierte eine Tradition großer Höflichkeit und Achtung gegenüber Frauen.[72]

Lange Zeit wurden Ehen vor allem von den Eltern arrangiert. Dies wird in großen Teilen Indiens und des übrigen Fernen Ostens noch immer so gehandhabt. Eine vergleichende Studie an 43 Kulturen zeigte, daß romantische Liebe dort auftrat, wo die Freiheit der Partnerwahl am größten und der Kontakt zwischen jungen Männern und Frauen durch Tanz oder andere Aktivitäten intensiver war.[73]

Der Wandel zur fast völlig freien Partnerwahl fand im Westen zu Beginn unseres Jahrhunderts statt, und die „Ideologie der Liebe" wurde später durch die Hollywood-Mythen wesentlich verstärkt. Wir haben jedoch gesehen, daß die romantische Partnerwahl keineswegs zufällig erfolgt und daß ihr eine lange Erkundungsperiode vorausgeht. Vor allem die Entscheidungen von Frauen sind ziemlich vernunftbestimmt.

In großem Umfang tauchte die „wilde Ehe" unter der Bezeichnung „Ehe auf Probe" in der modernen Welt zunächst in Skandinavien auf und schockte oder fesselte die Bürger anderer westlicher Länder gehörig. Kalifornien war Vorreiter bei Kommunen und verschiedenen Formen der sexuellen Freizügigkeit. Während in Großbritannien 3 % der Bevölkerung unverheiratet zusammenleben, liegen die entsprechenden Zahlen für Schweden und Dänemark etwa bei 8 % und für Frankreich bei 5 %. In Großbritannien verschiebt sich die Norm in Richtung auf die Probeehe junger Paare, die eine dauerhafte Weiterführung ernsthaft beabsichtigen. Neben den informellen Regeln, die wir beschrieben haben, hat sich auch das Gesetz geändert, um dieser Entwicklung Rechnung zu tragen: Neuere britische Gerichtsurteile haben der Frau nach vier Jahren des Zusammenlebens Rechte am gemeinsamen Eigentum zugestanden.

Die Psychologie der Liebe

Kann die Psychologie das Phänomen erklären, sich in einen anderen zu verlieben? Offensichtlich hat es viel mit Sexualität zu tun, und sehr wahrscheinlich gibt es eine biologische und entwicklungsgeschichtliche Grundlage dafür. Dennoch müssen wir im Auge behalten, daß „Verliebtheit" nur in bestimmten Kulturen und geschichtlichen Epochen vorkommt. Verbreiteter ist dagegen die Bildung einer intensiven Bindung zwischen einem jungen Mann und einer nicht mit ihm verwandten jungen Frau, die gewöhnlich für lange Zeit anhält. Diese mag ihren entwicklungsgeschichtlichen Ursprung in der Notwendigkeit haben, ein stabiles Elternhaus für das Aufziehen von Kindern zu garantieren, das beim Menschen länger als bei jedem anderen Lebewesen dauert. Heirat außerhalb der Familie bringt auch einen genetischen Vorteil, weil dadurch Inzucht vermieden und eine größere Vielfalt der Nachkommenschaft mit verbesserten Überlebenschancen erreicht wird. Schließlich kann sich die Bindung sehr schnell entwickeln. In den frühen Jahrtausenden der Menschheit hatten die Mitglieder unterschiedlicher Sippen meist nur sehr kurz miteinander Kontakt, und deshalb mußte die Bindung sich vielleicht notwendigerweise schnell entwickeln.[74] Wie wir gesehen haben, verlieben sich Menschen jedoch in andere, die ihnen ähnlich sind, obwohl sie gewöhnlich Fremde aufregender finden als das Mädchen oder den Jungen aus der Nachbarschaft. Und die Erscheinung des „Sich-Verliebens" selbst scheint eben auf bestimmte Kulturen und Epochen beschränkt zu sein — arrangierte Ehen sind in der Weltgeschichte jedenfalls häufiger.

Die Fähigkeit zu sexueller Liebe wird möglicherweise noch während der Kindheit erlernt. Die enge Bindung zwischen Eltern und Kindern dient als Modell für späteres Sexualverhalten.

Mädchen neigen dazu, eine Anzahl kindlicher Merkmale bis ins Erwachsenenalter zu behalten, sie betonen diese durch Make-up und Kleidung, und Männer fühlen sich davon angezogen. Ebenso eindeutig tauchen grundlegende Schemata des Eltern-Kind-Verhaltens zwischen Jungverliebten wieder auf. Viele Formen von Intimität, denen sie sich hingeben — Babysprache, Händchenhalten, Umarmen, Küssen, Saugen und Beißen —, erinnern an den Kontakt zwischen Eltern und Kindern. Ein Großteil des Verhaltens von Liebenden kann als Rückgriff auf eine Eltern-Kind-gemäße Art von Zärtlichkeit und Fürsorglichkeit betrachtet und verstanden werden, bei der die beiden Liebenden sich in der Rolle von Elternteil und Kind abwechseln.[75]

Wir müssen noch das Ausmaß kulturbedingter Variationen der Liebe in Betracht ziehen. Es wird hierzu eine Theorie vertreten, die biologische Faktoren mit dem Gewicht der „Ideologie der Liebe" kombiniert. Wenn eine Person körperlich erregt ist und die Situation die Deutung nahelegt, daß „Liebe" eine zutreffende Benennung ihrer Gefühle ist, dann wird der oder die Betreffende die eigenen Gefühle als Liebe interpretieren.[76] Sexuelle Erregung, aber auch andere Gefühle wie Furcht können auf diese Art „etikettiert" werden. Wurden junge Männer von einem Mädchen auf einer gefährlich schwankenden Hängebrücke interviewt, so riefen sie später die Interviewerin eher an, um sich mit ihr zu verabreden, als jene, die auf einer gewöhnlichen Brücke interviewt wurden.[77] Körperliche Anstrengung kann ähnliche Wirkungen hervorbringen, was die durch Tanzen ausgelöste sexuelle Erregung erklären könnte.[78]

Wir haben gesehen, daß die Anziehung zwischen Menschen, beispielsweise Freunden, zu einem wesentlichen Teil auf dem Ausmaß der erfahrenen „Belohnung" basiert. Wie unterscheidet sich Liebe eigentlich davon? Teilweise dadurch, daß die Belohnungen (vor allem die sexuellen) intensiver sind. Ferner werden zwei Menschen, die mehr miteinander unternehmen, in einer ganzen Reihe von Belohnungen auch stärker voneinander abhängig. Das Ausmaß ihrer gemeinsamen Interessen wächst, wenn sie zusammen einen Haushalt gründen oder die Frau schwanger wird. Dabei handelt es sich nicht um einen *Austausch* von Belohnungen, denn wegen ihrer beinahe identischen Interessen erfahren die beiden die gleichen Belohnungen aus ihren gemeinsamen Aktivitäten. Und jeder genießt die Beglückungen des anderen — „Geteilte Freud' ist doppelt Freude".

Wir selbst haben uns in einer Untersuchung mit dem Ausmaß altruistischer Sorge für Ehegatten, Kinder zwischen 10 und 15 Jahren, Freunde und Arbeitskollegen befaßt; dabei benutzten wir Fragebögen, in welche die Versuchspersonen eintragen sollten, wie sie einen Geldbetrag zwischen sich selbst und einer der anderen Personen aufteilen würden. Der stärkste Altruismus wurde gegenüber dem Ehegatten gezeigt, danach folgten Kinder, Freunde und Arbeitskollegen.[79]

Liebe läßt sich eher dadurch verstärken, daß Menschen für die Annehmlichkeiten sensibilisiert werden, die ihnen aus der Gesellschaft des anderen erwachsen, als dadurch, daß man ihnen die äußeren Vorteile der Gemeinschaft vor Augen führt. In der Liebe findet gewissermaßen eine „Verschmelzung zweier Seelen" statt. Es gibt gemeinsames Eigentum, Kinder, Stolz auf die Talente und Leistungen des anderen, eine gemeinsame Vergangenheit und Zukunft, dieselben Bücher und die gleichen Gedanken.[81] Mit Liebe verbundene Gefühle wie

Anteilnahme, Verständnis, Kameradschaft, gegenseitige Unterstützung und Zuwendung, Zusammengehörigkeit und Nähe erreichen ihren Höhepunkt während der Verlobung und zum Zeitpunkt der Heirat.[82] Mit ihnen werden wir uns im nächsten Kapitel über die Ehe detaillierter auseinandersetzen.

6

Ehe

Die Ehe ist ziemlich verschieden von allen anderen Beziehungen: Sie ist eine sehr *enge* und *sexuelle* Beziehung, sie umfaßt *viele Aspekte* des Lebens und ist gewöhnlich *auf Dauer* angelegt.

Trotz der angeblich sinkenden Beliebtheit der Ehe heiraten die meisten Menschen noch immer, in Großbritannien 92 % der Bevölkerung. Das mittlere (typische) Heiratsalter lag 1981 bei 25,8 Jahren für Männer und 23,3 Jahren für Frauen — und damit 18 Monate später als 1970 (siehe Tabelle 1).[1] Fast ein Drittel aller Ehepaare trennt sich später wieder oder läßt sich scheiden, aber zwei von drei Geschiedenen heiraten erneut.

Tabelle 1: Die Verteilung der Eheschließungen auf unterschiedliche Altersgruppen (1981)[1]

	unter 20	20-24	25-29	30-44	45 und darüber
Männer	8,3	42,7	23,3	16,4	9,4
Frauen	25,3	40,4	14,9	12,2	7,2

Mittleres Heiratsalter für Personen in unterschiedlichen Lebenssituationen

	alleinstehend	verwitwet	geschieden	insgesamt
Männer	24,1	60,4	35,8	25,8
Frauen	21,9	55,0	33,4	23,3

Zum Teil ist die Ehe eine biologische Partnerschaft. Doch in allen menschlichen Gesellschaften ist sie zugleich eine sozial definierte und geregelte Beziehung. Heirat, Verlobung und Scheidung sind „Rituale des Übergangs", die — meist durch einen Priester oder anderen Beamten in Anwesenheit von Freunden und Verwandten vollzogen — bekräftigen, daß eine Veränderung der Beziehung stattgefunden hat. Das Treueversprechen, das Ineinanderlegen der Hände und andere Merkmale der Heiratszeremonie verhelfen Paaren zu dem Gefühl, tatsächlich in einen neuen Stand erhoben zu sein, jetzt ein vereintes Paar zu bilden und zu einer lange währenden Partnerschaft verpflichtet zu sein.

Wie alle guten Dinge kann auch die Ehe nur funktionieren, wenn die Menschen sich an die Regeln halten und bestimmte Einschränkungen hinnehmen. Wir werden uns später mit diesen Normen befassen. Sie werden von moralischen und religiösen Systemen gestützt, welche die Ehe „heiligen", die Bedeutung der Treue unterstreichen und so weiter. Auch die „Ideologie der Liebe" trägt dazu bei, die Stabilität der Ehe zu fördern. Bei Naturvölkern stellte man fest, daß romantische Liebe in der Ehe dann weniger wichtig ist, wenn es andere bedeutsame Bande gibt, wenn die Partner beispielsweise zur Selbsterhaltung voneinander abhängig sind, indem etwa beide zur Nahrungsmittelversorgung beitragen.

Die Rollen von Ehemann und Ehefrau

Lange Zeit wurde unterstellt, der Mann solle für die Ernährung, die Frau für den Haushalt sorgen. Aber die Zeiten ändern sich, und etwa 50 % der Frauen wollen ebenso einen Beruf wie Mann und Kinder haben — ein vor allem unter jüngeren und besser ausgebildeten Frauen weit verbreiteter Standpunkt.[2] Die Frage ist: Wieweit haben sich die ehelichen Rollen tatsächlich verändert?

Beschäftigung. In der traditionellen Familie machte häufig der Mann Karriere und konnte seine Ambitionen verfolgen. Die Frau spielte eine zweitrangige Rolle; war ihr Mann erfolgreich, so profitierte sie ebenfalls von den damit verbundenen Vorteilen höheren Einkommens und Ansehens, doch der Erfolg war eher der ihres Mannes als ihr eigener. Außerdem hatte sie sich damit abzufinden, daß er häuslichen Pflichten aus dem Wege ging. War ihr Mann erfolglos, so konnte sie daran wenig ändern — außer, selbst eine Arbeit zu suchen.

Mit verbesserter Ausbildung und zunehmendem Ehrgeiz sind mehr Frauen als früher berufstätig und machen Karriere. 1979 standen in Großbritannien 60 % der Ehefrauen und 93 % der Ehemänner in einem Beschäftigungsverhältnis; in 58 % der Familien arbeiteten beide Ehepartner. Wie Tabelle 2 zeigt, geht die Mehrzahl der Ehefrauen einer Teilzeitarbeit nach, vor allem, wenn ihre Kinder noch klein sind.[3]

Tabelle 2: Berufstätigkeit von Müttern und das Alter des jüngsten Kindes (1980-82)[3]

	Alter des jüngsten Kindes 0-4	5-9	10 und darüber
Anteil der Berufstätigen			
Vollzeit	6	13	33
Teilzeit	21	46	38
Alleinerziehende Mütter			
Vollzeit	11	21	31
Teilzeit	13	34	29

Wir werden die „Zwei-Karrieren-Ehe" weiter unten erörtern. Wenn Ehefrauen arbeiten und Geld verdienen, so hat dies beträchtliche Auswirkungen auf ihre Stellung in der Familie. Insbesondere verrichten sie weniger Hausarbeit und haben größeres Mitspracherecht bei Entscheidungen. Während der Wirtschaftskrise in den dreißiger Jahren erlitten viele Ehemänner Einkommenseinbußen oder verloren ihre Arbeitsplätze. Die Folge war ein weitreichender Machtzuwachs ihrer Frauen.[4]

Hausarbeit. In den meisten urtümlichen Gesellschaften gibt es eine äußerst klare Arbeitsteilung: Frauen kümmern sich um die Kinder, besorgen das Kochen und die Aufbewahrung von Nahrungsmitteln, stellen Kleidung her und flicken sie; Männer fischen und jagen, kümmern sich um die Tiere, betreiben Holzfällerei und Bergbau, fertigen Holz- und Metallarbeiten an und bauen Häuser; möglicherweise bestellen beide gemeinsam das Ackerland. In modernen Gesellschaften liegen die Dinge nicht wesentlich anders. Eine landesweite Umfrage in Amerika ergab, daß die Frauen wesentlich mehr Hausarbeit leisteten als ihre Männer (Tabelle 3).[5]

Tabelle 3: Hausarbeit in Wochenstunden[5]

	Berufstätige Männer	Berufstätige Frauen	Hausfrauen
Hausarbeit, Einkauf etc.	8,1	23,5	41,9
Kinderbetreuung, -abholen	3,3	4,6	11,3
Insgesamt	11,4	28,1	53,2

Eine Studie an 40 Londoner Hausfrauen mit Kleinkindern ergab, daß sie wöchentlich 77 Stunden Hausarbeit verrichteten und daß 70 % von ihnen darüber unzufrieden waren. Die meisten fanden die Arbeit eintönig, bruchstückhaft und einsam und ärgerten sich über ihren niedrigen Status. Immerhin schätzten sie ihre Unabhängigkeit, und die beliebteste Tätigkeit war Kochen, gefolgt von Einkaufen und Waschen.[6] Andererseits führen Ehemänner gewöhnlich die Mehrzahl der häuslichen Reparaturen aus, pflegen den Wagen, verrichten die schwereren Gartenarbeiten (Ehefrauen kümmern sich um die Blumen) und bezahlen die Rechnungen. An der Kindererziehung beteiligen sie sich weniger bei Kleinkindern, sondern eher bei Hobbies, Sport und Hausaufgaben älterer Kinder.[7]

Manche Ehepaare zeigen eine stärkere Rollentrennung, während andere die familiären Pflichten gemeinsam erfüllen. Es gibt Hinweise darauf, daß Partner eher getrennte Rollen einnehmen, wenn jeder von beiden eng an seine Verwandten gebunden ist. Haben andererseits die Eheleute ein gemeinsames soziales Netzwerk von Freunden und Verwandten, so werden sie eher einander ergänzend oder gemeinsam handeln als unabhängig. Eine stärker traditionelle Arbeitsteilung entsteht, wenn dies bereits bei den Eltern der Fall war und das Paar die herkömmliche Geschlechtsrollen-Ideologie akzeptiert. Neuere Studien haben gezeigt, daß berufstätige, gut ausgebildete Frauen mit mehreren Kindern, deren Ehemann ein gutes Einkommen bezieht, weniger Hausarbeit verrichten. Darüber hinaus nimmt die ungleichmäßige Verteilung der Arbeit mit der Zeit langsam ab.[8]

Einfluß auf Entscheidungen. In so gut wie allen Kulturen, primitiven und industriellen, verfügen Männer sowohl innerhalb als auch außerhalb der Familie über mehr Macht als Frauen — obgleich der Einfluß der Frauen allmählich zugenommen hat und sie speziell im häuslichen Bereich manchmal einflußreicher sind, als die öffentlich präsentierte Beziehung zwischen den Eheleuten vermuten läßt. Jeder Partner ist auf bestimmten Gebieten der anerkannte „Fachmann" — herkömmlicherweise die Frau für Ernährung und Kinder, der Mann für Auto, Finanzen und so weiter.

Eine amerikanische Untersuchung ging der Frage nach, wie Ehemänner und Ehefrauen in 14 verschiedenen Bereichen

Entscheidungen fällten. Diese stuften die Wissenschaftler ein als eindeutig vom Mann dominierte, eindeutig von der Frau dominierte, gleichgewichtige und miteinander geteilte sowie gleichgewichtige und nicht miteinander geteilte Entscheidungen (Tabelle 4).[9]

Tabelle 4: Der häusliche Einfluß von Ehemann und Ehefrau[9]

	Aussage d. Mannes	Aussage d. Frau
Ehemann dominiert	10	9
Ehefrau dominiert	4	4
Die meisten Entscheidungen werden gemeinsam getroffen	16	20
Gleicher Einfluß, die meisten Entscheidungen werden nicht gemeinsam getroffen	70	67

Eine neue englische Studie führte jedoch zu dem Ergebnis, daß, obwohl die meisten Entscheidungen in gewisser Weise gemeinsam gefällt wurden, die Ehemänner in einigen der wichtigsten Bereiche tatsächlich wesentlich mehr zu sagen hatten: bei größeren finanziellen Entscheidungen und Umzügen (meist wegen ihres Berufs). In zwei weiteren als sehr wichtig eingestuften Bereichen war der Einfluß indes gleichmäßiger verteilt — bei der Wahl der Wohnung und der Erziehung der Kinder.[10]

Viele Untersuchungen haben erbracht, daß derjenige Partner den stärksten Einfluß auf Entscheidungen hat, der am meisten verdient, den angeseheneren Beruf oder die bessere Ausbildung hat. Dieses einfache Prinzip ist jedoch nicht immer anzutreffen; teilweise deshalb, weil in einer Zeit sozialen Wandels zu größerer Gleichheit der Geschlechter Männer mit höherem Sozialstatus dazu neigen, diese Gedanken zuerst aufzugreifen und damit mehr Einfluß abzugeben. Bedeutsam sind auch die sozialen Fertigkeiten eines jeden Partners, etwa Durchsetzungsvermögen und Überredungskunst. Der Einfluß besser ausgebildeter Ehefrauen gründet sich nicht nur auf diese Ausbildung, sie haben auch mit größerer Wahrscheinlichkeit einen Beruf und verdienen Geld, haben einen fortschrittlich orientierten Ehemann und verfügen über soziale Fertigkeiten.[11]

Ein weiteres Ergebnis ist, daß viele Frauen mehr Einfluß wünschen, als sie besitzen, und bei vermehrtem Einfluß auch mit ihrer Ehe zufriedener sind, obwohl sie nicht mehr Macht als ihre Ehemänner anstreben — siehe Tabelle 4. Ehefrauen verwenden andere Taktiken als Ehemänner, um Macht auszuüben — Rückzug, Schmollen und den Appell an die Einheit der Familie, wogegen Ehemänner direktere Machtstrategien benutzen.[12]

Eine Reihe amerikanischer Untersuchungen stellte fest, daß egalitäre Ehen die glücklichsten sind, dicht gefolgt von Ehen, in denen der Ehemann dominiert. Von der Frau dominierte Ehen sind im Durchschnitt erheblich weniger glücklich, besonders wenn die Ehefrau Kontrolle durch Druck ausübt.[13] Wichtig für eine glückliche Ehe ist auch, daß die Partner ähnliche Vorstellungen über die Rollen von Ehemann und Ehefrau haben.[14]

Geschlechtsrollen in der Ehe. Soziologen haben behauptet, daß es traditionell eine eher allgemeine Aufteilung der Geschlechtsrollen in der Familie gibt. Die Aufgabe der Frau ist es, sich um die Kinder und ihren Ehemann zu kümmern, für Wohlbefinden und sozialen Rückhalt im häuslichen Bereich zu sorgen. Aufgabe des Mannes ist die Bewältigung der äußeren Umwelt, die Sorge für Nahrung, Unterkunft und Schutz, wenn nötig durch Kampf und Zusammenschluß mit anderen in einer Gemeinschaft. Die Ursprünge dieser beiden ehelichen Rollen könnten zum Teil biologischer Art sein — Frauen haben ein stärkeres biologisches Interesse an der Sorge um ihre Kinder, Männer am Zeugen von Nachkommen. Das soziale System hat sich so entwickelt, daß es diese Rollen durch Tradition, Gesetze und Geschlechtsrollen-Stereotype unterstützt.

Aus der Erforschung nichtverbaler Kommunikation weiß man, daß Frauen etwas ausdrucksstärker sind als Männer — sie lächeln, schauen und gestikulieren mehr und können ihre Gefühle besser mitteilen. Auch das „Entziffern" des Gesichtsausdrucks und des stimmlichen Tonfalls anderer gelingt ihnen besser. In der typischen Ehe ist eine ausdrucksstarke Frau mit einem eher ausdrucksschwächeren Mann zusammen. Für eine glückliche Ehe, so hat sich herausgestellt, ist auf seiten der Frau eine ausgeprägte Fähigkeit zum Entschlüsseln nichtverbaler Signale wichtig,[15] während bei gestörten Ehen die Männer im Kontakt zu ihren Frauen schlechte Sender und Empfänger von Emotionen über körpersprachliche Reize sind. Besonders unzureichend gelingt ihnen die Übermittlung positiver Botschaften durch den Klang ihrer Stimme.[16]

Frauen gewähren ihren Männern mehr sozialen Rückhalt als umgekehrt.[17] Für wesentlich mehr Männer (63 %) als Frauen (26 %) ist der Ehepartner der wichtigste Vertraute (vergleiche Kapitel 9). Frauen verbringen auch wesentlich mehr Zeit mit der Betreuung und Förderung ihrer Kinder. Andere Untersuchungen haben erwiesen, daß sowohl für männliche wie weibliche Studenten die Interaktion mit befreundeten Frauen belohnender ist als die Interaktion mit Männern.[18] Dies sind wahrscheinlich die wichtigsten Gründe dafür, daß Männer von der Ehe stärker profitieren als ihre Frauen.

Phasen der Ehe

Entscheidender als die einfache Dauer von Ehen sind die unterschiedlichen Phasen, die eine eheliche Beziehung über die Jahre hinweg durchläuft.

Von den Flitterwochen bis zur Geburt des ersten Kindes. Während dieser Periode findet ein Rückzug vom Zusammensein mit Freunden statt, wie Tabelle 5 zeigt.

Tabelle 5: Anzahl der Freunde in unterschiedlichen Phasen vom Kennenlernen bis zur Heirat[19]

Gelegentliches Treffen	4,13
Regelmäßiges Treffen	3,52
Ausschließliche Partnerschaft	3,07
Verlobt	1,51
Verheiratet	1,06

Anfangs ist die Häufigkeit sexueller Betätigung hoch — vier- bis fünfmal wöchentlich (vergleiche Tabelle 9 in diesem Kapitel). Die Zeit der verlängerten Flitterwochen bildet, wie Abbildung 1 zeigt, einen Höhepunkt ehelicher Zufriedenheit.

In dieser Phase sind jedoch auch eine Reihe von Schwierigkeiten durchzustehen. Vor allem müssen sich die Partner aneinander anpassen, um eine befriedigende gemeinsame Lebensgestaltung zu entwickeln. Die schwierigsten Probleme haben meist mit Geld und Sexualität zu tun; ferner können die Aufteilung der Hausarbeit sowie des Einflusses auf Entscheidungen zu Streitigkeiten führen. Jeder Partner muß die Verbindungen zu seiner Familie abbrechen oder verringern, um von ihr unabhängig zu werden. Dies fällt gewöhnlich den Frauen am schwersten und ist äußerst problematisch, wenn das Paar bei den Eltern eines der Partner lebt.[21]

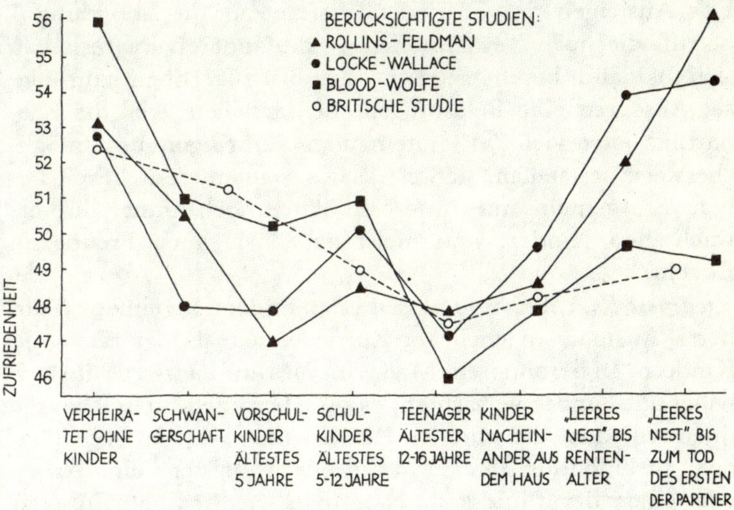

Abb. 1: Eheliche Zufriedenheit im Lebenszyklus

Von der Geburt des ersten Kindes bis zu seiner Pubertät. Mittelpunkt der Aufmerksamkeit und Ursprung erheblicher Probleme sind die Kinder — ihre Geburt, ihre Krankheiten, ihre Erziehung und so weiter. Der Ehemann ist sehr mit seinem beruflichen Fortkommen beschäftigt. Die Ehepartner haben weniger Zeit füreinander, und das Ausmaß der Zufriedenheit nimmt ab (siehe Abbildung 1). Die Frau verbringt mehr Zeit mit den Kindern als mit ihrem Mann, und diese Beziehungen stehen für sie ganz obenan. In unbefriedigenden Ehen sind die Kinder die wichtigste Quelle von Erfüllung.

Kinder im Heranwachsenden-Alter. Hier liegt der Tiefpunkt ehelicher Zufriedenheit (Abbildung 1), vor allem wegen der Schwierigkeiten im Umgang mit Teenagern (vergleiche auch Kapitel 8). Die Frau ist nicht mehr so stark durch die Beaufsichtigung der Kinder gebunden, hat wahrscheinlich zumindest eine Teilzeitarbeit und kann zu einer neuen Unabhängigkeit finden, neue Fähigkeiten, Interessen und soziale Bindungen entwickeln.

Nach dem Auszug der Kinder. Die Periode des „leeren Nests" erweist sich für die meisten Paare als sehr glückliche Zeit. Das Ansteigen des Zufriedenheits-Niveaus in Abbildung 1 betrifft die noch Verheirateten — die anderen Paare haben sich bis dahin bereits getrennt. Für brüchige Ehen kann dieser Abschnitt eine Belastungsprobe darstellen, weil die Ehepartner jetzt viel Zeit miteinander verbringen und möglicherweise feststellen, daß sie sich auseinanderentwickelt haben. Ein gemeinsames Interesse bilden noch immer ihre erwachsenen Kinder, und meist haben sie auch Freude an Enkeln.

Kinderlose Ehen. Bei kinderlosen Ehen findet man ein etwas höheres Ausmaß an ehelicher Zufriedenheit als bei Ehen mit Kindern. In besonderem Maß trifft dies auf Paare zu, die freiwillig auf Kinder verzichten, es gilt aber auch für solche, die unentschieden sind und den Kinderwunsch aufgeschoben haben. In kinderlosen Ehen hat die Frau meistens eine Arbeit oder einen Beruf und kann ebensoviel wie ihr Ehemann oder mehr verdienen, so daß größere Gleichberechtigung herrscht. Kinderlose Frauen sind darüber hinaus mit der Partnerschaft und dem Verständnis ihrer Ehemänner zufriedener als Mütter.[22] Letztere verdienen weniger, verrichten mehr Hausarbeit und haben geringeren Einfluß auf Entscheidungen; Paare mit Kindern finden jedoch Befriedigung darin, Kinder zu haben, und aus irgendeinem Grund liegt ihre Lebenserwartung deutlich höher (vergleiche Tabelle 3 in Kapitel 2). Obwohl Kinder der ehelichen Zufriedenheit abträglich zu sein scheinen, zeigen verschiedene Untersuchungen, daß die meisten Menschen trotz der Belastungen durch Elternschaft diese als eine insgesamt lohnende Erfahrung bezeichnen und glauben, daß sie Partner einander näherbringt.[23]

Der Charakter des ehelichen Bundes verändert sich nach 25 oder 30 Ehejahren. Die Paare unternehmen mehr Dinge gemeinsam, es gibt mehr positive und weniger negative Interaktionen.[24] Sexualität und Erregung nehmen ab, Sicherheit und Vertrautheit nehmen zu. Wie die Partner selbst ist die Ehe ruhiger und schwerfälliger, aber auch bequem und entspannt geworden.

Schichtunterschiede im Eheleben

Die wichtigsten Unterschiede zwischen den Schichten sind in Tabelle 6 zusammengefaßt. Wir verwenden dabei die vom Britischen Zensus und in vielen Forschungsarbeiten benutzte Schichteneinteilung.

Tabelle 6: Schichtunterschiede in der Ehe (England und Wales) 25, 26, 27, 27a

	I	II	III(N)*	III(M)*	IV	V	Total
1. Mittleres Alter der Braut bei der Hochzeit (1979)							
	26,0	24,0	21,6	21,2	20,4	22,0	21,7
2. Prozentsatz der vorehelich gezeugten Erstgeborenen (1977)							
	6	9	18	26	43	15	
3. Zeitraum zwischen Heirat und Geburt des ersten Kindes in Monaten (1981)							
	42	38	33	35	20	13	29
4. Alter der Mutter bei der Geburt des ersten Kindes (1977)							
Prozent-Anteil der unter 20jährigen							
	6	10	12	28	31	38	23
5. Kinderzahl (1977)							
	2,26	2,18	2,02	2,37	2,40	2,74	2,33
6. Scheidungsrate pro 10.000 Frauen unter 55 (1971)							
	22	25	43	29	25	51	30
7. Dauer der Ehe (1970-71)							
Prozent-Anteil der Geschiedenen, deren Ehe weniger als 7 Jahre dauerte							
Heiratsalter der Frau							
unter 20	14	30	31	29	34	30	
20-25	10	27	23	36	37	25	
25 + älter	15	16	26	6	20	17	

*N = nichtmanuelle Arbeit, M = manuelle Arbeit; weitere Erläuterungen im Text

In erster Linie heiraten Angehörige der Arbeiterschicht früher, teilweise wegen ihrer kürzeren Ausbildung. Die Statistik zeigt, daß Mütter aus der Arbeiterschicht bei der Geburt ihres ersten Kindes relativ jung sind. Auch werden sie mit größerer Wahrscheinlichkeit vor der Ehe schwanger — viele Angehörige der Arbeiterschicht heiraten, weil das Mädchen ein Kind erwartet. Die Scheidungsrate bei Ehepaaren aus der Arbeiterschicht ist höher, der Zeitpunkt der Scheidung liegt früher. Dies kann teilweise durch das frühere Heiratsalter erklärt werden, wie jedoch Abschnitt 7 der Tabelle zeigt, sind Ehen in der Arbeiterschicht auch unabhängig davon kürzer.

Wie steht es um die Qualität des Ehelebens in verschiedenen Schichten? Die eheliche Zufriedenheit ist in den gehobenen Schichten etwas größer. Ein Grund dafür ist, daß sich viele Ehemänner aus der Arbeiterschicht als unzulängliche Vertraute erweisen. Außerdem verläuft das Leben von Ehepartnern aus der Arbeiterschicht stärker getrennt — sie unternehmen weniger zusammen. Sie verbringen weniger Zeit mit Freunden (die gewöhnlich gemeinsame Freunde sind), mehr mit Verwandten (die dies nicht sind). In einer amerikanischen Studie stellte man fest, daß eheliche Zufriedenheit stärker mit dem *Bildungsstand* als mit dem beruflichen Status verknüpft ist. Die Gebildeteren gestanden ein, daß sie eheliche Probleme hätten und sich als Ehepartner unzulänglich fühlten, sie schienen aber zugleich über die Fähigkeit zu verfügen, mit diesen Ehekonflikten zurechtzukommen.[28]

Personen mit besserer Ausbildung zeigten sich im Umgang miteinander offener und weniger kontrollierend, und sie respektierten die Gefühle des anderen stärker.[29] Andererseits sind Ehefrauen aus der Arbeiterschicht mit häuslichen Aufgaben und Hausarbeit glücklicher als Frauen aus der Mittelschicht, die diese Verpflichtungen meist unliebsam finden.[30]

Menschen neigen dazu, Partner gleicher sozialer Herkunft zu ehelichen. Dies gilt besonders für die oberste Klasse, deren Mitglieder zu 42 % innerhalb der Schicht heiraten. Insgesamt heiraten 30 bis 40 % der Bevölkerung innerhalb ihrer Schicht; die meisten der übrigen heiraten einen Partner aus der angrenzenden Schicht. Naturgemäß heiraten Mitglieder der obersten Schicht oft „nach unten“, Mitglieder der untersten Schicht „nach oben“.

Eheleute können hinsichtlich ihrer Berufe und ihres Erfolgs unterschiedlichen Schichten angehören, obwohl eine recht starke Tendenz besteht, daß sie beruflich auf ähnlicher Ebene stehen. 34 % der Ehefrauen von Männern der (obersten) sozialen Schicht I haben Berufe derselben Kategorie, in der Schicht II sind es 44 %. 89 % der Ehefrauen von Männern der Schicht V verrichten Handarbeit, und nur 0,6 % haben Berufe der sozialen Kategorie I. Es gibt jedoch einen generellen Unterschied zwischen den Berufen von Männern und Frauen. Die Berufe von Frauen zerfallen in zwei Hauptgruppen: Die obere Gruppe besteht aus Lehrerinnen, Krankenschwestern, Sozialarbeiterinnen und so weiter (Kategorie II), die untere Gruppe aus Büroangestellten, Verkäuferinnen und dergleichen (Kategorie III); in den Berufsschichten I, IV und V gibt es gegenüber den Männern relativ wenige Frauen. Außerdem verrichten viele Frauen, vor allem wenn ihre Kinder klein sind, Teilzeitarbeit, was die geringe Zahl von Frauen in Schicht I erklären könnte. Daraus folgt, daß Männer aus Schicht I oft Frauen mit niedrigerem beruflichen Status haben, während viele Männer der Schicht IV und V Frauen auf einem höheren beruflichen Niveau haben. Ferner folgt, daß Frauen mit Vätern in der Schicht I eher abwärtsmobil, solche mit Vätern in den Schichten IV und V eher aufwärtsmobil sind als Männer der gleichen Herkunft.[31]

Wie wirkt eine Heirat zwischen Angehörigen unterschiedlicher Sozialschichten sich aus? Der Haupteffekt ist, daß die Ehe weniger glücklich ist und mit größerer Wahrscheinlichkeit in einer Scheidung endet. Eine amerikanische Studie stufte die folgenden Prozentsätze verheirateter Paare als „gut zusammenpassend“ ein:[32] 53 %, wenn die Partner aus der gleichen Schicht kamen, 35 %, wenn der Mann aus besseren Kreisen stammte, und 28 %, wenn dies für die Frau galt. Eine weitere Untersuchung ergab, daß sich 45 % der Ehemänner von Frauen mit besserer Ausbildung gewalttätig verhielten im

Gegensatz zu 9 % derer, die selbst eine bessere oder gleichwertige Ausbildung hatten.[33] Gehört der Ehemann einer höheren Schicht an, so kann seine Frau sehr attraktiv sein oder andere erstrebenswerte Eigenschaften besitzen, sie kann sich jedoch auch gesellschaftlich ungeschickt verhalten, eine ungenügende Konversationspartnerin sein und sich für Familie und Freunde als nicht voll akzeptabel erweisen. Schlimmer noch ist, wenn die Ehefrau aus einer höheren Sozialschicht stammt; sie muß sich möglicherweise mit einem geringeren Lebensstandard abfinden, erleidet einen sozialen Abstieg und kann ihren Kindern nicht bieten, was sie selbst als Kind hatte. Sie wird auch enttäuscht sein, wenn sie durch ihre eigene Karriere sozial mobil gewesen war.[34]

Aktivitäten

Für 60 % der verheirateten Paare sind gemeinsame Aktivitäten der wertvollste Aspekt der Ehe.[35] Was aber unternehmen Ehepartner miteinander? Danach und nach ihren Unternehmungen mit Freunden, Arbeitskollegen und anderen fragten wir eine Stichprobe in der Region Oxford.[35a] Bestimmte Aktivitäten waren typisch für die Ehe, das heißt, sie wurden für Eheleute häufiger genannt als für jede andere der acht untersuchten Beziehungen. In absteigender Reihenfolge waren am kennzeichnendsten:

Miteinander im Bett liegen
Fernsehen
Zusammen häusliche Arbeiten erledigen
Schach oder andere Zimmerspiele spielen
Spazierengehen
Einkaufen gehen
Tennis oder Squash spielen
Gemütlich miteinander essen
Persönliche Gespräche führen
Diskutieren und Streiten

Diese Rangfolge von Aktivitäten fanden wir bei Befragten in der Region Oxford; manches davon würde in anderen Kulturen oder Subkulturen zweifellos unterschiedlich ausfallen.

Die genannten Tätigkeiten weichen beträchtlich von denen ab, die wir zusammen mit Freunden oder Arbeitskollegen unternehmen. Das wichtigste Unterscheidungsmerkmal gegenüber den Aktivitäten mit Freunden (vergleiche Kapitel 4) ist, daß Freunde sich mit Essen, Trinken und Müßiggang beschäftigen, während Ehegatten Arbeit zu erledigen und Entscheidungen zu fällen haben. Die betreffenden Arbeiten entsprechen einer Mischung von kleinem Hotel, Restaurant, Kindergarten, Krankenhaus und Gärtnerei; bloß gibt es dafür keine feste Arbeitszeit oder Bezahlung.

Hausarbeit wird hauptsächlich von der Frau verrichtet, obwohl auch Männer manchmal abwaschen, Reparaturen am Haus oder Gartenarbeiten ausführen und die Kinder beaufsichtigen. Einiges wird gemeinsam, mehr jedoch in wechselseitiger Ergänzung getan. Solange die Kinder klein sind, macht ihre Betreuung einen erheblichen Teil der häuslichen Arbeit aus; diese wird größtenteils von den Ehefrauen erledigt, obwohl die Männer später auch helfen.

Mahlzeiten — und meist eher die formlosen Mahlzeiten im Vergleich zu denen mit Gästen oder in Restaurants — sind in Familien ein wichtiges Ereignis. Oft sind sie die einzige Gelegenheit, bei der sich die Familie trifft, und eine der wichtigsten, bei der sich die Ehepartner treffen. Es ist ein erstaunliches Faktum im geselligen Leben, daß Gespräche in der Familie und mit Freunden meist von Essen und Trinken begleitet werden; auf Gespräche am Arbeitsplatz trifft dies ungleich seltener zu.

Das Gespräch dreht sich um viele Dinge. Die Ehepartner berichten über die wichtigsten Tagesereignisse, überlegen sich gemeinschaftlich eine Reaktion darauf und bauen so ein gemeinsames Bild von der Welt auf. Wenn es um mehr oder weniger persönliche Probleme geht, kann der Partner als eine Art Berater oder Psychotherapeut fungieren. Diese Formen von Hilfe und Rat machen den „sozialen Rückhalt" aus und tragen wesentlich dazu bei, die psychische Gesundheit des anderen zu erhalten. Weitere Gesprächsinhalte sind anstehende Entscheidungen, zu lösende Probleme und die Unzahl von

Dingen, die erwogen werden müssen. Manches davon ist weitreichend: Umzug, berufliche Veränderung oder der Wunsch nach weiteren Kindern; anderes ist weniger bedeutend: die Wahl des Fernsehprogramms oder die Entscheidung über einen Lokalbesuch. Daher gehören „Diskutieren und Streiten“ zu den typischsten ehelichen Aktivitäten.

Wie Ehegatten oft als Psychotherapeuten wirken, handeln sie auch häufig als Krankenpfleger, wenn der Partner oder Kinder krank sind.

Soviel zur Arbeit, nun zum Vergnügen. Wir haben bereits gesehen, daß gemeinsames Fernsehen eine der charakteristischsten Eheaktivitäten darstellt. Briten sehen täglich im Durchschnitt zweieinhalb Stunden fern, im Winter noch mehr. Angehörige der Arbeiterschicht sehen in Großbritannien pro Tag etwa 40 Minuten länger fern als Angehörige der obersten Sozialschicht, und sie sehen sehr viel mehr kommerzielle Programme. Ferner hören die Menschen durchschnittlich anderthalb Stunden am Tag Radio.[36] Man kennt die Wirkung des Fernsehens, Gespräche und soziale Aktivitäten einzuschränken. Obwohl das Fernsehen die Ehepartner im selben Raum zusammenbringt, tut es das auf sehr gemäßigte Art und vermindert das Ausmaß sozialer Interaktion zwischen ihnen. Einer oder beide können sogar einen Großteil der Zeit schlafend oder im Halbschlaf verbringen.

Ehepaare mit Kleinkindern und solche, bei denen beide Partner arbeiten, haben manchmal wenig oder keine Zeit für Freizeitunternehmungen. Die meisten Befragten in unserer Stichprobe gaben jedoch in nicht geringem Umfang Spiele innerhalb und außerhalb des Hauses sowie Spaziergänge zu Protokoll. Andere gemeinsame Freizeitaktivitäten sind weniger typisch für die Ehe, aber dennoch wichtig — Besuche in Lokalen und Restaurants, Verabredungen mit Freunden und Tanz. Diese Art gemeinsamer Geselligkeit stellt eine Quelle von Belohnungen dar, für die der Partner unabdingbar ist, und schafft ein gemeinsames soziales Netzwerk. Je mehr Zeit Ehepaare mit Freunden und Verwandten verbringen, desto zufriedener sind sie mit der Ehe.[37]

Als die bezeichnendste eheliche Aktivität überhaupt erweist sich das Zusammensein im Bett — täglich sieben oder acht Stunden, die natürlich größtenteils, aber nicht vollständig im Schlaf zugebracht werden. Wir werden die sexuellen Aktivitäten von Ehepaaren später noch erörtern.

Tabelle 7: Bevorzugte Freizeitbeschäftigungen von Partnern in glücklichen und unglücklichen Ehen[39]

	Ausübender Partner			
	beide	nur Mann	nur Frau	keiner
glücklich verheiratete Paare (gvP)				
später geschiedene Paare (sgP)				
Radiohören	%	%	%	%
gvP	90	3*	6**	2*
sgP	75	9*	12**	8*
Musik				
gvP	89	4*	1**	4**
sgP	75	10*	22**	10**
Lesen				
gvP	72	9	12**	—
sgP	46	20	38**	—
Kinobesuch				
gvP	68	—	5	17*
sgP	72	—	13	7*
Parties				
gvP	57	1	4*	24**
sgP	46	7	11*	45**
Sport				
gvP	54	20*	3**	22**
sgP	36	35*	15**	32**
Kartenspielen				
gvP	39	8	—	36*
sgP	45	21	—	24*
Tanzen				
gvP	25	2	7	45*
sgP	38	9	21	24*
Trinken				
gvP	7	10	1*	42
sgP	19	38	8*	28
Glücksspiele				
gvP	2	10**	—	—
sgP	3	40**	—	—

* Nennung durch den Ehemann
** Nennung durch die Ehefrau
Prozentwerte ohne Sterne sind Mittelwerte aus den Nennungen von Ehemännern und -frauen. Die Spalte „keiner“ bedeutet, daß beide Partner der Aktivität gleichgültig gegenüberstanden.

Je mehr Dinge Paare miteinander unternehmen, um so höher ist ihre eheliche Zufriedenheit und umgekehrt.[38] Auch die Art der betriebenen Aktivitäten kann für die eheliche Zufriedenheit wichtig sein. Wir werden uns mit dem Eheglück weiter unten in diesem Kapitel eingehender beschäftigen, wollen jedoch hier schon erwähnen, daß in einer frühen amerikanischen Untersuchung (siehe Tabelle 7) glücklich verheiratete Paare eher von gleichartigen Freizeitaktivitäten und -interessen berichteten als Partner, deren Ehen später geschieden wurden.

Eheleute teilen viele Merkmale ihres Lebens, ihrer Freizeit, ihrer Ernährung, ihrer guten und schlechten Gewohnheiten miteinander; sie sind im wahrsten Sinne des Wortes „ein Fleisch". Infolgedessen sind sie einander auch in Gesundheitszustand und Lebenserwartung ähnlich. Erstaunlich ist die Ähnlichkeit der Lebensspanne von Eheleuten in Abhängigkeit vom Beruf des Ehemanns. Tabelle 8 zeigt „standardisierte Sterblichkeitsraten": die Anzahl der verstorbenen 15- bis 64jährigen aus einer bestimmten Berufsgruppe im Vergleich zur erwachsenen Gesamtbevölkerung mit gleicher Alterszusammensetzung. Die Zahl 200 bedeutet also, daß doppelt so viele Personen starben, wie zu erwarten gewesen wäre, und daß die Lebenserwartung entsprechend geringer ist. Man sieht, daß die Sterblichkeitsrate von Ehefrauen eng mit dem Beruf ihres Mannes verknüpft ist. Die wahrscheinlichste Erklärung dafür ist, daß jeder Beruf ein bestimmtes Ausmaß an Streß und eine entsprechende Lebensweise mit sich bringt, welche die Ehefrauen direkt oder indirekt ebenso sehr beeinflussen wie ihre Männer.

Sexualität

Ist Sexualität das magische Elixier, das die meisten Eheleute für so viele Jahre aneinander bindet? Biologisch gesehen ist Sexualität ein zentraler Bestandteil der Ehe: Sie führt zu Nachwuchs und ist einer der Faktoren, die den Mann zu seiner Frau hinziehen, so daß er sich um sie und die Kinder kümmert. Traditionsgemäß sollte sexuelles Verhalten auf die

	Männer	Frauen
Vorarbeiter	47	61
Verkaufsleiter	70	72
Geistliche	76	76
Personalleiter	80	80
Ärzte	81	92
Handelsvertreter	88	85
Buchhalter	88	89
Polizist	109	109
Metzger	109	116
Krankenpfleger	112	114
Zugbegleiter	121	125
Werkstattbesitzer (Kfz)	140	142
Dockarbeiter	140	145
Schneider	140	145
Kohlebergleute	141	164
Angehörige der Streitkräfte	147	150
Gastwirte	135	139
Fischer	171	177
Seeleute	233	186
Maurer, einfache Arbeiter	273	241
Elektriker	317	295

Tabelle 8: Sterblichkeitsraten von Männern und verheirateten Frauen nach unterschiedlichen Berufen des Ehemannes[40]

Ehe beschränkt sein, in den vergangenen Jahren hat außereheliche Sexualität jedoch erheblich zugenommen. Die Häufigkeit sexueller Aktivität zwischen frisch Verheirateten ist mit mehr als vier Malen pro Woche sehr hoch, sie sinkt aber innerhalb der ersten beiden Monate rapide und danach langsamer ab (Tabelle 9).

Es gibt freilich bedeutende individuelle Unterschiede; viele Frauen haben Schwierigkeiten, zum Orgasmus zu gelangen, und 10 % erleben ihn nie. Freedman[42] fand, daß 50 % der Männer und 30 % der Frauen, gleichgültig ob verheiratet oder nicht, mit ihrem Sexualleben etwas oder sehr unzufrieden waren, obwohl die Zufriedenheit mit der Ehe im allgemeinen hoch war. Der Wunsch nach sexueller Betätigung ist bei den beiden Geschlechtern unterschiedlich ausgeprägt: Ehemänner berichten von einem stärkeren Wunsch als Ehefrauen. Viele Frauen geben an, öfter Verkehr zu haben, als sie möchten, während viele Männer behaupten, sie hätten gern mehr als im Augenblick — etwa, wenn ihre Frauen über

„Kopfschmerzen" und so weiter klagen. Die Häufigkeit des Verkehrs erwies sich als stärker vom Alter der Frau als dem des Mannes abhängig — die beiden Effekte können statistisch getrennt werden. Der Grund ist wahrscheinlich, daß der Androgenspiegel der Frau mit zunehmendem Alter fällt und dadurch ihr Verlangen und ihre sexuelle Erregbarkeit abnehmen.[43] Die sexuelle Zufriedenheit von Ehemännern steht in deutlicher Verbindung mit der sexuellen Antriebsstärke ihrer Frauen, wogegen die sexuelle Zufriedenheit der Ehefrauen nicht in gleicher Weise vom Begehren des Mannes beeinflußt wird.[44]

Tabelle 9: Monatliche Häufigkeit des Geschlechtsverkehrs nach der Heirat[41]

Ehe-Monate	1- 2	17,2
	3- 6	13,4
	7-12	11,6
Ehe-Jahre	2	9,5
	6-10	9,4
	15-20	9,4
	21-25	6,8
	über 26	4,8

In vielen Untersuchungen fand man einen Zusammenhang zwischen sexueller Befriedigung und ehelicher Zufriedenheit. Führt aber sexuelle Befriedigung zu ehelicher Zufriedenheit, oder ist es andersherum? Es gibt einige Hinweise darauf, daß bei Männern sexuelle Befriedigung zu Zufriedenheit mit der Ehe führt, während für Frauen das Umgekehrte gilt. Das heißt: Bei Männern führt Sexualität zu Liebe, bei Frauen Liebe zu Sexualität.[45] Für Frauen sind Sexualität und Liebe eng verknüpft, während für Männer Sexualität auch ohne Liebe möglich ist und oft praktiziert wird. Das biologische Interesse von Frauen ist — nach dem heutigen Stand der Erkenntnis — auf die Anwesenheit eines Partners gerichtet, der ihnen und ihren Kindern langfristig Schutz und Unterstützung gewährt, weshalb Liebe von grundlegender Bedeutung ist. Das biologische Interesse des männlichen Teils besteht darin, seine Gene zu verbreiten, was auch durch Sexualität ohne Liebe geschehen kann.

Ist also Sexualität jene magische „Zutat“ der Ehe? Sie scheint für Ehemänner besonders wichtig zu sein, aber die Hälfte von ihnen berichtet von sexueller Unzufriedenheit nach der Heirat, und viele ihrer Frauen erleben selten einen Orgasmus. Nichtsdestoweniger stimmen die meisten Menschen darin überein, daß Sex sehr wichtig ist — wenn auch nicht genauso wichtig wie Liebe. Zwar lassen sich Sexualität und Liebe trennen, doch scheinen verheiratete Paare gerade die Kombination von beidem zu brauchen.

Eheglück

In Kapitel 2 haben wir gezeigt, daß Verheiratete im Durchschnitt glücklicher sind und sich besserer psychischer und körperlicher Gesundheit erfreuen als Alleinlebende, Verwitwete oder Geschiedene. Bei den Verheirateten wiederum und besonders bei Frauen besteht ein enger Zusammenhang zwischen Glück insgesamt und ehelichem Glück.[46] Anders ausgedrückt, hängt Glück für viele vom Eheglück ab.

Wie werden eheliche Zufriedenheit oder Eheglück gemessen? Dazu kann man eine ganze Batterie von Fragen stellen oder auch nur eine einzige, wie beispielsweise Mark Abrams,[47] der Verheiratete schlicht fragte, wie „zufrieden“ sie mit ihrer Ehe sind. Die weitaus meisten gaben an, glücklich verheiratet zu sein: Über 70 % bekundeten absolute, mehr als 20 % hohe Zufriedenheit; nur ein verschwindend kleiner Prozentsatz gab ausgeprägte Unzufriedenheit zu erkennen.

Wird in diesen Ergebnissen das eheliche Glück übertrieben dargestellt? Natürlich trennen sich heutzutage viele Paare, deren Ehe nicht glücklich ist, so daß derartige Umfragen nur jene erfassen, die noch zusammenleben. Die Befragten können auch — bewußt oder unbewußt — die Unwahrheit sagen; allerdings ergeben Fragen wie „Haben Sie sich jemals gewünscht, sie hätten einen anderen Partner geheiratet?“ oder „Kam Ihnen jemals der Gedanke an Scheidung?“ sehr ähnliche Antworten. Wahrscheinlich gibt es unter all diesen „glücklichen Ehen“ jedoch eine ganze Reihe recht fader und lebloser Beziehungen ohne großes beiderseitiges Engagement.

Eheglück oder eheliche Zufriedenheit bilden eine einzige Dimension, zu deren Erfassung etliche Fragebogen-Skalen konstruiert wurden. Zugleich hat eheliche Zufriedenheit aber zwei teilweise voneinander unabhängige Aspekte, nämlich (1) Glück, die Erfahrung von Zuwendung, Unterstützung und Verständnis, sowie (2) das Auftreten von Streitigkeiten und Szenen, gegenseitiger Kritik und spezieller Probleme.[48] Eheglück kann erstaunlich gut aus der Häufigkeit von Geschlechtsverkehr abzüglich der Häufigkeit von Szenen (das heißt, daß ein Partner aus dem Zimmer stürmt) vorhergesagt werden.[49] Eine noch bessere Vorhersage ergibt die Gesamthäufigkeit positiver Ereignisse abzüglich der Häufigkeit von Auseinandersetzungen und anderen negativen Ereignissen.

In einer unserer eigenen Untersuchungen fanden wir drei Faktoren von Zufriedenheit und einen zweidimensionalen für Konflikt. Der Ehepartner war die bei weitem wichtigste Ursache aller drei Formen von Zufriedenheit, aber auch beider Konflikttypen. In dieser und in anderen Studien zeigte sich, daß hohe Ausprägungen von Zufriedenheit und Konflikt in einer Ehe nebeneinander bestehen können und recht gut miteinander vereinbar sind (vergleiche Abbildung 2 in diesem Kapitel).

Eheliche Zufriedenheit hängt von verschiedenen Merkmalen der sozialen Interaktion zwischen den Ehepartnern ab, deren wichtigste die folgenden sind:

1. Angenehme verbale Verhaltensweisen wie Komplimente, und weniger negative, besonders weniger Kritik. In gestörten Ehen folgt auf eine negative Handlung eines der Partner gewöhnlich eine negative Handlung des anderen.
2. Angenehmes nichtverbales Verhalten, zum Beispiel ein Kuß, ein Geschenk oder eine Hilfeleistung; weniger negatives wie zurückweisendes Murren oder kaum hilfreiches Verhalten im Haushalt.
3. Erfreuliches Sexualleben.
4. Viel gemeinsam verbrachte Zeit, beispielsweise bei Freizeitaktivitäten.
5. Übereinstimmung in Gelddingen.

6. Verfügen über Problemlösestrategien bei anstehenden Entscheidungen.[50]
7. Wie in Kapitel 2 beschrieben, sind die Vorteile einer Ehe abhängig vom Bestehen einer engen Beziehung, in der jeder Partner für den anderen Vertrauter ist.

Umfangreiche und sorgfältige Forschung steht hinter dieser Auflistung, die als Richtschnur für einige der Fertigkeiten dienen kann, welche für eine erfolgreiche Ehe notwendig sind.

Abrams fragte Versuchspersonen, was nach ihrer Meinung die entscheidenden Faktoren für glückliche und unglückliche Ehen seien:

Tabelle 10: Wesentliche Merkmale glücklicher und unglücklicher Ehen nach Angaben der Betroffenen[51]

	% der Befragten
Glückliche Ehen	
Toleranz	35
Keine finanziellen Probleme	31
Liebe und Zuneigung	26
Verständnis	26
Unglückliche Ehen	
finanzielle Probleme	47
Untreue	24
Trinken und Glücksspiel	20

Frauen, ältere Personen und Mittelschichtsangehörige neigten zu der Ansicht, daß Toleranz für eine glückliche Ehe besonders wichtig sei, während mehr Männer als Frauen das Fehlen finanzieller Probleme für bedeutsam hielten. Liebe, Zuneigung und Verständnis wurden von den 16-29jährigen stärker betont als von den anderen Altersgruppen. Alle stimmten jedoch darin überein, daß finanzielle Probleme bei unglücklichen Ehen eine entscheidende Rolle spielten. Mehr als alle anderen Altersgruppen hielten 45-49jährige Untreue für bedeutsam, während im Vergleich zu anderen Gruppen mehr Angehörige der Arbeiterschicht und ältere Personen dem Trinken und Glückspiel Bedeutung zumaßen.

Forschungsarbeiten anderen Typs haben die Faktoren untersucht, die für glückliche und unglückliche Ehen verantwortlich sind. Eine dieser Faktoren ist, ob der Ehepartner den Rollenerwartungen des anderen gerecht wird — welcherart auch immer diese seien. Erstaunlicherweise wird die eheliche Zufriedenheit beider Partner stärker davon beeinflußt, ob die Rollenerwartungen des Ehemannes erfüllt werden; und in der Tat verhalten sich Ehefrauen eher gemäß den Rollenerwartungen ihrer Männer als umgekehrt. Eheglück kann anhand einer Reihe von Merkmalen vorhergesagt werden, deren Fehlen in einer Partnerschaft andererseits Scheidung erwarten läßt; wir kommen auf diese Faktoren im nächsten Kapitel zu sprechen.

Frauen sind mit der Ehe etwas weniger zufrieden als ihre Männer und scheinen eher Anlaß zu Klagen zu haben. Wie wir am Anfang von Kapitel 2 gesehen haben, erfreuen sich verheiratete Männer besserer psychischer und geistiger Gesundheit als ledige, während die Vorteile für verheiratete Frauen wesentlich geringer ausfallen. Wenn Frauen heiraten, müssen sie sich stärker anpassen, was eine ernst zu nehmende Ursache von Streß ist. Zu Hause sind sie oft isoliert, verrichten stumpfsinnige Hausarbeit und haben weniger Einfluß auf Entscheidungen. Berufstätige und bei Entscheidungen gleichberechtigte Frauen sind glücklicher.[52]

Positive Belohnungen, Sexualität, Kameradschaft und anderes mehr sind in der Ehe sehr wichtig. Und statistische Vorhersagen der ehelichen Zufriedenheit lassen sich weiter verbessern, indem man die Häufigkeit negativer Interaktionen (Streitereien und dergleichen) von den „Pluspunkten" einer Ehe abzieht. Andererseits spielt, wie wir noch sehen werden, Konflikt möglicherweise eine positive Rolle in der Entwicklung enger Beziehungen. Paare, die sich trennen, werden physisch und psychisch oft erheblich in Mitleidenschaft gezogen (vergleiche Kapitel 2); sie konnten möglicherweise die mit der Auflösung der Beziehung verbundenen „Kosten" nicht richtig einschätzen. Die wichtigste Kritik am Standpunkt der „Austauschtheorie" besteht darin, daß sich in einer engen Beziehung — über den persönlichen „Profit" hinaus — jeder der Partner das Wohlergehen des anderen angelegen sein läßt — man freut sich, den anderen glücklich zu sehen, und deshalb zählen der Nutzen und die Kosten für *beide* Partner. Die

Paare, in denen jeder sich am stärksten um den eigenen Vorteil sorgt, führen tendenziell die unglücklichsten Ehen.

Eine Erweiterung der Austauschtheorie ist deshalb notwendig. Die Ehe ist, wie wir gesehen haben, eine geradezu allumfassende Vereinigung zweier Menschen. In ihr wird eine kleine Gemeinschaft gebildet, die gewöhnlich die gemeinsamen Kinder, ein gemeinsames Heim und ineinandergreifende Lebensweisen umfaßt. Daraus entstehen vielerlei Befriedigungen, und beide Partner entwickeln eine Bindung an diese Gemeinschaft, in der jeder vom anderen aus vielen Gründen abhängig ist.

Ehekonflikte

Eines der wesentlichsten Merkmale der Ehe ist das hohe Maß an Konflikten, die in ihr auftreten. „Ehe ist unausweichlich mit Konflikten verbunden."[53] Nach einer landesweiten amerikanischen Umfrage über Gewalt in der Ehe waren 28 % der Ehegatten von ihren Partnern körperlich angegriffen worden, 16 % hatten ständige und schwere Mißhandlungen erlitten.[54] Bis zu 60 % reichen die Schätzungen in anderen Studien über familiäre Mißhandlungen, und dazu gehören auch schwerste Gewalttaten. Die Hälfte bis drei Viertel aller Opfer von Mord oder Totschlag standen in vertrauter Beziehung zum Täter,[55] der vorwiegend der Ehegatte oder ein anderes Mitglied der engsten Familie war. Häufig wenden Ehemänner physische Gewalt an, um ihren Forderungen Nachdruck zu verleihen, oder als Reaktion auf Forderungen der Ehefrau. Die Einmischung Dritter verstärkt oft das Ausmaß der Gewalttätigkeit.[56] Bei vielen dieser Vorfälle, denen im allgemeinen Auseinandersetzungen vorausgehen, ist Alkohol im Spiel.[57] Häusliche Gewalttaten sind keineswegs auf verheiratete Paare beschränkt. Unter unverheiratet zusammenlebenden Paaren kommen sie mindestens ebenso häufig vor.[58]

In unglücklichen Ehen ereignen sich verbale oder körperliche Streitereien täglich; in glücklichen Ehen finden solche Szenen einmal in der Woche oder seltener statt. Bei unserer Untersuchung über die Ursachen von Zufriedenheit und Kon-

Abb. 2: Die Einstufung verschiedener Beziehungen auf zwei Konflikt-dimensionen

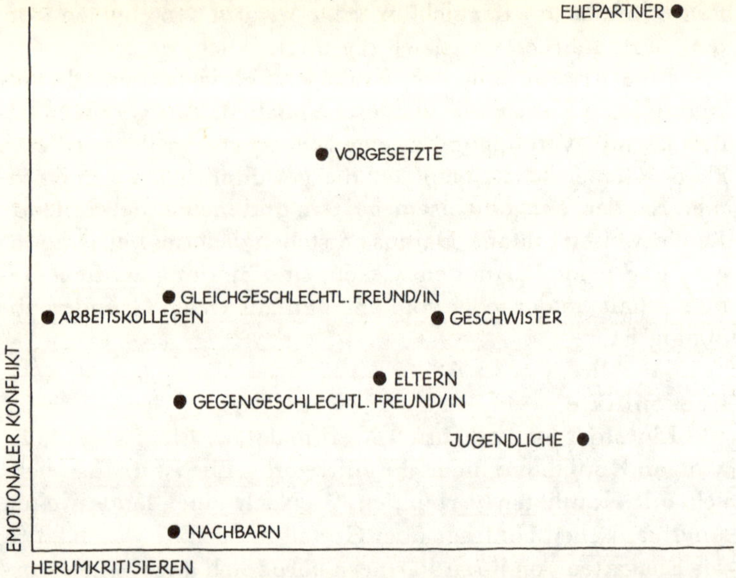

flikt stellten wir fest, daß sowohl alle drei Arten von Befriedigung wie auch Konflikte am häufigsten vom Ehepartner ausgehen (Abbildung 2).

Die wichtigsten Streitpunkte sind Geld (zu niedriges Einkommen des Mannes, zu hohe Ausgaben der Frau), Sexualität, Zuneigung (zum Beispiel mangelnde Zärtlichkeit des Mannes); Nörgeln (vor allem seitens der Frau), Umgang mit den Kindern. Bei einer Umfrage wurden von den Befragten die in Tabelle 11 aufgeführten Anlässe für Konflikte genannt.

In gestörten Ehen und zwischen streitenden Paaren gibt es charakteristische Interaktionsmuster. *Negative* Botschaften, vor allem auf nicht-verbaler Ebene, sind häufig, und sie werden oft erwidert.[61] Diese Zyklen negativer Akte, die schnell zu Szenen eskalieren, nehmen in jeder unglücklichen Ehe eine gleichförmige, ritualisierte Form an.

Wir halten die Feststellung, daß eheliche Konflikte so verbreitet sind, für wichtig; denn wahrscheinlich trennen sich manche Paare, weil sie derartige Auseinandersetzungen nicht erwartet hatten oder nicht wissen, wie sie damit umgehen sollen.

Es kann nötig sein, sich Konflikten zu stellen, anstatt die betreffenden Themen zu meiden. Die Anfangsjahre einer Ehe sind konfliktträchtiger, weil viele Dinge erst geklärt werden müssen. Manche Autoren meinen, Paare sollten diese Konflikte in einer Gesinnung der Offenheit und Flexibilität sowie der Bereitschaft zu Zugeständnissen und, wenn nötig, Veränderungen durcharbeiten.[63] Darüber hinaus kann die Konfrontation helfen, den Standpunkt des anderen zu verstehen.[64]

Tabelle 11: Warum es zum Ehekrach kommt[60]

	Insgesamt %
Geringfügige Meinungsverschiedenheiten, die sich ausweiten	27
Meinungsverschiedenheiten über die Behandlung der Kinder	26
Planung von Anschaffungen und Ausgaben	15
Das Gefühl, nicht anerkannt zu werden	15
Besuche der Schwiegereltern	14
Haushaltsgeld	11
Mann hilft nicht im Haushalt	10
Entscheidung über Wahl des Fernsehprogramms	9
Eifersucht des Ehemannes auf andere Männer	9
Wunsch der Frau nach Berufstätigkeit	8
Eifersucht der Ehefrau auf andere Frauen	6
Freizeitgestaltung	6
Unbefriedigendes Sexualleben	5
Mangelndes Interesse des Mannes am Leben der Frau	4
Unverträglichkeit der Temperamente	4
Mangelndes Interesse der Frau an der Arbeit des Mannes	1
Keine dieser Ursachen	14

Die Ehe weist eine Reihe von Eigenschaften auf, die geradezu zwangsläufig Konflikte in sich bergen:

1. Enges Zusammenleben bedeutet, daß über vielfältige Angelegenheiten Vereinbarungen getroffen werden müssen, von denen einige, wie Umzüge oder berufliche Veränderungen, große Tragweite haben.
2. Mann und Frau spielen in der Ehe fast immer verschiedene Rollen, was in vielen Fragen zu unterschiedlichen Standpunkten führt; beispielsweise kümmert der Mann sich meist mehr

um Geld und den äußeren Zustand des Hauses, während die Frau eher Sorge für das Glück der Bewohner trägt.

3. Die Eheleute stammen aus verschiedenen Familien und Lebensumständen und haben deshalb über viele Dinge unterschiedliche Vorstellungen — einschließlich dessen, wie sich Eheleute benehmen sollten.

4. Es besteht ein hohes Maß gegenseitiger emotionaler Abhängigkeit; entsprechend leicht wird das Verhalten des anderen zum Ärgernis.

5. Kleinere Irritationen können, wenn sie sich oft wiederholen, zu Ursachen tiefergehender Störungen werden.

Wie geht man am besten mit Konflikten in der Ehe um? Eine Möglichkeit ist, sich mit dem Verhalten des anderen abzufinden und beispielsweise unerledigte Arbeiten selbst zu übernehmen, oder das eigene Verhalten zu ändern. Manche Paare gehen auch der Konfrontation aus dem Wege; dadurch können sich jedoch Spannungen aufstauen, und die Chance, durch Auseinandersetzung mit dem Konflikt zu einer besseren Beziehung zu gelangen, wird verspielt. Interessant ist, daß Menschen in belasteten Ehen glauben, die Ursachen für abträgliches Verhalten des Partners seien eher allgemeiner als spezifischer Natur.[65] Einzelne Probleme versucht man am besten durch Diskussion zu lösen.[66] Dafür wurden eine Anzahl von Techniken, wie das Aushandeln neuer „Tauschbedingungen" für Belohnungen, entwickelt; wir werden diese am Schluß des Buches noch genauer erörtern.

Ehe-Regeln

Zunächst wird die Ehe durch gesetzliche Regelungen bestimmt, die etwa den Ehemann zum Unterhalt für seine Frau verpflichten, wenn diese nicht berufstätig ist und sich um Haushalt und Kindererziehung kümmert. Ziemlich genau ist in den meisten westlichen Ländern auch immer noch festgelegt, daß der Geschlechtsverkehr zum Vollzug der Ehe wenigstens einmal stattfinden muß und daß das Paar eine für beide Seiten annehmbare sexuelle Beziehung in gegenseitiger Treue führen soll.[67]

In Kapitel 3 haben wir allgemeine Regeln erörtert, die für viele Beziehungen Gültigkeit besitzen. Nun wenden wir uns jenen besonderen Regeln zu, die für die Ehe am wichtigsten sind. Für Ehemänner und für Ehefrauen wurde die gleiche Anzahl von Regeln als bedeutsam eingeschätzt, ihre Rangfolge war jedoch etwas unterschiedlich. Tabelle 12 zeigt die wesentlichsten Regeln für Ehemänner und Ehefrauen.

Tabelle 12: Regeln für beide Ehepartner

1.	Emotionalen Rückhalt gewähren
2.	Erfolgsneuigkeiten mitteilen
3.	Treu sein
4.	Daheim eine harmonische Atmosphäre schaffen
5.	Die Intimsphäre des anderen respektieren
6.	Den Partner mit dem Vornamen anreden
7.	Geheimnisse bewahren
8.	Mit dem Partner sexuelle Aktivitäten pflegen
9.	Geburtstagskarten und Geschenke austauschen
10.	Sich für den anderen in seiner Abwesenheit einsetzen
11.	Mit dem Partner über Sexualität und Tod sprechen
12.	Dem Partner persönliche Gefühle und Probleme mitteilen
13.	Den Partner über den eigenen Zeitplan informieren
14.	Tolerant gegenüber den Freunden des anderen sein
15.	Den Partner nicht öffentlich kritisieren
16.	Um persönlichen Rat fragen
17.	Mit dem Partner über Religion und Politik sprechen
18.	Dem Partner während der Unterhaltung in die Augen sehen
19.	Persönliche Geldangelegenheiten mit dem Partner erörtern
20.	Den anderen absichtlich berühren
21.	Mit dem anderen scherzen und frotzeln
22.	Gegenseitige Zuneigung in der Öffentlichkeit zeigen
23.	Den Partner um materielle Hilfe bitten
24.	Kummer oder Angst dem Partner zeigen
25.	Schulden zurückzahlen, sich für Gefälligkeiten und Komplimente erkenntlich zeigen

Zusätzliche Regeln für den Ehemann

1.	Sich um die Familie kümmern, wenn es der Frau nicht gut geht
2.	Interesse an den Alltagsbeschäftigungen der Frau zeigen
3.	Sich um Reparaturen und Instandhaltung des Haushalts kümmern
4.	Beim gemeinsamen Ausgehen anbieten, für den Partner zu bezahlen

Zusätzliche Regeln für die Ehefrau

1.	Ärger vor dem Partner zeigen
2.	Nicht nörgeln

Sowohl für Männer als auch für Frauen ist die Befolgung von Regeln über emotionale Unterstützung, Treue und die Mitteilung von Erfolgsneuigkeiten ganz entscheidend. Dasselbe gilt für die Regeln zur Achtung der Privatsphäre, dem Gebrauch des Vornamens, zum Überreichen von Geburtstagsgeschenken sowie zur Schaffung einer harmonischen häuslichen Atmosphäre.

Die für die meisten Beziehungen gültigen allgemeinen Regeln zerfallen in zwei Hauptgruppen. Einige haben mit „Belohnungen" zu tun („Man sollte emotionalen Rückhalt gewähren"). Andere sollen helfen, das Aufbürden von „Kosten" zu vermeiden, die für jede Beziehung eine Gefahr darstellen („Die Privatsphäre respektieren", „Geheimnisse bewahren"). Ferner gibt es eine Reihe von Regeln, die auf alle engen Beziehungen — Familie und Freunde ebenso wie die Ehe — zutreffen: Man soll über persönliche Belange sprechen, Gefühle offenbaren, einander berühren, um Rat fragen, scherzen und frotzeln. Solche Regeln stellen eine Art Rezept für die Aufrechterhaltung von Intimität dar.

Schließlich gibt es auch Regeln, die nur für die Ehe (und in geringerem Umfang für „Ehen ohne Trauschein" und Liebespaare) Gültigkeit besitzen — treu zu sein, Zuneigung in der Öffentlichkeit zu zeigen und zu Hause eine harmonische Atmosphäre herzustellen. Diese Regeln dienen dazu, ein hohes Maß an Zuwendung zu bewahren. Weitere Regeln wie die, tolerant gegenüber den Freunden des Partners zu sein, bieten Lösungen für weitverbreitete Eheprobleme. Eine Regel gilt lediglich für Ehemänner: beim gemeinsamen Ausgehen die Rechnung zu bezahlen. Und eine andere gilt vor allem für Frauen: sich nicht zu scheuen, vor dem Partner Ärger zu zeigen.

In einer zweiten Untersuchung legten wir verheirateten Paaren denselben Fragebogen vor; zusätzlich baten wir jedoch jeden Partner, die Qualität der Beziehung auf einer Skala von „ausgezeichnet" bis „unbefriedigend" einzustufen. Dabei stellte sich heraus, daß jene Männer und Frauen, die ihre Beziehung als „ausgezeichnet" beurteilt hatten, einigen Regeln höheres Gewicht beimaßen als jene, die ihre Ehe weniger positiv einschätzten. Der größte Unterschied zeigte sich bei der Regel über emotionalen Rückhalt, allerdings nur in bezug auf die Ehefrau. Anders ausgedrückt, halten es Männer und Frauen mit „ausgezeichneten" Ehebeziehungen für wichtiger, daß die Frau emotionale Unterstützung gewährt, als die anderen Befragten beiderlei Geschlechts mit guten, aber nicht „ausgezeichneten" Ehen. Auf die Frage nach ihrem tatsächlichen Verhalten im Alltag berichteten jene Männer und Frauen, die eine ausgezeichnete Beziehung zu haben glaubten, von häufigerer emotionaler Unterstützung für ihren Partner als die Eheleute mit weniger „perfekten" Beziehungen. Im Urteil über die Bedeutung dieser Norm für Ehemänner ergaben sich zwischen den beiden Gruppen keine wesentlichen Unterschiede. Bei den „perfekten" Ehepaaren bestand aber eine ausgeprägtere Erwartung, daß der Ehemann unbedingte positive Wertschätzung zeigt. Männer und Frauen, die ihre Beziehung ausgezeichnet fanden, legten auf dieses Verhalten des Ehemannes größeren Wert als Paare mit weniger guten Beziehungen. Sie gaben an, auch in der Praxis öfter unbedingte positive Wertschätzung zu zeigen.

Vielleicht ist also das Befolgen dieser Regeln über emotionalen Rückhalt und unbedingte Wertschätzung das Markenzeichen einer guten Ehe. Im nächsten Kapitel werden wir uns genauer damit beschäftigen, ob sich Verheiratete und „Entheiratete" anhand ehespezifischer Regeln unterscheiden lassen.

Alle unsere Untersuchungsteilnehmer betonten die Bedeutung der Treue in der Ehe. Eine Umfrage des Meinungsforschungsinstituts MORI[68] ergab, daß zwei Drittel der Befragten außereheliche Sexualität für falsch hielten, obwohl dieser Punkt als nicht sehr wichtig eingeschätzt wurde.

Außereheliche Liebe

Gesetzlich und normativ basieren unsere westeuropäischen Gesellschaften auf langfristigen monogamen Beziehungen. Damit gehören sie im Weltmaßstab eher zu einer Minderheit, weil sehr viel mehr Gesellschaften die Polygamie bevorzugen. Eine Übersichtsstudie erwies, daß nur 15 % von 185 unterschiedlichen Kulturen sexuelle Verbindungen auf monogame Beziehungen beschränken.[69]

Aber praktiziert die Gesellschaft auch, was sie predigt? Offensichtlich nicht, denn aus Umfragen wissen wir, daß ein hoher Anteil der Verheirateten irgendwann in ihrem Leben außereheliche Beziehungen eingehen. Beispielsweise ergaben die klassischen Kinsey-Studien an über 16.000 Amerikanern Ende der vierziger und Anfang der fünfziger Jahre, daß 50 % der Männer und 26 % der Frauen im Alter von 40 Jahren außereheliche Affären hatten. Hunt[70] fand später bei Männern dieselbe Häufigkeit wie Kinsey, aber nun hatten 24 % der jungen Ehefrauen außereheliche Beziehungen, verglichen mit nur 8 % der jungen Ehefrauen bei Kinsey.

Während unser Verhalten immer liberaler wird, scheinen sich unsere Einstellungen nicht zu ändern. Außereheliche Beziehungen werden noch immer als „falsch“ betrachtet, und wie wir gesehen haben, halten die Menschen Treue noch immer für eine wichtige Norm in der Ehe. Glenn und Weaver[71] untersuchten in zwei großen Umfragen mit über 1500 Befragten in den Jahren 1972 und 1978 die Einstellungen zur Sexualität. Danach wurden zwar die Einstellungen gegenüber vorehelichen und sogar homosexuellen Beziehungen toleranter, die Haltung gegenüber außerehelicher Sexualität blieb jedoch weitgehend gleich (und im allgemeinen ablehnend). Ihre Zahlen zeigt Tabelle 13. Eine britische Umfrage ergab, daß 62 % der Männer und 51 % der Frauen außereheliche Sexualität für moralisch verwerflich hielten.[73]

Die Faktoren, die zur Billigung außerehelicher Affären führen, wurden in einer Studie von Reiss und Kollegen[74] analysiert. Sie stellten fest, daß außereheliche Freizügigkeit von zwei Hauptgrößen abhängig ist — von vorehelicher sexueller Permissivität und von der (Un)zufriedenheit mit der Ehe. Vor- wie außereheliche sexuelle Freizügigkeit stehen in engem Zusammenhang mit (besserer) Schulbildung und (geringerer) Religiosität.

	1972	1978
Vorehelicher Sex:		
immer abzulehnen	36,6	29,3
fast immer abzulehnen	11,8	11,7
nur manchmal abzulehnen	24,3	20,3
überhaupt nicht abzulehnen	27,3	38,7
Außerehelicher Sex:		
immer abzulehnen	69,6	73,0
fast immer abzulehnen	14,8	13,6
nur manchmal abzulehnen	11,6	10,1
überhaupt nicht abzulehnen	4,1	3,2
Homosexualität:		
immer abzulehnen	74,3	71,9
fast immer abzulehnen	6,7	5,8
nur manchmal abzulehnen	7,8	7,5
überhaupt nicht abzulehnen	11,2	14,9

Tabelle 13: Einstellungen zu außerehelichem Sex (Angaben in % der Befragten)[72]

Aus Abbildung 3 ist zu erkennen, daß sexuelle Permissivität ferner von politischer Liberalität, (niedriger) Ehezufriedenheit, Lustbetontheit der Sexualität und anderen Variablen beeinflußt wird.

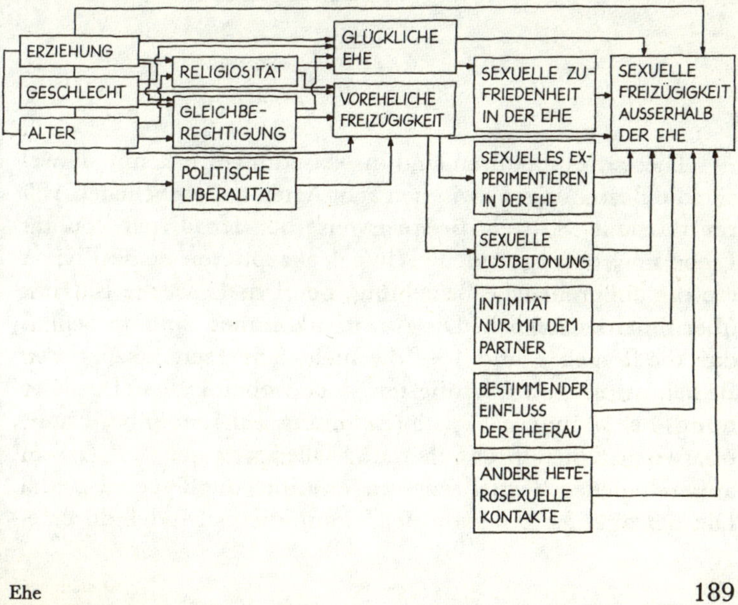

Abb. 3: Ein Modell außerehelicher Freizügigkeit

Dieses Modell vermittelt uns zwar ein Verständnis der Faktoren außerehelicher sexueller Freizügigkeit, es gibt jedoch wenig zusätzliche Information über außereheliche „Liebe“ — das heißt, bezogen auf dieses Kapitel, über die außereheliche *Beziehung*. Reiss und Mitarbeiter gehen allerdings weiter und beschreiben verschiedene Formen außerehelicher Sexualbeziehungen anhand von drei Faktoren:

1. ob die Beziehung für beide Ehegatten akzeptabel ist;
2. ob sie auf Liebe beruht oder das Vergnügen im Vordergrund steht;
3. ob die Ehe selbst „glücklich“ oder „unglücklich“ ist.

Abb. 4: Unterschiedliche Ehetypen und außereheliche Sexualkontakte

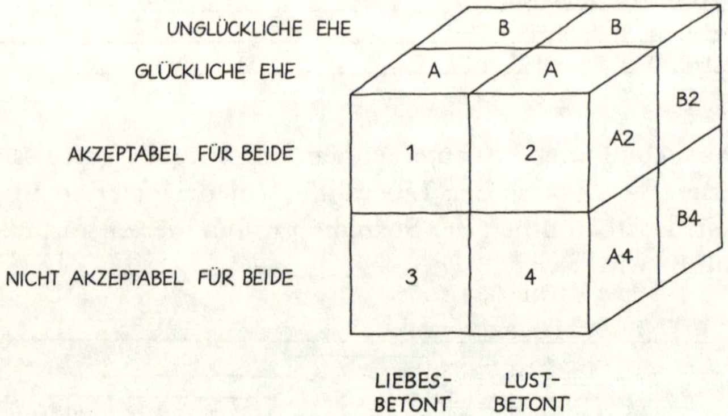

Diese drei Faktoren sind in Abbildung 4 erkennbar, welche die Beziehungen zwischen acht Arten außerehelicher Affären darstellt. So steht beispielsweise bei den Typen 1 und 3 Liebe im Vordergrund. Bei Typ 1 akzeptieren beide Ehegatten die außereheliche Beziehung, bei Typ 1a ist die Ehe darüber hinaus glücklich. Die Autoren kommen zu dem Schluß, daß die Typen 3 und 4 — die nicht beiderseits akzeptierten Beziehungen — am häufigsten sind, wobei Typ 4 (Lustbetonung) bei Männern, Typ 3 (Betonung auf Liebe) bei Frauen überwiegt. Nach ihrer Schätzung fallen weniger als 10 % der außerehelichen Sexualbeziehungen unter die Typen 1 und 2. Die Befragungsstudie von Bell[77] kann dieses Modell durch einige weitere Informationen ergänzen. Danach lassen sich Frauen, die ihre eigene Ehe als unbefriedigend einschätzen, mit größerer Wahrscheinlichkeit auf außereheliche Beziehungen ein. Dies bedeutet, daß zumindest bei Frauen, ein genauerer Blick auf den „B3-Würfel" aus der Abbildung empfehlenswert wäre. Für unsere Erörterung außerehelicher Liebe ist dieser Würfel — außereheliche Sexualität in einer Liebesbeziehung — möglicherweise der wichtigste, vor allem, wenn diese Beziehung als Ausgleich für eine unbefriedigende Ehe dienen soll. Offensichtlich gibt es „Liebe" sowohl innerhalb wie außerhalb der Ehe, und die auslösenden Prozesse von Liebe und Anziehung laufen vor und außerhalb der Ehe in gleicher Weise ab. Es sind „Kosten" und „Nutzen", die sich zwischen diesen beiden Typen von Beziehungen unterscheiden.

Zerbrechen Ehen an außerehelichen Affären? Zweifellos sind außereheliche Verhältnisse in der Vorgeschichte von Paaren, die sich scheiden lassen, häufiger als bei jenen, die weiterhin verheiratet geblieben sind — aber möglicherweise wurden Affären bloß begonnen, *weil* die Ehe gescheitert war. In einer britischen Umfrage gaben nur 12 % der Befragten an, sie würden nach der Entdeckung einer Treulosigkeit ihres Partners die Auflösung der Ehe erwägen.[78] Eine amerikanische Untersuchung hingegen erbrachte, daß außereheliche Sexualkontakte von vielen Leuten als Scheidungsgrund angesehen wurden, wobei „Seitensprünge" des Partners für gravierender gehalten werden als eigene (Tabelle 14).

Tabelle 14: Außerehelicher Sex und Scheidung[79]

Frage	Bedeutenden Effekt	Mäßigen Effekt	Geringen Effekt	Überhaupt keinen Effekt
Hatte *Ihr* außerehelicher Geschlechtsverkehr irgendeine ursächliche Bedeutung für Ihre Scheidung?				
Frauen	14 %	15 %	10 %	61 %
Männer	18 %	9 %	12 %	61 %
Hatte der außereheliche Geschlechtsverkehr Ihres *Ehepartners* irgendwelche ursächliche Bedeutung für Ihre Scheidung?				
Frauen	27 %	49 %	24 %	0 %
Männer	51 %	32 %	17 %	0 %

Kulturelle und geschichtliche Wandlungen der Ehe

Den Bemerkungen vom Schluß des vorigen Kapitels über historische Variationen der Liebe können wir einige weitere Informationen hinzufügen. Die Kernfamilie — Mann, Frau und ihre Kinder — findet man in irgendeiner Form in fast allen Kulturen und historischen Epochen. Naturvölker kauften Frauen für Kamele und andere Güter oder tauschten sie zwischen Familien aus. Für einen Mann war es üblich, mehr als eine Frau zu haben (also in Polygamie zu leben), etwa in moslemischen Ländern (mit bis zu vier Frauen), früher bei den Mormonen und in einigen primitiven Gesellschaften. In Hongkong dürfen Männer neben ihrer Ehefrau eine Konkubine (Nebenfrau) haben. In Indien werden noch immer die meisten Ehen durch die Familien arrangiert; das Paar sieht sich kaum vor der Hochzeit, die eine hochkomplizierte und dramatische Angelegenheit ist. Die sehr niedrige Scheidungsrate in Indien geht möglicherweise auf die starke Unterstützung der Ehen durch die Familie zurück. In Japan fand man, daß in arrangierten Ehen die Männer, in Liebesehen die Frauen glücklicher waren. Nichtsdestoweniger spielte das Ausmaß an Rückhalt durch die beiden Familien eine gewichtige Rolle.[80] Zwei neuere Versuche, die Kernfamilie abzuschaffen, fanden in Rußland und in den israelischen Kibbuzim statt; hier wie dort kehrte man jedoch zu einer Form des Familienlebens zurück, die der anderswo gepflegten sehr ähnlich ist.

In Europa herrscht seit langer Zeit Monogamie; besonders seit dem Aufstieg der Industriegesellschaft hat sich freilich das Wesen der Ehe in manch anderer Hinsicht sehr verändert:

1. Die Familien sind kleiner geworden — sie umfassen weniger Kinder und weniger andere Verwandte.
2. Die Familie hat einige ihrer traditionellen Funktionen verloren — beispielsweise die Ausbildung der Kinder und die Bedeutung des Hauses als Arbeitsplatz. Man hat argumentiert, daß die kleinere Kernfamilie besser zur Industriegesellschaft „paßt" als eine weiter gefaßte Familie — die geographische

Mobilität und die soziale Mobilität zwischen Schichten sind größer, das Bedürfnis nach Schutz und Geldmitteln für die Ausbildung ist ebenso geringer wie die Notwendigkeit, Verwandten Arbeit zu beschaffen; all dieses findet man noch immer in afrikanischen Familien.[81] Kleinkinder benötigen jedoch weiterhin Fürsorge und Erziehung; Frauen sind während der Zeit der Kinderaufzucht auf Unterstützung in wirtschaftlicher und anderer Hinsicht angewiesen.

3. Frauen haben Druck in Richtung auf größere Gleichheit in der Ehe ausgeübt: für mehr Mitsprache bei Entscheidungen, für die Beteiligung der Ehemänner an häuslichen Aufgaben und für die Möglichkeit von Frauen, beruflich Karriere zu machen. Diese Veränderung vollzieht sich noch immer, und eines ihrer Ergebnisse ist die „Zwei-Karrieren-Familie", auf die wir noch zurückkommen werden.

4. Auf die Heirat aus Liebe, auf kameradschaftliches Zusammensein und gemeinsam verbrachte Freizeit wird ebenso stärker Wert gelegt wie darauf, daß die Ehegatten füreinander die Rolle des Vertrauten und, wenn notwendig, des Psychotherapeuten spielen.

Dennoch wurde die Ehe aus verschiedenen Blickwinkeln kritisiert: Sie funktioniert nicht bei jenen etwa 30 %, deren Ehen scheitern, sie ist ungerecht gegenüber Frauen, sie ist ungerecht gegenüber Männern (die ihr Leben lang eine oder mehrere Frauen unterhalten müssen), sie ist zu abgeschlossen, zu einschränkend, und in ihr werden zu hohe emotionale Ansprüche gestellt. Deswegen erproben manche Leute Alternativen zur Ehe. Wir haben eine davon bereits erörtert — die „wilde Ehe", die jedoch meist zur klassischen Heirat führt.

Eine weitere Alternative ist die „offene Ehe", das *Swinging* mit freiem Partnertausch. Untersuchungen an Stichproben „swingender" Paare in den USA ergaben, daß der Ehemann gewöhnlich mit dem Partnertausch beginnen, die Ehefrau damit aufhören möchte. Die typischen Befragungsteilnehmer waren Handlungsreisende und kleine Geschäftsleute aus Kalifornien und Großstädten. Die dabei für uns interessanteste Tatsache ist, daß sich unter Gruppen von „Swingern“ oft recht strenge Regeln entwickelt haben. So kommt beispielsweise ein anderes Paar nur ein einziges Mal „zum Zuge“, man versucht emotionale Beteiligung zu vermeiden, Alleinstehende werden nicht zugelassen, die Partys sind anonym und bei den ersten Treffen, bei denen der Kontakt zu anderen Paaren geknüpft wird, folgt man genauen Ritualen. Der Hauptzweck dieser Regeln ist, die Ehen der Teilnehmer zu schützen und außereheliche Affären zu vermeiden.[82] Es wird allerdings berichtet, daß in den USA mittlerweile eine Abkehr von diesen Regeln stattgefunden hat. Einiges deutet darauf hin, daß „swingende“ Paare ebenso glücklich verheiratet sind wie „Nicht-Swinger“; die Scheidungsquote ist nicht bekannt.[83]

Das Leben in Kommunen andererseits hat sich als zu spannungsreich erwiesen, und in manchen ist die Trennungsrate von Paaren sehr hoch.[84] Andere Partner sind leicht verfügbar, und möglicherweise fehlt es an Regeln, um Beziehungen zu schützen.

Paare mit zwei Karrieren. Dies sind Paare, bei denen „beide Haushaltsvorstände eine berufliche Karriere verfolgen und gleichzeitig ein gemeinsames Familienleben aufrechterhalten“.[85] Die größten Schwierigkeiten tauchen auf, wenn Kinder vorhanden sind. Die Grundidee ist, daß beide Partner gleichermaßen ihr berufliches Fortkommen verfolgen können und daß der Ehemann seinen Anteil an häuslichen Arbeiten akzeptieren soll. Diese Form der Ehe ist das vorläufige Endprodukt der Entwicklung zu mehr Gleichheit zwischen den Geschlechtern, und man schätzt, daß es 1977 in den USA etwa eine Million solcher Paare gab — die meisten von ihnen in freien Berufen. Die Vorteile sind klar: Die Frau kann weiter ihrer Karriere nachgehen, und das Familieneinkommen ist beträchtlich.

Berufstätige Mütter sind zudem meist glücklicher und bei besserer psychischer Gesundheit als nicht berufstätige: Sie genießen dabei eher das soziale Leben am Arbeitsplatz und die Anerkennung für ihre Fähigkeiten als das Einkommen, und ihr Selbstwertgefühl ist größer. Ihre körperliche Gesundheit kann jedoch leiden; beispielsweise neigen sie stärker zu Herzinfarkten. Ihre Ehemänner dagegen sind eher deprimiert, ängstlich, kränklich und haben ein geringeres Selbstwertgefühl.[86] Berufstätige Mütter geraten in einen Rollenkonflikt und empfinden Schuldgefühle, ihre Kinder zu vernachlässigen, vor allem, wenn sie mehrere Kinder haben und sich beruflich sehr engagieren; sie erleben diesbezüglich mehr Konflikte als ihre Ehemänner.[87]

Offensichtlich ist der Preis für diese Lebensform doch ähnlich hoch wie der Gewinn. Es besteht erhebliche Überbeanspruchung, das häusliche Leben ist hektisch und belastend und verläßliche Hilfe im Haushalt unabdingbar. Schwierig ist es, für beide Ehepartner Arbeit in derselben Stadt zu finden, und ihre geographische Mobilität ist stark eingeschränkt. Ihr soziales Netzwerk ist schwächer, weil sie weniger Zeit für Geselligkeit mit Freunden oder füreinander erübrigen können. Wenn beide Partner arbeiten, ergeben sich zusätzliche Belastungen für die Ehe. Je mehr die Frau verdient, desto wahrscheinlicher wird die Zerrüttung der Ehe, wahrscheinlich wegen Konkurrenz zwischen den Ehepartnern.[88]

Gewöhnlich stellt man fest, daß die meisten Zwei-Karrieren-Paare nicht völlig gleichberechtigt sind: Der Mann trifft mehr Entscheidungen, und die Wahl des Wohnorts hängt von seiner Arbeit ab, während die Frau mehr Hausarbeit verrichtet und ihre Karriere hintanstellt. Was beruflichen Erfolg angeht, so stehen Ehemänner mit berufstätigen Frauen ebensogut oder besser da als andere; ihren oft unter Wert beschäftigten Frauen geht es dagegen weniger gut, auch im Vergleich zu anderen Frauen, und sie sind mit ihrer beruflichen Laufbahn häufig unzufrieden.[89]

Es liegt auf der Hand, daß die Zwei-Karrieren-Familie zu einer dauerhaften Einrichtung wird, und klar ist auch, daß sie neben höherer Befriedigung eine Reihe von Problemen mit sich bringt, vor allem freilich für Frauen. Es scheint, als seien einige neue Regeln, Fähigkeiten oder familiäre Arrangements notwendig, damit sie reibungsloser funktionieren kann. Ein von manchen Paaren praktiziertes System besteht darin, abwechselnd über längere Zeiträume hinweg seiner oder ihrer Karriere den Vorrang zu geben.

Die psychologische Basis des Ehebundes

Ungeachtet der hohen Scheidungsrate bestehen bei den meisten Paaren offensichtlich sehr starke eheliche Bindungen. Eine Ehe währt lange Zeit, länger beispielsweise als die Beziehungen zu den meisten Freunden oder Arbeitskollegen. Das Ende einer Ehe durch Tod des Partners oder Scheidung verursacht beträchtlichen Schmerz und Gesundheitsgefährdungen, und zwar wiederum weit mehr als der Verlust von Freunden. Zudem bestehen bei den weitaus meisten Menschen ein starkes Gefühl der Verpflichtung und die Annahme, daß die Ehe für immer dauern wird.

Wir haben die biologischen und evolutionären Ursprünge der Liebe bereits im vorangehenden Kapitel erörtert, und diese Betrachtungen treffen auch auf die Ehe zu. Es erscheint glaubhaft, daß während der ersten Monate der Ehe eine Art von Bindung aufgebaut wird, die der frühen Eltern-Kind-Interaktion vergleichbar ist. Wir haben gesehen, daß in den ersten beiden Monaten ziemlich häufiger Sexualverkehr mit einem Rückzug aus der Gesellschaft von Freunden einhergeht. Diese Periode intensiver sozialer und sexueller Begegnung, des engen Zusammenlebens und persönlicher Offenheit könnte zu einer besonderen Form der Bindung zwischen den Ehegatten führen.

Gewiß gibt es das ganze Eheleben hindurch auch einen Austausch von Belohnungen. Die Arbeitsteilung in der Ehe kann als Grundlage eines solchen Austauschs angesehen werden. Während sich die Frau um Küche und Hausarbeit kümmert, ist der Mann der Ernährer und verrichtet schwerere Arbeiten. Andere Belohnungen sind ausgeglichener: Sexualität, Zuneigung und Kameradschaft. Manche dieser Belohnungen, und keineswegs nur die sexuellen, sind sehr wirksam; wir haben bereits festgestellt, daß die Ehe für jegliche Befriedigung in höherem Maß sorgt als jede andere Beziehung. Weil verheiratete Paare so eng zusammenwirken, wird der Partner für viele Arten von Befriedigung unersetzlich. Dieser Prozeß gewinnt an Stärke, je mehr Dinge das Paar zusammen unternimmt, etwa gemeinsame Freizeitaktivitäten.[90] Wie schon in den Anfangsstadien der Liebe entwickelt sich ein ausgeprägtes Mitfühlen füreinander, und deshalb trägt jeder Sorge dafür, daß auch der andere von der Verbindung profitiert.

Das enge Zusammenleben vertieft die Bindungen weiter. Die mit Gesprächen und persönlicher Offenbarung verbrachten Stunden führen zu einer gemeinsamen Gedankenwelt, einer gemeinsamen Konstruktion der sozialen Wirklichkeit. Geteilte Vergangenheit und Zukunft, Erlebnisse und Kinder erzeugen ein Gefühl gemeinschaftlicher Identität.[91]

Schließlich gibt es noch Unterstützung von außen. Das Heim ist der Rahmen für den Familienalltag. Kinder, Verwandte und gemeinsame Freunde bilden ein starkes soziales Netzwerk für beide Partner. Geteiltes Eigentum und gemeinsame Finanzen machen aus der Ehe ein kleines Unternehmen, das die Partner zusätzlich aneinander bindet.[92] Wir werden im nächsten Kapitel sehen, was geschieht, wenn diese Lebensgemeinschaft durch Trennung oder Scheidung auseinanderbricht.

7

Scheidung

Scheidung stellt derzeit das brennendste Problem auf dem gesamten Gebiet sozialer Beziehungen dar. Trennungen und Scheidungen haben in den meisten Ländern stark zugenommen und verursachen für die beteiligten Paare ebenso wie für ihre Kinder und Verwandten erhebliches Leid.

Im letzten Kapitel haben wir die Eigentümlichkeiten der Ehe beschrieben sowie die Aktivitäten in und Funktionen von ehelichen Beziehungen umrissen. Wir haben gesehen, daß die Ehe eine höchst vielschichtige und umfassende persönliche Beziehung ist. Ehepaare sind meist finanziell, materiell, emotional und sexuell über eine lange Zeitspanne hinweg aneinander gebunden. Ein hohes Konfliktpotential ist die Folge dieser intensiven und anhaltenden gegenseitigen Abhängigkeit. Die Mehrzahl der Ehepaare löst diese Konflikte mehr oder weniger befriedigend und bleibt zusammen. Wie jedoch die ansteigende Scheidungsrate in den meisten westlichen Ländern beweist, gelingt dies vielen nicht.

Obwohl ein völliges Zerbrechen der ehelichen Beziehung — der emotionalen, sexuellen und ökonomischen Bande — auch innerhalb einer formal intakten Ehe möglich ist und dabei sogar beide Partner nebeneinander her im selben Haus leben können, bringt ein solcher Bruch doch häufiger eine bleibende Trennung und typischerweise eine formelle Auflösung des Ehekontrakts — die Scheidung — mit sich. In diesem Kapitel werden wir das Zerbrechen von Ehen untersuchen und uns eingehender mit dessen Ursachen und den daran beteiligten Vorgängen beschäftigen.

Die Kosten einer Scheidung — einschließlich der ökonomischen — sind sowohl für den einzelnen als auch für die Gesellschaft hoch. Aus der Sicht des einzelnen geht es um die Aufteilung des Eigentums, Unterhaltszahlungen, das Aufziehen von Kindern durch einen alleinstehenden Elternteil und viele andere Belastungen. Für die Gesellschaft bedeutet es massiven Aufwand an Zeit und Mitteln für rechtliche Auseinandersetzungen. Obwohl die Mehrheit der Scheidungen in

England und Wales nicht gerichtlich ausgetragen wird, fließen 67 % der Mittel für Rechtshilfe bei Zivilprozessen in Ehesachen: wegen Streitigkeiten über die Verteilung von Besitz, über Unterhaltsleistungen und das Sorgerecht für gemeinsame Kinder.

Aber die psychischen Kosten sind möglicherweise noch schwerer zu verkraften. Kinder können unfreiwillige Opfer einer Scheidung werden; zahlreiche Studien haben nachteilige Wirkungen der Auflösung einer Ehe auf sie nachgewiesen. Allerdings gibt es auch Hinweise darauf, daß die Fortsetzung einer unglücklichen Ehe die Kinder erheblich stärker schädigen kann als die tatsächliche Trennung der Eltern.

Scheidungsraten

Um 1850 gab es in England und Wales lediglich drei Scheidungen pro Jahr, 1979 waren es 129.000. Zwischen 1970 und 1980 verdoppelte sich die Scheidungsrate bei den über 25jährigen, und sie verdreifachte sich sogar für die unter 25jährigen.[1] Abbildung 1 zeigt die Zunahme in den letzten Jahren.[2] Gegenwärtig entfallen 12 Scheidungen jährlich auf 1000 Ehen, und Schätzungen zufolge endet eine von drei Ehen in Großbritannien mit Scheidung. In den USA ist die Scheidungsrate noch höher.

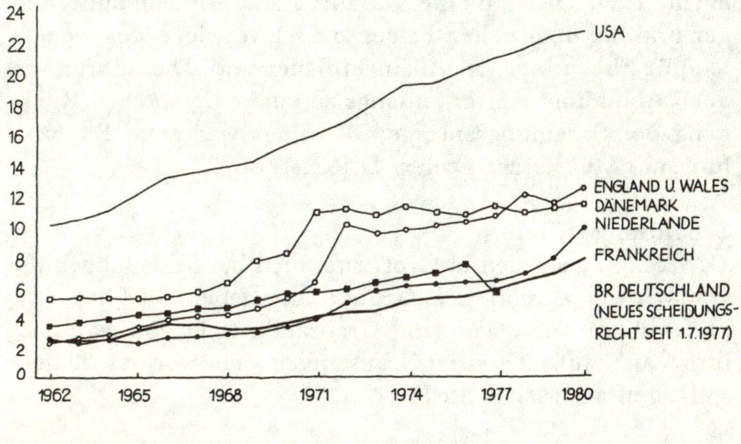

Abb. 1: Anzahl der Scheidungen auf 1000 Ehen[2]

Auch als die Scheidungsrate noch wesentlich niedriger war, gab es unglückliche Ehen, von denen viele mit Trennung endeten. Ist die Anzahl zerbrochener Ehen also tatsächlich gestiegen? Nicht in dem Maße, wie es die gestiegenen Scheidungsquoten glauben machen; die Zahl der Sozialhilfe-Anträge läßt jedoch darauf schließen, daß auch die Anzahl zerbrochener Ehen real zugenommen hat.[3]

Für den kontinuierlichen Anstieg der Scheidungsraten gibt es mehrere Gründe. Gesetzesänderungen haben in den meisten Ländern die Scheidung immer mehr erleichtert. In Großbritannien trat 1971 ein Gesetz zur Scheidungsreform in Kraft und verursachte das aus Abbildung 1 ersichtliche starke Ansteigen von Scheidungen. Nach dem neuen Gesetz wurde Scheidung im Einverständnis der beiden Ehegatten nach zweijähriger Trennung möglich, beziehungsweise nach fünf Jahren der Trennung, wenn einer von ihnen nicht zustimmte. Für den Anstieg von Scheidungen in der Arbeiterschicht ist möglicherweise auch der Ausbau der Rechtshilfe mitverantwortlich.[4]

(In der Bundesrepublik wurde zum 1. Juli 1977 ein neues Ehe- und Familienrecht eingeführt, bei dem das alte „Schuldprinzip" durch ein „Zerrüttungsprinzip" ersetzt und unter anderem ein sogenannter „Versorgungsausgleich" neu geschaffen wurde. Damit waren Scheidungen zwar rechtlich erleichtert, zugleich sind die Verfahren aber seitdem aufwendiger und die finanziellen Folgen oft schwerwiegender, vor allem für Ehepartner, die Alleinverdiener sind. Dies führte, wie auch Abbildung 1 zeigt, anfangs zu einem drastischen Rückgang der Scheidungsanträge; allerdings war diese Entwicklung nur von kurzer Dauer. D.Red.)

Scheidungsgründe

Bis 1971 wurden in Großbritannien bei Scheidungen die vom Gesetz akzeptierten Gründe angegeben — Ehebruch, „böswilliges Verlassen" und Grausamkeit. Davon war Ehebruch am häufigsten, und Grausamkeit stand vor böswilligem Verlassen an zweiter Stelle.

Seit 1971 wurden dann Ehebruch und böswilliges Verlassen seltener geltend gemacht; dafür traten die zwei- und fünfjährigen Trennungen in den Vordergrund. Mit Grausamkeit des Partners wurden Scheidungsklagen allerdings sogar noch häufiger begründet als vor 1971 (siehe Tabelle 1).

Jahr	Ehebruch	böswilliges Verlassen	Grausamkeit	2 Jahre Trennung im Einverständnis	5 Jahre Trennung
1964	46,2	24,5	19,3	—	—
1967	47,3	21,2	23,0	—	—
1970	51,7	17,4	24,8	—	—
1971	24,8	10,3	18,7	14,6	27,2
1973	28,0	6,6	26,5	21,0	14,4
1975	30,2	4,6	25,9	26,0	11,8
1979	29,2	3,0	31,1	26,8	9,3
1981	30,1	2,2	33,5	25,2	7,5

Tabelle 1: Prozentuale Aufschlüsselung von Scheidungsklagen nach Gründen, 1964 bis 1981[5]

Der Anteil der von Frauen eingereichten Scheidungsanträge stieg von 41 % im Jahre 1900 auf 71 % im Jahre 1981. Frauen und vor allem jüngere Frauen aus der Arbeiterschicht klagten häufiger Grausamkeit an, während die meisten Männer böswilliges Verlassen als Scheidungsgrund angaben. Ältere Personen nannten Grausamkeit seltener und böswilliges Verlassen häufiger.

In einer neueren Studie wurde gefragt, welcher Einzeltatbestand am ehesten zum Zerbrechen einer Ehe führt. Die häufigste Antwort war Untreue (35 %), gefolgt von mangelndem gegenseitigen Respekt, Gewalttätigkeit, Entfremdung und Trunksucht.[6]

Eine Untersuchung von 600 Scheidungsanträgen in Cleveland/Ohio (siehe Abbildung 2) erbrachte fast gleichlautende Ergebnisse.[7] Interessant sind dabei einige Unterschiede zwischen den Geschlechtern, auf die wir noch zurückkommen werden.

Zunächst jedoch zu den häufigsten Klagen von Paaren, die eine Ehetherapie aufsuchten, im Vergleich zu einer Gruppe von unbelasteten und nicht in Therapie befindlichen

Abb. 2: Gründe für das Scheitern von Ehen — nach den Angaben von 600 amerikanischen Paaren, die eine Scheidung beantragten

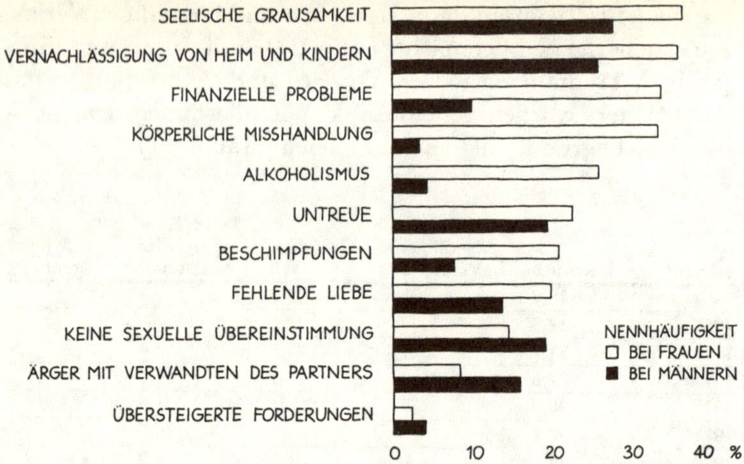

Paaren. Tabelle 2 gibt einen Überblick, welche Verhaltensänderungen vom Partner jeweils am meisten gewünscht wurden.

Die Kritikpunkte waren bei belasteten und unbelasteten Ehepaaren ähnlich und schienen sich nur in Auftretenshäufigkeit und Gewichtung zu unterscheiden. Beispielsweise wünschten 86 % der Frauen aus belasteten Ehen gegenüber 38 % aus nicht belasteten von ihrem Partner ein deutlicheres Zeigen von Gefühlen. Den gleichen Wunsch äußerten 79 % beziehungsweise 31 % der Ehemänner. Streit jedoch rangiert nur bei den Partnern aus belasteten Ehen unter den ersten fünf Nennungen. Wir werden später zeigen, daß Paare, die sich scheiden lassen, oft sogar schon vor ihrer Heirat auseinanderzubrechen drohten; die Existenz von Konflikten sowie ein wenig erfolgreicher Umgang mit ihnen scheinen also der Ehe vorauszugehen. Das Ausmaß der Konflikte kann dabei extrem sein und zuweilen in schwere körperliche Gewaltanwendung münden. 1981 wurden in Großbritannien 34 % der Scheidungen zugunsten von Frauen wegen Grausamkeit ausgesprochen.

In Kapitel 6 stellten wir fest, daß Zufriedenheit und Konflikte in einer Ehe nebeneinander bestehen können und letz-

Frauen gegenüber Männern	Männer gegenüber Frauen
Gruppe der belasteten Ehen	
1. Gefühle deutlicher ausdrücken	1. Gefühle deutlicher ausdrücken
2. Mir Wertschätzung zeigen	2. Mir Wertschätzung zeigen
3. Mir Beachtung schenken	3. Sexuell initiativ werden
4. Diskutieren	4. Diskutieren
5. Interessante Gespräche beginnen	5. Meinen sexuellen Bedürfnissen Beachtung schenken
Gruppe der nicht belasteten Ehen	
1. Mir Wertschätzung zeigen	1. Gefühle deutlicher ausdrücken
2. Gefühle deutlicher ausdrücken	2. Sexuell initiativ werden
3. Sexuell initivativ werden	3. Meinen sexuellen Bedürfnissen Beachtung schenken
4. Interessante Gespräche beginnen	4. Das Haus sauberhalten
5. Ausgehen	5. Interessante Gespräche beginnen

Tabelle 2: Die am häufigsten gewünschten Verhaltensänderungen beim Partner[8]

tere mit einer glücklichen Partnerbeziehung durchaus vereinbar sind. Ein gewisses Maß an Konflikten in einer Ehe ist unvermeidlich. Als intime und auf Dauer angelegte Beziehung verlangt die Ehe eine tiefe Verzahnung der Ziele und Wünsche von zwei eigenständigen Personen. Das Spektrum möglicher zwischenmenschlicher Spannungen wird dadurch nur noch weiter ausgedehnt.

Ein zweiter Problembereich ist unzureichende Verwirklichung persönlicher Bedürfnisse innerhalb der ehelichen Beziehung. Die Rollen der Ehe wie der Familie in der Gesellschaft sind merklichen Veränderungen unterworfen. So meint Blood:

Die heutige Familie spezialisiert sich wie nie zuvor auf persönliche Beziehungen. Die „verlorenen" Funktionen der Familie sind von spezialisierten privatwirtschaftlichen, politischen, erzieherischen und kirchlichen Einrichtungen übernommen worden. Was den Familien bleibt, ist die Möglichkeit, sich auf ein Gebiet zu spezialisieren, das keiner anderen sozialen Institution zugänglich ist. In der Vergangenheit mag die Ehe vielleicht keine persönliche Beziehung gewesen sein. Heute ist dies jedoch der Kern der Ehe. Die Erwartungen an die Ehe sind gestiegen. Wir sind nicht länger zufrieden mit den oberflächlichen, funktionalen Beziehungen, die einst die Regel waren. Wir erhoffen das unbegrenzte Andauern der engen persönlichen Verquickung, die wir erleben, wenn die Liebe noch jung ist."[9]

Die gleichen Überlegungen finden sich auch in Äußerungen von Eheleuten. Freedman[10] bat in einer Umfrage über 100.000 Personen um eine Einschätzung, welche Seiten ihres Lebens sie am glücklichsten machten. Die Ergebnisse zeigt Tabelle 3.

Tabelle 3: Die beglückendsten Seiten des Lebens

Verheiratete Männer	Verheiratete Frauen
1. Persönliche Entwicklung	1. Verliebtsein
2. Verliebtsein	2. Heirat
3. Heirat	3. Das Glück des Partners
4. Beruf oder Hauptbeschäftigung	4. Sexualleben
5. Das Glück des Partners	5. Anerkennung, Erfolg
6. Sexualleben	6. Persönliche Entwicklung
7. Anerkennung, Erfolg	7. Beruf oder Hauptbeschäftigung
8. Freude und Geselligkeit	8. Freunde und Geselligkeit
9. Elternschaft	9. Gesundheit
10. Finanzen	10. Elternschaft

Persönliches Wachstum und Verliebtsein, Heirat und das Glück des Partners stehen höher als die traditionellen Aufgaben in Ehe und Familie: Elternschaft, Sexualität und — bei Männern — das Geldverdienen. Männer wie Frauen streben persönliche Erfüllung und Weiterentwicklung an, und zunehmend soll dafür die Ehe sorgen, die noch immer unsere intensivste und dauerhafteste Langzeitbeziehung ist. Ehen können daher nicht nur durch offene Konflikte ins Wanken geraten, sondern einfach deshalb, weil die Beziehung die Ansprüche eines oder beider Partner auf persönliche Erfüllung nicht zu befriedigen vermag. Derartige Erwartungen werden möglicherweise anderswo erfüllt, beispielsweise in außerehelichen Beziehungen. 1978 wurden 23 % der von Frauen und 39 % der von Männern beantragten Scheidungen wegen Ehebruchs bewilligt.

Schicht, Geschlecht und Alter

Soziale Schicht. Neuere britische Statistiken zeigen, daß die Scheidungsraten in Schicht III (nicht-manuelle Arbeit — Verkäufer und Büroberufe) sowie in Schicht V (ungelernte Arbeiter) am höchsten sind.[11]

Da Angehörige der Arbeiterschicht im Durchschnitt früher heiraten als Personen in der Mittelschicht, werden die letzteren meist auch erst in einem späteren Lebensalter geschieden. Die zudem niedrigere Scheidungsrate in der Mittelschicht ist teilweise vielleicht dadurch zu erklären, daß mehr Besitz auf dem Spiel steht; es gibt mehr zu verlieren, und es sind auch weitere Familienmitglieder betroffen. Hierzu paßt die Tatsache, daß unter den Schwarzen in den USA, die durchweg ärmer als Weiße sind, die Scheidungsrate zweieinhalbmal so hoch ist wie bei Weißen.[12] Ferner hat sich herausgestellt, daß Personen mit besserer Schulbildung auch glücklicher verheiratet sind (vergleiche Kapitel 6).

Aus Umfragedaten gibt es Hinweise, daß Ähnlichkeit der Partner hinsichtlich der sozialen Schicht wichtig ist. Thornes und Collard[13] fanden beispielsweise, daß Ehen wahrscheinlicher mit Scheidung endeten, wenn die Frau zum Zeitpunkt der Heirat einen höheren beruflichen Status hatte als ihr Mann. Ob die *Ausbildung* vergleichbar oder andersartig war, spielte hingegen keine Rolle.

Unterschiede zwischen den Schichten bestehen darin, welche Arten von Klagen über die Ehe vorgebracht werden. Angehörige der Arbeiterschicht und Personen mit geringerer Schulbildung beklagen sich häufiger über körperliche und seelische Mißhandlung, sexuelle Probleme, Untreue, Trinken, mangelnde Unterstützung und zu häufiges Ausgehen mit Freunden oder Freundinnen. Mittelschichtsangehörige und Paare mit besserer Schulbildung beklagen sich eher über auseinandergehende Interessen oder Wertauffassungen, Geschlechtsrollenkonflikte, fehlenden Familiensinn, zu wenig Kommunikation oder Verständnis sowie übertriebenes Engagement im Beruf.[14]

Geschlechterunterschiede. Sind Scheidungen — oder gar die Ehe generell — ungerecht gegenüber Frauen? Auf jeden Fall glauben Frauen, schlechter wegzukommen. Eine MORI-Umfrage[15] ergab vor nicht allzu langer Zeit, daß 42 % der

Frauen meinen, Männer hätten mehr von der Ehe, während 7 % dies von den Frauen behaupten und 38 % annehmen, daß beide gleichen Nutzen aus der Ehe ziehen. In Kapitel 2 haben wir dargestellt, daß Frauen im Hinblick auf körperliche und psychische Gesundheit von der Ehe weniger profitieren als Männer. 73 % der Scheidungsanträge in England und Wales werden von Frauen eingereicht.

Aus Tabelle 2 dieses Kapitels sind einige der Geschlechterdifferenzen in den Partner-Beschwerden zu ersehen. Andere Untersuchungen haben bestätigt, daß sich Frauen häufiger über Charakterschwächen, autoritäres Gebaren, Trinken, Ausgehen mit Freunden, sexuelle Probleme, ausbleibende Unterstützung und den Umgang mit Geld beklagen. Ehemänner beschweren sich mehr über Verwandte.[16]

Auch werden Männer und Frauen unterschiedlich gut mit einer Scheidung fertig. Frauen sind sensibler für Fehlentwicklungen in der Ehe und bemerken diese früher. Sie sprechen auch mehr darüber mit den Kindern und mit Freunden, erhalten stärkeren sozialen Rückhalt und verarbeiten das Ereignis besser.[17]

Zwar hat eine Scheidung für Männer und Frauen erkennbar unterschiedliche Folgen, es ist aber nicht klar, wer am schlechtesten wegkommt. Die Frau erhält meist das Sorgerecht für die Kinder, hat jedoch größere finanzielle Probleme und meistens schlechtere Voraussetzungen, eine attraktive Arbeitsstelle zu finden. Der Mann verliert in der Regel die Kinder und muß für zwei Haushalte aufkommen; er hat freilich, zumindest bei älteren Paaren, die besseren Chancen für eine erneute Heirat. Zugleich leidet seine körperliche und psychische Gesundheit stärker in den Jahren der Trennung.

Heiratsalter. Seit langem ist bekannt, daß früh geschlossene Ehen eher mit Scheidung enden, vor allem dann, wenn sowohl Braut als auch Bräutigam unter 20 Jahren alt sind. Einer der Gründe dafür ist, daß bei frühen Heiraten die Frau häufig schwanger ist: „Muß-Ehen“ sind scheidungsanfälliger. Wird das Kinderkriegen auf später „verschoben“, sind frühe Eheschließungen weniger riskant.[18] In England und Wales liegt das Scheidungsrisiko für Ehegatten unter 20 Jahren doppelt so hoch wie für Paare, die bei der Heirat zwischen 20 und 25 Jahren alt sind.[19] 1982 waren bei 13 % der geschiedenen Paare der Mann und bei 37 % die Braut zum Zeitpunkt der Heirat noch Teenager.[20]

Weitere Faktoren, die auf Scheidung hindeuten

Wir wenden uns jetzt einer Reihe von Scheidungsursachen zu, die den Beteiligten nicht unbedingt bewußt sind, die aber aus Forschungsergebnissen abgeleitet werden können. Dabei handelt es sich um Faktoren, die Paare für unglückliche Ehen und Scheidung prädisponieren.

Dauer der Ehe. Die meisten Scheidungen finden recht früh in einer Ehe statt, und die eheliche Beziehung ist häufig schon lange vorher zusammengebrochen. Nach einer neueren britischen Untersuchung[21] hatten 38 % der durch Scheidung beendeten Ehen weniger als vier Jahre bestanden, 24 % dauerten fünf bis neun Jahre, 28 % zehn bis zwanzig und die verbleibenden 10 % länger als zwanzig Jahre. Die mittlere Ehedauer lag bei 2,9 Jahren, und diese Zeit kann man als die „gefährliche" Periode ansehen. In den USA trennen sich viele Paare noch während des ersten Jahres.

In einer britischen Umfrage gab mehr als ein Drittel der geschiedenen Befragten an, die später zur Scheidung führenden ernsten Eheprobleme hätten innerhalb des ersten Ehejahres begonnen.[22]

Man weiß auch, daß das erste Ehejahr für Bräute unter 20 Jahren eine besonders heikle Zeitspanne ist, vor allem, wenn sie schon vor der Heirat schwanger waren.

Die Art der Klagen ändert sich ein wenig mit unterschiedlicher Länge der Ehe. Wer sich frühzeitig scheiden läßt, klagt mehr über Verwandte und sexuelle Probleme; die später Geschiedenen beklagen sich stärker über gewandelte Interessen oder Wertvorstellungen und den Mangel an Familiensinn.[23]

Viele dieser „Risikofaktoren" sind nicht unabhängig voneinander. Die Verknüpfung zwischen Scheidung und der

Tabelle 4: Der Zeitabstand zwischen der Heirat und dem Beginn der ehelichen Probleme bei Geschiedenen

	Alle Geschiedenen n = 520 %	geschiedene Frauen n = 336 %	geschiedene Männer n = 184 %
Zum 1. Hochzeitstag	37	44	23
Zum 2. Hochzeitstag	15	15	15
Zum 3. Hochzeitstag	9	10	8
Zum 4. Hochzeitstag	7	6	8
Zum 5. Hochzeitstag	5	5	5
Zum 6. Hochzeitstag	6	5	7
Zum 7. Hochzeitstag	5	4	8
Zum 8. Hochzeitstag	3	2	4
Zum 9. Hochzeitstag	2	1	3
Zum 10. Hochzeitstag	3	1	5
Zum 11. Hochzeitstag	3	1	4
Zum 12. Hochzeittag	1	1	2
Zum 13. Hochzeitstag	1	1	1
Zum 14. Hochzeitstag	1	1	—
Zum 15. Hochzeitstag und später	4	3	8
Mittlere Dauer des ehelichen „Glücks"	3,87 Jahre	3,27 Jahre	4,98 Jahre

Dauer der Werbephase beispielsweise kann großteils eine Funktion vorehelicher Schwangerschaft sein, weil letztere die Dauer der Werbungsphase unvermeidlich einzuschränken pflegt. Ähnlich gibt es zusammenwirkende Effekte von Alter, sozialer Schicht und Schulbildung. Nimmt man alles zusammen, so besteht das höchste Risiko für Ehen von unter 20jährigen in den sozialen Schichten V und III, bei denen eine voreheliche Schwangerschaft besteht.

Aber nicht nur junge Ehen sind anfällig. 38 % aller Scheidungen in England und Wales betreffen Ehen, die zehn Jahre oder länger gedauert haben. Jack Dominian[24] nimmt an, daß es drei Phasen des Auseinanderbrechens von Ehen gibt. Die erste Phase läuft während der ersten fünf Ehejahre ab, wenn die grundlegende affektive Bindung durch „soziale, emotionale, sexuelle und geistige Bande" nicht fest etabliert wurde. Während dieser Phase ist die Ehe nach seiner Ansicht durch Probleme in den Bereichen „Kommunikation", „Konflikt" und „Ausdruck von Zuneigung zwischen den Partnern"

Schwierigkeiten begannen	weniger als 5 Jahre n = 186 %	5-9 Jahre n = 104 %	10-14 Jahre n = 101 %	15-19 Jahre n = 64 %	20 Jahre und mehr n = 60 %
bis zum 1. Hochzeitstag	58	24	19	28	30
bis zum 2. Hochzeitstag	19	15	12	10	10
bis zum 3. Hochzeitstag	10	13	7	5	7
bis zum 4. Hochzeitstag	7	10	6	5	3
bis zum 5. Hochzeitstag	6	5	6	3	3
bis zum 6. Hochzeitstag	—	16	9	3	3
bis zum 7. Hochzeitstag	—	12	10	3	2
bis zum 8. Hochzeitstag	—	3	3	13	—
bis zum 9. Hochzeitstag	—	2	6	2	2
bis zum 10. Hochzeitstag	—	—	10	3	2
bis zum 11. Hochzeitstag	—	—	8	3	5
bis zum 12. Hochzeitstag	—	—	3	—	3
bis zum 13. Hochzeitstag	—	—	2	5	2
bis zum 14. Hochzeitstag	—	—	—	5	—
bis zum 15. Hochzeitstag	—	—	—	11	28
Mittlere Zeitspanne bis zum Beginn der Schwierigkeiten					
	1,4 Jahre	3,3 Jahre	5,2 Jahre	5,8 Jahre	7,9 Jahre

Tabelle 5: Wie lange eheliche Differenzen hingenommen werden[25]

ebenso gefährdet wie durch praktische Schwierigkeiten, etwa in puncto Finanzen, Wohnung, Aufteilung der Hausarbeit und anderen praktischen Aspekten gegenseitiger Anpassung.

Die zweite Phase tritt während der mittleren Ehejahre ein, meistens im Alter zwischen 30 und 50 Jahren und damit gewöhnlich innerhalb der Zeitspanne, in der Kinder aufwachsen. Wie Dominian feststellt, sind die wichtigsten Faktoren, die während dieser Phase eine Rolle spielen, Veränderungen auf der Persönlichkeitsebene. Beide Partner werden emotional unabhängiger, entwickeln Individualität, Identität und stärkere Selbstachtung. Zum Zerbrechen der Beziehung kann es aus zwei Gründen kommen: entweder durch die Erkenntnis, daß es niemals eine affektive Bindung gegeben hat, oder — häufiger — aufgrund des Zerfalls einer bestehenden Bindung durch die sozialen, emotionalen und psychischen Wandlungen, die mit diesem Wachstum des Selbst einhergehen.

Die dritte Phase beginnt im Alter von etwa 50 Jahren, nachdem die Kinder das Haus verlassen haben, und erstreckt sich bis zum Tod eines der Ehegatten. In diesem Stadium zerbrechen manche Ehen, weil die affektive Bindung bereits in der zweiten Phase entzweigegangen ist, die Partner jedoch über die Jahre der Kindererziehung zusammengeblieben sind. Häufiger ist allerdings die Erkenntnis, daß es niemals eine tiefgehende emotionale Bindung gegeben hat. Und in einigen Fällen schließlich bestanden niemals gelöste Probleme fort, die auf mangelnde Anpassung in den allerersten Jahren der Ehe zurückgingen. Dennoch haben, wie die Zahlen von Thornes und Collard in Tabelle 5 zeigen, manche Paare diese Schwierigkeiten über viele Jahre hinweg ertragen.

Länge und Ungestörtheit der Werbungsphase. Je länger die Phase des Werbens um den Partner, desto größer ist die Wahrscheinlichkeit, daß die Ehe erfolgreich ist (jedenfalls bei einer „Eheanbahnung" von bis zu zwei Jahren; vergleiche Tabelle 6).

Tabelle 6: Konflikt und die Dauer der „Werbungsphase"[26]

Dauer der „Werbungsphase":	Geschieden n = 520 %	Verheiratet n = 570 %
Weniger als 6 Monate	6	1
6 bis 12 Monate	14	7
1 bis 2 Jahre	39	34
2 Jahre	41	57

Anzahl der vorehelichen Trennungen, soweit mindestens eine angegeben wurde	n = 149 %	n = 106 %
1	49	70
2	23	18
3	27	11

Nicht allein die Länge der Werbephase ist wichtig, sondern auch das Ausmaß der aufgetretenen Konflikte und ihre Lösung. In Thornes' und Collards Untersuchung gaben geschiedene Paare wesentlich mehr voreheliche Trennungen von ihrem späteren Ehegatten an als die noch immer verheirateten Paare.

Kinder. In einer Studie mit mehr als 1000 geschiedenen und verheirateten Befragten war voreheliche Schwangerschaft unter den später geschiedenen Paaren wesentlich häufiger als bei den weiterhin verheirateten, vor allem dann, wenn die Frau zum Zeitpunkt der Eheschließung noch ein Teenager war.[27] Unter den geschiedenen Paaren waren 32 % der Frauen bei der Heirat schwanger, von den unter 20jährigen 47 %. Bei den noch Verheirateten waren lediglich 19 % der Frauen bei der Heirat schwanger gewesen.

Häufig ist zu lesen, daß die Scheidungsrate kinderloser Paare höher sei. Immerhin gibt es in den meisten von Scheidung betroffenen Familien wenige Kinder — meist, weil Scheidungen früh in einer Ehe stattfinden. Vergleicht man jedoch Paare, die gleich viele Jahre lang zusammen waren, so ist die Scheidungswahrscheinlichkeit für kinderlose Paare *nicht* höher.[28] Im letzten Kapitel hatten wir gezeigt, daß verheiratete Paare in den Jahren, in denen Kinder im Haus sind, *weniger* glücklich sind.

Religionszugehörigkeit. Die Scheidungsrate unter Kirchgängern ist wesentlich niedriger, besonders bei Katholiken, weil bei ihnen das Zerbrechen einer Ehe eher zu Verlassen und Trennung ohne Scheidung führt. Kirchentreue geben allerdings auch an, glücklicher verheiratet zu sein. Möglicherweise verstärkt die religiöse Zeremonie die Bindung. Vielleicht ist es auch hilfreich, wenn ein Paar einer Gruppe angehört, in der die Ideale der Liebe und des Familienlebens hochgehalten werden. Ferner funktionieren Ehen besser, in denen beide Partner die gleichen religiösen Wert- und Zielvorstellungen haben.[29]

Ähnlicher Hintergrund, ähnliche Werte und Interessen. Diese Faktoren sind ein wichtiger Hinweis auf Glück und Erfolg der Ehe. Rassen-, Schicht- oder Nationalitätsunterschiede bilden ebenso wie andersartige politische Einstellungen oder Wertauffassungen eine zusätzliche Konfliktursache. Gemeinsame Interessen dagegen bringen ein Paar in seiner Freizeit zusammen, sorgen für lohnende Erfahrungen in Gesellschaft des anderen und ein gemeinsames soziales Netzwerk.

Persönlichkeit. Eine Reihe individueller Persönlichkeitsmerkmale sind, wie man weiß, mit der Scheidungswahrscheinlichkeit verknüpft. Die wichtigsten Persönlichkeits- und Milieufaktoren sind:

1. Psychische Störungen (die wichtigste Einflußgröße): Es besteht eine eindeutige Beziehung zwischen psychischer Erkrankung eines Partners und geringer Ehezufriedenheit, Klagen und so weiter bei beiden;[30] psychische Störungen werden als Scheidungsgrund anerkannt.
2. Übermäßiger Ehrgeiz (der Ehe und Familie auf den zweiten Platz verweist)
3. Geschiedene Eltern (sie stellen wahrscheinlich ein Modell dar)
4. Angegriffene Gesundheit.

Verlauf und Stadien einer Scheidung

Das Zerbrechen einer Ehe kann mit einer Reihe von Krächen oder Krisen beginnen, die ohne Lösung bleiben und zunehmend schwerwiegender werden. Die Anlässe für den raschen Niedergang können außereheliche Beziehungen, Trunkenheit, Gewalttätigkeit oder finanzielle Probleme einschließen.[31] Das Niveau an „Belohnungen" fällt im Verhältnis zu den „Kosten". Obwohl außerehelicher Verkehr teilweise ein Resultat ehelicher Unzufriedenheit ist, hängt es auch von den Möglichkeiten und Versuchungen ab, ob sich jemand mit anderen Partnern einläßt. Arbeitet einer der Partner in einer gemischtgeschlechtlichen Organisation, oder nimmt er allein an gemischtgeschlechtlichen Freizeitaktivitäten teil, so sind mögliche neue Partner für ihn leichter verfügbar. Eine Untersuchung ergab, daß subjektiv empfundene Verfügbarkeit eines anderen und „besseren" Partners ein sichereres Kriterium für das Zerbrechen der Ehe war als eheliche Unzufriedenheit.[32]

Die Scheidung kann beschleunigt werden, wenn das Paar aus beruflichen Gründen oder wegen Verzögerungen bei einem Umzug für einige Zeit getrennt leben muß. Hat jeder auch einen anderen Schlafplatz, wie ein Zimmer im College oder bei den Eltern, so ist der Druck geringer, nach einer Szene wieder eine Versöhnung zu erreichen.[33]

Gewöhnlich kommt einer der Partner als erster zu der Entscheidung, daß die Ehe wahrscheinlich auf ihr Ende zugeht oder daß er beziehungsweise sie den Partner wechseln möchte, und schlägt eine Trennungsperiode vor. Dies kann für den anderen Partner ziemlich unerwartet geschehen. Eine Untersuchung an 58 Geschiedenen zeigte die unterschiedlichen Formen auf, die diese Trennung annahm.[34] In 57 % der Fälle ging ein Partner von sich aus weg, während in 24 % einer den anderen zum Weggehen zwang. In 5 % der Fälle wurde die Entscheidung gemeinsam getroffen, und bei 14 % kam nach einer Trennung aus anderen Gründen keine Wiedervereinigung zustande.

Die Trennung kann als vorübergehende Lösung angesehen werden und sich auch als solche erweisen. In jedem Fall besteht solange die Möglichkeit der Versöhnung, bis die Scheidung ausgesprochen ist, was meist mindestens zwei Jahre dauert. Allerdings besteht der eheliche Bund nicht nur aus Nutzen und Kosten. Man muß bei einer Scheidung eine gemeinsame Lebensweise aufgeben, sich aus einem sozialen Netzwerk zurückziehen und die Bindung an den Ehepartner aufzulösen versuchen.

Die gemeinsame Lebensweise. Trennung beinhaltet den Bruch mit einem ganzen Lebensstil, der mit Ehepartner und Kindern im familiären Rahmen gepflegt worden war. Das bedeutet, zahllose Gewohnheiten aufzugeben, darunter auch sehr viele angenehme. Es bedeutet neue Probleme — für die Frau, mit den Kindern und finanziell zurechtzukommen, für den Mann, zu Hause selbst für sich zu sorgen; und es bedeutet für einen der beiden, einen neuen Haushalt zu gründen.

Verlust des sozialen Netzwerks. Ein Großteil des geselligen Lebens von Paaren vollzieht sich gemeinsam, meist mit anderen Paaren. Diese werden überrascht sein und ihr Mißfallen äußern, und jeder der Partner wird einen großen Teil des Netzwerks verlieren. Eine Studie kam zu dem Ergebnis, daß durch Trennungen 42 % der Freunde verlorengingen.[35]

Das Auflösen der Bindung. Wenn auch die „Kosten“ der Ehebeziehung hoch sind, kann doch aufgrund der Erfahrungen in den früheren und glücklicheren gemeinsamen Jahren eine starke Bindung fortbestehen. Es hat sich gezeigt, daß bis zu 25 % der geschiedenen Eheleute eine starke, 18 % eine mäßige und nur 16 % überhaupt keine Bindung an ihre ehemaligen Partner empfinden. Besonders stark ist die Bindung, wenn die Scheidung noch nicht lange zurückliegt und der andere Partner sie verlangt hat. Männer wiesen stärkere Bindungen als Frauen auf, entweder, weil meist Ehefrauen die Scheidung beantragen, oder weil diese sich schneller an die neue Situation anpassen.[36] Auch Mitgefühl und Sorge für den Partner können nach der Trennung und sogar nach Scheidung und erneuter Heirat aufrechterhalten bleiben. Oft möchten sich ehemalige Partner weiterhin treffen und erfinden dafür Ausreden wie etwa Anrufe, um nach zurückgelassenen Gegenständen zu fragen. „Ungeachtet der Tatsache, daß das Zusammenleben in einer Ehebeziehung nicht gelingen konnte, gibt es fortdauernde Gefühle wie Herzlichkeit und Sorge füreinander."[37]

Ein weiterer Hinweis auf diese anhaltende Bindung ist die hohe Schwangerschafts- und Geburtenrate während der Trennungsperiode. Eine amerikanische Untersuchung an Frauen, die in Scheidung lebten, ergab, daß 11 % von ihnen zwischen Trennung und Scheidung sowie weitere 14 % zwischen Scheidung und Wiederheirat ein Kind zur Welt brachten, wobei die meisten dieser Frauen unter 25 Jahren alt waren.[38] Viele dieser Schwangerschaften sind wahrscheinlich „letzte Gelegenheiten" bei dem Versuch, die Ehe intakt zu halten.

Nach der Trennung haben beide Partner reichlich Zeit, über alles nachzudenken und sich darüber klar zu werden, wie es dazu kam. Möglicherweise verfallen sie bei der Suche nach einer Erklärung in endloses Grübeln, teilweise, um zu verstehen, was passiert ist, teilweise aber auch, um sich zu rechtfertigen und gegen das schmerzliche Eingeständnis des Scheiterns zu schützen. Die komplexe und verworrene Geschichte wird dazu in eine vereinfachte Handlung mit einem Anfang, einer Mitte und einem Ende verpackt.[39]

„Kosten" und „Nutzen" einer Scheidung

Der Nutzen einer Scheidung *kann* beträchtlich sein — die Chance zu einer glücklicheren zweiten Ehe. Wie groß ist die Wahrscheinlichkeit dafür? Wie wir sehen werden, heiraten etwa zwei Drittel der Geschiedenen, zumindest in Großbritannien, erneut, wobei der genaue Anteil von Alter und Geschlecht abhängt. Für die erneut Heiratenden ist die Wahrscheinlichkeit einer Scheidung größer als in der ersten Ehe (vergleiche Abbildung 4 in diesem Kapitel). Ein bestimmter Prozentsatz der Geschiedenen, etwas weniger als die Hälfte, ist schließlich glücklich verheiratet, während die übrigen entweder allein leben oder unglücklich wiederverheiratet sind.

Die „Kosten" bestehen in der Belastung, die während der Konfliktperiode sowie in den ersten Monaten und Jahren der Trennung erlebt wird. In Kapitel 2 haben wir überblicksweise die Unterschiede zwischen Geschiedenen oder Getrenntlebenden und Verheirateten hinsichtlich Glück und Gesundheit dargestellt. Die Sterbewahrscheinlichkeit war für geschiedene Frauen mehr als dreimal so hoch wie bei verheirateten, bei geschiedenen Männern doppelt so hoch wie bei verheirateten. Unter den Todesursachen, die bei Geschiedenen oder Getrenntlebenden häufiger sind, finden sich Tuberkulose, Leberzirrhose, Lungenentzündung, Brustkrebs, Mundhöhlen- und Speiseröhrenkrebs, Diabetes, Schlaganfälle und Erkrankungen der Herzkranzgefäße. Einige davon gehen auf gesundheitsschädigende Lebensweisen zurück — vermehrtes Rauchen und Trinken. Depression und andere psychische Erkrankungen sind bei Geschiedenen und Getrenntlebenden wesentlich häufiger, doch sie können sowohl eine *Folge* der Scheidung sein als zum Teil auch ein *Grund* dafür. Die Selbstmordrate liegt bei Geschiedenen im Vergleich mit Verheirateten zwei- bis viermal so hoch.

Die Geschiedenen und Getrenntlebenden sind weniger glücklich als andere Bevölkerungsgruppen; allerdings wird diese Feststellung der Intensität des Leids nicht gerecht, das viele von ihnen in den ersten Monaten der Trennung erfahren. Sie sind depriminiert, ängstlich, es fehlt ihnen an Selbstwertgefühl. Häufig fühlen sie sich sehr einsam — das Haus ist leer, und der größte Teil ihres sozialen Netzwerks draußen ist verlorengegangen. Die Betroffenen fühlen sich als Außenseiter oder Gesellschaftsmitglieder zweiter Klasse. Gefühle der

Unwirklichkeit, der Sinnlosigkeit des Lebens und ein Verlust jeder Handlungsmotivation können eintreten. Es ist niemand da, dem sie ihre Gedanken mitteilen könnten.[40] Die genaue Dauer dieses Zustands der Depression und Verwirrtheit ist nicht bekannt. Innerhalb von drei oder vier Jahren nach der Trennung hat sich das Befinden jedoch in den meisten Fällen mit Sicherheit verbessert.[41]

Eine Trennung bringt finanzielle Belastungen mit sich. Das gemeinsame Eigentum muß aufgeteilt werden, und möglicherweise müssen beide Eheleute in kleinere Wohnungen ziehen. Außerdem ist es erheblich teurer, zwei getrennte Haushalte zu finanzieren. Viele der ärmsten Familien in Großbritannien und anderen Ländern Westeuropas sind solche mit nur einem Elternteil.

Für Ex-Ehemänner besteht oft eine weitere Belastung darin, daß die Kinder gewöhnlich bei der Mutter bleiben und der Vater sie selten sieht, so daß er zu einer Art von recht entferntem Onkel werden kann.

Die Auswirkungen einer Scheidung auf Kinder

Von Scheidungen ihrer Eltern waren im Jahre 1982 163.000 Kinder unter 16 Jahren betroffen, 1970 waren es noch 71.000 gewesen; die meisten von ihnen wurden dadurch zu Mitgliedern von Familien mit nur einem Elternteil, gewöhnlich ihrer Mutter; viele mußten später mit Stiefeltern und Stiefgeschwistern zurechtkommen. Mit 16 Jahren hat in Amerika eines von drei, in Großbritannien eines von fünf Kindern die Spaltung der Familie durch Scheidung erlebt. 7 % aller Fünfjährigen in England und Wales sowie 21 % in den USA werden von elterlicher Scheidung betroffen.[42] Viele Kinder müssen diese Erfahrung öfter als einmal machen: Eine amerikanische Untersuchung ergab, daß 37 % der zu Stiefkindern Gewordenen ein erneutes Zerbrechen der Familie erleben. Fast ebensoviele Kinder hatten zwei oder mehr Familienwechsel hinter sich, und fast ein Fünftel derer, die zu Stiefkindern wurden, machte mindestens drei Veränderungen der Familie durch. Daraus wurde der Schluß gezogen, daß eines von zehn Kindern bis zu seinem 18. Lebensjahr dreimal oder öfter einen Wechsel der Familie erlebt.[43]

Ist es für die Kinder besser, wenn die Eltern in einer unglücklichen Ehe weiterhin zusammenbleiben oder wenn sie sich scheiden lassen? Nach einigen Studien leiden die Kinder in einer unglücklichen Familie stärker (Tabelle 7).

Merkmale des Kindes	*Ehelicher Status der Eltern* Unglücklich %	Geschieden oder getrennt %	Verhältnis Unglückliche/ Geschiedene
Stimmt mit der Mutter hinsichtlich Werten nicht überein	47	26	1,81
Fühlt sich vom Vater abgelehnt	69	40	1,73
Psychosomatische Erkrankung	50	31	1,61
Stimmt mit Vater hinsichtlich Werten nicht überein	53	34	1,56
Lehnt den Vater ab	55	37	1,49
Fühlt sich von der Mutter abgelehnt	55	44	1,25
Jugendkriminalität	48	39	1,23
Lehnt die Mutter ab	42	35	1,20
Anzahl der Fälle	112	115	

Tabelle 7: Die Wirkung von Unglücklichsein oder Scheidung der Eltern auf Kinder (15-18jährige Jungen und Mädchen)[44]

Andererseits wirkt eine Scheidung auf die Kinder verstörender als der Tod eines Elternteils; zerrüttete Familienverhältnisse ohne Konflikte haben keine so starke Auswirkung; die Folgen elterlichen Konflikts sind größer als die einer Trennung. Belastend ist allerdings auch eine Trennung, nach der das Kind einen Elternteil nur noch selten sieht. Zu den Gründen, warum Konflikte und Scheidung Kindern schaden, gehören der Verlust einer Bindung, der Verlust eines Modells zur Nachahmung sowie mangelhafte und inkonsequente Erziehung.[45]

Scheidung verursacht bei Kinder Störungen verschiedener Art, besonders jedoch:
Straffälligkeit (doppelt so hoch wie bei intakten Ehen, wogegen der Verlust eines Elternteils durch Tod keinen Effekt hat)
Aggression, Ungehorsam und Betragensprobleme
Depression und Ängstlichkeit
Bettnässen.

Scheidung bedeutet für Jungen einen stärkeren Bruch als für Mädchen: In einer vom Vater getrennten Familie mit nur einem Elternteil gibt es für Jungen weniger Identifikationsmöglichkeiten mit der männlichen Geschlechtsrolle, was sich in stärkerer Abhängigkeit, geringerer Aggressivität und einer schwächeren Präferenz für „maskuline" Aktivitäten niederschlägt, besonders dann, wenn die Trennung vor dem fünften Lebensjahr stattfand. Bei Mädchen machen sich Unterschiede erst während der Pubertät in Form von Schwierigkeiten bemerkbar, Beziehungen zum anderen Geschlecht herzustellen. Jungen wie Mädchen werden mit größerer Wahrscheinlichkeit instabile Ehen führen. Besser geht es Kindern von geschiedenen Eltern dann, wenn sie zu einem Elternteil eine sehr gute Beziehung behalten, wenn die familiären Beziehungen durch die Scheidung eher verbessert werden als umgekehrt,[46] wenn das Kind über ein ruhiges Temperament und einen hohen IQ verfügt sowie nicht für Kriminalität oder psychische Krankheiten prädisponiert ist.[47] Viele der Studien, die schädliche Auswirkungen von Scheidungen auf Kinder nachweisen, beruhen auf „gestörten Stichproben", das heißt, sie wurden an Kindern durchgeführt, die wegen irgendeines Problems in Behandlung waren. Wenn man „normalere" Gruppen von Kindern zum Vergleich heranzieht, gibt es weniger Hinweise auf eine Beeinflussung der kindlichen Selbstachtung oder des Verhaltens durch die Scheidung.[48]

Für die Kinder ist es am besten, wenn sie über das Geschehen detailliert aufgeklärt werden, weiterhin beide Eltenteile sehen und diese das Sorgerecht gemeinsam wahrnehmen. Unglücklicherweise geschieht dies nicht sehr oft. Häufig besteht wenig Kontakt zu dem außerhalb der Familie lebenden Elternteil, vor allem, wenn es sich um den Vater handelt. In Amerika hat nicht einmal ein Drittel dieser Kinder häufiger als monatlich Kontakt zu ihren Vätern, und weniger als ein Sechstel von ihnen sieht den Vater wöchentlich. Handelt es sich jedoch um die Mutter, so trifft fast ein Drittel der Kinder den außerhalb lebenden Elternteil wöchentlich. 36 % hatten zum Vater und 7 % zur Mutter während der letzten fünf

Jahre keinen Kontakt; weitere 17 % beziehungsweise 7 % hatten für länger als ein Jahr keinen Kontakt. Dieser ist besser, wenn keiner der beiden geschiedenen Elternteile wieder heiratet. Heiraten beide aber erneut, so haben 11 % der Kinder wöchentlich Kontakt; heiratet keiner, beträgt der Wert 49 %.[49]

Mit einer Scheidung fertigwerden

Enge zwischenmenschliche Beziehungen — darunter auch die Ehe — sind in diesem Buch bereits als „Puffer" gegen Belastung beschrieben worden. Durch Scheidung oder Trennung verschwindet nicht nur dieser Puffer, auch der Prozeß selbst ist hochgradig belastend, wodurch das Individuum doppelt verletzlich wird. Unterschiedliche Quellen sozialen Rückhalts sind nun notwendig, und verschiedene Studien haben bewiesen, daß Geschiedene mit engen und tragfähigen familiären und freundschaftlichen Verflechtungen ihren veränderten Status sowohl persönlich als auch in ihrer Rolle als alleinerziehende Eltern besser bewältigen.[50] Man fand beispielsweise, daß die Belastung nach der Scheidung bei beiden Geschlechtern mit dem Ausmaß sozialen Rückhalts und sozialen Eingebundenseins negativ korreliert ist — das heißt, hohe Belastung tritt bei Personen mit geringem Rückhalt und schwacher sozialer Einbindung auf, während starke Unterstützung mit geringer Belastung einhergeht.[51]

Es hat sich gezeigt, daß geschiedene Frauen, die mit ihrer Situation erfolgreich beziehungsweise unzureichend fertigwerden, über unterschiedliche Arten sozialer Netzwerke verfügen.[52] Obwohl beide Gruppen von ähnlichen Beziehungsgeflechten sechs Monate vor der Scheidung berichteten, konnte die erfolgreich angepaßte Gruppe nach der Scheidung auf etwas ausgedehntere und weniger dichte (oder verflochtene) Netzwerke zurückgreifen, die einen geringeren Anteil von Beziehungen zwischen Verwandten und Nicht-Verwandten enthielten als die Netzwerke der schlecht angepaßten Frauen. Netzwerke von geringer Dichte sind möglicherweise nützlicher, weil sie

1. Zugang zu einem größeren Spektrum von Rollenpartnern ermöglichen;
2. offener für Veränderungen sind, da sie eher Beziehungen zwischen zwei Personen als Gruppenbeziehungen umfassen;
3. mehr Gelegenheit bieten, Partner zu finden, deren Bedürfnisse und Interessen sich mit den gewandelten Bedürfnissen und Interessen des oder der Geschiedenen ergänzen.

Bei einer unserer Untersuchungen[52a] baten wir Frauen, die sich im Lauf der letzten vier Jahre von ihrem Mann getrennt hatten oder geschieden wurden, aufzulisten, wie hilfreich sie unterschiedliche soziale und berufliche Beziehungen für die Bewältigung von 17 Problembereichen in den ersten sechs Monaten nach der Trennung empfunden hatten. Wir fanden, daß bestimmte Beziehungen bei spezifischen Problemen besonders hilfreich waren, daß jedoch im großen und ganzen Freunde für hilfreicher gehalten wurden als Verwandte (Tabelle 8).

Von mehr als der Hälfte der Frauen in unserer Stichprobe wurden Freunde nicht nur deshalb als wichtigste Hilfe betrachtet, weil sie außer Hauses und im sozialen Leben Gesellschaft leisteten, sondern auch wegen der Möglichkeit, Probleme zu besprechen, und wegen des emotionalen Rückhalts. Die Familie einschließlich der eigenen Kinder half am meisten dadurch, daß sie zu Hause Gesellschaft leistete und Zuneigung zeigte.

Ehefrauen müssen möglicherweise damit beginnen, ihren Lebensunterhalt selbst zu verdienen, und bereiten sich darauf oft durch Wiederaufnahme einer Ausbildung oder Teilnahme an Lehrgängen vor. Ausbildung und der Eintritt ins Arbeitsleben haben finanzielle Absicherung, aber auch persönliches Wachstum und zunehmendes Selbstvertrauen zur Folge; außerdem ziehen sie die Aufmerksamkeit von anderen Problemen ab und erlauben es, ein neues soziales Netzwerk aufzubauen.

Nach der Scheidung eine unabhängige Lebensweise und neue Beziehungen zu entwickeln, kann schwierig sein, weil der Prozeß zwar rechtlich abgeschlossen, vom einzelnen aber noch nicht völlig durchgearbeitet ist. Hagestad und Smyer[53]

Tabelle 8: Wer unterstützt geschiedene Frauen bei Problemen?[52a]

Art des Problems	Verwandte	Freunde	Bekannte	Rechtsberater
		Art der Beziehung		
1. Finanzielle oder materielle Hilfe	X	X		
2. Praktische Hilfe in Gelddingen, etwa beim Bezahlen von Rechnungen				
3. Praktische Hilfe in Haus und Garten	X			
4. Hilfe bei Berufstätigkeit, z. B. Arbeitsplatzsuche oder -wechsel				
5. Hilfe beim Transport				
6. Hilfe bei Kindern und deren Beaufsichtigung				
7. Gemeinsame Freizeitaktivitäten	X	X	X	
8. Gemeinsame Geselligkeit, z. B. miteinander ausgehen	X	XXX		
9. Urlaub, z. B. Reisebegleitung	X	X		
10. Rat bei Scheidung oder Trennung	X	X		XXX
11. Rat bei persönlichen Angelegenheiten	X	X		
12. Sprechen über Probleme, die mit Scheidung oder Trennung zu tun haben		X	X	X
13. Sprechen über sonstige Probleme	X	XXX		
14. Emotionaler Rückhalt	X	XXX		
15. Daheim Gesellschaft leisten	XXX	X		
16. Außer Hauses Gesellschaft leisten	X	XXX	X	
17. Zuwendung zeigen	XXX	X		

XXX = Wurde bei diesem Problem von mehr als der Hälfte der Frauen als größte Hilfe angegeben.
X = Wurde bei diesem Problem von mehr als der Hälfte der Frauen als Hilfe angegeben.

Nachbarn, kirchliche und soziale Einrichtungen sowie Selbsthilfegruppen wurden, obwohl in der Befragung ebenfalls zur Wahl angeboten, von den Frauen nicht in nennenswertem Umfang als Quellen sozialer Unterstützung angegeben.

betonen die Bedeutung von Zeit für das Zurechtkommen mit Scheidung und Trennung. Sie beschreiben zwei Typen von Scheidung — die „ordentliche" und die „gestörte". Bei ordentlichen Scheidungen ging dem Richterspruch eine allmähliche Auflösung der ehelichen Beziehung voran. Der oder die Betroffene hatte sich schon vor der formellen Trennung emotional zurückgezogen und aus der Rolle des Ehegatten gelöst. Insofern haben der oder die einzelne vor der rechtlichen bereits eine psychische und zwischenmenschliche Scheidung erlebt. Bei einer „gestörten" Scheidung hingegen ist die Beendigung der Ehe aus mehreren möglichen Gründen unvollständig:

1. Es besteht noch immer eine Gefühlsbindung an den Partner;
2. es besteht weiterhin eine Bindung an die Rolle der Ehefrau oder des Ehemannes;
3. es gibt noch gemeinsame Verpflichtungen im Alltag.

In ihrer Studie über 93 Scheidungen im mittleren Lebensalter fanden Hagestad und Smyer, daß ein Drittel von ihnen dem letzteren Typ zuzuordnen war. Auf der Basis von Kombinationen der drei genannten Faktoren beschreiben sie eine Typologie der „gestörten Scheidung“:

Typ A: „Nur dem Namen nach geschieden“ — die Paare leben weiterhin zusammen und sind noch immer emotional aneinander und an die Gattenrolle gebunden.

Typ B: „Ich wollte, es wäre nicht geschehen“ — es besteht noch immer eine Gefühls- und Rollen-Bindung, das Paar lebt jedoch nicht mehr zusammen.

Typ C: „Du bist mir unter die Haut gegangen“ — es besteht eine emotionale Bindung an den anderen, aber keine Rollen-Bindung oder gemeinsame Lebensumstände.

Typ D: „Gewohnheitsrechtliche Vereinbarung“ — ein emotional aneinander gebundenes Paar lebt nach der Scheidung zusammen, ohne auf die Gattenrolle verpflichtet zu sein.

Typ E: „Warum nicht zusammenwohnen?“ — gemeinsame Wohnung, aber keine emotionale Bindung oder Verpflichtung auf Gattenrolle.

Typ F: „Der Ehestatus hat seine Vorteile“ — Menschen ohne emotionale Bindung, die nicht zusammenleben, aber noch immer an die Rollen von Ehemann oder Ehefrau gebunden sind.

Typ G: „Alles wie gehabt“ — gemeinsame Lebensform ohne emotionale oder Rollen-Bindung.

Weil all diese Scheidungen „unvollendet“ sind, haben die Betroffenen bei diesen sieben Typen größere Schwierigkeiten, neue Beziehungen anzuknüpfen und eigenständige Lebensstile zu entwickeln, als Paare, die „ordentliche“ Scheidungen hinter sich haben.[54]

Man weiß, daß die Neuanpassung nach der Trennung mit Merkmalen der ehelichen Lebensweise in Verbindung steht. Den wichtigsten Beitrag zum Zurechtkommen leistet das Vorhandensein selbständiger sozialer Aktivitäten und Freizeitinteressen während der Ehejahre. Bei älteren Männern ist die Neuanpassung stärker daran geknüpft, ob sie während der Ehe bereit waren, sich an häuslichen und traditionell weiblichen Aufgaben zu beteiligen. Die Abweichung von solchen hergebrachten Ehenormen läßt ein besseres Fertigwerden mit der neuen Situation erwarten. Der Grund dafür kann sein, daß die Übernahme von Aufgaben, die herkömmlich zur Rolle des anderen Geschlechts gehören, eine Erweiterung der individuellen Kompetenz nach sich zieht.

Ähnliche Resultate fand man bei Frauen, die sich eben erst getrennt hatten. Das Zurechtkommen fiel jenen leichter, die sich nicht an der traditionellen Geschlechtsrolle orientierten, keine abhängigen Kinder hatten und die bei der Entscheidung für die Trennung einen aktiven Part gespielt hatten.[55] Unter den Männern kamen nach der Scheidung jene am besten zurecht, die ein von der Ehe unabhängiges Sozialleben aufgebaut hatten.[56]

Eine erfolgreiche Neuorientierung nach Trennung oder Scheidung scheint sowohl bei Männern als auch bei Frauen mit folgenden Gegebenheiten zusammenzuhängen:

1. stützendes soziales Netzwerk;
2. Zeit für einen „geordneten" Rückzug aus der Beziehung;
3. flexible Übernahme von Anforderungen der gegengeschlechtlichen Rolle;
4. Unabhängigkeit der geselligen und Freizeitaktivitäten.

Wiederheirat

Der wichtigste Faktor, um sich von den Gefühlen der Depression, Ängstlichkeit und verlorenen Selbstvertrauens nach einer Trennung zu erholen, ist der Aufbau einer befriedigenden heterosexuellen Beziehung.[57] Dabei ist es gleichgültig, ob die Beteiligten verheiratet sind oder nicht.[58] Viele Geschiedene versuchen es ein weiteres Mal mit Heirat — „der Sieg

Abb. 3: Wiederverheiratungen (in Prozent aller Ehen)

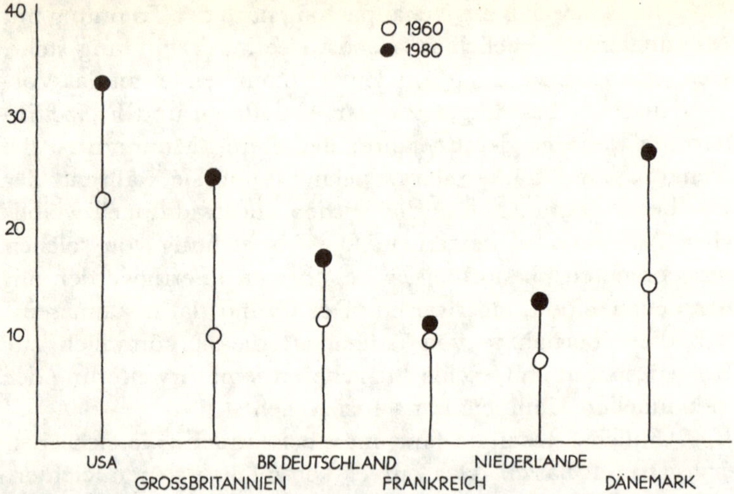

der Hoffnung über die Erfahrung". Der Anteil der Geschiedenen, die erneut heiraten, ist in den USA am höchsten, und er hat in den letzten Jahren zugenommen (Abbildung 3).[59]

Diese Graphik zeigt, daß heute etwa ein Viertel aller Heiraten in Großbritannien Wiederheiraten sind. 1970 war nur bei 8 % aller Heiraten in England und Wales ein bereits geschiedener Partner beteiligt, in 3 % der Fälle waren beide Partner vorher verheiratet gewesen. 1980 betrugen diese Zahlen 22 % und 11 %. Mit anderen Worten ist eine von neun Eheschließungen sowohl für die Braut als auch den Bräutigam eine Wiederheirat.[60] Etwa zwei Drittel der Geschiedenen in Großbritannien heiraten schließlich erneut, in den USA sind es 80 %. Die meisten von ihnen ehelichen Personen, die noch nicht verheiratet waren, nur 30 % heiraten andere Geschiedene. Jüngere Geschiedene heiraten mit größerer Wahrscheinlichkeit erneut; Männer heiraten eher wieder als Frauen; für ältere Frauen ist Wiederheirat schwieriger; Kinder sind nur ein geringfügiges Hindernis.[61] Die meisten, und das gilt besonders für geschiedene Frauen, heiraten nur standesamtlich und ohne kirchliche Zeremonie.[62] Geschiedene

Männer heiraten häufiger kirchlich, möglicherweise weil ihre Partnerin mit höherer Wahrscheinlichkeit vorher nicht verheiratet war, während Frauen eher als Männer einen ebenfalls geschiedenen Partner heiraten.

Der typische Zeitraum zwischen Scheidung und erneuter Heirat sind 2,8 Jahre, obwohl in den USA 45 % der Geschiedenen im ersten Jahr erneut heiraten.[63] Hinzurechnen muß man allerdings das Intervall zwischen Trennung und Scheidung, wodurch sich ein erheblich längerer Zeitraum der Ehelosigkeit ergibt.

Wie glücklich sind Zweitehen? Sie sind im Durchschnitt nicht so glücklich wie erste Ehen — vor allem für Frauen.[64] Die Scheidungswahrscheinlichkeit ist bei zweiten Ehen größer als bei ersten, noch höher bei dritten oder späteren Ehen (Abbildung 4).

Aus der Graphik ist zu ersehen: Sind beide Partner zum dritten Mal verheiratet, so ist die Scheidungsrate 4,5 mal so hoch wie für erste Ehen, die Scheidungswahrscheinlichkeit

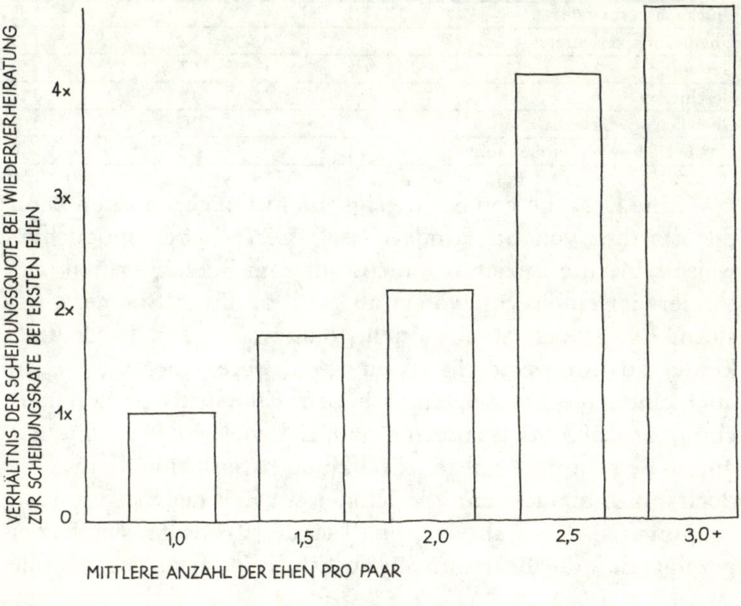

Abb. 4: Die Wahrscheinlichkeit einer Scheidung nach der Anzahl vorangegangener Ehen[55]

liegt bei geschätzten 90 %. Diese Ehen dauern auch nicht so lange: In den USA beträgt die typische Zeitspanne zwischen zweiter Heirat und Scheidung 1,7 Jahre im Vergleich zu 4,9 Jahren bei ersten Ehen.[65] Auch in England und Wales scheitern erneute Ehen zuvor Geschiedener sehr viel schneller als die Ehen erstmals Verheirateter; am längsten halten die Zweitehen von Verwitweten. Erneute Ehen Geschiedener halten im Durchschnitt halb solange wie die Ehen zuvor Lediger. Tatsächlich ist die Aussicht, daß die Ehe eines wiederheiratenden geschiedenen Mannes mit Scheidung endet, anderthalbmal größer als für einen vorher ledigen Mann desselben Alters. Für geschiedene Frauen ist die Wahrscheinlichkeit zweimal höher.[67]

Allerdings sind die glücklich Wiederverheirateten fast ebenso zufrieden wie glücklich Verheiratete in ersten Ehen, und wie die Prozentzahlen für Depression in Tabelle 9 zeigen, geht es ihnen sehr viel besser als Geschiedenen, die nicht erneut heiraten.

Tabelle 9: Häufigkeit von Depressionen nach der Familiensituation bei Weißen und Farbigen[68]

Anteil der Depressiven	Weiß	Farbig
Glücklich verheiratet	7 %	4 %
Unglücklich verheiratet	32 %	22 %
Getrennt	27 %	19 %
Geschieden	18 %	10 %
Glücklich wiederverheiratet	10 %	5 %
Unglücklich wiederverheiratet	32 %	24 %

Eine Ursache von Schwierigkeiten in späteren Ehen kann die Existenz von Stiefkindern sein. Diese haben möglicherweise schlechte Beziehungen sowohl zum Stief-Elternteil (besonders zu einem Stiefvater) als auch zu ihren Stiefgeschwistern. Es hat sich herausgestellt, daß zwar die meisten Stiefkinder zu ihren Stiefvätern eine sehr gute, aber viele eben auch eine schlechte Beziehung haben. Eine britische Untersuchung an 1583 Stiefkindern ergab, daß viele Eltern von einer guten Beziehung zu ihren Stiefkindern berichteten, dies jedoch um so mehr, wenn die Kinder zur Zeit der zweiten Heirat jünger als fünf Jahre waren (Tabelle 10). Es hat sich ferner gezeigt, daß die Beziehungen zu Stiefkindern in der Familie

		Alter des Kindes		
		0-4	5-11	12 und älter
Zufriedenheit mit	hoch	75 %	53 %	40 %
der Beziehung	niedrig	4 %	11 %	21 %

Tabelle 10: Beziehungen zu Stiefkindern nach dem Alter des Kindes zum Zeitpunkt der Wiederheirat[69]

sich verbessern, wenn in der neuen Ehe ein weiteres Kind geboren wird.

Auch die Großeltern, Onkel und Tanten väterlicherseits sehen ein Kind seltener, das bei seiner Mutter lebt. Während 72 % das Kind im Verlauf der ersten Ehe regelmäßig sahen, sank diese Zahl nach der Scheidung auf 33 %, nach erneuter Heirat auf 29 %.[70]

Regeln

Bis vor etlichen Jahren wurden Scheidungen nur dann ausgesprochen, wenn ein Partner der Verletzung von Normen überführt werden konnte. Man war der Auffassung, es gäbe eine „schuldige Partei", die sich für Ehebruch, böswilliges Verlassen oder Grausamkeit zu verantworten habe. Die neue Gesetzgebung spiegelt den Bewußtseinswandel in Sachen Scheidung wider, indem sie die Scheidung dann erlaubt, wenn eine Ehe ganz einfach zerrüttet ist.

Unabhängig davon kann der Grund für die Auflösung der Ehe sein, daß einer der Partner oder beide die Regeln gebrochen haben. Die hierfür bedeutsamen Normen gehen jedoch weit über Ehebruch, böswilliges Verlassen oder Grausamkeit hinaus. Im letzten Kapitel haben wir Regeln aufgezählt, die nach Ansicht der Befragten von Ehemännern und Ehefrauen befolgt werden sollten. In einer zweiten Untersuchung fragten wir verheiratete Paare sowohl danach, welche Regeln ihrer Meinung nach angewandt werden sollten, als auch, welche Regeln der oder die Befragte in der eigenen Ehe tatsächlich befolgte.

In einer dritten Untersuchung fragten wir getrenntlebende und geschiedene Frauen, welche Regeln ihrer Meinung nach für Ehemann und Ehefrau gelten sollten. Außerdem fragten wir, welche Regeln sie in ihren eigenen Ehen im Jahr unmittelbar vor der Trennung oder Scheidung befolgt hatten.

Wir fanden, daß es zwischen den Frauen der Verheirateten-Stichprobe und denen der letzteren Studie sehr wenige deutliche Unterschiede in den Regeln gab, die, wie sie meinten, für beide Ehegatten *gelten sollten*. Es zeigten sich jedoch größere Unterschiede darin, wie diese Regeln von beiden Gruppen im vorletzten und letzten Jahr ihrer Ehe tatsächlich *praktiziert* worden waren. Getrenntlebende und geschiedene Frauen hatten es im letzten Jahr vor dem Auseinandergehen mit größerer Wahrscheinlichkeit als noch verheiratete Frauen vermieden,

1. den anderen um materielle Hilfe zu bitten,
2. den anderen um persönlichen Rat zu fragen,
3. den anderen bewußt zu berühren,
4. persönliche Geldangelegenheiten mit dem anderen zu erörtern,
5. mit dem anderen über Sexualität und Tod zu sprechen,
6. mit dem anderen zu scherzen oder zu frotzeln,
7. vor dem anderen Sorge oder Angst zu zeigen.

Bei ihnen war es auch weniger wahrscheinlich als bei verheirateten Frauen, daß sie

1. dem anderen Erfolgsneuigkeiten mitteilten,
2. sich für den anderen in dessen Abwesenheit einsetzten,
3. keine Bedenken hatten, die Zeit des anderen beliebig zu beanspruchen,
4. bedingungslose positive Wertschätzung für den anderen zeigten,
5. öffentliche Kritik am anderen vermieden,
6. dem Ehemann treu waren,
7. Schulden zurückzuzahlen und sich für — auch geringfügige — Gefälligkeiten oder Komplimente erkenntlich zu zeigen versuchten.

Es scheint, daß beide Partner bereits vor der tatsächlichen Trennung mangelhafte Kommunikation sowie eingeschränkte Intimität und geringere wechselseitige Unterstützung zeigen. Tatsächlich brechen sie dadurch die Regeln, die nach ihrer Meinung Ehemänner und -frauen im Umgang miteinander befolgen sollten. Durch die Nichtbeachtung dieser Regeln distanzieren sie sich schrittweise von der Beziehung. In Kapitel 12 werden wir darstellen, welchen Nutzen die Veränderung solchen Verhaltens in der Ehetherapie haben kann.

Sollten Scheidungen erleichtert werden?

Wie wir gesehen haben, ist die Scheidung in den meisten Ländern bereits sehr viel einfacher geworden. Die Folge war ein gewaltiger Anstieg der Scheidungsraten im Verlauf des 20. Jahrhunderts. Auch wenn dies oft lediglich Trennungen und Akte des Verlassens ersetzt, die früher nicht gesetzlich anerkannt wurden, so ist doch offensichtlich, daß die Zerrüttung von Ehen real zugenommen hat. Auch das Bild der Ehe hat sich verändert; sie wird zunehmend eher als Zivilvertrag denn als religiöse Angelegenheit mit bindenden Gelübden betrachtet, deren Bruch eine Form moralischen Versagens ist.

Es gibt Unterschiede zwischen den Ländern. Die Ehe wurde in Frankreich nach der Revolution von 1791 und in Schweden seit 1915 zu einem bürgerlichen Vertrag mit erleichterten Scheidungen, während in anderen katholischen Ländern noch immer eine religiös geprägte Vorstellung von der Ehe herrscht und die Scheidung schwieriger ist. Meinungsumfragen haben jedoch ergeben, daß die meisten Menschen eine Erleichterung der Scheidung gutheißen — 60 % waren es bei einem italienischem Referendum 1974. In Japan und in den arabischen Ländern ist die Scheidungsrate sehr hoch. Beide Kulturen verfügen andererseits über starke Familiensysteme, und Scheidung wurde als ein „Auswechseln des Personals“ interpretiert.[71] Es besteht anscheinend „ein hohes Maß an Unterstützung für die Liberalisierung der Scheidungsgesetze (oder eine relative Gleichgültigkeit gegenüber dem Vorgang) sowie ein offensichtliches Fehlen verbreiteter öffentlicher Besorgnis wegen des Scheidungstrends, und unser Familiensystem scheint sich gerade in einer Übergangsphase zu befinden, wobei häufige Scheidungen ein normales Merkmal der neuen Szenerie sind.“[72]

Sollte dieser Trend anhalten, so könnte die gesamte Institution der Ehe zugunsten eher vorübergehender Beziehungen allmählich verschwinden. Allerdings haben wir gesehen, daß 92 % der Bevölkerung sich irgendwann entscheiden zu heiraten, manche mehr als einmal. Offensichtlich sind die Menschen von der Einrichtung der Ehe nicht enttäuscht. Wir haben ferner gesehen, daß die Ehe von allen Beziehungen die stärkste Befriedigung und die größten Vorteile für die körperliche und geistige Gesundheit mit sich bringt. Wir haben auch die „Kosten" der Scheidung kennengelernt — in Form von erhöhten Sterblichkeitsraten, Krankheit und Suizid sowie dem häufigeren Auftreten psychischer Störungen bis zum Zeitpunkt der erneuten Heirat bei jenen zwei Dritteln, die noch einmal heiraten. Und wir haben gesehen, was der Verlust des Kontakts zum Vater, die schwierigen Beziehungen zu Stiefeltern und Stiefgeschwistern für Kinder bedeuten.

Es kann sein, daß das Auseinanderbrechen vieler Ehen zu vermeiden wäre. Möglicherweise sind manche Paare einfach auf schlechte Zeiten nicht vorbereitet. Vielleicht ist manchen nicht klar, daß Konflikte und Auseinandersetzungen ein normaler Bestandteil der Ehe sind. Manche mögen die Regeln nicht kennen, manchen die sozialen Fertigkeiten fehlen, die nötig sind, um diese Beziehung aufrechtzuerhalten. In Kapitel 12 werden wir Trainings- und Therapieformen beschreiben.

8

Eltern und Kinder

In allen Gesellschaften muß aus dem hilflosen Kleinkind, das sich durch Saugen an der Mutterbrust ernährt und nach vollzogener Verdauung die Abfallprodukte frei entleert, das seine Genitalien erforscht und nach Herzenslust beißt und um sich schlägt, ein verantwortungsbewußter Erwachsener werden, der den Gesetzen seiner Gesellschaft gehorcht.[1]

In diesem Kapitel beschäftigen wir uns mit den Beziehungen zwischen Eltern und Kindern bis zu dem Zeitpunkt, an dem die Kinder das Elternhaus verlassen. Die Beziehungen zu erwachsenen Kindern werden in Kapitel 9 unter „Verwandtschaft" behandelt. Wir werden sehen, daß das Band zwischen Eltern und Kindern sehr stark ist, so daß die Beziehung in den meisten Fällen bis zum Tod der Eltern überlebt. Sie ist zugleich die erste soziale Beziehung, die ein Kind eingeht, und in mancher Hinsicht die Grundlage für alle anderen.

Wir werden zu erkunden versuchen, wie diese machtvolle Bindung zustande kommt, wie Eltern ihre Kinder erziehen, wie sich der Charakter der Beziehung im Verlauf der Kindheit verändert und über welche Fertigkeiten Eltern verfügen müssen.

Die Größe und Form von Familien

In unserer Vorstellung bestehen Familien gewöhnlich aus zwei Eltern und einem oder mehreren Kindern. Tatsächlich liegt die durchschnittliche Zahl der Kinder in britischen Familien bei 2,33, wobei Arbeiterschichts-Familien weiterhin die umfangreichsten, Familien der Schicht III (nicht-manuelle Arbeit) die kleinsten sind (siehe Tabelle 1). Die Mehrzahl der Familien mit vier oder mehr Kindern findet sich in den sozialen Schichten IV und V.

Mütter in der Arbeiterschicht sind jünger als die in der Mittelschicht — 38 % bekommen ihr erstes Kind, solange sie unter 20 Jahren sind. Mehr als ein Viertel ihrer Erstgeborenen wurden vor der Heirat gezeugt. Im Jahre 1982 waren 14 % aller Lebendgeborenen in England und Wales außer-

Tabelle 1: Soziale Schicht und Kinderkriegen[2]

	I	II	III(N)	III(M)	IV	V
Durchschnittliche Kinderzahl von Frauen in erster Ehe (1971)						
vollendetes 15. bis 19. Lebensjahr	2,26	2,18	2,02	2,37	2,40	2,74
vollendetes 10. bis 14. Lebensjahr	2,23	2,13	2,00	2,31	2,32	2,62
Alter der Mutter bei der Geburt des ersten Kindes						
Prozentsatz der unter 20jährigen	6	10	12	28	31	38
Prozentsatz der vorehelich gezeugten Kinder (1977)	6		9	18		26
Soziale Schichte der Adoptiveltern	33		17	32	12	2
Soziale Schicht der Pflegeeltern	3		15	44	24	14

Erläuterungen im Text

eheliche Kinder, ein mehr als doppelt so hoher Anteil wie 1961. Etwa ein Drittel von ihnen hatte Mütter, die jünger als 20 Jahre waren, und es war das erste Mal (zumindest in der jüngeren Vergangenheit), daß uneheliche Geburten in dieser Altersgruppe die ehelichen Geburten überstiegen.[3]

Familien unterscheiden sich in ihrer Zusammensetzung allerdings sehr, wie die folgende Analyse amerikanischer Familien zeigt:

Tabelle 2: Familienformen in den USA (1970)

Familientyp	Anteil in %
Kernfamilie mit Kindern	
Alleinverdiener	30
Doppelverdiener	14
Kinderloses Ehepaar	
Alleinverdiener	4
Doppelverdiener	11
Alleinerziehender Elternteil	13
Neugebildete Kernfamilie nach Wiederheirat	15
Andere traditionelle Formen, z. B. drei Generationen, Zusammenleben mit beiderseitigen oder entfernten Verwandten	5
„Experimentelle" Ehen und Familien (einschließlich unverheirateter Paare mit Kind)	8

Die Familie in Großbritannien hat sich noch nicht so weitgehend gewandelt, aber auch hier sind, wie anderswo in Europa, wesentliche Veränderungen eingetreten.

Verheiratete Paare. Etwa 92 % der britischen Bevölkerung heiraten, doch ungefähr 13 % der Ehefrauen haben keine Kinder. Einige von ihnen adoptieren Kinder, andere nehmen Pflegekinder auf. Mittelschichtspaare adoptieren eher, das heißt, sie adoptieren uneheliche Kinder aus der Arbeiterschicht; Paare aus der Arbeiterschicht nehmen eher Pflegekinder auf (vergleiche Tabelle 1).

Viele Ehen sind heute für einen oder beide Partner zweite oder spätere Ehen und können Stiefkinder aus früheren Ehen einschließen. Obwohl der Ehemann meist der Hauptverdiener ist, stehen über 40 % der Frauen in einem Beschäftigungsverhältnis, viele von ihnen ganztägig, und über 7 % der Frauen verdienen mehr als ihre Männer.

Familien mit einem alleinerziehenden Elternteil. Hauptsächlich infolge von Scheidung verfügen etwa 9 % der Familien nur über einen Elternteil, meist die Mutter. Diese Familien haben in der Regel ein Kind. Dies ist die wichtigste Alternative zur traditionellen Familie, und sie breitet sich zusehends aus.

Wohngemeinschaften und Institutionen. In den USA werden etwa 6 % der Kinder in Wohngemeinschaften aufgezogen, die aus einer Reihe von meist unverheirateten Erwachsenen bestehen. Die Zahlen für Westeuropa liegen wahrscheinlich niedriger. Hinzu kommen Kinder in Pflegeheimen oder Waisenhäusern, die ebenfalls von mehreren Erwachsenen aufgezogen werden.

Aktivitäten von Eltern und Kindern

Obwohl höchst vertraut, sind diese Aktivitäten von Interesse, weil sie zur Definition der gesamten Beziehung ausreichen und in starkem Gegensatz zu den Aktivitäten stehen, die für andere Beziehungen charakteristisch sind. In Großbritannien stammen die umfangreichsten Daten hierzu aus der Untersuchung, die John und Elizabeth Newson in Nottingham an 700 Kindern im Alter von einem, vier und sieben Jahren durchführten.[4]

Füttern. Dies gehört zu den wichtigsten Dingen, die Eltern für ihre Kinder tun. Kleinkinder werden zunächst gesäugt; allerdings wurden 1975 nur 51 % von ihnen gestillt, und nur die Hälfte davon länger als einen Monat. Ob es durch die Brust oder die Flasche geschieht, das Füttern beansprucht in den ersten Monaten eine Menge Zeit. Im Alter von vier Jahren nehmen Kinder normale Mahlzeiten zu sich; jedoch haben viele von ihnen Eßprobleme: Sie essen nicht, was man ihnen vorsetzt, oder lassen Essen übrig; deshalb werden oft Anstrengungen unternommen, um das richtige Verhalten bei Tisch zu erzwingen. Während der mittleren Kindheit sind die Mahlzeiten ein erfreuliches Familienereignis; in der Adoleszenz sind sie möglicherweise der einzige Zeitpunkt, zu dem sich Eltern und Kinder treffen, und sie können eine Gelegenheit für größere Streitereien sein.

Beaufsichtigung. Ein großer Teil der elterlichen Arbeit besteht in der Überwachung der kindlichen Aktivitäten oder dem Versuch dazu. Kleinkinder müssen angekleidet, trockengelegt, gebadet und wieder ausgezogen werden, sie müssen in den Kinderwagen, ihr Bettchen oder den Laufstall gesetzt, zum Schlafengehen überredet und ständig umsorgt werden. Wenn das Kind ein Jahr alt ist, haben die meisten Mütter mit der Sauberkeitserziehung begonnen, zu diesem Zeitpunkt noch mit einem hohen Prozentsatz von Mißerfolgen; sie hindern ihre Kinder am Spielen mit den Genitalien (vor allem Mütter aus der Arbeiterschicht); 62 % der Mütter geben ihrem Kind regelmäßig einen Klaps.

Kinder müssen mit Spielzeug, Büchern, Papier und so weiter versorgt, zum Spielen drinnen, draußen oder mit Freunden angehalten, zur Schule gebracht und wieder abgeholt sowie saubergehalten werden. Mit sieben Jahren werden 30 % der Mädchen und 15 % der Jungen von der Schule abgeholt, und es wird intensiv darauf geachtet, wo sie sich aufhalten und was sie tun. Bei Heranwachsenden ist die Beaufsichtigung schwieriger; die Eltern versuchen sich aber zu vergewissern, daß die Kinder zur Schule gehen und ihre Hausaufgaben machen, daß sie zu einer akzeptablen Zeit nach Hause kommen und nicht in schlechte Gesellschaft geraten, was leichter gesagt als getan ist.

Gespräche. Mütter sprechen viel mit Kleinkindern, was zunächst eine ziemlich einseitige Unterhaltung bedeutet, in der das Kind jedoch eine zunehmend aktive Rolle spielt und dadurch zu sprechen lernt. Eltern lesen kleinen Kindern vor; während der Mahlzeiten wird geredet; Kinder stellen viele Fragen, auf die sie mehr oder weniger angemessene Antworten erhalten; schließlich erzählen sie gerne, was sich in der Schule oder anderswo draußen ereignet hat. Im frühen Heranwachsendenalter geht die Zahl der Gespräche zurück, da die Kinder lieber mit ihren gleichaltrigen Freunden sprechen. Sie werden Experten für Nicht-Kommunikation:

Mutter: „Wo warst Du?“
Jugendlicher: „Draußen.“
Mutter: „Was hast Du gemacht?“
Jugendlicher: „Nichts.“

Zuneigung zeigen und die Gesellschaft des anderen genießen. Mütter von Kleinkindern verbringen viel Zeit in körperlichem Kontakt mit ihnen; später findet dieser vor allem beim Baden, Zubettbringen und beim Vorlesen statt. Im Alter von vier Jahren möchten die meisten Kinder geknuddelt und geküßt werden, und 95 % der Mütter tun dies gern; 66 % der Mütter nehmen die Vierjährigen zu sich ins Bett, wenn diese nicht schlafen können; ebenfalls 66 % beteiligen sich begeistert an Kinderspielen. Das Maß körperlichen Kontakts mit den Eltern ist während der ersten Jahre hoch, und die Kinder klammern sich an ihre Mütter oder suchen deren Nähe, wenn sie an unbekannten Orten sind oder auf Fremde treffen.

Im Alter von sieben Jahren genießen Kinder und Eltern noch immer das Zusammensein und zeigen viel Zuneigung, vor allem Mütter und Töchter. Töchter sind mehr zu Hause, und Mütter beschäftigen sich gerne mit ihrer Frisur und Kleidung. Jungen dagegen haben eher mit ihren Vätern gemeinsame Interessen und verbringen mit ihnen zusammen beispielsweise Zeit an der Modelleisenbahn oder beim Besuch von Fußballspielen. Während der Pubertät nehmen körperlicher Kontakt und Zuneigungsbekundungen stark ab, obwohl die Eltern ihre Zuneigung manchmal indirekt durch das Zeigen von Sorge, Interesse und Anerkennung oder durch Geschenke ausdrücken, wenn sich die Familie — eher an freien Tagen — trifft.

Hilfe. Eltern tun viel für kleine Kinder, aber diese können kaum Gegenleistungen erbringen. Mit sieben Jahren wird von den meisten Kindern erwartet, daß sie ihre Spielsachen entweder allein oder mit ihrer Mutter in Ordnung halten. Nur 18 % der Kinder, eher Jungen als Mädchen und stärker in der Mittelschicht, verrichten regelmäßig Arbeiten im Haushalt wie Abwaschen. Weitere 53 % erhalten von ihren Eltern Geld für das Erledigen von Aufträgen. Heranwachsende sind nicht immer eine große Hilfe im Haus, was ihnen den Vorwurf eintragen kann, „sich wie in einem Hotel zu benehmen", obwohl manche von ihnen zum Einkommen der Familie beisteuern.

In diesen grundlegenden gemeinsamen Aktivitäten von Eltern und Kindern können wir die Wurzeln für Handlungsweisen in anderen Beziehungen des späteren Leben erkennen — Mahlzeiten als das Zentrum von Begegnungen in engen Beziehungen; das intime Zusammensein von Müttern und Töchtern sowie die gemeinsamen Interessen von Vätern und Söhnen, die sich in der Struktur männlicher und weiblicher Freundschaften widerspiegeln. Körperlichen Kontakt finden wir später vor allem in sexuellen Beziehungen; Aufsicht vor allem in Beziehungen am Arbeitsplatz; Gespräch und Hilfe sind Kernpunkte aller Beziehungen.

Zufriedenheit und Konflikte

Kinder sind für ihre Eltern eine bedeutende Quelle innerer Befriedigung und Zufriedenheit. Unsere Studie über Zufriedenheit in unterschiedlichen Sozialbeziehungen ergab, daß Kinder in dieser Hinsicht zwar hinter dem Ehepartner, aber weitgehend gleichauf mit Geschwistern und engen Freunden liegen (vergleiche Abbildung 5 im vierten Kapitel). Eine landesweite amerikanische Befragung erbrachte detaillierte Informationen über den Stellenwert von Kindern in der Sicht von Eltern und Nicht-Eltern (Tabelle 3; unter jeder Hauptkategorie war eine Anzahl spezifischerer Fragen zusammengefaßt).

	Frauen Eltern	Frauen Nicht-Eltern	Männer Eltern	Männer Nicht-Eltern
Die Vorteile von Kindern				
Primäre Gruppenbindung und Zuwendung	66	64	60	52
Anregung und Vergnügen	61	41	55	35
Erweiterung des Selbst	36	34	32	32
Erwachsenenstatus und soziale Identität	23	14	20	7
Erfolg, Kompetenz und Kreativität	11	14	9	21
Moral	7	6	6	2
Wirtschaftlicher Nutzen	5	8	8	10
Von Söhnen/Töchtern erwartete Hilfeleistung				
Abtretung eines Teils ihres Einkommens beim Eintritt ins Berufsleben	28/28	18/18		
Finanzielle Hilfe bei Notfällen in der Familie	72/72	65/63		
Finanzielle Unterstützung im Alter	11/10	9/9		
Hilfe in Hausangelegenheiten	86/92	88/91		

Tabelle 3: Der Wert von Kindern (Angaben in % der Befragten)[5]

Primärgruppen-Bindung und Zuneigung, also Liebe und Zusammengehörigkeit, werden am häufigsten als Wert der Elternschaft genannt, und zwar vor allem von Frauen, weniger Gebildeten und ethnischen Minoritäten.

Anregung und Vergnügen, einschließlich der Freude, die Kinder heranwachsen zu sehen, folgen an zweiter Stelle — vor allem bei Frauen, bei Eltern (im Gegensatz zu Kinderlosen) und bei Eltern von sehr kleinen Kindern.

Erweiterung des Selbst bedeutet unter anderem, im Leben einen Sinn zu sehen, lehrreiche Erfahrungen zu sammeln und sich selbst zu verwirklichen. Juden sowie religiös Ungebundene betonten diesen Punkt stärker. Die Autoren der Umfrage weisen darauf hin, daß Kinder für diese Gruppen die wichtigste Quelle für ein Gefühl von „Unsterblichkeit" seien.

Erwachsenenstatus und soziale Identität umfassen die Überzeugung, etwas Nützliches zu tun, sowie ein Gefühl von Reife. In besonderem Maß traf dies auf weniger gebildete Frauen zu. Für das Empfinden, erwachsen und reif zu sein, erwies sich das Vorhandensein von Kindern als wichtigster Faktor.

Erfolg, Kompetenz und „Schöpfungskraft", vor allem durch das Erlebnis, ein menschliches Wesen in die Welt zu setzen, wurden von vielen und vor allem von den gebildeteren Befragten angegeben, möglicherweise wegen deren stärkerer Ausrichtung auf Erfolg.

Moral beinhaltet, eine weniger selbstbezogene und ethisch höherentwickelte Persönlichkeit zu werden, ein solideres Leben zu führen, und wurde meist von Männern erwähnt.

Wirtschaftlicher Nutzen umfaßt Alterssicherung und Hilfe bei der Hausarbeit. Dieser Aspekt war insgesamt recht unbedeutend, spielte jedoch unter Schwarzen und in ländlichen Gegenden eine erheblich größere Rolle als für den Durchschnitt der Befragten. Der untere Teil von Tabelle 3 zeigt, daß viele Eltern von ihren Kindern zu jeder Zeit, spätestens aber im Alter finanzielle Unterstützung und Hilfe im Haushalt erwarten. Personen, die besonders *Erwachsenenstatus, Moral* und *wirtschaftlichen Nutzen* betonten, wünschten sich größere Familien als die anderen.

Wenden wir uns nun der negativen Seite zu — den „Kosten", die Kinder ihren Eltern verursachen. Unsere Untersuchung ergab, daß Kinder eine sehr wichtige Quelle sowohl von Konflikten als auch von Zufriedenheit sind. Studien über Zufriedenheit in der Ehe zeigen, daß diese am größten ist, bevor Kinder da sind und nachdem sie das Elternhaus verlassen haben. Die beiden schlimmsten Zeitabschnitte sind Stadium III, das Vorschulalter, und Stadium V, wenn die Kinder Teenager sind. Die glücklichste Zeit mit Kindern scheint das Stadium IV zu sein, wenn die Kinder zwischen fünf und zwölf Jahren alt sind (vergleiche Abbildung 1 in Kapitel 6).

Soweit nun diese Resultate die Vermutung nahelegen, daß Kinder eher Last als Lohn für ihre Eltern sind, sollte zugleich berücksichtigt werden, daß Menschen mit Kindern immerhin länger leben.[6]

Kinder können für ihre Eltern jedoch auch eine erhebliche Belastung bedeuten. Während der Vorschulphase sind Mütter oft erschöpft und deprimiert, nicht wenige Väter beginnen zu trinken. Die extremste Reaktion sind Gewalttätigkeiten wie etwa Kindesmißhandlung. Diese kommt am häufigsten bei Müttern unter 20 Jahren vor, die mehrere kleine

Kinder zu betreuen haben und denen es außerdem an den erforderlichen Erziehungsfertigkeiten fehlt. Sie wenden beispielsweise zu häufig körperliche Strafen an, was wiederum die Kinder aggressiver werden läßt. Darüber hinaus haben gewalttätige Mütter meist nur wenige tragfähige Sozialkontakte und erhalten kaum Hilfe oder Unterstützung von Ehemann, Verwandten oder Nachbarn.[7] Man hat festgestellt, daß Depression bei Müttern aus der Londoner Arbeiterschicht vor allem dann verbreitet ist, wenn ihr jüngstes Kind unter sechs Jahren alt ist, wenn sie nicht berufstätig sind und ihre Ehemänner sie nicht unterstützen.[8] Die zweite schlimme Zeitspanne ist oft die Pubertät der Kinder; auf diese Probleme werden wir später noch eingehen.

Kommen wir nun zu den befriedigenden Seiten und den Kosten für die *Kinder*. Selbstverständlich erhalten die Kinder von ihren Eltern Nahrung, Obdach, Kleidung, Schutz und Taschengeld, so daß viel auf der Positivseite zu Buche schlägt. Die Newsons beobachteten bei Müttern von Vierjährigen deutlichen körperlichen Ausdruck von Zuneigung, bei 87 % der Mütter von Siebenjährigen Umarmungen, Liebkosungen und Küssen sowie bei 75 % der Kinder Äußerungen von Zuneigung. Viele Mütter waren in hohem Maße kindzentriert, das heißt, sie zeigten gegenüber ihren Kindern eine sehr positive und einfühlsame Haltung, gestanden ihnen eine eigene Privatsphäre zu und erlaubten, daß Freunde der Kinder zum Spielen kommen. Viele Eltern hatten gemeinsame Interessen mit ihren Kindern; dies traf besonders auf Väter und Söhne zu. Fast alle Eltern gaben ihren Siebenjährigen Taschengeld und bezahlten sie darüber hinaus oft für das Erledigen von Aufgaben; je ärmer die Familien waren, desto *mehr* Taschengeld verteilten sie.

Die für die Kinder negativen Aspekte erwachsen vor allem aus der Verpflichtung der Eltern, sie zu erziehen und von gefährlichen oder antisozialen Aktivitäten abzuhalten. Die Newsons fanden, daß die meisten Mütter ihren Kindern im Alter von einem, vier und sieben Jahren mehr oder weniger regelmäßig eine Ohrfeige verpaßten, und zwar Jungen öfter

Tabelle 4: Die Häufigkeit, mit der Mütter Ohrfeigen verteilen (in %)[9]

	wöchentlich oder öfter	täglich oder öfter
Einjährige (keine Häufigkeitsangabe)	62	
Vierjährige	68	7
Siebenjährige Jungen	41	11
Siebenjährige Mädchen	25	6

als Mädchen (Tabelle 4). Mütter aus der Arbeiterschicht ohrfeigen häufiger als Mütter aus der Mittelschicht (siehe Tabelle 6 weiter hinten in diesem Kapitel).

24 % der Mütter setzen manchmal Liebesentzug als Drohung ein, 22 % drohten mit Autoritätspersonen außerhalb der Familie wie Polizisten oder Lehrern. In extremen Fällen wird das Ausmaß von Bestrafung oder Liebesentzug so hoch, daß das Kind von zu Hause wegläuft. Dies geschieht am häufigsten bei 16jährigen beiderlei Geschlechts, die allerdings meist weniger als drei Tage fortbleiben. Manche werden von ihren Eltern regelrecht hinausgeworfen, die meisten aber laufen weg, um einer unangenehmen Situation zu entkommen. Am ehesten reißen Kinder aus, die ihren Eltern und der Schule entfremdet sind, die sich von ihren Eltern zurückgewiesen fühlen oder die ein starkes Bedürfnis nach untersagten Dingen wie Sexualität und Drogen haben.[10]

Die Ursprünge der Eltern-Kind-Bindung

Wir werden im nächsten Kapitel sehen, daß die Bande zwischen Eltern und Kindern (und zwischen Geschwistern) über sehr lange Zeit beständig, ja eigentlich sogar bleibend sind. Je besser die Beziehung zu beiden Elternteilen, besonders zur Mutter, ist, desto glücklicher ist der oder die Betreffende als Kind oder Heranwachsender, und desto geringer ist die Wahrscheinlichkeit, daß er oder sie als Erwachsener eine Therapie aufsuchen oder gar an Selbstmord denken wird. Es besteht allerdings kein durchgängiger Zusammenhang mit Glück im Erwachsenenalter.[11] Während der Pubertät gibt es in der Beziehung zwischen Eltern und Kindern oft eine Durststrecke; wir haben gesehen, daß die Zufriedenheit der Eltern mit der Ehe in dieser Phase sehr niedrig ist und daß Heranwachsende gelegentlich für kürzere oder längere Zeit von zu Hause ausreißen. Dennoch ist dies fast immer ein vorübergehendes Problem, und es werden bald wieder herzliche Beziehungen hergestellt.

Wann und wie entsteht diese dauerhafte und enge Bindung zwischen Eltern und Kindern?

Wir werden im nächsten Kapitel die Theorie der „eigennützigen Gene" erörtern, derzufolge Eltern sich angeblich deshalb um ihre Kinder kümmern, weil diese ihre Erbmasse bewahren und weitergeben. Derartige Theorien betreffen freilich nicht die Bindungen von Kindern an die Personen, die sich am meisten mit ihnen beschäftigen; solche Gefühlsbande entstehen auch, wenn dies Pflegeeltern, Kinder- oder Aupair-Mädchen sind. Kinder, die bis zum Alter von drei oder vier Jahren in Heimen gelebt haben, können jedoch später in der Regel keine starken Bindungen zu Pflegeeltern mehr entwickeln. Eine Reihe von Untersuchungen läßt darauf schließen, daß die engen und festen Bindungen in den ersten drei Lebensjahren geknüpft werden.

Es gibt Hinweise darauf, daß die erste Lebenswoche eine sensible Periode vor allem für Mütter ist, die in dieser Zeit ein besonderes Gespür für ihre Kinder entwickeln — vorausgesetzt, sie haben während dieser Phase viel Kontakt mit ihnen. Dies ist allerdings ein relativ schwach ausgeprägter Effekt, und die Interaktion im Verlauf der späteren Abschnitte des ersten Jahres ist wichtiger.

Kleinkinder sind von Geburt an empfänglich für weibliche Stimmen und für einem Gesicht ähnelnde Gegenstände in etwa der Entfernung, in der sich das Gesicht der Mutter während des Fütterns befindet. Auch Mütter scheinen keine Anleitung zum Umgang mit Kleinkindern zu benötigen. Während des ersten Jahres entwickeln sie elementare, ständig wiederkehrende Interaktionsmuster, die aus Blicken, Lächeln und der Produktion von Lauten bestehen; sie reagieren gewöhnlich auf Weinen, ein Signal, das ihre Aufmerksamkeit weckt; sie ahmen die Geräusche des Kindes nach und spielen mit ihm einfache Spiele wie Verstecken. Mutter und Kleinkind scheinen aufeinander allein um des Kontakts willen zu reagieren.

Kleinkinder entwickeln eine Bindung an ihre Mutter vor allem im Alter zwischen sieben und zehn Monaten; in dieser Zeit protestieren sie gegen Trennung, wollen der Mutter nahe sein und geben sich große Mühe, ihre Aufmerksamkeit zu erlangen. Etwa vom siebten Monat an ziehen sie ihre Mutter allen anderen Personen vor.[12]

In den Untersuchungen von Ainsworth und anderen wurde Bindung gemessen anhand der Suche des Kindes nach körperlichem Kontakt oder nach Nähe, wenn es sich mit der Mutter in einer fremden Umgebung befand, sowie anhand von Weinen und anderen Formen des Protests gegen Trennung von der Mutter. Am häufigsten war eine „sichere" Bindung, die sich in der Bereitschaft zum Erforschen einer fremden Umgebung in Anwesenheit der Mutter und in wenig Weinen bis zu einem weiteren Abschnitt der Untersuchung manifestierte, in dem Mutter und Kind wieder getrennt wurden. Eine zweite Gruppe zeigte heftigen Trennungsschmerz und wollte sich von ihren Müttern nicht entfernen, um sich umzusehen — „Fehlbindung"; eine dritte Gruppe zeigte eine sehr schwache Bindung. Ainsworth fand, daß eine „sichere" Bindung eintritt, wenn die Mutter empfänglich für das Weinen und andere Signale des Kleinkinds ist. Die Art des Bindungsverhaltens ändert sich, wenn das Kind älter wird: Mit zwölf Monaten benötigt es noch Körperkontakt, mit zwei Jahren räumliche Nähe; mit fünf Jahren genügen Blicke, Lächeln und Sprechen, um seine Angst zu vermindern.[13] Kinder mit einer sicheren Bindung zeigen im Vergleich zu solchen mit einer ängstlichen Bindung im Alter von zwei Jahren bessere Fähigkeiten beim Problemlösen und eine höhere Qualität des Spiels, mit dreieinhalb Jahren größere Kompetenz im Umgang mit Gleichaltrigen und im Vorschulalter stärkere Neugier, mehr Energie und ein flexibleres Verhalten.[14]

Zu den Bedingungen, damit eine Bindung aufgebaut wird, gehört die Empfänglichkeit der Mutter für die oben erwähnten Bedürfnisse des Kindes; das Füttern ist sicherlich wichtig, Bindung entsteht jedoch auch an Personen, die mit dem Kind spielen; Körperkontakt, Blicke, Lächeln und andere soziale Reize tragen gleichermaßen dazu bei.

Zwar entwickelt das Kind schrittweise Unabhängigkeit, doch ist die frühe Bindung an Eltern und Geschwister wahrscheinlich die Grundlage für die lebenslange Beziehung zu diesen nahen Verwandten (vergleiche Kapitel 9).

Bindung, und vor allem sichere Bindung, bewirkt, daß das Kind die Mutter als „sichere Ausgangsbasis" für das Erkunden fremder Örtlichkeiten und Menschen zu benutzen vermag, daß es mehr Zeit in größerer Entfernung von der Mutter verbringen und so von ihr unabhängiger werden kann, daß es sich stärker an ihr orientiert und von ihr lernen sowie sich zusammen mit ihr und anderen an komplexeren Interaktionen beteiligen kann. Unterdessen verhält sich die Mutter dem Kind gegenüber liebevoller und aufmerksamer.

Wir haben von der Mutter als der üblicherweise vorrangigen Bindungsfigur gesprochen. Kleine Kinder binden sich aber auch an diejenigen, die sich am meisten um sie kümmern, und darüber hinaus an weitere Familienmitglieder. Die Bindung zum Vater entwickelt sich gewöhnlich zur selben Zeit wie die zur Mutter, ist allerdings weniger stark.[15] Eine verläßliche Bindung an den Vater kann zwar eine unsichere Bindung an die Mutter ausgleichen, sie ist aber nicht so wirksam wie eine sichere Bindung an die Mutter allein. Ausschließliche Beziehungen zu Vater oder Mutter sind zugleich stets einer sicheren Bindung an beide Elternteile unterlegen.[16]

Söhne und Töchter

Jungen und Mädchen stehen in unterschiedlichen Beziehungen zu ihren Eltern. Bei einer amerikanischen Untersuchung äußerten 80 % der Männer, sie hätten gute Beziehungen zu ihrer Mutter, aber nur 45 % fühlten sich ihren Vätern nahe. Für Frauen lagen die Zahlen näher beieinander — 62 % fühlten sich ihren Müttern, 57 % ihren Vätern nahe.[17] Es gibt Anhaltspunkte dafür, daß die Art des Umgangs zwischen Eltern und Kindern die Psyche von Söhnen stärker beeinflußt als die von Töchtern.[18] Die Unterschiede zwischen den Geschlechtern gehen zumindest teilweise auf die andersartige Behandlung von Jungen und Mädchen zurück. Untersuchungen mit Hermaphroditen zeigen, daß diese sich gemäß ihrer „Etikettierung“ und Behandlung durch die Eltern während der ersten drei oder vier Lebensjahre „männlich“ oder „weiblich“ entwickeln.[19] In seltenen Fällen wurde ein anatomisch männliches Kind als Mädchen erzogen und entwickelte in der Folge weibliche Merkmale. Aber inwiefern verhalten sich Eltern unterschiedlich gegenüber Jungen und Mädchen? Moss[20] und andere fanden deutliche, wenn auch nicht sehr weitreichende Unterschiede im Umgang mit Kleinkindern während der ersten Lebensmonate. Mütter sehen und lächeln Mädchen häufiger an und sprechen mehr mit ihnen, während sie Jungen öfter berühren und im Arm halten. Dies geschieht zum Teil als Reaktion auf angeborene Eigenschaften von Jungen und Mädchen — Jungen sind kräftiger, Mädchen reagieren stärker auf Berührung (deshalb benötigen sie sie nicht so häufig) und Gesichter.

Mit 13 Monaten zeigen Mädchen bereits stärkere Abhängigkeit von der Mutter, und im Alter von vier oder fünf Jahren wird auf Mädchen erheblich stärkerer Druck ausgeübt, sich gehorsam, verantwortungsbewußt und fürsorglich zu verhalten, während Jungen zu Selbstvertrauen und Streben nach Erfolg ermutigt werden. Dieser Unterschied wurde zwar in einer Reihe von Kulturen gefunden, er ist jedoch am stärksten in urtümlichen Gesellschaften ausgeprägt, die von Großwildjagd leben.[21]

Jungen und Mädchen werden diejenigen Verhaltensformen beigebracht, die man ihrem Geschlecht für angemessen hält. Daß es einige biologische Unterschiede gibt, ist nahezu sicher: Beispielsweise sind bei allen Tierarten die Männchen typischerweise aggressiver als die Weibchen. Das elterliche Verhalten entwickelt solche Unterschiede jedoch noch erheblich weiter. Eltern haben meist sehr klare Vorstellungen davon, wie Jungen und Mädchen sein sollten, obwohl sich diese Vorstellungen mit den Anforderungen der Gesellschaft in gewisser Weise verändern können. Der Sozialpsychologe Roger Brown drückt es so aus:

In den Vereinigten Staaten klettert ein „richtiger" Junge auf Bäume, verachtet Mädchen, hat schmutzige Knie, spielt mit Soldaten und hat Blau als Lieblingsfarbe. Ein „richtiges" Mädchen beschäftigt sich mit Puppen, spielt Seilhüpfen oder „Himmel und Hölle" und bevorzugt Rosa als Lieblingsfarbe. Wenn sie zur Schule gehen, mögen richtige Mädchen Englisch, Musik und Vorträge; richtige Jungen rauchen Pfeife, trinken Bier und studieren Maschinenbau oder Physik; die Mädchen kauen Fruchtkaugummi, trinken Kirsch-Cola und studieren Kunst. Aus einem richtigen Jungen wird ein „harter Mann", der Poker spielt, zur Jagd geht, Brandy trinkt und im Krieg stirbt; aus dem richtigen Mädchen wird eine „feminine" Frau, die Kinder liebt, Handtüchter bestickt, Tee trinkt und den Versuchungen des Konsums erliegt.[22]

Eltern belohnen oder bestrafen ihre Kinder, um ihnen die richtige Geschlechtsrolle anzuerziehen. Außerdem wenden sie gegenüber Jungen wesentlich mehr körperliche Bestrafung an, wie eine Untersuchung der Newsons[23] an Siebenjährigen zeigte. Bei Jungen griffen doppelt so viele Eltern zu körperlichen Strafen wie bei Mädchen, und sie bedienten sich dabei häufiger eines harten Gegenstands (vergleiche Tabelle 4).

Es hat sich gezeigt, daß man von Mädchen vor allem den körperlichen Ausdruck von Zuneigung und die Entwicklung enger zwischenmenschlicher Beziehungen erwartet und sie ermutigt, über ihre Probleme zu sprechen. Jungen gesteht man auf der anderen Seite mehr Freiheit zu, allein wegzugehen, sich beispielsweise auf der Straße herumzutreiben und von der Schule allein nach Hause zu kommen; man erwartet von ihnen Selbstvertrauen, Konkurrenzbereitschaft, Erfolg und Beherrschung ihrer Gefühle. Daraus ergibt sich eine eingegrenztere und abhängigere Rolle für Töchter sowie eine unabhängigere für Söhne.

Im Umgang mit Jungen und Mädchen weisen englische Eltern größere geschlechtsspezifische Unterschiede auf als Eltern in anderen Ländern. Zusätzlich zu häufigeren Strafen werden an Jungen auch höhere Erfolgserwartungen gestellt, während Mädchen mehr fürsorgliche Zuwendung erhalten.[24]

Säuglinge sind vor allem auf die Mutter fixiert und von ihr abhängig, solange nicht jemand anders als Stellvertreter fungiert. Wird das Kind älter, so beginnt der Vater eine zunehmend wichtige Rolle zu spielen. Nach Sigmund Freud durchleben Kinder zwischen dem dritten und fünften Lebensjahr eine Periode wachsender Liebe zum gegengeschlechtlichen Elternteil, verbunden mit Eifersucht und Feindseligkeit gegenüber dem gleichgeschlechtlichen. Der „Ödipus-Komplex" war Gegenstand umfangreicher Forschungsarbeiten. Anthropologische Studien ergaben, daß sich Feindseligkeit oft nicht gegen den Vater, sondern gegen den Bruder der Mutter richtet; dies geschieht vor allem dann, wenn der Mutterbruder der Haupt-„Zuchtmeister" und der Vater ein fröhlich-freundlicher älterer Spielgefährte ist — was darauf hindeutet, daß Feindseligkeit von Jungen gegenüber ihren Vätern weniger auf sexuelle Eifersucht, als vielmehr auf die Abneigung gegen eine Tracht Prügel zurückzuführen sein könnte.

Etliche Untersuchungen legen jedoch die Vermutung nahe, daß Söhne sich im Verlauf ihrer Sozialisation tatsächlich von ihren Müttern sexuell angezogen fühlen und daß dies ihre spätere Partnerwahl beeinflußt. In denjenigen Naturgesellschaften, in denen der Sohn nach der Geburt für einige Zeit bei der Mutter schläft (vermutlich, um den Vater von der allzu baldigen Zeugung weiterer Kinder abzuhalten), müssen die heranwachsenden Söhne sich später ganz besonders unangenehmen Initiationsriten unterziehen.[25]

Das Interesse von Mädchen an ihren Vätern dürfte anders gelagert sein. Die weibliche Geschlechtsrolle verlangt, daß Mädchen nett zu anderen sind, und deshalb brauchen sie mehr soziale Rückmeldung; Väter, so hat sich erwiesen, sind ein notwendiger Faktor in der Entwicklung von Femininität. Sowohl für Jungen als auch für Mädchen scheint die Existenz irgendeiner Bindung an den gegengeschlechtlichen Elternteil normal und unerläßlich zu sein — Bindung jedoch von einer Art, die nicht die Funktion dieses Elternteils als Verhaltensmodell einschließt.

Als Modell nehmen Kinder den Elternteil gleichen Geschlechts; dies ist eine der wichtigsten Grundlagen der Geschlechtsidentität, des Gewissens und des Erfolgsstrebens. Die meisten Kinder beziehen sich auf diesen Elternteil als eines ihrer wesentlichsten Verhaltensvorbilder. Es hat sich gezeigt, daß in Familien mit einer dominanten Mutter Jungen und Mädchen diese stärker nachahmen und sich mit ihr identifizieren, wodurch das gewohnte Schema mit einem dominanten Vater durchbrochen wird.[26] Vaterlos aufgewachsene Jungen erweisen sich regelmäßig als weniger aggressiv und weniger maskulin, obwohl manche von ihnen später eine übertriebene Männlichkeit — möglicherweise als Protest gegen die Feminität ihres Zuhauses — entwickeln; dabei benutzen sie eventuell Personen außerhalb der Familie wie beispielsweise Lehrer als Modell.

Bisher glaubte man, daß sich Kinder mit einem Elternteil *identifizieren*, ihn also als Modell für sämtliche Verhaltensweisen verwenden und sein Verhalten, seine Einstellungen und Werte zu kopieren versuchen. Es hat sich jedoch herausgestellt, daß Kinder ihre Eltern zwar in manchen Dingen imitieren, in anderen aber nicht. Die wissenschaftlichen Belege sind mithin zu widersprüchlich, um die Idee einer einheitlichen Identifikation zu stützen. Kinder ahmen das Verhalten ihrer Eltern und anderer möglicher Modelle unter bestimmten, genau umschriebenen Bedingungen nach — wenn sich das Modell herzlich und belohnend verhält; wenn es mächtig ist, das heißt, die Kontrolle über Belohnungen hat; wenn das Kind dem Modell ähnelt und demselben Geschlecht angehört. Unter manchen Bedingungen ist der gleichgeschlechtliche Elternteil das Modell, oft jedoch auch nicht. Wenn das älteste Kind in einer Familie sich mit einem Elternteil identifiziert, wird das zweite Kind sich unabhängig vom Geschlecht oft am anderen Elternteil orientieren. Die Muster „Sohn-Mutter" und „Tochter-Vater" sind recht verbreitet und in normalen Stichproben anzutreffen. Der Sinn dieser „geteilten Identifikation" könnte darin bestehen, geschwisterliche Rivalitäten zu vermeiden.[27]

Beziehungen zu Müttern und Vätern

Wir haben in Kapitel 6 gesehen, daß Väter vor allem mit dem Verdienen des Lebensunterhalts und der Auseinandersetzung mit der außerhäuslichen Welt beschäftigt sind, während Mütter sich um die Kinder und den Haushalt kümmern. Nichtsdestoweniger waren Väter schon immer auch innerhalb des Hauses wichtig, und heutzutage besteht ein allgemeiner Trend, daß Väter sich zu Hause stärker engagieren und sich vor allem mehr mit den Kindern beschäftigen. Bei einem kleinen Teil der Familien sind die Rollen vertauscht, und es ist die Frau, die zur Arbeit geht, wogegen in einer größeren Zahl von Fällen beide Ehepartner berufstätig sind und sich die Hausarbeit und die Sorge um die Kinder teilen.

Es ist heute normal, daß Väter bei der Geburt ihrer Kinder anwesend sind, und Populär-Psychologen empfehlen in ihren Büchern, daß Väter auch beim Spielen mit dem Baby und anderen Aspekten der Säuglingspflege ihren Beitrag leisten sollten. So hatten etwa 1959 43 % der Väter noch nie eine Windel gewechselt, 1979 waren es nur 11 %.[28] Obwohl meist die Mutter die Hauptsorge für kleine Kinder trägt, verhält es sich bei fast einem Drittel der Fälle anders, und meist übernimmt dann statt dessen der Vater diese Aufgabe. Die meisten Kleinkinder zeigen ab einem Alter von 18 Monaten eine Bindung an ihren Vater, viele schon mit einem Jahr.[29] Eine MORI-Umfrage[30] ergab, daß 76 % der Väter von Kindern unter fünf Jahren täglich oder fast täglich mit ihnen spielten. Allerdings ist das auch schon der wichtigste Beitrag von Vätern zur Betreuung von Kleinkindern; wesentlich seltener tun sie (täglich oder fast täglich) folgendes:

sie zu Bett bringen	34 %
sie baden	16 %
ihre Windeln wechseln	15 %
sie anziehen	14 %
ihr Essen zubereiten	9 %

Dieses Muster fand sich überall: Während Väter mit kleinen Kindern *spielen*, sind Mütter vor allem mit der Pflege beschäftigt.[31]

Im Alter von sieben Jahren fühlten sich mehr von den Newson-Kindern ihren Müttern näher (siehe Tabelle 5), und zwar sowohl Jungen als auch Mädchen — also kein Hinweis auf eine ödipale Bevorzugung des gegengeschlechtlichen Elternteils. Die Mehrzahl der Kinder hatte ein gemeinsames Interesse mit dem *gleich*geschlechtlichen Elternteil.

		Jungen	Mädchen
Nähe des Kindes zu	*der Mutter näher*	39	42
den Eltern	*dem Vater näher*	21	18
Gemeinsames Interesse des Kin-	*mit der Mutter*	33	49
des mit einem Elternteil	*mit dem Vater*	68	40
Vater nimmt starken Anteil		50	31
Mutter ist kind-zentriert		29	35
Wer ohrfeigt am meisten?	*Mutter*	76	82
	Vater	12	8

Tabelle 5: Unterschiede im Verhältnis zu Vater und Mutter bei siebenjährigen Kindern[32]

Es zeigte sich, daß Väter mehr Zeit mit Jungen verbringen, während Mütter sich gegenüber Mädchen belohnender verhalten. Was Disziplin angeht, so schlagen Väter Jungen häufiger als Mädchen, während es bei Müttern keinen so eindeutigen Unterschied gibt.

Heranwachsende erleben ihre Väter im Vergleich zu ihren Müttern als autoritärer, strenger und aggressiver, während Mütter eher als unterstützend, liebevoll und beschützend empfunden werden. Autoritäre Väter wurden jedoch im Vergleich zu ähnlichen Müttern als gerechter, tolerante Mütter gegenüber toleranten Vätern als freundlicher beurteilt.[33]

Die nach der Familie mit zwei Elternteilen am weitesten verbreitete Familienform ist die Familie mit einer Mutter, aber ohne Vater. Vergleiche zwischen den Kindern in diesen beiden Familienformen sagen einiges über die Wirkungen der normalen Vaterbeziehung aus — dabei ist es jedoch wichtig, andere Faktoren wie den Lebensstandard auszuschließen. In weiteren Studien wurde die Wirkung unterschiedlicher Vaterpersönlichkeiten innerhalb intakter Familien verglichen.

Die Folgen der Abwesenheit oder Einflußlosigkeit von Vätern zeigen sich vor allem bei Jungen. So wird beispielsweise die Entwicklung der männlichen Geschlechtsrolle, das heißt, der Gefühle von Männlichkeit und der dazugehörigen Verhaltensweisen, durch das Fehlen des Vaters behindert. Dies gilt besonders, wenn ein Vater die Familie verläßt, bevor der Junge fünf oder sechs Jahre alt ist; die Wirkungen sind jedoch schwach oder bleiben ganz aus, wenn ein Stiefvater an seine Stelle tritt und die Mutter Maskulinität fördert. Innerhalb vollständiger Familien entwickelt sich Maskulinität stärker, wenn der Vater eine herzliche Beziehung zu seinem Sohn hat, wenn er als mächtige Autorität und als kompetent erlebt wird und wenn er männliche Interessen hat, die er auch bei seinem Sohn anregt. Töchter entwickeln sich eher feminin, wenn ihre Väter fürsorglich sind und ihre Weiblichkeit akzeptieren und bestärken.

Die Entwicklung von moralischen Grundsätzen und von Selbstkontrolle wird erheblich stärker durch Mütter als durch Väter beeinflußt. Jedoch ist bei Jungen die Moralentwicklung weniger ausgeprägt, und sie sind etwas anfälliger für Straftaten, wenn die Beziehung zum Vater schlecht oder dieser abwesend ist. Die wichtigsten „väterlichen" Merkmale sind Zuneigung, gemeinsame Freizeitgestaltung mit Jungen und das Vermeiden zu harter Disziplin.

Erfolg in Schule und Studium wird am stärksten vom Vater beeinflußt. Kinder aus vaterlosen Familien sind schlechter in der Schule, vor allem in Mathematik. Kinder aus intakten Familien zeigen bessere Schulleistungen, wenn ihr Vater sich aktiv um sie kümmert. Anwesenheit und Engagement des Vaters wirken sich auf den Schulerfolg von Mädchen ebenso stark aus wie auf den von Jungen, möglicherweise sogar stärker. Andererseits kann zuviel elterliche Einmischung einen negativen Effekt haben, so daß eine wesentliche Aufgabe des Vaters darin bestehen kann, dem Kind zu hinreichender Unabhängigkeit zu verhelfen.

Die soziale Kompetenz der Kinder wird am größten, wenn sie eine herzliche Beziehung zu beiden Elternteilen und die Eltern eine solche zueinander haben. Das Verhältnis von Vater und Mutter ist für die Eltern-Kind-Beziehung besonders wichtig. Zwischen dem Ausmaß negativer Affekte, welche die Eltern sich untereinander zeigen, und dem Ausmaß entsprechender Gefühle, die sich gegen das Kleinkind richten, besteht eine enge Wechselwirkung. Auch die Kontakte der Mutter innerhalb ihres weiteren sozialen Netzwerks sind für die Eltern-Kind-Beziehung bedeutsam. Bei Müttern mit geringem sozialen Rückhalt ist eine schwache Kind-Mutter-Bindung eher wahrscheinlich.[34] Sozial isolierte Mütter mißhandeln oder vernachlässigen ihre Kinder mit höherer Wahrscheinlichkeit.[35] Kinder ohne Vater kommen weniger gut mit ihrem gleichaltrigen Freundeskreis zurecht — und heranwachsende Mädchen ohne Vater nicht so gut mit dem anderen Geschlecht. Kinder aus intakten Familien haben weniger Probleme mit Gleichaltrigen, wenn die Väter fürsorglich und am Familienleben aktiv beteiligt sind. Auf das Selbstvertrauen wirkt die Abwesenheit eines Vaters sich nicht so sehr aus, da mütterliche Wärme hier auszureichen scheint.[36]

Da Mütter heutzutage zunehmend berufstätig sind, gleichen die Einflüsse von Mutter und Vater sich immer stärker an. Welche Folgen hat die zeitweilige Abwesenheit der Mutter? Zu diesem Thema wurden zahlreiche Untersuchungen durchgeführt, und das Endergebnis ist: Es gibt wenig Beweise dafür, daß die Kinder deshalb emotionalen Mangel leiden, sie sind jedoch weniger gut beaufsichtigt und werden eher straffällig. Die Mutter ist oft glücklicher, obwohl sie wegen Arbeitsüberlastung möglicherweise Schuldgefühle und Streß empfindet; vor allem für ihre Töchter stellt sie ein besseres Rollenmodell von Erwachsenemverhalten dar.[37] Diese Erkenntnisse haben Bestrebungen verstärkt, geeignete Kindertagesstätten für berufstätige Mütter einzurichten.

Die Pubertät — eine Periode des Beziehungs-Wandels

Während der Pubertät verändert sich die Beziehung zu Kindern beträchtlich, und manchmal kommt es sogar zum zeitweiligen Bruch. Das Kind verspürt einen zunehmenden Drang, aus der kindlichen und abhängigen Form der Bindung an die Eltern auszubrechen — hin zu größerer Eigenständigkeit. In Kulturen, die keinem starken Wandel unterliegen, ist dies ein geringeres Problem als in unserer eigenen, wo durch historische Veränderungen immer wieder „Generationenkonflikte" zwischen den Vorstellungen und Interessen von Eltern und Kindern entstehen.

Wir haben gesehen, daß die Phase der Pubertät ihrer Kinder für die Eltern eine schwierige Zeit bedeutet (siehe Abbildung 1 im sechsten Kapitel); das ist sie jedoch oft auch für die Kinder: Mit zwölf oder 13 Jahren sind das Selbstwertgefühl geringer und die persönliche Befangenheit größer als jemals vorher oder nachher.

Die meisten Heranwachsenden zeigen ein gewisses Maß an Auflehnung, und sei es nur, um klarzustellen und durchzusetzen, daß sie eigenständige Individuen mit dem Recht auf Selbstbestimmung sind. Bei einigen sind das Aufbegehren und die Ablehnung der Eltern ernsthafterer Natur, meist allerdings auch nur vorübergehend. Rebellion findet oft in Form von Widerstand gegen elterliche Einschränkungen in puncto Rauchen, Trinken, Sexualität oder langes nächtliches Ausbleiben statt; es werden abweichende Haltungen zu Religion oder Politik vertreten oder auch nur andere Musik, Kleidung oder Haartracht bevorzugt. Besonders heftig ist die Auflehnung bei sozial sehr beweglichen Kindern oder solchen, die sich einer Gruppe der „Gegenkultur" anschließen; in Entwicklungsländern lehnen Heranwachsende oft die Traditionen ihrer Eltern zugunsten moderner Ideen ab.

Andererseits haben neuere amerikanische Untersuchungen[38] erbracht, daß

88 % der Teenager vor ihren Eltern großen menschlichen Respekt hatten;
75 % die Wertvorstellungen und Ideale ihrer Eltern teilten;
57 % angaben, mit ihren Eltern gut auszukommen und gern mit ihnen zusammenzusein;
etwa ein Drittel Schwierigkeiten bei der Kommunikation mit den Eltern hatte;
etwa 25 % der Meinung waren, es gäbe eine große Kluft zwischen den Generationen; und nur
4 % nicht gerne mit ihren Eltern zusammen waren.

Diese Umfragen lassen vermuten, daß bei 25 bis 30 % der Heranwachsenden und ihren Eltern Kommunikation und Wertvorstellungen zwar ein Problem, wirklich ernsthafte Konflikte aber ziemlich selten sind. Die Art dieser Konflikte wurde von Coleman[39] durch eine Studie in London weiter erforscht; er verwandte eine sogenannte projektive Methode, bei der die Versuchspersonen Sätze ergänzen („Wenn ein Junge mit seinen Eltern zusammen ist...") und Geschichten zu Bildern schreiben sollten. Mehr als 90 % der Heranwachsenden produzierten zum Thema „Eltern" negative Aussagen, wobei die Inhalte für Jungen und Mädchen unterschiedlich waren. Jungen beschrieben Frustrationsgefühle — „Wenn ein Junge mit seinen Eltern zusammen ist... ist er meistens unfrei". Auch Mädchen berichteten, sie fühlten sich nicht im Einklang mit sich selbst, wenn sie mit ihren Eltern zusammen seien — „Wenn ein Mädchen mit ihren Eltern zusammen ist ... ist sie nicht sie selbst... muß sie sich anders benehmen... wird sie wie sie" (siehe Abbildung 1).

Abb. 1: Prozentsatz der Jungen und Mädchen in vier Altersgruppen, die bei einem Satzergänzungstest über Elternbeziehungen negative Inhalte zum Ausdruck bringen[40]

Für Jungen bestand das Problem in der Frustration über Einschränkungen und in dem Wunsch nach größerer Freiheit. Dies ist für die meisten Mädchen weniger wichtig, weil sie, wie wir gesehen haben, bereits während der Kindheit stärker in Richtung auf Abhängigkeit und Gehorsam gelenkt werden, wogegen Jungen stärker zu Unabhängigkeit erzogen werden.

Im Verlauf der Pubertät erleben jedoch sowohl Jungen als auch Mädchen starke Zwiespältigkeit: Während sie um mehr Unabhängigkeit ringen, benötigen sie zugleich elterliche Hilfe und Unterstützung, so daß sie plötzlich in eine abhängigere Form der Beziehung zurückfallen können.

Hat die Gruppe der Gleichaltrigen mehr Einfluß als die Eltern? Einige Verhaltensbereiche werden stärker von dieser, andere eher von jenen beeinflußt. Die für die Gleichaltrigen wichtigsten Aktivitäten werden von ihnen auch am stärksten geprägt, beispielsweise Freizeitinteressen wie Musikvorlieben, Tanzen und Sport, manchmal auch Drogen und Straftaten. Die Eltern dagegen haben mehr Einfluß auf die Ausbildungs- und Karrierepläne.[41]

Bei Naturvölkern wird der Übergang von der Kindheit zum Erwachsenenstatus durch dramatische Zeremonien, „Initiationsriten“, markiert. Vergleichbar mit Hochzeiten oder Abiturfeiern bei uns, machen diese Festlichkeiten die Statusänderung der Betroffenen publik und geben ihnen sozialen und symbolischen Rückhalt für eine Veränderung ihrer Lebensumstände. In modernen Gesellschaften gibt es derartige Zeremonien für Heranwachsende kaum noch; bestimmte Geburtstage bilden am ehesten ein Gegenstück, weil mit ihnen jeweils unterschiedliche Rechte erworben werden — in Kneipen Alkohol trinken zu dürfen, ein Auto zu fahren, zu wählen, die Schule zu verlassen, zu heiraten. Heranwachsende durchlaufen mit zunehmender Unabhängigkeit von ihren Eltern, dem Eintritt ins Berufsleben, dem Verlassen des Elternhauses und der Heirat eine Reihe von Veränderungen ihrer Rolle. Dies sind bedeutende Einschnitte, die stets zu einem neuen Bruch mit dem Leben der Kindheit führen.

Im Verlauf der Pubertät müssen junge Menschen eine Anzahl wichtiger Entscheidungen hinsichtlich ihrer Ausbildung und Karriere treffen. Darüber hinaus müssen sie Weichen für ihre Persönlichkeitsentwicklung stellen. Die verstärkte Beschäftigung mit dieser Thematik ist „Identitätskrise“ genannt worden. Der oder die einzelne muß zu einem

Selbstbild, einer Identität gelangen, die seine oder ihre tatsächlichen Fähigkeiten, Interessen und bisherigen Erfahrungen umfaßt sowie eine Grundlage für Selbstachtung bildet. Diese Identität soll zudem unverwechselbar sein und sich von der der Eltern und der Familie einigermaßen unterscheiden. Der Aufbau einer unabhängigen Identität geschieht zum Teil durch Anschluß an Gleichaltrige und eine stärkere Orientierung an deren Idealen und Wertvorstellungen als an denen der Eltern. Über die letzten 40 Jahre hinweg hat der Einfluß der Altersgenossen auf Heranwachsende erheblich zugenommen, und sie sind heute geradezu unersetzlich, um die Unabhängigkeit der Jugendlichen von elterlicher Kontrolle zu bestätigen und zu verstärken — durch wirksame soziale Normen über Kleidung, Pop-Musik, Sexualität und manchmal auch Drogen.

Manchmal dient die Gruppe der Gleichaltrigen als nützliche Informationsquelle und Vermittler sozialer Fertigkeiten. Zuweilen regt sie aber auch zu Delinquenz und anderen Formen abweichenden Verhaltens an. Gewöhnlich hält sie Heranwachsende von den Eltern und dem Rest der Erwachsenenwelt fern. Urie Bronfenbrenner schrieb als Vorsitzender eines amerikanischen Regierungsausschusses über Probleme mit Kindern:[42]

Indem wir unsere Kinder vom Rest der Gesellschaft isolieren, überlassen wir sie einer Welt ohne Erwachsene, geleitet von den zerstörerischen Impulsen und unwiderstehlichen Zwängen sowohl der altersmäßig abgesonderten peer-group *als auch des aggressiven und ausbeuterischen Fernsehens; wir lassen zu, daß unsere Kinder aller Maßstäbe und Unterstützung beraubt sind und unser eigenes Leben verarmt und verfälscht ist.*

Dienen die Eltern in der mittleren Kindheit oft als nachahmenswertes Modell, so werden sie während der Pubertät als Vorbilder unter Umständen entschieden gemieden. Andererseits haben wir bereits gesehen, daß die Mehrzahl der Heranwachsenden elterliche Gedanken und Wertvorstellungen teilt und daß sich tatsächlich viele ihre Eltern zum Vorbild nehmen. Denn Eltern mögen in ihrem Geschmack hinsichtlich

Musik und Kleidung nicht ganz auf dem neuesten Stand sein, immerhin haben sie doch erfolgreich die Aufgaben des Erwachsenenlebens gemeistert, eine Familie zu gründen und den Lebensunterhalt zu verdienen. Heranwachsende werden für ihre Suche nach Unabhängigkeit und Reife ihre Eltern mit größerer Wahrscheinlichkeit als Vorbild wählen, wenn sie eine warmherzige Beziehung zu ihnen haben und wenn diese in ihrem Beruf sichtlich kompetent sind — was auch für Mütter gilt.[43]

Schichtunterschiede bei Eltern-Kind-Beziehungen

Eltern aus verschiedenen sozialen Schichten sind sich in der Art, wie sie ihre Kinder behandeln, recht ähnlich — alle möchten, daß ihre Kinder gesund, glücklich und wohlerzogen sind. Dennoch gibt es eine Anzahl recht erstaunlicher Unterschiede, die Folgen für die spätere Persönlichkeitsentwicklung zeitigen. Zum Teil liegt das daran, daß Mittelschichtseltern als erste neue Bücher lesen und neue Moden in die Tat umsetzen. Sie waren die ersten, die psychologische Elternratgeber lasen, die begannen, ihre Säuglinge nur dann zu füttern, wenn diese danach verlangten, und gegenüber kindlicher Sexualität tolerant zu sein. Familien aus der Arbeiterschicht haben hingegen, wie wir zu Anfang dieses Kapitels (Tabelle 1) gesehen haben, oft mehr Kinder, die Mütter sind jünger, das erste Kind wird häufiger vor der Heirat gezeugt, und es gibt mehr uneheliche Kinder.

Eltern aus verschiedenen sozialen Schichten scheinen ihre Kinder weitgehend gleichermaßen zu lieben oder zurückzuweisen, wie Angaben über körperliche Zuwendung oder die Bereitschaft, Kinder mit ins eigene Bett zu nehmen, erkennen lassen. Andererseits sprechen Mittelschichtseltern mehr mit ihren Kindern; in den ersten Monaten ist der lautsprachliche Austausch zwischen Mittelschichtsmüttern und ihren Kindern intensiver, später lesen sie ihnen mehr Geschichten vor; Mittelschichtseltern beginnen häufiger die Interaktion mit ihren Kindern, spielen öfter mit ihnen, beobachten und helfen stärker und bringen ihnen mehr bei. In etlicher Hinsicht belohnen sie auch intensiver — sie beantworten mehr Fragen, loben häufiger, geben jedoch *weniger* Taschengeld.

Mittelschichtseltern sind liberaler im Hinblick auf frühkindliche sexuelle Spiele, Aggressionen und Mißerfolge bei der Sauberkeitserziehung. Die Newsons fanden, daß Mütter aus der Arbeiterschicht ihre Kinder im Alter von vier Jahren häufiger schlagen, daß sie bei Siebenjährigen mehr körperliche Strafen anwenden und daß sie dies tun, um Gehorsam zu erzwingen oder weil das Kind seine Mutter geschlagen hat. Zahlreiche Untersuchungen zeigen, daß Eltern aus der Arbeiterschicht in größerem Maße Gewalt und Zwang anwenden, die durch körperliche Strafen und die Drohung, es käme noch mehr nach, verstärkt werden. Ziel ist die Herbeiführung von Gehorsam und Angepaßtheit, sind nette und saubere Kinder. Mittelschichtseltern dagegen erreichen dies eher durch Reden, durch Überzeugen und Erklären; ihnen geht es dabei um die Entwicklung von Selbstkontrolle und Rücksicht auf andere, um Glück und Gesundheit ihrer Kinder sowie deren gute Beziehung zu ihren Eltern. Eltern der Arbeiterschicht sind bei kleinen Kindern weniger tolerant gegenüber aggressivem Verhalten, frühkindlicher Sexualität und Lügen; sie reagieren moralistischer auf diese Verhaltensweisen. Später sind es freilich Mittelschichtseltern, die sich mehr um das Verhalten ihrer Kinder außer Hauses kümmern (siehe Tabelle 6).

	I&II	III(N)	III(M)	IV	V
Ohrfeigt einmal wöchentlich bis einmal täglich (mit 4 Jahren)	61	68	70	66	79
Häufiger Einsatz körperlicher Strafen (mit 7 Jahren)	21	27	34	31	40

Tabelle 6: Soziale Schicht und Bestrafung[44]

Väter aus der Arbeiterschicht sind seltener zu Hause und können deshalb weniger Zeit mit ihren Kindern verbringen; sie sind strenger und strafen häufiger als Mütter. Väter aus der Mittelschicht haben eine herzlichere Beziehung zu ihren Kindern und teilen eher Interessen mit ihnen.

Mittelschichtseltern üben stärkeren Druck in Richtung auf schulische Erfolge aus. Sie sprechen nicht nur mehr mit ihren Kindern, sondern beantworten Fragen auch vollständiger, vermitteln ihnen mehr Kenntnisse und Fertigkeiten, ermutigen sie, geistige Aufgaben anzupacken, und belohnen Leistung.

Historische Veränderungen der Eltern-Kind-Beziehungen

Die Beziehung zwischen Eltern und Kindern war in der Vergangenheit großen Wandlungen unterworfen. Bis zur Mitte des 18. Jahrhunderts erlebten Kinder eine harte Zeit: Viele von ihnen starben während der Kindheit, sie wurden oft schwer mißhandelt, häufig wurden sie zwecks Erziehung oder Dienstleistung zu anderen Familien geschickt, und die Beziehung zu ihren eigenen Eltern war oft sehr distanziert. Plumb[45] behauptet, daß sich ab etwa 1740 die Lage der Kinder in Großbritannien erheblich verbessert habe: Sie lebten länger, ihren Familien ging es besser, und für die Ausbildung standen mehr Bücher zur Verfügung. Kindheit wurde als eigenständiger Lebensabschnitt zwischen dem Kleinkind- und dem Erwachsenenalter anerkannt. Mit dem frühen 19. Jahrhundert wurden die Eltern jedoch strenger und intoleranter, und man glaubte, Kinder zum gewünschten Typ von Erwachsenem heranziehen zu können; religiöse Ideen waren einflußreich, „böse" Neigungen des Kindes mußten durch die Androhung himmlischer Strafen und durch Betonung von Pflicht und Gewissen besiegt werden.[46]

In unserem Jahrhundert haben die Vorstellungen von Psychologen über populäre Erziehungsbücher und Frauenzeitschriften starken Einfluß auf die Eltern-Kind-Beziehungen gewonnen und dabei zunächst Mittelschichtseltern, dann die übrige Gesellschaft erfaßt. Der frühe Behaviourismus gelangte durch Truby King mit einem Ansatz an die breite Öffentlichkeit, der heute sehr autoritär erscheint. Die Kinder sollten zu Selbstkontrolle und Gehorsam erzogen und stets ignoriert werden, wenn sie weinten; besondere Strenge wurde gegenüber frühkindlicher Sexualität und Daumenlutschen angeraten. Freud und seine Anhänger, wie Susan Isaacs und John Bowlby, überzeugten andererseits die Leute davon, daß Kinder berechtigte Bedürfnisse haben, die erfüllt werden sollten, daß ihnen reichlich Aufmerksamkeit zuteil werden sollte und daß sie eine enge Beziehung zu ihrer Mutter brauchen.

Dr. Benjamin Spocks Buch *Baby and Child Care,* die Säuglings-Bibel der englischsprachigen Länder, erschien 1946, wurde in 20 Millionen Exemplaren verkauft und vertrat extreme Freizügigkeit sowie eine Lust-Moral — Spaß mit seinem Baby zu haben, war jetzt in Ordnung. Amerikanische Untersuchungen ergaben, daß dort ein Umschwung in Richtung auf elterliche Nachgiebigkeit stattfand, der seinen Höhepunkt 1950 erreichte. Seitdem gab es einen Trend, der von der Freizügigkeit wegführte, und die neueste Mode besteht darin, vom Kinder-dürfen-alles-was-sie-wollen abzurücken, die Bedeutung der Vaterrolle hervorzuheben und damit auch den Bedürfnissen der Eltern wieder stärker Rechnung zu tragen.[47]

So wie die Kindheit als besonderer Lebensabschnitt im frühen 19. Jahrhundert auftauchte, bildete sich im 20. Jahrhundert die Pubertät als Periode zwischen Kindheit und Erwachsenenalter heraus. „Teenager" traten erstmals während des Zweiten Weltkriegs als gesonderte Gruppe mit eigener Kleidung und eigenständigem Stil in Erscheinung, und die Eltern der Nachkriegszeit mußten mit ihnen umzugehen lernen. Die „sexuelle Revolution" und die Drogenszene ließen in den sechziger Jahren für Eltern und Heranwachsende besonders brennende Probleme entstehen, aber seither scheinen die Beziehungen sich wieder verbessert zu haben, und es wird weniger von „Rebellion", „Generationenkonflikt" und „Identitätskrise" gesprochen.

Kulturunterschiede

Wir wenden uns nun kulturellen Abweichungen in den Eltern-Kind-Beziehungen zu. Ein wichtiges Unterscheidungsmerkmal ist die Größe des Haushaltes, in dem die Kinder aufwachsen: Bei uns besteht er typischerweise aus einem oder zwei Erwachsenen und zwei oder drei Kindern, während er in Ländern der Dritten Welt mindestens doppelt so groß ist und die Familien in Gruppen um einen Hofraum herum leben, so daß die Gesamtzahl der Erwachsenen und Kinder größer ist. Manche, etwa die Großeltern und zuweilen der Bruder der Mutter, spielen eine wichtige Rolle bei der Kindererziehung. Europäische und amerikanische Mütter stillen seltener und beginnen früher als in der Dritten Welt mit dem Abstillen und der Sauberkeitserziehung; zugleich verbringen die Mütter der westlichen Welt erheblich mehr Zeit mit der Betreuung ihrer Kleinkinder und sind für diese die wichtigste Pflege- und Bezugsperson.

Man hat verglichen, wie in England, der Bundesrepublik und den USA Kinder großgezogen werden.[48] Die englischen Familien zeigten im Unterschied zu amerikanischen und deutschen Familien

mehr	*weniger*
körperliche Strafen	Fürsorglichkeit
Nörgeln und Schelten	Beschützen
Nachsicht und Verwöhnung	Erfolgserwartungen
Erziehung durch Erklären	Strafe durch Liebesentzug
Strenge Überwachung	Arbeitsaufträge im und um das Haus.

Im Umgang mit Aggression während der Kindheit gibt es starke Abweichungen. So stellte man fest, daß amerikanische Eltern in dieser Hinsicht weniger restriktiv sind als Eltern in Ländern der Dritten Welt. Kindern in ländlichen Gemeinschaften oder in übervölkerten Gehöften wird sehr wenig Aggression erlaubt, aber mit zunehmender Verstädterung wird Aggression stärker gefördert, wie es im Libanon geschehen ist. Aggressives Verhalten wird auch bei Stämmen unterstützt, die mit ihren Nachbarn ständig in Fehde liegen und deshalb Nachschub an kampfesbereiten jungen Männern benötigen.[49]

David McClelland hat nachgewiesen, daß Leistungsmotivation einer der Faktoren ökonomischen Wachstums ist und ihrerseits durch bestimmte Eltern-Kind-Beziehungen hervorgebracht wird. Untersuchungen an etlichen Kulturen haben ergeben, daß die stärkste Leistungsmotivation sich aus der Erziehung zu Unabhängigkeit im Alter von etwa acht Jahren entwickelt — im Gegensatz zu früher oder später — sowie dann, wenn die Väter nicht zu mächtig oder autoritär sind. Dieses Erziehungsmuster wiederum taucht im Protestantismus häufiger auf; daraus resultiert seine Verbindung mit dem Kapitalismus.[50]

In einer Reihe von Untersuchungen wurden Eltern-Kind-Beziehungen unter verschiedenen gesellschaftlichen und ökonomischen Bedingungen verglichen. In bäuerlichen Gemeinschaften, die Vorratswirtschaft und Viehzucht treiben, wird auf die Kinder mehr Druck ausgeübt, gehorsam und verantwortungsbewußt zu sein — solches Verhalten ist für die erfolgreiche Kooperation bei der Landarbeit notwendig. Bei Naturvölkern, die beispielsweise für die Großwildjagd auf körperliche Kraft angewiesen sind, werden Jungen und Mädchen recht unterschiedlich erzogen.[51] In den meisten urtümlichen Gemeinschaften werden Kinder wie kleine Erwachsene behandelt; sie spielen nicht, sondern lernen schon recht früh und vor allem durch Nachahmung die Rollen der Erwachsenen.

Elterliche Fertigkeiten und Verhaltensregeln

Zunächst gibt es gesetzliche Vorschriften, die Rechte und Pflichten festlegen sowie die Beziehungen zwischen Eltern und Kindern regeln. Sie können folgendermaßen zusammengefaßt werden:[52]

1. Das Recht, zu entscheiden, wo und mit wem das Kind leben und zusammen sein soll;
2. das Recht, die Ausbildung zu bestimmen, und die Verpflichtung zur Erziehung;
3. das Recht, in vernünftigem Rahmen zu strafen;
4. das Recht und die Pflicht, das Kind zu schützen und für seinen Lebensunterhalt zu sorgen;
5. das Recht, das Eigentum zu verwalten (jedoch in aller Regel nicht das Recht, auf die Dienste des Kindes Anspruch zu erheben);
6. das Recht, für das Kind einen Paß zu beantragen;
7. das Recht, ärztlicher Behandlung des Kindes zuzustimmen oder sie zurückzuweisen;

8. das Recht, die Zustimmung zur Adoption zu erteilen oder zu verweigern;
9. das Recht, die Zustimmung zur Heirat eines Kindes im Alter zwischen 16 und 18 Jahren zu erteilen oder zu verweigern;
10. das Recht, bei einem Prozeß im Namen des Kindes anzuklagen oder zu verteidigen
11. das Recht, beim Tod eines Kindes ohne testamentarische Regelung dessen Eigentum zu übernehmen.

Wir haben gesehen, daß es in der Geschichte wechselnde Moden elterlichen Verhaltens und gewisse schichtspezifische Abweichungen sowie erheblich größere Unterschiede zwischen verschiedenen Kulturen gegeben hat. Veränderungen des Erziehungsverhaltens in jüngerer Zeit sind durch psychologische Forschung angeregt worden; je mehr sich dieses Wissensgebiet ausdehnt, desto bessere Ratschläge können Eltern gegeben werden. Es ist heute möglich, annehmbare Grenzen elterlichen Handelns anzugeben, jenseits derer die Kinder wahrscheinlich jetzt oder in der Zukunft zu leiden haben werden. Ferner ist es innerhalb dieser Grenzen möglich, vorherzusagen, welche Auswirkungen unterschiedliche Erziehungsstile auf die Persönlichkeitsentwicklung des Kindes haben werden.

Die wichtigste Dimension, in der sich Eltern unterscheiden, ist *Akzeptieren-Zurückweisen*. Akzeptierende Eltern lieben ihre Kinder, verbringen viel Zeit mit ihnen, ihre Interaktion mit den Kindern ist eher herzlich und belohnend als kritisch oder feindselig, und sie haben eine hohe Meinung von ihnen. Dabei gibt es eine eindeutige Untergrenze: Wenn Eltern ihre Kinder zurückweisen, werden diese mit *größerer* Wahrscheinlichkeit

straffällig

aggressiv

neurotisch

schizophren.

Hingegen werden sie mit *geringerer* Wahrscheinlichkeit freundliches und sozial geschicktes Verhalten

ein Gewissen und Rücksicht auf andere
kooperatives Verhalten
entwickeln.

Diese Auswirkungen sind erheblich. Das Psychologen-Ehepaar Glueck[53] fand beispielsweise heraus, daß 60 % aus einer großen Stichprobe von Straftätern im Vergleich zu 19 % in einer nicht straffälligen Kontrollgruppe von ihren Vätern abgelehnt worden waren. Es ist mittlerweile anerkannt, daß solche Effekte zum Teil durch die elterliche Ablehnung bereits straffällig gewordener Kinder zustande kommen. Eine Durchsicht von Studien über die Gründe von Straffälligkeit ergab allerdings, daß elterliche Erziehungstechniken wie Überwachung und Disziplinierung die wichtigsten Vorhersagekriterien für Straffälligkeit waren, gefolgt von Verhaltensproblemen des Kindes, Kriminalität der Eltern und der Familie sowie schlechten Schulleistungen des Kindes.[54]

Möglicherweise gibt es auch eine obere Grenze: Wenn die Beziehung zu eng oder übermäßig beschützend ist, kann das Kind Schwierigkeiten mit der Entwicklung von Unabhängigkeit während der Pubertät bekommen, es kann ein zu strenges Gewissen mit Angst und Schuldgefühlen entwickeln, und es kann, wenn die Nähe zum gegengeschlechtlichen Elternteil zu groß ist, homosexuell werden.

Eltern sind ferner dafür verantwortlich, ihre Kinder soweit zu kontrollieren, daß diese nicht sich selbst gefährden oder andere belästigen, und sie in den innerhalb ihrer Gemeinschaft geltenden Verhaltensregeln zu unterweisen. Wir haben gesehen, daß *Toleranz versus Strenge* eine der Hauptdimensionen ist, entlang derer das Hin und Her von Moden stattgefunden hat. Hier können wir Grenzen angeben: Wenn die Eltern zu tolerant sind, werden die Kinder innerhalb und außerhalb des Hauses eine Plage sein, sie werden wild und unkontrollierbar aufwachsen. Sind die Eltern zu streng, so werden die Kinder mit größerer Wahrscheinlichkeit außer Hauses schlechte Manieren zeigen und sich feindselig, widerspenstig und straffällig verhalten. Allgemein anerkannt ist mittlerweile, daß es keinen Grund gibt, soviel Aufhebens wie in früheren Generationen wegen Daumenlutschens und Spielens mit den Genitalien zu machen.

Von größerer Bedeutung sind möglicherweise die Fertigkeiten, mit denen man Kinder am wirksamsten erziehen und die Verinnerlichung von gesellschaftlichen Regeln fördern kann. Studien wurden durchgeführt, um den Erfolg von unterschiedlichen elterlichen Vorgehensweisen bei der Internalisierung gesellschaftlicher Normen zu untersuchen, soweit sie aus der Stärke von Schuldgefühlen, dem Widerstand gegen Verlockungen sowie dem Eingestehen und Akzeptieren von Schuld nach Normverletzungen erkennbar wird. Die erfolgreichsten Erziehungspraktiken waren: Zuwendung sowie verbale Erklärung und Appelle, die auf die Konsequenzen für andere hinwiesen. Die *nicht* erfolgreichen Erziehungstechniken waren: körperliche Bestrafung; Hausarrest und Drohungen; Liebesentzug, Ignorieren, Zurückweisung oder Isolation des Kindes.[55]

Elterliches Verhalten variiert auch auf anderen Dimensionen als den beiden bislang erörterten, beispielsweise in der Anregung unterschiedlicher Grade von Kreativität oder Leistungsmotivation. Keine andere Dimension beeinflußt jedoch die Beziehungen zu Kindern so tiefgreifend oder beweist so eindeutig das Vorhandensein von Normen.

Wenden wir uns nun den elterlichen Fähigkeiten zu, die im Umgang mit Heranwachsenden erforderlich sind. Wir haben gesehen, daß viele Eltern und Kinder die Phase der Pubertät als schwierig empfinden. Das Geheimnis liegt in der Fortführung jener Vorgehensweisen, die auch bei jüngeren Kindern erfolgreich waren: Herzlichkeit, Kontrolle und nachvollziehbare Erklärungen. Die Eltern besitzen jetzt weniger, das Kind mehr Einfluß; das Kind muß nun mehr Anteil an Entscheidungen haben, die seine Person betreffen. Es hat sich gezeigt, daß Eltern heranwachsende Kinder nur mäßig zu kontrollieren versuchen, wobei Mütter etwas stärker kontrollieren als Väter. Die häufigste Art von Kontrolle besteht darin, eine Anordnung zusammen mit einer Begründung zu erteilen; darauf folgen unbegründete Anordnungen und schließlich Überredung, obwohl diese von den Kindern nicht besonders nachhaltig befolgt wird. Kinder gehorchen eher bei starker oder mittelmäßiger Kontrolle. Bei Müttern waren jedoch maßvolle Versuche am erfolgreichsten, und ein hohes Maß an Kontrolle zeitigte den *geringsten* Erfolg.[56] Forschungsarbeiten von Elder[57] und anderen verglichen die Auswirkungen unterschiedlicher elterlicher Verhaltensstile während dieser Periode. Sie erbrachten:

1. Demokratische Erziehung ist am erfolgreichsten. Hier beteiligt sich der Heranwachsende frei an der Erörterung von Angelegenheiten, die ihn betreffen, und kann seine eigenen Entschlüsse treffen. Die endgültige Entscheidung muß jedoch von den Eltern gebilligt werden. Dieser Stil ist besser als permissive, egalitäre oder autoritäre Stile, weil er als gerechter und weniger abweisend empfunden wird und beim Kind größere Unabhängigkeit und stärkeres Vertrauen bewirkt. Die wichtigsten Streitpunkte sind oft alltägliche Dinge wie der Haarschnitt oder der Zeitpunkt des Nachhausekommens. Eltern müssen Grenzen setzen, sollten jedoch daran denken, daß die Verhältnisse sich seit ihrer eigenen Jugend geändert haben könnten.

		autokratisch	demokratisch	permissiv
Elterliches Verhalten wird als gut	*Mutter*	55	86	80
und vernünftig angesehen	*Vater*	51	85	75
Fühlt sich abgelehnt durch	*Mutter*	42	11	11
	Vater	40	8	11
Selbstsicher und unabhängig				
Eltern geben häufig Erklärungen		29	45	50
Eltern geben selten Erklärungen		30	32	33

Tabelle 7: Die Wirkung unterschiedlicher Erziehungsstile auf Heranwachsende[58]

2. Herzliches und belohnendes Verhalten der Eltern hat eine Vielzahl positiver Konsequenzen einschließlich erfolgreicherer Entwicklung einer eigenständigen Identität, von Selbstvertrauen und Selbstbewußtsein.
3. Ähnliche Wirkungen hat das Darlegen von Gründen für Vorschriften und elterliche Erwartungen.

Verhaltensvergleiche zwischen Familien von normalen und gestörten Heranwachsenden in Laboratoriumsdiskussionen zeigen, daß diese sich in einer Anzahl von Merkmalen unterscheiden. In den Familien normaler Heranwachsender gab es mehr Scherze und Gelächter, mehr Kooperation, mehr Informationsaustausch und mehr Übereinstimmung, obwohl sie auch auf freundschaftliche Weise unterschiedlicher Meinung sein konnten.[59]

Die 20 Normen, die in unserer eigenen Untersuchung als die wichtigsten für Eltern von Heranwachsenden und für heranwachsende Kinder selbst bezeichnet wurden, zeigt Tabelle 8.

Tabelle 8: Regeln für Eltern

1. Die Intimsphäre des Kindes respektieren
2. Dem Kind Anleitung und Beispiel geben
3. Dem Kind Zuneigung zeigen
4. Die Vorstellungen des Kindes bestärken
5. Die eigenen Ansichten des Kindes respektieren
6. Emotionalen Rückhalt gewähren
7. Keine sexuellen Handlungen mit dem Kind aufnehmen
8. Geheimnisse wahren
9. Nicht übermäßig besitzergreifend sein
10. Das Kind wie einen verantwortlichen Erwachsenen behandeln
11. Gute Neuigkeiten mitteilen
12. Dem Kind während des Gesprächs in die Augen sehen
13. Das Kind mit dem Vornamen ansprechen
14. Geburtstagskarten und Geschenke geben
15. Sich für das Kind in seiner Abwesenheit einsetzen
16. Mit dem Kind über Sexualität und Tod sprechen
17. Mit dem Kind über Religion und Politik sprechen
18. Verantwortung für die Regeln korrekten Verhaltens übernehmen
19. Versuchen, Schulden zurückzuzahlen und sich für Gefälligkeiten und Komplimente erkenntlich zu zeigen
20. Nicht die Freundschaften des Kindes kritisieren

Regeln für heranwachsende Kinder

1. Die Intimsphäre der Eltern respektieren
2. Geheimnisse wahren
3. Keine sexuellen Handlungen mit dem anderen aufnehmen
4. Gute Neuigkeiten mitteilen
5. Rücksicht auf die Rechte der Eltern nehmen, etwa hinsichtlich Lautstärke, der Benutzung von Telefon und Fernsehen
6. Zu den Eltern höflich sein, vor allem in Gesellschaft
7. Sich für den anderen in dessen Abwesenheit einsetzen
8. Geburtstagskarten und Geschenke geben
9. Dem anderen während des Gesprächs in die Augen sehen

10. Mit den Eltern über Sexualität und Tod sprechen
11. Freunde mit nach Hause bringen
12. Mit den Eltern über Religion und Politik sprechen
13. Um persönlichen Rat fragen
14. Schulden zurückzahlen, sich für Gefälligkeiten und Komplimente erkenntlich zeigen
15. Die Eltern über den eigenen Zeitplan unterrichten
16. Die Werte der Eltern respektieren, auch wenn diese altmodisch sind
17. Die Eltern nicht in der Öffentlichkeit kritisieren
18. Den Eltern vertrauen
19. Den Eltern persönliche Gefühle und Probleme mitteilen
20. Elterliche Weisungen im allgemeinen akzeptieren.

9

Verwandte

Verwandte sind eine scheußliche Plage. Je mehr ich mit Verwandtschaft zu tun habe, desto lieber ist mir mein Hund. Ich habe nicht das geringste mit ihnen zu schaffen. Ich kann mit ihnen nichts anfangen, außer mit Alice.[1]

In urtümlichen und unterentwickelten Landstrichen wie Afrika, Indien und dem Mittleren Osten ist Verwandtschaft allerdings außerordentlich wichtig. Sie bildet die wichtigste Form von sozialer Organisation und weist jedem seinen Platz in der Gesellschaft zu. In westlichen Ländern steht Verwandtschaft weniger im Vordergrund, dennoch werden aber viele Verwandtschaftsbande aufrechterhalten. Unter Verwandtschaft verstehen wir Beziehungen mit Blutsverwandten und angeheirateten Verwandten außerhalb der Kernfamilie, welche aus den Eltern und Kindern besteht, bevor letztere das Elternhaus verlassen. Die Menschen fühlen sich ihren Verwandten in folgender Rangreihe am nächsten:

Eltern und erwachsenen Kindern
Geschwistern
Großeltern
Tanten und Onkeln
Vettern und Basen
angeheirateten Verwandten.

Die meisten Menschen haben Verwandte, die noch am Leben sind. Von den über 65jährigen haben etwa 80 % Kinder, 80 % Geschwister, 75 % Enkelkinder und 4 % noch lebende Eltern, während nur 50 % der 65jährigen Frauen Ehemänner haben.[2] Eine ganze Reihe von Erwachsenen lebt mit Verwandten zusammen, und über 90 % der übrigen treffen sich wenigstens einmal im Monat mit Verwandten.

Eine Umfrage in Toronto ergab, daß 50 % der stärksten sozialen Bindungen außerhalb des Haushalts solche zu Verwandten waren.[3] Wir werden sehen, daß die ersten beiden Verwandtschaftsbeziehungen auf der obigen Liste — zu Eltern und erwachsenen Kindern sowie zu Geschwistern — am intensivsten bestehen bleiben und daß Verwandte im Alter sehr nützlich sind.

Wir werden uns auch auf ältere Studien stützen wie die von Shanas, Townsend und anderen[4] an 2500 über 65jährigen Personen in Großbritannien und die von Firth und anderen[5] an Mittelschichtsfamilien in London; ferner auf eine Anzahl großangelegter amerikanischer Studien wie die von Adams[6] an Einwohnern von Greensborough in North Carolina oder die von Hill und anderen[7] an drei Familien-Generationen in Minneapolis.

Das Leben mit Verwandten oder in ihrer Nähe

Bei Naturvölkern gibt es festgelegte Regeln darüber, daß man in der Nähe der Familie des Ehemannes oder, weniger häufig, der der Ehefrau zu leben hat. In unserer Gesellschaft gibt es keine derart ausdrücklichen Normen über den Wohnsitz. Man geht davon aus, daß die Kinder etwa mit dem Erreichen des 18. Lebensjahres das Haus verlassen werden; die meisten tun dies auch, und oft ziehen sie in eine andere Stadt. Abbildung 1 zeigt, daß viele Menschen über 65 mit Verwandten, viele Verwitwete und Geschiedene dagegen mit ihren Kindern zusammenleben — entweder mit einer verheirateten Tochter oder mit einem unverheirateten Kind. Personen, die nie verheiratet waren, leben oft bei Brüdern oder Schwestern.

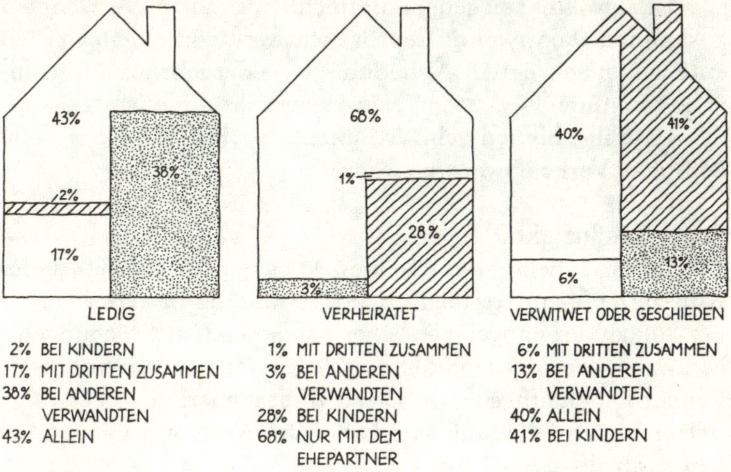

Abb. 1: Der Prozentsatz, in dem über 65jährige in Großbritannien bei Verwandten leben

Wenn die Eltern älter werden, möchten sie gerne in der Nähe ihrer Kinder sein, vorzugsweise allerdings in ihrem eigenen Haushalt. Sind sie verwitwet, geschieden oder gebrechlich, so ziehen vor allem die Väter oft zu einem ihrer Kinder, gewöhnlich zu einer verheirateten Tochter. Der Grund ist wahrscheinlich, daß es zwar statthaft ist, eine Tochter um persönliche Hilfe zu bitten, daß dies jedoch gegenüber einer Schwiegertochter problematischer sein könnte. Obwohl keine Regel vorschreibt, nahe dem Elternhaus zu leben, wohnen dennoch die meisten Menschen in der selben weiteren Region wie ihre Eltern und andere Verwandte. Leben die Familien des Ehemannes und seiner Frau in unterschiedlichen Landesteilen, so gibt es eine recht starke Tendenz in Richtung der Verwandten der Frau. Die Eltern-Tochter-Bindung erweist sich gegenüber der Eltern-Sohn-Bindung als stärker.[9] Frauen mittleren Alters zeigen einen Hang, mit einem Verwandten, der älter als sie selbst ist, zusammenzuwohnen. Nach einer amerikanischen Untersuchung[10] leben 16,6 % der 55- bis 59jährigen bei einem oder einer älteren Verwandten, gegenüber 5,5 % der Frauen im Alter zwischen 40 und 44 Jahren. Die meisten alten Menschen, die in Heimen leben, waren nie verheiratet oder sind verwitwet und haben keine Kinder.

Der größte Teil jener, die nicht mit einem Verwandten zusammenleben, wohnt freilich nicht weit von einem solchen entfernt. Nach der in Abbildung 1 wiedergegebenen Untersuchung konnten 27 % der Verheirateten ihr am nächsten wohnendes Kind binnen zehn Minuten, 46 % innerhalb von 30 Minuten Verkehrsweg erreichen.[11]

Kontakthäufigkeit

Die in Tabelle 1 dargestellten Angaben zur Häufigkeit des Kontakts mit unterschiedlichen Verwandten basieren auf einer Anzahl großangelegter amerikanischer Untersuchungen. Man sieht, daß der Kontakt zwischen Eltern und erwachsenen Kindern am häufigsten ist. Das trifft besonders zu, wenn diese sich einander nahe fühlen und ähnliche Wertvorstellungen haben (Tabelle 2).

	wöchentlich	monatlich	
Eltern	45	94	
Kinder	70	—	(10)
Geschwister	20	54	
Vettern/Kusinen	5	20	(11)
(Lieblings-Vettern/-Kusinen)		27	
Großeltern	10	50	(12)

Tabelle 1: Häufigkeit des Kontakts mit Verwandten (USA)[12]

	fühlt sich den Eltern nahe	
	beiden	keinem von beiden
Wenigstens einmal pro Woche	26 %	7 %
Zwei- bis dreimal im Monat	54 %	26 %
Weniger als einmal im Monat	20 %	67 %

	gemeinsame Wertvorstellungen mit den Eltern	
	mit beiden	mit keinem von beiden
Wenigstens einmal pro Woche	30 %	7 %
Zwei- bis dreimal im Monat	54 %	19 %
Weniger als einmal im Monat	16 %	74 %

Tabelle 2: Häufigkeit des Kontakts mit den Eltern[13]

Eine britische Befragung von über 65jährigen ergab, daß 69 % von ihnen „heute" oder „gestern", weitere 17 % in der vorangegangenen Woche eines ihrer Kinder gesehen hatten. Die Kontakthäufigkeit wird auch von der Entfernung beeinflußt: Je weiter entfernt Verwandte voneinander leben, desto seltener sehen sie sich. Auf engere Beziehungen wie die zwischen Eltern und Kindern oder unter Geschwistern wirkt sich der Entfernungseffekt allerdings weniger aus als auf andere Verwandte. In Großbritannien treffen sich Verwandte sehr häufig, wenn sie wirklich nahe beieinander wohnen (weniger als fünf Kilometer), aber sehr viel seltener, sobald die Entfernung größer ist. Oft wird der Kontakt eher durch die weiblichen Verwandten als durch die Männer aufrechterhalten, und Frauen gelten als die „Wahrerinnen der Verwandtschaft" mit der Aufgabe, den Kontakt sowohl zu ihren eigenen als auch den angeheirateten Verwandten zu pflegen.[14]

Ähnliche Ergebnisse erhält man für Geschwister. Etwa 95 % von ihnen bleiben in Verbindung miteinander; die Kontakthäufigkeit vermindert sich mit der Entfernung rapide und eher stärker als gegenüber den Eltern. Nach einer amerikanischen Studie trafen sich 60 % der Geschwister, die mehr als 400 Kilometer voneinander entfernt lebten, einmal im Jahr oder seltener.[15] Der Kontakt unter Geschwistern hängt zum Teil vom Kontakt zu den Eltern ab, weil Geschwister sich oft im Elternhaus treffen; gewöhnlich sehen sie einander seltener, nachdem die Eltern verstorben sind.

Viele Familien verbringen ihre Ferien gemeinsam. Junge Familien besuchen manchmal aus finanziellen Gründen Verwandte oder kümmern sich während des Urlaubs der Eltern um kleinere Geschwister; Kinder werden mit Verwandten in Urlaub geschickt, oder es teilen sich Gruppen einfach ein Ferienquartier. Auch wenn es oft darum geht, Geld zu sparen, so weist dies doch auf gute Bindungen zwischen den Beteiligten hin.

Familientreffen. Verwandte kommen zu familiären Anlässen zusammen, bei denen man die Einladung für nötig und das Kommen für eine Pflicht hält. Bei Heiraten und Taufen wird von einigen Verwandten verlangt, besondere Rollen zu spielen — als Brauteltern, Brautjungfern, Paten und Trauzeugen. Ein Großteil der Familie tritt vor allem bei Hochzeiten in Erscheinung, wo die Eltern des heiratenden Paares es kaum je versäumen, anwesend zu sein. Ferner kommen Verwandte zu Begräbnissen, die sich oft in fröhliche Familienfeste verwandeln; die Teilnehmer geben den Hinterbliebenen sozialen Rückhalt, erleben aber auch ihrerseits ein Gefühl von Familienzusammenhalt. Weitere Gelegenheiten für Familientreffen sind Geburtstage, vor allem „runde“, silberne und andere Hochzeitsjubiläen, das Feiern von Studienabschlüssen und sonstigen Erfolgen sowie die Rückkehr aus dem Ausland oder der Aufbruch dorthin. Familientreffen können auch zu Weihnachten oder anderen religiösen Festen und an Feiertagen stattfinden. Besonders Weihnachten wird weithin als Familienfest gefeiert, bei dem Geschenke ausgetauscht werden (siehe Abbildung 2 weiter unten). Die wichtigsten Weihnachtsgäste sind wiederum Eltern und Geschwister. Typischerweise trifft man in der Wohnung der Großeltern zusammen; deren Töchter und ihre Familien kommen am häufigsten.

Diese familiären Anlässe sind hochinteressant. Es scheint eine Verpflichtung zu geben, zu kommen und sich vor allem auch der Würde des Ereignisses gemäß zu beteiligen, obwohl außer bei Hochzeiten und Taufen keine eigentlichen Aufgaben zu übernehmen sind. Was erwartet wird, ist, einfach dabei zu sein. Möglicherweise zeigt man so, daß man die verwandtschaftliche Verbundenheit unterstützt. Vermutlich erleben die Teilnehmer auch ein Gefühl der Zugehörigkeit und des Rückhalts. Wie wertvoll dies sein kann, werden wir später sehen.

Verwandtschaftliche Verbundenheit. Verwandtschaft ist mehr als eine Anzahl von — oberflächlichen bis engen — Paarbindungen zwischen Individuen. Ist A mit B, C und D verbunden, so stehen die letzteren untereinander oft ebenfalls in Kontakt, was wiederum A's Beziehung zu ihnen beeinflußt. Viele Forschungsbemühungen wurden der Wirkung von „Netzwerken" auf verheiratete Paare gewidmet. Man fand, daß diese eher zu traditionellen Rollenverteilungen neigen, wenn sie getrennten männlichen und weiblichen Netzwerken angehören (vergleiche Kapitel 6). Und je stärker ein verheiratetes Paar oder überhaupt zwei Personen mit denselben Individuen innerhalb des Netzwerks verbunden sind, desto weniger leicht bricht ihre Beziehung auseinander. Sie sind aber auch stärker von der vernetzten Gruppe abhängig und durch sie eingeschränkt. Sind A und B beide mit C verbunden, so sind A und B hinsichtlich der Aufrechterhaltung ihrer Verbindung zu C voneinander abhängig, womit jeder vom anderen abhängig ist.

Die Verpflichtung, Verwandten zu helfen

Viele Untersuchungen haben gezeigt, daß Menschen bereit sind, Verwandten in beträchtlichem Umfang Hilfe zu leisten; sie wären zugleich weniger geneigt, Freunde oder Nachbarn um ähnliche Hilfe zu bitten oder sie ihnen zu gewähren. Menschen verspüren eine Art von Verpflichtung, Verwandten zu helfen — besonders ihren eigenen Kindern und ihren betagten Eltern. Es scheint eine Reihe weithin geteilter Normen zu geben — daß man Verwandten und vor allem engen Verwandten helfen sollte, wenn Unterstützung nötig ist, und daß der Beitrag dazu, etwa zwischen den Kindern betagter Eltern, gerecht aufgeteilt werden sollte. Diese Regeln vermitteln ein starkes Gefühl moralischer Verantwortlichkeit.[16]

Viele solcher Hilfeleistungen sind häuslicher Art und werden hauptsächlich von Frauen erbracht — etwa Unterstützung in der Familie, wenn die Frau krank ist oder ein Kind bekommt, oder Haushaltshilfe für die Eltern im Alter. Eine Untersuchung[17] ergab, daß Töchter mittleren Alters ihren betagten Müttern im Durchschnitt 8,6 Stunden wöchentlich helfen. Lebten Töchter und Mütter in einem gemeinsamen Haushalt, so halfen sie achtmal mehr, als wenn sie getrennt lebten (28,5 gegenüber 3,5 Stunden wöchentlich). Bei verheirateten Frauen belief sich der Durchschnitt auf sechs Stunden im Vergleich zu 19 Stunden bei verwitweten, geschiedenen oder alleinlebenden Töchtern, und berufstätige Frauen wandten halb soviel Zeit wie nicht berufstätige Töchter auf (sechs gegenüber 12 Stunden). Die Art der geleisteten Hilfen zeigt Tabelle 3.

Tabelle 3: Prozentsatz der Töchter im mittleren Alter, die ihren betagten Müttern helfen[18]

Art der Hilfe		%
Instrumentelle Hilfen:	Lebensmittel einkaufen	34,2
	Fahrten	28,0
	Wäsche	23,0
	Essen zubereiten	20,5
	Hausarbeit	19,9
Persönliche Hilfen:	Baden	10,6
	Verabreichen von Medikamenten	8,7
	Ankleiden	5,0
	Sich im Haus bewegen	3,7
Vertraute sein		60,9

Ein Teil der Hilfe besteht in Geld- oder Sachzuwendungen, vor allem bei Familien aus der Arbeiterschicht, die Zeiten wirtschaftlicher Not durchleben. Das bei einer Untersuchung an 100 Familien festgestellte Ausmaß an Hilfe in verschiedenen Arten von Krisensituationen ist in Tabelle 4 dargestellt.

		Eltern	verheiratete Kinder	Großeltern
Wirtschaftlich	gegeben	41	34	26
	erhalten	17	49	34
Haushaltsführung	gegeben	47	33	21
	erhalten	23	25	52
Kindererziehung	gegeben	50	34	16
	erhalten	23	78	0
Krankheit	gegeben	21	47	32
	erhalten	21	18	61

Tabelle 4: Hilfeleistungen von *Verwandten und* für *diese (USA)*[19]

Die Tabelle verdeutlicht ein hohes Maß an Hilfeleistung zwischen Eltern und verheirateten Kindern, und zwar auf Gegenseitigkeit, auch wenn Eltern in drei Bereichen mehr Hilfe geben. Sogar Großeltern tun eine Menge, obwohl sie durchweg mehr bekommen, als sie geben. Wieviel Hilfe Menschen gewähren, hängt von ihren eigenen finanziellen und körperlichen Möglichkeiten sowie von der Bedürftigkeit des anderen ab. Haben die Eltern einen höheren sozialen Status als ihre Söhne (und sind deshalb vermutlich auch wohlhabender), so geben sie diesen mehr, als sie zurückbekommen, und umgekehrt.

Auch Geschwister helfen einander manchmal, obwohl dies in geringerem Maß geschieht als zwischen Eltern und Kindern. Hier besteht keine so starke Verpflichtung zur Hilfeleistung wie zwischen Eltern und Kindern, wenn auch die wechselseitige Unterstützung bei Geschwisterpaaren, die eine enge Beziehung zueinander haben, ausgeprägter ist. Manchmal sind Brüder gemeinsam an einem Familienbetrieb beteiligt, und dann wird die Verwandtschaftsbindung als sehr wichtig empfunden. In diesen Fällen grenzen die Beteiligten jedoch ihr geselliges Leben oft deutlich voneinander ab, und sie haben auch ein starkes Bedürfnis, dies zu tun.

Die meisten Weihnachtsgeschenke gehen an nahe Verwandte. In seiner Studie über mehrere tausend Weihnachtsgeschenke in *„Middletown"* in den USA fand Caplow (siehe Abbildung 2), daß fast alle Geschenke, die über den Umfang von Kleinigkeiten (unter 5 Dollar) hinausgingen, für Verwandte bestimmt waren; Kinder unter 18 Jahren erhielten siebenmal soviele Geschenke, wie sie selbst machten, und jüngere Leute erhielten dreimal soviele Geschenke wie ältere. Frauen machten 84 % aller Geschenke, Männer jedoch die meisten größeren; angeheiratete Verwandte wurden ebenso wie ihre Ehegatten behandelt, und die Geschenke wurden vorgezeigt.

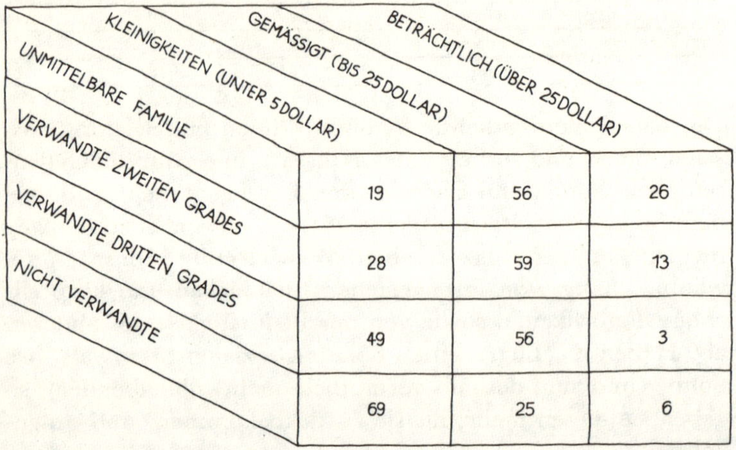

Abb. 2: Weihnachtsgeschenke und die Verwandtschaft (in den USA)[20]

In englischen Mittelschichtsfamilien besteht eine gebräuchliche Form von finanzieller Unterstützung in der Beteiligung an den Schulkosten. Die Gebühren höherer Internatsschulen sind für junge Eltern schwer zu bezahlen, und manchmal helfen deshalb die Großeltern. Dies kann als Investition in die Zukunft des Kindes gedacht sein, sie können den Wunsch haben, daß das Kind die gleiche Schule wie sie selbst oder eine religiös ausgerichtete, beispielsweise jüdische oder katholische, Schule besucht. Damit nehmen die Großeltern auch Einfluß auf die Erziehung des Kindes. Im allgemeinen sind Verwandte oft an Erziehungsfragen interessiert und werden darin um Rat gefragt.[21] Dies geschieht auch in anderen Kulturen; in Afrika beteiligen sich etwa Verwandte an den Kosten, um ein Familienmitglied zur Ausbildung ins Ausland zu schicken.

Verwandte nehmen auch Anteil und leisten manchmal Hilfe, wenn es darum geht, einen Beruf zu wählen, eine Stelle zu finden oder mit Arbeitslosigkeit zurechtzukommen. Das beste Beispiel dafür ist ein Familienunternehmen, in dem ein Familienmitglied eine Position erhält oder sogar Teilhaber wird. In anderen Fällen wissen Eltern oder sonstige Verwandte über einen bestimmten Beruf, Ausbildungswege und Einstiegschancen Bescheid oder können durch Beziehungen und Informationen über freiwerdende Stellen helfen. Verwandte können ein junges Familienmitglied auch einfach dadurch beeinflussen, daß sie ihn oder sie in einer bestimmten Richtung ermutigen und fördern. Die Untersuchung in London ergab, daß bei 25 % der Kinder Verwandte Einfluß auf ihre Berufswahl ausgeübt hatten.

All diese elterliche Hilfe kann auch als Einmischung oder der Versuch, die Kinder abhängig zu halten, empfunden werden. Mit dem Ausmaß derartiger Hilfe steigen jedoch die eheliche Zufriedenheit und die voraussichtliche Anzahl von Kindern bei jungen Paaren — was möglicherweise ein gewachsenes Sicherheitsgefühl widerspiegelt.

Ferner besteht eine Verpflichtung, Verwandte zu besuchen und „in Verbindung zu bleiben". Das tatsächliche Geschehen besteht teilweise im Austausch von Familienneuigkeiten, aber auch darin, daß jemand als Vertrauter sozialen Rückhalt gewährt. Besonders in Arbeiterfamilien ist der Ehemann für die Frau oft ein unbefriedigender Gesprächspartner, um ihre Probleme zu erörtern; dies fand man in Großbritannien, den USA und Japan. Infolgedessen wenden sich die Ehefrauen Freunden und Verwandten zu; bei Frauen aus der Arbeiterschicht handelt es sich meist um Verwandte, gewöhnlich die Mutter oder eine Schwester.

Muß Unterstützung vergolten werden, wie uns die Austauschtheorie vermuten lassen würde? Zwischen Geschwistern wird Hilfe erwidert, unter anderem, weil sie im gleichen Lebensabschnitt ähnlichen Problemen gegenüberstehen. Eltern helfen Kindern, solange diese jung sind, wesentlich mehr als umgekehrt; später wird das Verhältnis ausgeglichener. Werden die Eltern alt, so kehrt die Richtung der Hilfeleistungen sich um, obwohl Großeltern sich oft beispielsweise durch Kinderbetreuung nützlich machen. Im großen und ganzen jedoch tun die Eltern mehr für ihre Kinder und hinterlassen ihnen eines Tages auch ihren Besitz, soweit vorhanden. Aber sie wissen auch, daß die Kinder ihrerseits dasselbe für die Enkel tun werden, die 25 % ihrer genetischen Ausstattung mit den Großeltern teilen sowie die Familientradition fortsetzen und so entweder durch das Erbgut oder durch sozialen Einfluß für Unvergänglichkeit sorgen.

Andererseits haben Verwandte einen scharfen Blick für die Hilfe, die andere Verwandte leisten, beispielsweise im Fall von Geschwistern, die sich um betagte Eltern kümmern. Oft besteht Unzufriedenheit darüber, daß die anderen zu wenig oder nicht genug im Verhältnis zu ihren Möglichkeiten tun. Das Gefühl der Verpflichtung gegenüber Verwandten ist daher auch abhängig vom Beitrag anderer, ebenso wie von möglichen Belohnungen seitens der Hilfeempfänger.

Wir haben bereits gezeigt, daß verschiedene Arten sozialen Rückhalts, einschließlich enger Kontakte mit Verwandten, zu einer höheren Lebenserwartung beitragen (vergleiche Kapitel 2). Häufiger sozialer Austausch mit Verwandten ist mit guter körperlicher und psychischer Gesundheit sowie mit Glück verknüpft. Dies ist vor allem auf die verschiedenen Formen von Hilfe und sozialer Unterstützung zurückzuführen, die oben erörtert wurden. Andererseits sind die Auswirkungen der sozialen Unterstützung durch Verwandte erheblich schwächer als der Einfluß einer befriedigenden Ehe. Die beiden Gruppen, denen Verwandte am meisten nützen, sind Ehefrauen aus der Arbeiterschicht (deren Ehemänner ihre Rolle als Vertraute nicht erfüllen) und Verwitwete, die auf die Gesellschaft ihrer Kinder oder Geschwister angewiesen sind.

Natürlich können es Verwandte auch, wie unser Eingangszitat verdeutlichte, an Unterstützung fehlen lassen.

Erbschaft

In früheren Epochen spielte die Erbschaft eine sehr wichtige Rolle. Normalerweise wurde der älteste Sohn neues Familienoberhaupt und Verwalter des Grundbesitzes der Familie.

Heutzutage wird in westlichen Gesellschaften das Eigentum gewöhnlich gleichmäßig unter den Kindern aufgeteilt.

Eine Untersuchung an Mittelschichtsfamilien in London ergab, daß ein Drittel von ihnen Geld oder Häuser, zumeist in recht bescheidenem Umfang, und zwei Drittel Möbel oder anderen Familienbesitz von ihren Eltern geerbt hatten. Haus- und Grundbesitz der Familie zu übernehmen und zu bewahren, ist vor allem bei Bauern üblich. Die Studie ergab auch, daß es in etwa einem Fünftel der Familien zu Kontroversen über Testamentsbestimmungen kam, die von einzelnen Beteiligten als ungerecht empfunden wurden.[22]

Schicht, Geschlecht und Alter

Wir haben bereits auf einige schichtspezifische Unterschiede im Verhältnis zur Verwandtschaft hingeweisen. Angehörige der Arbeiterschicht sind oft geographisch weniger mobil, leben näher bei ihren Verwandten und sind in ein engmaschiges Verwandtschaftsnetz integriert. Besonders eng sind die Beziehungen zwischen Müttern und Töchtern sowie unter Schwestern; diese sehen sich unter Umständen täglich oder mehrmals wöchentlich. Junge Leute aus der Arbeiterschicht heiraten meist jemanden aus derselben Gegend und bleiben dort wohnen. Mittelschichtsangehörige heiraten, weil sie ihren späteren Partner im Studium oder am Arbeitsplatz kennenlernen, eher außerhalb der Nachbarschaft und lassen sich in einiger Entfernung vom elterlichen Wohnsitz nieder. Bei den Untersuchungen über Familien in London fand man, daß die verheirateten Kinder in Bethnal Green häufiger bei ihren Eltern oder in deren Nähe lebten als im vorwiegend von Angehörigen der Mittelschicht bewohnten Woodford.[23]

Ehemänner und -frauen aus der Arbeiterschicht verbringen viel Zeit im Kreis von Gleichgeschlechtlichen — die Frau mit ihrer Mutter und ihren Schwestern, der Mann mit seinen Arbeitskollegen oder Freunden im Verein oder in der Kneipe. Dies zeigte auch eine amerikanische Studie sehr deutlich (siehe Tabelle 6).

Tabelle 5: Die Entfernung von Menschen unter und über dem Pensionsalter zu ihrem nächstwohnenden verheirateten Kind[24]

	Woodford unter Pensionsalter	Woodford über Pensionsalter	Bethnal Green unter Pensionsalter	Bethnal Green über Pensionsalter
Gleicher Wohnsitz	10 %	23 %	24 %	21 %
In fünf Minuten erreichbar	6 %	17 %	23 %	32 %
Anderswo in derselben Gemeinde	21 %	22 %	10 %	8 %
Außerhalb der Gemeinde	63 %	38 %	43 %	39 %
Anzahl	119	109	146	131

Andere Untersuchungen haben erbracht, daß für Ehefrauen aus der Arbeiterschicht vor allem Verwandte die engsten Vertrauenspersonen sind. Daß Männer aus der Arbeiterschicht sich wenig als Vertraute eignen, ist einerseits dadurch zu erklären, daß die Ehen dort emotional weniger intim und stärker nach Rollen aufgeteilt sind, und andererseits dadurch, daß diese Ehemänner möglicherweise nicht über die notwendigen sozialen Fertigkeiten verfügen, um die Rolle einer Vertrauensperson auszufüllen, die wohl eher als eine weibliche Domäne betrachtet wird.

Tabelle 6: Vertraute von Männern und Frauen aus der Arbeiterschicht[25]

	Ehemänner	Ehefrauen
Keine	10	4
Ehepartner	63	26
Verwandte	16	69
Kneipe etc.	10	0

Ferner haben wir bereits gesehen, daß in Mittelschichtsfamilien mehr Vermögen durch Erbschaft übertragen wird und daß Großeltern in der Mittelschicht jungen Paaren stärker finanziell unter die Arme greifen.

Wenden wir uns nun den Schichtunterschieden innerhalb der Familie zu. Ein Merkmal der kleinen Kernfamilie besteht darin, daß sie als Ganzes innerhalb des Schichtsystems auf- oder absteigen kann. Manchmal geht es einem Familienmitglied beruflich allerdings besser oder schlechter als einem anderen: Welche Auswirkungen hat dies? Im allgemeinen führt es zu Spannungen innerhalb der Familie und zu rückläufigem Kontakt zwischen den Betroffenen. Wir haben derartige Spannungen zwischen Ehegatten an anderer Stelle (Kapitel 6) schon erörtert. Sind die Kinder erfolgreicher als ihr Vater, so tritt zum Stolz über ihren Erfolg auch ein geringeres Ausmaß an Kontakt. Die Beziehung zwischen Mutter und Tochter wird dadurch am wenigsten, die zwischen Vater und Sohn am stärksten beeinflußt. In einer Untersuchung an Erwachsenen aus der Londoner Mittelschicht sahen sozial mobile Töchter ihre Mütter fast ebenso häufig wie sozial „stabile" Töchter, sozial mobile Söhne hingegen sahen ihre Väter erheblich seltener.[26] Mütter und Töchter spielen unabhängig von ihrer Mobilität weiterhin ähnliche Rollen, während mobile Söhne ganz andere Berufsaufgaben erfüllen als ihre Väter. Bei Studien im Ostteil von London zeigten sich Familien aus der Arbeiterschicht im Vergleich zu Mittelschichtsfamilien sehr viel weniger glücklich über Töchter, die „in der Welt draußen" nach oben gekommen waren.

Steigen die Kinder jedoch sozial ab, so herrscht Enttäuschung auf beiden Seiten. In den Londoner Mittelschichtsfamilien betrugen die Häufigkeiten für ein Zusammentreffen während der vorangegangenen Woche bei

abwärtsmobilen Kindern	41 %
aufwärtsmobilen Kindern	60 %
nicht mobilen Kindern	70 %.

Wenn eines der Geschwister aufwärtsmobil ist, so wirkt dies sich auf den Kontakt unter den Geschwistern stärker aus als auf die Eltern-Kind-Beziehung. In einer amerikanischen Untersuchung sank die Frequenz außerhäuslicher Begegnungen um 42 %. Dabei ist der Effekt bei Brüderpaaren am ausgeprägtesten, am geringsten bei zwei Schwestern: 59 % der Brüder gegenüber 23 % der Schwestern fühlten sich im Falle unterschiedlicher Mobilität weniger verbunden, während 61 % der Schwestern sich *stärker* als früher verbunden fühlten, wenn eine von ihnen ihren Status geändert hatte.[27] Die Erklärung für diese Spannungen ist, daß Geschwister sich von Natur aus miteinander vergleichen, weil sie im Leben sehr ähnliche Chancen besitzen. Die engen Bande zwischen weiblichen Verwandten ermöglichen es diesen wiederum, diese Spannungen auszuhalten.

Was geschlechtsspezifische Unterschiede angeht, sind Frauen verwandtschaftlich in vieler Hinsicht stärker verwickelt als Männer. Sie spielen die Hauptrolle bei der Aufzucht der Kinder und haben daher auch eine engere Beziehung zu ihnen. Besonders zu ihren Töchtern: Nach einer Untersuchung fühlten sich 62 % der verheirateten Frauen ihren Müttern, aber nur 34 % ihren Vätern nahe oder sehr nahe. Töchter werden mehr als Jungen zu Abhängigkeit und Gehorsam erzogen (vergleiche Kapitel 8). Darüber hinaus teilen die meisten Frauen miteinander die Erfahrungen und Interessen von Kindererziehung und Hausarbeit, während Männer gewöhnlich unterschiedlichen Berufen nachgehen. Bei erwachsenen Töchtern wird durch deren Kinder eine besondere Bindung geschaffen, und (groß)mütterliche Hilfe ist im Haushalt und bei der Kinderbetreuung von großem Nutzen. Von Bauernhöfen und ähnlichen Familienbetrieben abgesehen, können Söhne ihren Vätern nicht in der gleichen Weise helfen. Weihnachtsgeschenke zu machen, Briefe zu schreiben und generell die Verbindung zu Verwandten aufrechtzuerhalten, sind eher weibliche Aktivitäten — obwohl man abwarten muß, wie weit sich diese weiblichen Rollen noch wandeln werden. Es kann aber auch in der männlichen Linie enge Verbindungen geben, wenn etwa Söhne und manchmal sogar Enkel alle Ärzte sind oder einen anderen gemeinsamen Beruf haben, wenn sie den Wohnsitz, das Geschäft oder den Hof der Familie übernehmen und einen ähnlichen Lebensstil pflegen.

Wir haben bereits gesehen, daß Schwestern meist enge Beziehungen zueinander unterhalten und sich gegenseitig helfen. Ferner haben wir erfahren, daß Ehefrauen bessere Vertrauenspersonen als Ehemänner sind und daß sich vor allem Ehefrauen aus der Arbeiterschicht deshalb an ihre weiblichen Verwandten wenden. Trotz intensiverer Kontakte zur Nachbarschaft haben Arbeiterfrauen weniger Freunde, so daß ihre engen sozialen Bindungen stärker als bei Frauen aus der Mittelschicht auf Verwandte ausgerichtet sind. Die Bande unter Frauen, wie die zwischen Mutter und Tochter oder zwischen Schwestern, sind so stark, daß die Familie als „weibliche Solidargemeinschaft“ beschrieben worden ist.

Manchmal wird ein Mann als „Haupt der Familie“ angesehen, obgleich diese Rolle nicht viele Verpflichtungen zu umfassen braucht. Männliche Verwandte treffen meist die Entscheidung über die Verwendung von Geld, und sie sind diejenigen, die Verwandten zu Arbeitsstellen verhelfen können.

Das Lebensalter hat auf verwandtschaftliche Anteilnahme einen erheblichen Einfluß, da diese sich im Lauf des Lebenszyklus stark verändert. Am geringsten ist das Interesse in den Jahren zwischen 20 und 30; bei einer Untersuchung nannten 59 % der Ledigen dieses Alters keine Verwandten unter ihren sechs engsten Bezugspersonen. Später nimmt die Beschäftigung mit Verwandten jedoch stark zu.

Verwandtschaft nimmt in verschiedenen Lebensabschnitten unterschiedliche Formen an. In Kapitel 8 haben wir Eltern-Kind-Beziehungen bis hin zum Erwachsenwerden erörtert. In diesem Kapitel wurde schon erwähnt, daß Eltern viel für ihre Kinder tun, wenn Enkel kommen — sie helfen mit Babysitten, bei Hausarbeiten und finanziell. Die Kinder sind ein Hindernis für außerfamiläre Freundschaften, sie bilden aber einen Angelpunkt des Kontakts unter Verwandten — weil Verwandte stets Anteil an der Entwicklung neuer Familienmitglieder nehmen. Wenn Eltern aus dem Berufsleben ausscheiden, sich aus anderen gesellschaftlichen Zusammenhängen zurückziehen und wenn ihre Freunde wegsterben, werden sie zunehmend von ihren Verwandten abhängig. Sind sie verwitwet, so leben sie oft bei einem ihrer Kinder, gewöhnlich einer Tochter, oder in der Nähe von ihnen und treffen sie häufig (vergleiche Abbildung 1). Nach dem Tod der Eltern schließlich werden die Verbindungen unter den Kindern schwächer, und eine andere Person übernimmt die Rolle des Familienoberhaupts.

Beziehungen zwischen Eltern und erwachsenen Kindern

Hier handelt es sich um eine Bindung, die fast immer über viele Jahre hinweg aufrechterhalten wird. Eltern und ihre erwachsenen Kinder bleiben, obwohl die Zeit vergeht, trotz räumlicher Trennung, trotz sozialen Auf- und Abstiegs oder unterschiedlicher Wertauffassungen meist in Verbindung miteinander. Amerikanische Untersuchungen ergaben keinerlei Rückgang der Häufigkeit solcher Kontakte im Lauf der Jahre.[28] Die wichtigste Form des Kontakts besteht in Besuchen zu Hause; im Unterschied zum geselligen Leben mit Freunden liegt der Hauptzweck darin, etwas über das Wohlbefinden des anderen zu erfahren, allgemeine Neuigkeiten auszutauschen und positives Interesse zum Ausdruck zu bringen. Wesentliche Lebensbereiche bleiben ausgeschlossen, und das Gespräch ist nicht unbedingt sehr vertraut. Lebt man in größerer Entfernung voneinander, so wird der Kontakt telefonisch und brieflich aufrechterhalten. Es wird mehr greifbare Hilfe als in jeder anderen Beziehung — außer der Ehe — geleistet, und zu Weihnachten sowie bei anderen Gelegenheiten finden Familientreffen statt.

Beziehungen zu Müttern sind in Regel eindeutig enger als die zu Vätern. Die Bindung zwischen Mutter und Tochter ist besonders in der Arbeiterschicht stark ausgeprägt, wobei Mütter hier eher Freundinnen entsprechen und am häuslichen wie geselligen Leben ihrer Töchter starken Anteil nehmen. Töchter beschreiben die Beziehung zu ihren Müttern typischerweise als hilfreich und lohnend, vor allem dann, wenn sie verheiratet und kinderlos sind.[29]

Eltern und ihre erwachsenen Kinder verspüren gewöhnlich Zuneigung zueinander und genießen die Gesellschaft des anderen. Außerdem spüren sie eine Verpflichtung, einander zu helfen. Das Ausmaß der beiden Komponenten „Verpflichtung“ und „Zuneigung“ zeigt die in Tabelle 7 wiedergegebene US-Studie auf.

Tabelle 7: Freude und Verpflichtung in den Beziehungen zu Eltern[30]

	nur Freude	nur Verpflichtung	beides
Beiden Eltern nahe	46	3	50
Keinem von beiden nahe	12	38	24

Das Gefühl von Verpflichtung ist stärker, wenn ein Elternteil verwitwet ist. Intensiver ist es auch bei Angehörigen der Arbeiterschicht: Sie benötigen öfter Hilfe.

Bei unserer Untersuchung über die Ursachen von Zufriedenheit in Beziehungen fanden wir, daß von Eltern ganz wesentlich praktische Hilfe, weniger dagegen emotionale Zuwendung erwartet wurde (vergleiche Abbildung 5 in Kapitel 4). Zugleich sind starke und größtenteils, aber nicht ausschließlich positive Emotionen im Spiel, besonders auf seiten der Eltern. Die Kinder haben ein Pflichtgefühl und positives Interesse gegenüber ihren Eltern entwickelt. Allerdings halten mehr Kinder den Kontakt, weil es ihnen Freude macht, als aus einem Gefühl der Verpflichtung.

Die Grundlage elterlicher Sorge um die Kinder ist nicht schwer zu erklären. Eine Theorie ist die Doktrin vom „Egoismus der Gene“: Danach sind wir bestrebt, die Verbreitung unserer eigenen Gene und das Wohlergehen ihrer Träger zu unterstützen. Unsere eigenen Kinder tragen 50 % unserer Gene in sich, und Eltern sind für die Sorge um sie direkt verantwortlich. Zusätzlich bringen die ersten Jahre in der Familie beträchtliche Intimität und körperliche Nähe mit sich, die ähnliche Auswirkungen wie die Konditionierung oder „Prägung“ bei Tieren haben dürften — daß nämlich eine dauerhafte Bindung an den anderen entsteht. Die Sorge von Kindern um ihre Eltern kann dagegen nicht dem Egoismus der Gene zugeschrieben werden. Die Nähe zueinander kann aber auch bei ihnen eine Bindung an ihre Eltern, ein wirkliches Interesse und möglicherweise Einfühlungsvermögen für sie zusammen mit den weitverbreiteten sozialen Erwartungen geweckt haben, daß Verpflichtungen gegenüber den Eltern erfüllt werden sollten.

Anscheinend wird diese Beziehung von wichtigen sozialen Regeln geleitet — man sollte in Verbindung bleiben, positives Interesse zeigen und bereit sein, tatkräftig Hilfe zu leisten.

Die Beziehung zwischen Geschwistern

Sie gehört zu den stärksten Verwandtschaftsbanden und wird darin nur durch die Eltern-Kind-Beziehung übertroffen. Sie ist insofern Teil eines größeren Netzwerks, als Geschwister sich oft im Elternhaus treffen und auch mit weiteren Geschwistern verbunden sind. Die meisten Geschwister sehen einander regelmäßig und fühlen sich nahe; die Spannbreite reicht hier von schierer Unzertrennlichkeit und sehr häufigem Kontakt bis zum Abreißen der Verbindung in einigen wenigen Fällen. Insgesamt nimmt die Kontakthäufigkeit im Lauf der Zeit nicht ab, auch wenn dies bei manchen, beispielsweise als Folge eines Umzugs, der Fall ist.[31] Es gibt Hinweise auf einen U-förmigen Verlauf mit einer geringeren Kontaktfrequenz während des mittleren Erwachsenenalters. Die Beziehung ist sehr langlebig, für die meisten Menschen ist sie sogar die langlebigste überhaupt. Im Alter wohnt etwa ein Drittel der Unverheirateten mit einem Bruder oder einer Schwester zusammen.

Das Spektrum gemeinsamer Aktivitäten mit Geschwistern unterscheidet sich erheblich von dem mit Freunden, die etwa ebensosehr geschätzt werden. Wie bei anderen Verwandten sind die Hauptaktivitäten gegenseitige Besuche, Schwatzen und der Austausch von Familienneuigkeiten, das Kommen zu Weihnachten und bei anderen Familientreffen sowie Hilfeleistung, wenn auch weniger als gegenüber den Eltern.

Clarke und Allen[32] fanden bei Frauen ein besonderes Muster von Gefühlsreaktionen auf Geschwister, das Tabelle 8 zeigt. Ein hohes Maß an Wärme steht neben Empfindungen von Verantwortlichkeit und Rivalität.

Tabelle 8: Emotionale Reaktionen von Frauen gegenüber Geschwistern auf einer Skala von 1 bis 7[33]

	Geschwister	Freundin	Ehemann	Arbeitskollegin
Wärme	5,6	5,5	6,5	3,7
Verantwortung für den anderen	4,3	3,4	5,4	2,6
Rivalität	4,2	2,5	2,3	3,8

Für Geschwister gelten bestimmte Regeln und Verpflichtungen. Es gibt eine gewisse Verpflichtung zur Hilfe, wenn diese benötigt wird, eine noch wesentlich stärkere aber dazu, den Kontakt schlicht aufrechtzuerhalten. Die nach unseren Ergebnissen am eindringlichsten vertretenen Regeln sind in Tabelle 9 dargestellt.

Wie ist die Bindung zwischen Geschwistern beschaffen? Bei unserer Untersuchung über die Quellen von Zufriedenheit (vergleiche Abbildung 5 im vierten Kapitel) stellten wir fest, daß Geschwister hohe Punktzahlen für instrumentelle Hilfe

1.	Ihn/sie mit dem Vornamen ansprechen
2.	Seine/ihre Intimsphäre respektieren
3.	Emotionale Unterstützung zeigen
4.	In außerfamiliären Angelegenheiten Unterstützung zeigen
5.	Bereit sein, den anderen zu beraten
6.	Geburtstagskarten und Geschenke austauschen
7.	Nicht eifersüchtig auf den anderen sein
8.	Bereit sein, den Rat des anderen anzuhören
9.	Geheimnisse wahren
10.	Sich nicht in die Beziehungen des anderen einmischen
11.	Gute Neuigkeiten mitteilen
12.	Sich für den anderen in dessen Abwesenheit einsetzen
13.	Nicht übermäßig beschützend sein
14.	Den anderen als Freund behandeln
15.	Ihm/ihr während des Gesprächs in die Augen sehen
16.	Ihm/ihr helfen, mit Deinen Freunden zurechtzukommen
17.	Ihn/sie nicht in der Öffentlichkeit kritisieren
18.	Um persönlichen Rat fragen

Tabelle 9: Regeln für gleichaltrige Brüder oder Schwestern

(jedoch weniger als Eltern oder Ehegatten) und für emotionalen Rückhalt erreichten. Wie aber erklärt sich die außerordentlich beständige Bindung? Auch hier ließe sich die Theorie vom „Egoismus der Gene" anwenden, wenngleich Geschwister nicht solche Verantwortung füreinander tragen wie Eltern gegenüber ihren Kindern. Für Kleinkinder sind, abgesehen von den Eltern, die älteren Geschwister die wichtigsten Menschen, zu denen sie eine Bindung entwickeln. Es besteht ein starkes Gefühl gemeinsamer Identität, dessen reale Basis in einem gemeinsamen Namen, gemeinsamer Familie und körperlichen Merkmalen liegt; über eine lange Phase großer Intimität hinweg teilen Geschwister oft ein Schlafzimmer oder sogar Bett. Im späteren Leben glauben die meisten Erwachsenen, ihren Geschwistern stets nahegestanden zu haben, und der Sinn für Familien- und Geschwistersolidarität ist stark ausgeprägt. Geschwister fühlen sich einander besonders verbunden, wenn sie fast gleichaltrig sind, wenn der Familienzusammenhalt betont wurde, wenn sie ein gemeinsames Zimmer hatten oder zusammen zur Schule gingen. Im Erwachsenenalter wird die emotionale Nähe durch gemeinsame Erinnerungen aufrechterhalten.[34]

Häufig gibt es aber auch Anlässe zu Reibereien zwischen Geschwistern. Neid und Eifersucht auf neugeborene Geschwister von seiten jüngerer Kinder sind verbreitet und besonders problematisch in Familien, in denen die Mutter vor der Ankunft des Neugeborenen eine enge und harmonische Beziehung zu einer Tochter hatte.[35] Im Verlauf der Kindheit gibt es reichlich Rivalitäten, und auch in späteren Jahren fällt es schwer, Vergleiche zwischen eigenem Erfolg und dem der anderen zu vermeiden. In einer Untersuchung äußerten 71 % der erwachsenen Befragten Rivalitätsgefühle gegenüber ihren Geschwistern. Die gängigsten Gründe waren, daß die Eltern ein Geschwister dem anderen vorzogen, sie ungleich behandelten oder Vergleiche zwischen ihnen zogen (57 %) oder daß ein anderes der Geschwister um elterliche Liebe und Anerkennung wetteiferte (56 %). Geschwisterrivalität beruht vor allem auf dem Vergleichen in folgenden Dimensionen:[36]

Leistung und Erfolg	27 %
Aussehen	17 %
Intelligenz	16 %
zwischenmenschliche Fähigkeiten	11 %
Reife	9 %

Es besteht immer starkes Interesse daran, wie gut es den anderen geht. Dies trifft in besonderem Maß auf Brüder zu, und wir haben gesehen, daß sie sehr viel weniger Kontakt zueinander haben, wenn sie beruflich unterschiedlich erfolgreich sind. Ein anderer Reibungspunkt, den wir bereits kennengelernt haben, ist die Verärgerung darüber, daß andere Geschwister zur Betreuung betagter Eltern nicht ihren Teil beitragen, und manchmal gibt es Mißstimmigkeiten über die testamentarische Aufteilung von Eigentum.

Gelegentlich identifizieren sich Geschwister stark miteinander und nehmen einander zum Vorbild, häufiger jedoch ist dies nicht der Fall. Sie äußern meist, sich eher „verschieden" als „ähnlich" zu fühlen, was man als „De-Identifikation" interpretiert hat. Letztere ist vor allem in Zwei-Kind-Familien und bei den ersten beiden Kindern von Drei-Kind-Familien oft anzutreffen, nicht jedoch zwischen dem ersten und dritten Kind von Drei-Kind-Familien. Zum Teil liegt dies an einer Identifikation mit verschiedenen Elternteilen — identifiziert sich das erste Kind mit der Mutter, so identifiziert sich das zweite gern mit dem Vater.[37]

Die Geschwisterfolge ist nicht nur wichtig für die Beziehungen der Geschwister untereinander, sondern auch für ihre Beziehungen zu anderen Menschen. Es gibt Hinweise darauf, daß Männer und Frauen mit älteren Brüdern oder Schwestern sozial gewandter sind als Erstgeborene. Beispielsweise verlaufen ihre Begegnungen mit fremden Personen des anderen Geschlechts in experimentellen Studien befriedigender.[38]

Wir haben gesehen, daß von den drei möglichen Geschwisterbindungen jene zwischen Schwestern die stärkste, die unter Brüdern gewöhnlich die schwächste ist. Erwachsene Schwestern haben noch immer viel gemeinsam und spielen selbst dann ähnliche Rollen, wenn sie unterschiedlichen sozialen Schichten angehören, was hingegen auf Brüder nicht zutrifft. Recht häufig wird eines der Geschwister von allen anderen bevorzugt. Am meisten gemocht wird oft der altersmäßig nächststehende Geschwisterteil gleichen Geschlechts.

Großeltern

Nicht alle jungen Menschen haben noch lebende Großeltern; ist dies jedoch der Fall, so handelt es sich oft um die engste Beziehung außerhalb der unmittelbaren Kernfamilie. Etwa 68 % der über 65jährigen haben Enkelkinder. Diese haben mehr Kontakt zu den Großeltern als etwa zu Cousins und Kusinen, weil die Eltern engere Verbindungen zu ihren eigenen Eltern aufrechterhalten, solange diese am Leben sind. Das Haus der Großeltern ist der Rahmen für Familientreffen und Feierlichkeiten, und die Großeltern sind das „Haupt" der Familie. Besonders wichtig ist die Großmutter, vor allem für ihre Töchter und deren Familien. Sie rettet oft in Krisensituationen die Lage; erwachsene Kinder können, wenn sie in Schwierigkeiten sind, bei ihr wohnen oder ihre eigenen Kinder dort unterbringen, und die Großmutter kann bei Streitigkeiten vermitteln. Die Eltern bilden gewissermaßen eine Brücke zwischen den Kindern und den Großeltern, und es ist vor allem die Mutter, die diese Brücke tragfähig erhält. Großeltern stehen ihren Enkelkindern häufig recht nahe, so als gäbe es keinen Generationenkonflikt. Der Grund dafür ist, daß Großeltern keine disziplinarische Verantwortung haben und deshalb das Zusammensein mit den Enkeln ganz einfach genießen können. Zuweilen stellen sie sich bei Auseinandersetzungen mit den Eltern auf die Seite der Kinder. Wie wir gesehen haben, helfen sie ihren Enkelkindern möglicherweise auch finanziell, zum Beispiel durch direkte Zuwendungen oder auf dem Weg einer Erbschaft.

Großelternschaft hat für die Großeltern eine ganze Reihe von Bedeutungen und Konsequenzen.[39] Oft nimmt sie in ihrem Leben eine ebenso zentrale Stellung ein wie die Elternschaft bei Eltern. Befriedigung resultiert aus der Weitergabe von Traditionen und daraus, in dieser Rolle respektiert zu werden. Sie erwächst auch aus einen Gefühl von „Unsterblichkeit der Sippe“ oder des biologischen Fortbestehens in den Enkelkindern. Häufig findet eine erneute Beschäftigung mit der Vergangenheit durch ein Wiedererleben der eigenen Jugend und eine Identifikation mit den eigenen Großeltern statt. Zudem wird gegenüber den Enkelkindern in der Regel eine nachsichtige und verwöhnende Haltung eingenommen.

Andererseits ist der Status „verehrter Großeltern“ ein erworbener, er wird nicht automatisch verliehen. Die Unterschiede in der Art dieser Beziehung sind nämlich groß. Während die meisten Großeltern mit ihrer Rolle zufrieden sind und sie in einer „lustbetonten“ oder „formellen und zweckmäßigen“ Weise ausfüllen, fühlt ein Viertel von ihnen sich als entfernte Verwandte, und ein Drittel findet die Rolle vor allem wegen Meinungsverschiedenheiten über die Erziehung schwierig. Großmütter stellen erfolgreicher eine gute Beziehung zu Enkeltöchtern her als Großväter zu Enkeln — vielleicht wegen der stärkeren Kontinuität weiblicher Rollen und Interessen. Für Großeltern sind die wichtigsten Quellen von Zufriedenheit das Gefühl biologischen Fortbestands und emotionaler Selbstverwirklichung.[40] Andererseits scheint nur ein geringer oder gar kein Zusammenhang zwischen dem Vorhandensein von Enkelkindern und Lebenszufriedenheit zu bestehen — Freunde sind dafür wichtiger.[41] Wahrscheinlich gibt es eine solche Verbindung nur für jene Minderheit von Großeltern, die eine enge Beziehung zu ihren Enkeln herstellten konnten; diese kann den Platz anderer Bindungen einnehmen und zum allgemeinen Wohlergehen beitragen.

Vettern, Onkel und so weiter

Die Häufigkeit des Kontakts mit Cousins und Kusinen, Onkeln und Tanten ist geringer als bei primären Verwandten — typischerweise einmal monatlich, wenn diese im selben Viertel oder derselben Kleinstadt wohnen, jährlich oder noch seltener, wenn sie weiter entfernt leben. Es scheint keine Verpflichtung zu geben, telefonisch oder brieflich Kontakt zu halten, wie es bei Eltern und Geschwistern der Fall ist. Begegnungen werden im allgemeinen nicht gezielt herbeigeführt, sondern ergeben sich bei Zusammenkünften der Eltern — die untereinander ja Geschwister sind —; das gilt vor allem für Angehörige der Arbeiterschicht, da diese näher beieinanderwohnen.

Meist haben Menschen eine ganze Anzahl von Cousins und Kusinen, unter denen sie einen oder zwei lieber mögen als die übrigen. Der „Lieblingscousin" beziehungsweise die „Lieblingskusine" sind sehr wahrscheinlich vom gleichen Geschlecht und am ehesten über die Mutter und deren Schwester mit einem verwandt — wegen der engen Bindungen zwischen Schwestern. Der bevorzugte Cousin ist gewöhnlich jemand, der während der Kindheit in der Nähe lebte und so zum Spielkameraden wurde.[42] Menschen fühlen sich ihren Cousins und Kusinen näher, wenn sie selbst keine Geschwister haben, wenn die Cousins derselben sozialen Schicht angehören und die gleichen Wertvorstellungen vertreten. Auch zu Cousins und Kusinen haben Frauen jeweils engere Beziehungen. Und wiederum unterhalten Angehörige der Arbeiterschicht engere Kontakte zu ihren Cousins oder Kusinen, und sie ziehen solche vom gleichen Geschlecht deutlicher vor.

Die Kontakte zu Cousins und Kusinen, Onkeln und Tanten, Nichten und Neffen sind eher freiwilliger Natur als die Kontakte zwischen engeren Verwandten; sie sind, wie bei Freunden, vorwiegend eine Sache persönlicher Vorlieben und gemeinsamer Interessen. Ob man einander besucht, hängt sehr viel stärker von der räumlichen Entfernung ab, als dies bei primären Verwandten der Fall ist. Cousins oder Kusinen können jedoch andere Verwandte, beispielsweise Geschwister, ersetzen und sind von größerer Bedeutung für Unverheiratete.[43]

Es gibt kaum Hinweise darauf, daß der erwähnte „Egoismus der Gene" großen Einfluß hat. Andererseits läßt die Erkenntnis, daß Kameradschaft in der Kindheit zu einer engeren Beziehung führt, den Schluß zu, daß frühe Vertrautheit auch hier wesentlich sein kann.

Angeheiratete Verwandte

Angeheiratete Verwandte stehen am Schnittpunkt zwischen den beiden engsten Beziehungen, der Ehe und der Eltern-Kind-Beziehung, welche ihrerseits völlig unterschiedlich sind. Manchmal werden angeheiratete Verwandte als Teil der Familie angesehen, manchmal nicht. Die Beziehung kann gut sein, oft erweist sie sich jedoch auch als schwierig. Am schwierigsten ist tatsächlich die zwischen Ehemann und Schwiegermutter; der Grund liegt auf der Hand — das eheliche Verhältnis steht im Konflikt mit der stärksten Eltern-Kind-Bindung, nämlich der zwischen Mutter und Tochter. In Märchen und Witzen werden Schwiegermütter als alt und verbittert dargestellt, und Umfragen ergeben, daß sie auch ziemlich oft so eingeschätzt werden. Die Mutter neigt dazu, sich besitzergreifend und eifersüchtig gegenüber ihrer Tochter zu verhalten. Die häufigste Ursache von Verstimmungen zwischen Mutter und Schwiegertochter hat allerdings mit den Kindern beziehungsweise Enkelkindern zu tun.[44] Söhne oder Schwiegertöchter wiederum meinen, kurze Besuche noch ertragen zu können, längere hingegen nicht. Oft besteht Unsicherheit darüber, wie man Schwiegereltern ansprechen soll, und man sagt schließlich „Du“ oder „Oma“ und „Opa“. Hilfe von angeheirateten Verwandten wird oft mit zwiespältigen Gefühlen aufgenommen, vor allem zwischen Mutter und Schwiegertochter, weil sie als Störung oder Einmischung ausgelegt werden kann. Fischer[45] fand, daß Schwiegermütter eher Dinge *geben*, während Mütter für ihre verheirateten Töchter eher Dinge *tun*. Offensichtlich handelt es sich um eine schwierige Beziehung, mit der umzugehen besondere Regeln oder Fertigkeiten verlangt. Freilich kümmern sich Schwiegertöchter manchmal auch um die betagten Eltern ihrer Ehemänner, wenn diese keine Schwester haben.[46]

Bei einigen Naturvölkern gibt es solche Regeln — sie besagen gewöhnlich, daß man angeheiratete Verwandte nicht zu beachten oder nicht mit ihnen zu verkehren habe. Gemäß un-

Tabelle 10: Regeln für angeheiratete Verwandte

1.	Die Intimsphäre des anderen respektieren
2.	Geheimnisse wahren
3.	Keine sexuellen Aktivitäten aufnehmen
4.	Einander zu Familienfeiern einladen
5.	Den anderen nicht in der Öffentlichkeit kritisieren
6.	Geburtstage nicht vergessen
7.	Schulden zurückzahlen, sich für Gefälligkeiten und Komplimente erkenntlich zeigen
8.	Sich für den anderen in dessen Abwesenheit einsetzen
9.	Gute Neuigkeiten mitteilen
10.	Emotionale Unterstützung gewähren
11.	Dem anderen während des Gesprächs in die Augen sehen

Zusätzliche Regeln für Schwiegereltern

1.	Den anderen mit dem Vornamen ansprechen
2.	Die Bindung zwischen Schwiegersohn oder -tochter und ihrem Ehepartner respektieren
3.	Hilfe und Rat anbieten, wenn darum gebeten wird
4.	In den Wohnverhältnissen unmittelbare Nähe vermeiden
5.	Gute Beziehungen zu den anderen angeheirateten Verwandten herstellen
6.	Sich nicht in häusliche Streitfragen einmischen

Zusätzliche Regeln für Schwiegersohn/-tochter

1.	Die angeheirateten Verwandten herzlich empfangen
2.	Sie regelmäßig besuchen
3.	Geburtstage, Jubiläen usw. nicht vergessen
4.	Schwiegereltern im Alter helfen und sie unterstützen
5.	Schwiegereltern gelegentlich ein Geschenk kaufen

serer eigenen Erkenntnisse bilden die in Tabelle 10 aufgeführten Regeln nach allgemeiner Auffassung eine Leitlinie für diese Verwandtschafts-Beziehung.

Das Wesen von Verwandtschaftsbeziehungen

Die weitaus meisten Leute bleiben dauerhaft in Verbindung mit ihren erwachsenen Kindern (oder ihren Eltern). Sie halten regelmäßige Kontakte zu einem oder mehreren Geschwistern aufrecht, seltener zu Großeltern, Cousins und Kusinen oder entfernteren Verwandten. Frauen sind im Hinblick auf Verwandte aktiver als Männer, und die Bande zwischen Frauen sind die stärksten — vor allem zwischen Mutter und Tochter und unter Schwestern. Familien aus der Arbeiterschicht pflegen Verwandtschaftsbeziehungen intensiver als Mittelschichtsangehörige. Die Häufigkeit der Kontakte nimmt mit der räumlichen Entfernung ab, am wenigsten jedoch bei den engsten Beziehungen, vor allem zwischen Eltern und Kindern.

Gibt es Regeln für das Verhalten gegenüber Verwandten? Die offensichtlichsten Beispiele sind die Inzest-Normen. Diese sind höchst zweckmäßig: Zum Beispiel hat die Norm, außerhalb der Sippe zu heiraten, den Effekt, unterschiedliche Familiengemeinschaften aneinander zu binden. Die Norm, die Abstammung nach einem Elternteil zu bezeichnen, führt zu weitverzweigten und starken Verwandtschaftsgruppen. Innerhalb unserer eigenen Gesellschaft fanden wir vor allem zwei wesentliche Regeln für engere Verwandte: Hilfe zu leisten, wenn es nötig ist, und in Verbindung zu bleiben. In manchen Kulturen gibt es Normen, Kontakte mit angeheirateten Verwandten zu meiden; unserer eigenen Gesellschaft ist es jedoch nicht gelungen, eine wirksame Art des Umgangs mit dieser Beziehung zu entwickeln. Darüber hinaus haben wir eine Reihe weiterer Regeln gefunden, von denen die Menschen glauben, daß sie in unterschiedlichen Verwandtschaftsbeziehungen befolgt werden sollten.

Was ist die Grundlage der verwandtschaftlichen Bindung? Wechselseitige Verträglichkeit und der Austausch von

Belohnungen haben sicherlich Einfluß und führen etwa zur Bevorzugung eines Geschwisters oder Cousins vor einem anderen. Andererseits bleiben die Beziehungen zu den Eltern in fast allen Fällen bestehen, Beziehungen zu engen Verwandten scheinen nie abzureißen und deshalb nicht wie Freundschaften von regelmäßigen „Belohnungen" abzuhängen. Die Theorie des „Egoismus der Gene" könnte eine Erklärung für Verwandtschaftsbande liefern, die vorhandenen Daten passen allerdings nicht sehr gut dazu. Für Kinder tun wir mehr als für Geschwister, obwohl wir mit beiden 50 % der Gene gemeinsam haben. Der Grund liegt möglicherweise darin, daß wir ein besonderes Interesse an jenen Blutsverwandten haben, für die wir in der Vergangenheit einmal verantwortlich waren. Zu Cousins entsteht eine enge Bindung, wenn sie Kindheitsgefährten waren. Dies stützt die Ansicht, daß die Vertrautheit in der Kernfamilie dauerhafte Bande durch eine Art von Konditionierung oder Prägung erzeugt.

Die Natur von Verwandtschaft läßt sich durch den Vergleich mit Freundschaften herausarbeiten. Beide sind den Menschen wichtig, sie werden jedoch als sehr verschiedenartig erfahren, und gewöhnlich hält man Freunde und Verwandte sorgfältig auseinander.

1. Menschen leben oft mit Verwandten zusammen oder sehr nahe bei ihnen.
2. Verwandte hat man nicht so sehr aus freien Stücken, obwohl der Kontakt zu Geschwistern und noch mehr der zu Cousins oder Kusinen in gewissem Ausmaß persönlicher Entscheidung unterliegt. Es besteht ein Gefühl von Verpflichtung, enge Beziehungen aufrechtzuerhalten.
3. Verwandtschaftsbeziehungen dauern länger und eigentlich auf ewig, während Freundschaften ziemlich kurz sein können und oft enden, wenn eine Person fortzieht.
4. Verwandte leisten in erheblichem Umfang Hilfe, Freunde dagegen meist nicht.
5. Die gemeinsamen Aktivitäten sind recht verschieden — Vergnügungen, Essen und Trinken mit Freunden; Plaudern, Kontakt halten und tatkräftig helfen bei Verwandten.

Andererseits gibt es Anhaltspunkte dafür, daß Freunde zum Ersatz für Verwandte werden können, beispielsweise im Fall jener 20 % der über 65jährigen, die keine lebenden Verwandten mehr haben. Manchmal nimmt eine Beziehungsform Merkmale einer anderen an, etwa wenn jemand sagt: „Sie ist eher eine Schwester als eine Freundin für mich."

Die Abbildung 1 dieses Kapitels liefert ein Beispiel für solchen Ersatz — Verwitwete und Geschiedene leben oft mit einem ihrer Kinder, Ledige dagegen oft mit einem Geschwisterteil zusammen. Alte Menschen ohne Geschwister haben mit größerer Wahrscheinlichkeit während der vergangenen Woche eines ihrer Kinder getroffen (81 %) als jene, die im selben Zeitraum auch einen Bruder oder eine Schwester gesehen haben (62 %). Die Verwitweten und Geschiedenen haben innerhalb der letzten beiden Tage mit höherer Wahrscheinlichkeit eines ihrer Kinder gesehen (66 %) als die Verheirateten (41 %). Cousins oder Kusinen trifft öfter, wer keine Geschwister hat. Es sieht so aus, als sei der Kontakt zu Kindern, Geschwistern und Ehegatten in gewissem Maß austauschbar und könne er sich wechselseitig ersetzen.

Geschichte und kultureller Wandel von Verwandtschaft

Die frühesten menschlichen Gesellschaften bestanden aus Jägern und Sammlern, die ein unkompliziertes Nomadendasein führten. Sie hatten auch ein sehr einfaches Verwandtschaftssystem: Die Kinder leiteten ihre Abstammung von beiden Eltern gleichermaßen her; es bestand ein Inzesttabu und ein gewisses Ausmaß an Polygamie; verheiratete Paare lebten in einiger Entfernung von ihren Eltern; es gab wenig Eigentum zu vererben und deshalb auch kaum Normen dafür.

Nachdem sich ein seßhaftes Bauerntum entwickelt hatte und die Familien Ländereien, Herden und anderes Eigentum besaßen, wurden die Verwandtschaftsregeln komplizierter. Die Abstammungslinie wurde auf einen Elternteil, zumeist den Vater, zurückgeführt. Verheiratete Paare lebten in der Nähe des Wohnsitzes dieses Elternteils und erbten dessen Besitz. So entwickelten sich weitverzweigte Verwandtschaftsgruppierungen, die auf dieselben männlichen (oder manchmal auch weiblichen) Vorfahren zurückgingen. Die Heirat mußte mit einer oder mehreren Frauen aus einer anderen Sippe, aber innerhalb des gleichen Stamms erfolgen; der ständige Austausch von Frauen hielt die unterschiedlichen Sippen zusammen. Oft mußte mit Geld oder Gut für die Braut bezahlt werden, weil diese als Investition in die Erzeugung von Nachkommen angesehen wurde. Ein kulturübergreifender Vergleich von 549 urtümlichen Gesellschaften erbrachte, daß die Familien umfangreicher waren, wenn sie über Besitz verfügten und wenn alle Familienmitglieder bei der Arbeit halfen.[47]

In der modernen Industriegesellschaft haben sich die Verwandtschafts-Verhältnisse erneut gewandelt. Die wichtigsten Bindungen bestehen nun innerhalb der Kernfamilie. Die Kernfamilie entspricht den Anforderungen der Industriegesellschaft erwiesenermaßen besser als die umfangreicheren Familien und Sippen früherer Zeiten: Arbeiter und ihre Familien können dorthin ziehen, wo es Arbeit gibt, und erfolgreiche einzelne können innerhalb des Systems aufsteigen, ohne durch zahlreiche Verwandte behindert zu werden, die partizipieren wollen; in ähnlicher Weise besteht auch keine Veranlassung, wenig geeigneten Leuten aufgrund ihrer familiären Beziehungen die besten Stellen anzubieten. Die Kernfamilie verhilft zu starkem sozialen Rückhalt, der es erleichtert, mit beruflicher Belastung zurechtzukommen.[48] Vergleiche zwischen italienischen und amerikanischen Familien zeigen, daß Italiener wesentlich häufiger Kontakt zu ihren Verwandten haben. Die Italiener haben sich nicht so weit wie die Amerikaner in Richtung auf die Kernfamilie entwickelt.[49]

Die Kleinfamilie selbst ist monogam, hat weniger Kinder und lebt nicht unbedingt in der Nähe der Eltern (außer bei bestimmten ethnischen Gruppen). Trotz der hohen Intimität in diesen Familien üben sie weniger Kontrolle über die Partnerwahl ihrer Kinder aus als früher. Die wichtigsten Verwandten außerhalb der Kernfamilie sind Geschwister, erwachsene Kinder und Eltern. Alle anderen Verwandten sind weniger wichtig.

Wie es zu diesen Verwandtschaftssystemen gekommen ist, kann anhand ihrer Funktionen erklärt werden. Sie sind Beispiele für Problemlösungen durch Gruppen über lange Zeitspannen hinweg. Am einfachsten zu verstehen ist die Norm der Abstammung von einem Elternteil, die wir in bäuerlichen Gesellschaften finden. Ihre unmittelbare Folge ist die Bildung umfangreicher, starker Verwandtschaftsgruppen, die sich zu gegenseitigem Schutz und gegenseitiger Unterstützung verbünden können. Damit kombiniert ist meist die Norm der Exogamie — in andere Familiengruppen einzuheiraten; sie hat die Wirkung, hauptsächlich über Frauen Verbindungen zwischen unterschiedlichen Sippen herzustellen. In der modernen Gesellschaft benötigen wir den Schutz durch umfangreiche Verwandtschaftsgruppen nicht, da sich andersartige gesellschaftliche Organisationen entwickelt haben, die an deren Stelle getreten sind. Ein weiteres Beispiel für die Entwicklung von Normen kommt aus Gesellschaften, wo die Abstammung durch die Mutter definiert ist und die Paare gewöhnlich in der Nähe der Familie der Frau leben, wie bei den Ashanti in Ghana und bei den Trobriander-Insulanern. Auch hier werden Herrschaft und Kontrolle über das Eigentum von den Männern ausgeübt. Das Erbe erhalten jedoch nicht ihre eigenen Kinder, sondern die Söhne ihrer Schwestern — und zwar, weil es, wenn auch Vaterschaft ungewiß sein kann, keinen Zweifel über die Mutterschaft gibt, so daß die Männer sicher sein können, daß ihre Erbschaft einem Blutsverwandten zukommt. In dieser Weise wird besonders dort verfahren, wo außerehelicher Verkehr häufig ist. Aus ähnlichen Gründen macht man sich wenig Sorgen wegen vorehelichen Verkehrs — es schert niemanden, wer der Vater ist.[50]

Auch Geschwisterbeziehungen nehmen in manchen Kulturen andersartige Formen an. Oft kümmern sich die älteren Brüder und Schwestern anstelle der Mutter um die kleineren Kinder, etwa in polynesischen und afrikanischen Gesellschaften. In Indien und anderen Teilen von Asien ist es die Pflicht der Brüder, für die Mitgift ihrer Schwester zu sorgen und passende Heiraten zu arrangieren. Die Gruppe der Geschwister ist in vielen Weltteilen sehr wichtig und einflußreich bei der Regelung von Familienangelegenheiten, und sie leben häufig auch im späteren Leben eng zusammen.[51]

10
Arbeitsbeziehungen

Die meisten Männer und eine zunehmende Zahl von Frauen verbringen einen großen Teil ihres Lebens am Arbeitsplatz — sieben bis acht Stunden am Tag, an fünf bis fünfeinhalb Tagen pro Woche, vom 18. bis zum 65. Lebensjahr oder länger, insgesamt nahezu 100.000 Stunden. Die überwiegende Mehrheit der Arbeitslosen würde gern arbeiten. Meistenteils umfaßt die Berufstätigkeit eine Zusammenarbeit mit anderen, und ein Teil der Arbeitszeit wird unter Kollegen verbracht.

Wie wir in Kapitel 4 darstellten, erwachsen manche Freundschaften aus Kontakten am Arbeitsplatz. Andererseits werden die meisten Arbeitskollegen nicht Freunde im üblichen Sinne, obgleich zu ihnen eine enge Beziehung anderer Art bestehen kann. Wir sahen, daß Männer mittleren Alters oft nur wenige enge Freunde haben. Einer der Unterschiede zwischen Freunden und vertrauten Arbeitskollegen besteht darin, daß die gemeinsamen Aktivitäten ziemlich verschieden sind. Ein weiterer Unterschied ist, daß Arbeitskollegen in der Regel durch die Arbeitsorganisation und den Arbeitsablauf in Kontakt kommen — also eher, weil sie nebeneinander arbeiten oder die gleiche Tätigkeit ausüben, als deshalb, weil sie sich unbedingt dafür entschieden haben, ihre Zeit gemeinsam zu verbringen.

Diese Beziehungen geben einige Rätsel auf. Auf der einen Seite ist recht klar ersichtlich, daß sie sich erheblich auf die Arbeitszufriedenheit auswirken und eine wichtige Rolle spielen können, indem sie die Effekte beruflicher Belastungen abfangen. Die Arbeitszufriedenheit hängt eng mit der Lebenszufriedenheit zusammen, und beide beeinflussen einander.[1] Zugleich gibt es aber auch Hinweise darauf, daß berufliche Beziehungen für oberflächlicher, weniger belohnend und konfliktträchtiger gehalten werden als beispielsweise die zu Freunden oder zur Familie. Wir werden versuchen, dieser Frage auf den Grund zu gehen. Sie stellt sich ferner auch im Zusammenhang mit den Arbeitnehmern, die in Pension gehen oder arbeitslos werden: Menschen, die nach eigener Angabe ihre Arbeit nicht liebten, werden trotzdem oft noch unglücklicher, wenn sie diese verlieren.

Ein weiteres Problem betrifft den Charakter der Bindungen unter Arbeitskollegen. Einerseits sind Arbeitsbeziehungen sehr wichtig, und zwar nicht nur für Zufriedenheit und Gesundheit, sondern auch für die Erhaltung des Arbeitsplatzes und die Karriere. Andererseits scheinen viele Menschen keine besonders dauerhaften Bindungen an ihre Arbeitskollegen zu entwickeln, und der Abschied bei einem beruflichen Wechsel fällt ihnen oft nicht schwer.

Die Vorteile von Arbeitsbeziehungen

Bringen Arbeitsfreundschaften einen ähnlichen Nutzen wie Freundschaften außerhalb des Berufslebens? Viele Studien haben gezeigt, daß die Zufriedenheit mit Kollegen, Vorgesetzten und Management ein wesentlicher Bestandteil der allgemeinen Arbeitszufriedenheit ist. Dennoch unterscheiden sich berufliche Beziehungen von Freundschaften, Liebes- und anderen intimen Beziehungen in mehrfacher Hinsicht. Cohen und andere stellten fest, daß Freundschafts-, Arbeits- und Liebesbeziehungen zwischen zwei Menschen sich vor allem darin unterschieden, welche Ziele in ihnen verfolgt werden und welche „Ressourcen" sie bieten. In Liebe und Freundschaft hält man das Gegenüber und die Beziehung für wichtiger als sich selbst, während für Beziehungen am Arbeitsplatz eher das Gegenteil gilt. Geld und Sachwerte werden höher eingeschätzt als Achtung oder Zuneigung.

Immer wieder hat sich erwiesen, daß tragfähige Beziehungen am Arbeitsplatz mit einem geringeren Maß an innerer Anspannung und Krankheit einhergehen. Andere Studien haben gezeigt, daß Menschen weniger ängstlich, depressiv und psychisch oder körperlich krank sind, wenn sie am Arbeitsplatz gute Beziehungen — vor allem zu Vorgesetzten — haben. Einige dieser Untersuchungen belegen die im zweiten Kapitel beschriebene „Puffer"-Hypothese, derzufolge sozialer Rückhalt nur dann zum Tragen kommt, wenn er gebraucht

Abb. 1: Die Bedeutung von Zielen und „Ressourcen" in Arbeits-, Freundschafts- und Liebesbeziehungen[2]

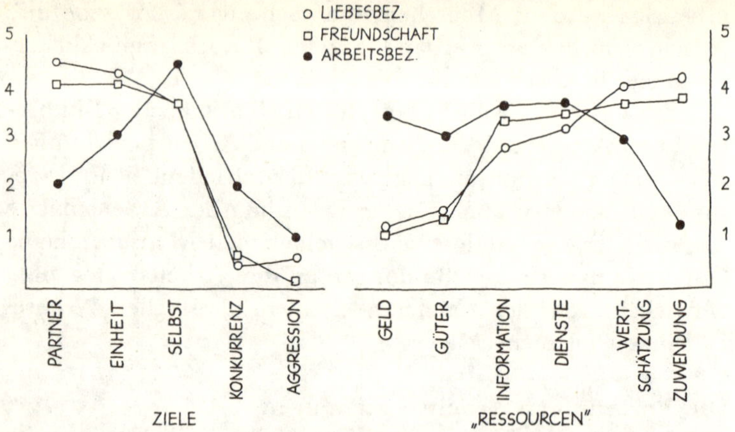

wird, wenn also der einzelne, der diesen Rückhalt erfährt, Belastungen ausgesetzt ist. Man weiß nicht genau, wie dieser Mechanismus funktioniert. Wer sozialen Rückhalt erlebt, nimmt Ereignisse als weniger belastend wahr, und stützende Arbeitskollegen können tatsächlich helfen, mit dem jeweiligen Problem fertigzuwerden.[3]

Das Verhältnis zu anderen ist jedoch oft auch eine bedeutende Quelle von Streß bei der Arbeit. Beispielsweise können für Akkordarbeiter Zeitdruck, mangelnde Rücksprache oder Kollegen, die ihr Pensum nicht erfüllen, große Probleme bereiten.[4] In einer kleinen Stichprobe von Managern hatten 20 % Schwierigkeiten wegen „persönlicher Unverträglichkeiten" erlebt; Einsamkeit, die Schaffung einer mißlichen Situation über den Kopf des Betroffenen hinweg oder „schlechtes Klima" sind andere Beispiele dafür.[5]

Sind die sozialen Bezüge am Arbeitsplatz nun wichtig oder nicht? Tatsächlich stimmen die weiter unten angeführten Ergebnisse ziemlich gut überein. Viele und vielleicht die meisten Beziehungen am Arbeitsplatz vermitteln nur wenig Zufriedenheit und Rückhalt — in einer Untersuchung[6] hatten 45 % der Arbeiter keine Freunde am Arbeitsplatz. Andererseits können unter den richtigen Bedingungen, wozu beispielsweise kleine Gruppen mit starkem Zusammenhalt gehö-

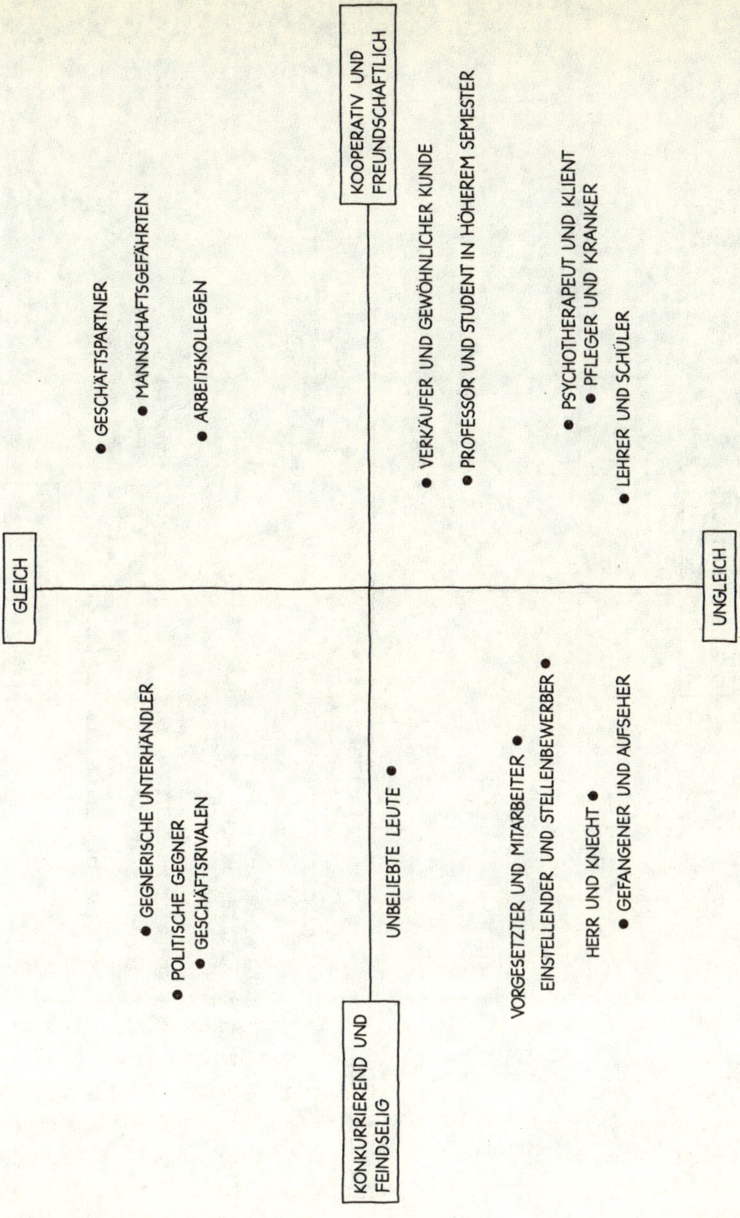

Abb. 2: Die Einstufung unterschiedlicher Berufsbeziehungen auf den Dimensionen „Gleichheit" und „Konkurrenz/Kooperation"...

... sowie auf den Dimensionen „Intensität" und „dienstlich/ persönlich"[6]

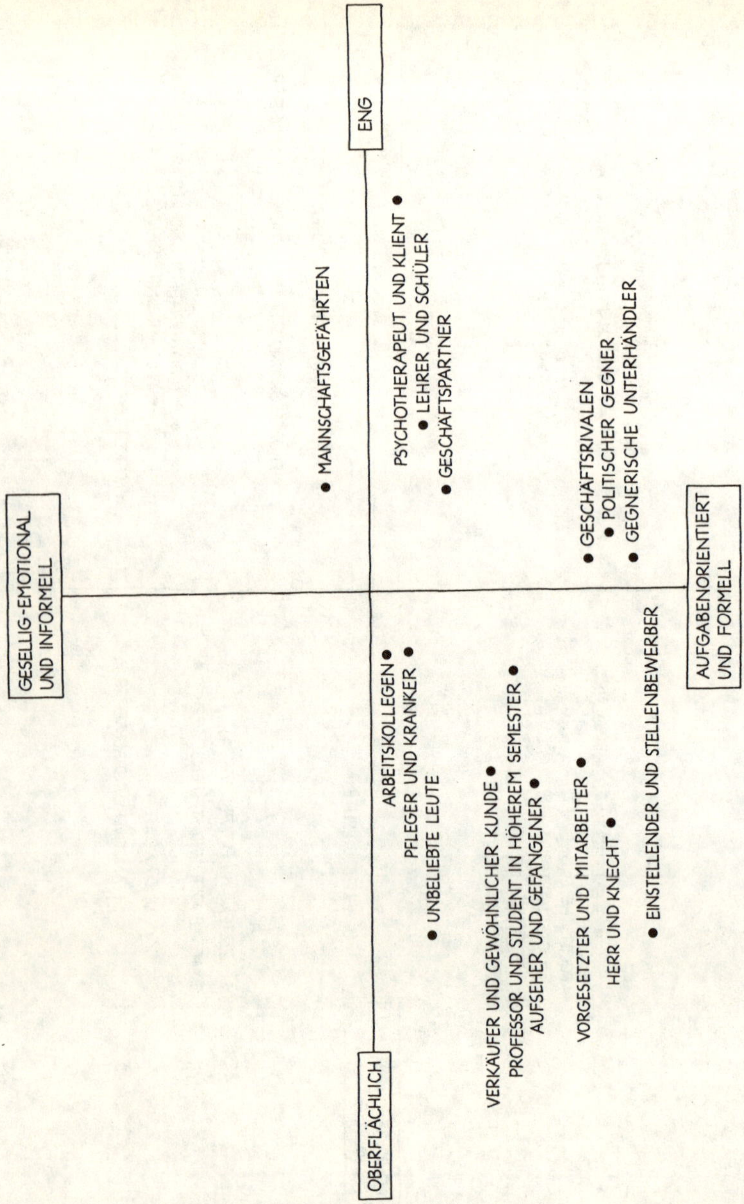

ren, Arbeitsbeziehungen eine höchst ergiebige Quelle von Zufriedenheit und gegenseitiger Unterstützung bilden.

Eindeutig sind also solche engen beruflichen Beziehungen sehr wichtig, aber wie sehen sie im einzelnen aus? Eine ganze Reihe unterschiedlicher Arbeitskontakte wurden in einer Dimensionsstudie von Wish und seinen Kollegen erfaßt (Abbildung 2).

Wish fand heraus, daß verschiedene Arten von Beziehungen am Arbeitsplatz durch unterschiedliche Positionen auf seinen Dimensionen gekennzeichnet waren. Zum Beispiel wurde die Beziehung zwischen Vorgesetztem und Mitarbeiter als ungleich, aufgabenorientiert und formell, ferner eher als konkurrierend und feindselig denn als kooperativ und freundschaftlich angesehen. Das Verhältnis zu Arbeitskollegen wurde dagegen eher als gleichberechtigt, kooperativ und freundschaftlich beurteilt und lag auf der Mitte zwischen den Polen aufgabenorientiert/formell und gesellig-emotional/informell. Andere Beziehungen wie die zwischen Lehrer und Schüler waren ungleich, aber kooperativ und recht eng. Deswegen unterscheiden sich der Nutzen und die Konflikte entsprechend dem *Typ* der Arbeitsbeziehung.

Zudem ist aber auch das *Wesen* der jeweiligen Beziehung von Bedeutung. Viele Untersuchungen haben ergeben, daß in kleinen und eng zusammenarbeitenden Teams die Arbeitszufriedenheit hoch, Fehlzeiten und Fluktuation hingegen niedrig sind (vergleiche Abbildung 3).

Die Zufriedenheit ist größer bei bestimmten Führungsstilen, beispielsweise solchen, die dem Beschäftigten stärkere Beteiligung an Entscheidungen einräumen, sowie bei höherrangigen Mitarbeitern. Andererseits haben viele Arbeitnehmer einen niedrigen Status, arbeiten unter untauglichen Formen von Aufsicht und gehören keiner Gruppe mit hohem Zusammenhalt an. Dies mag den geringen Grad an Zufriedenheit erklären, den wir selbst bei der in Kapitel 4 (Abbildung 5) beschriebenen Studie fanden.

Zusätzlich beeinflußt die Struktur der Organisation die zwischenmenschlichen Kontakte beträchtlich. Die Art von Beziehungen wiederum, die Menschen an ihrem Arbeitsplatz haben, wirkt sich auch auf ihre Zufriedenheit mit der Arbeit aus. Die Rolle von Beziehungen und informellen Kontakten innerhalb der Organisationsstruktur wollen wir im folgenden genauer betrachten.

Abb. 3: Gruppensolidarität und Fehlzeiten bei Büroangestellten[8]

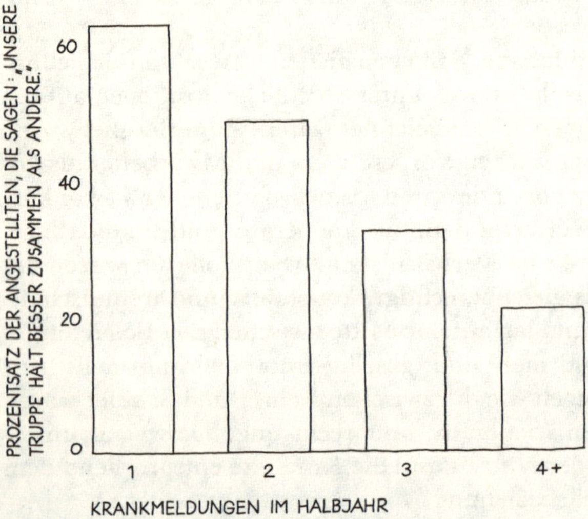

Formelle und informelle Arbeitskontakte

Einen Großteil unserer Arbeitszeit verbringen wir im Umgang mit anderen Menschen. Manager verwenden beispielsweise viel Zeit auf Gespräche mit anderen. Rosemary Stewart[9] bat 160 Manager britischer Firmen, Tagebuch zu führen; dabei stellte sich heraus, daß sie zwischen einem Drittel und 90 % ihrer Zeit mit anderen Menschen verbrachten (siehe Tabelle 1). Etwa 32 % der Zeit schienen sie mit anderen Personen von ähnlichem Status zusammen zu sein.

Tabelle 1: Wie leitende Angestellte ihre Zeit verbringen[10]

Allein	34 %
Mit einer einzelnen Person	32 %
Mit zwei oder mehr Personen	34 %
Mit einem unmittelbaren Untergebenen	26 %
Mit ihrem Vorgesetzen	8 %
Mit einem Kollegen	12 %
Mit Fachkollegen in einem anderen Bereich des Betriebs	8 %

Mit anderen internen Gesprächspartnern	5 %
Mit Kunden	5 %
Mit anderen externen Gesprächspartnern	6 %

Zeitaufwand für Inspektionen	6 %
Zeitaufwand für informelle Diskussionen	43 %
Zeitaufwand für Gremien	7 %
Zeitaufwand für Telefongespräche	6 %
Zeitaufwand für gesellige Aktivitäten	4 %

Andere Untersuchungen über Manager führten zu ähnlichen Resultaten. Manager sind selten allein in ihrem Büro — 34 % ihrer Arbeitszeit nach der Stewart-Studie, 22 % und 20 % gemäß zwei anderen. Sie scheinen die meiste Zeit Gespräche zu führen, entweder in unmittelbarem Kontakt oder am Telefon, und selbst wenn sie allein sind, lesen sie möglicherweise Briefe oder diktieren welche. Innerhalb von drei Stunden las ein Manager 97 Posteingänge und beantwortete 45.[11]

Dabei variiert das Tätigkeitsmuster zwischen verschiedenen Typen von Managern. Die Leiter großer Firmen verbringen beispielsweise im Vergleich zu denen kleinerer Firmen mehr Zeit mit formellen Treffen wie Konferenzen, während in kleineren Firmen das meiste informell abläuft, mehr Zeit auf die Arbeit selbst verwendet oder Einzelgesprächen mit anderen eingeräumt wird. Linien-Manager in Produktionsbereichen sind häufiger mit Untergebenen und mit Kontrollen befaßt und seltener allein, während Verkaufsmanager mehr Zeit außerhalb der Firma bei geselligen Aktivitäten und auf Veranstaltungen, beispielsweise mit Kunden, zubringen.[12] Trotz abweichender Tätigkeitsmerkmale wird aber stets beträchtliche Zeit für zwischenmenschliche Begegnungen formeller und informeller Art aufgewandt.

Ein Gutteil des sozialen Umgangs am Arbeitsplatz basiert nicht auf bewußter Entscheidung für die Gesellschaft anderer Menschen, weil wir sie mögen, sondern weil sie der formellen Organisation angehören. Wir erhalten Anordnungen von A, geben Befehle an B, arbeiten mit C zusammen, helfen D, beaufsichtigen E's Arbeit, verhandeln mit F, haben eine Besprechung mit G, unterweisen H, weil es zu unserer Aufgabe gehört. Beziehungen in Arbeitsgruppen unterscheiden sich von jenen, die wir in der Familie oder zu Freunden unterhalten. Sie beruhen auf Zusammenarbeit in organisierten, hierarchisch gegliederten Gruppen. Dies kann erheblich zur Zufriedenheit beitragen und — durch ein Gefühl von Gruppenzugehörigkeit sowie Beteiligung an einer sinnvollen Aufgabe — Einsamkeit verhüten. Auch Kinder haben Spaß an Mannschaftsspielen, und Studenten organisieren gern Veranstaltungen und Feste.

Daneben gibt es soziale Kontakte, die nicht Teil der Arbeit sind — beispielsweise in Kaffee- oder Mittagspausen — und gewöhnlich als deren informelle Seite gelten. George Homans[13] hat eine Theorie über die Beziehung zwischen diesen beiden Arten sozialer Aktivität — formeller und informeller — aufgestellt. Er ging davon aus, daß Menschen arbeiten, um Aufgaben zu erledigen und dafür bezahlt zu werden; dazu müssen sie mit anderen zusammenarbeiten, stellen fest, daß sie einige von ihnen mögen, und beginnen, mit diesen auch privat Kontakt zu pflegen. Berufsbeziehungen entstehen zunächst durch das formelle Arbeitssystem, werden jedoch durch verschiedenartige informelle Kontakte sowie den Ausbau der dienstlichen Beziehung erweitert. Es ist wichtig, daß sich solche Beziehungen entwickeln, wenn die Zusammenarbeit am Arbeitsplatz erfolgreich sein soll. Das informelle System hat seinerseits durch die Ausbildung von Normen über das Arbeitpensum, durch Aufteilung in Untergruppen und das Auftauchen einer Statushierarchie Rückwirkungen auf die Struktur der Arbeit selbst, die für das Management nicht immer erkennbar sind, die jedoch allesamt die Arbeitsweise beeinflussen.

In einer berühmt gewordenen Studie aus den dreißiger Jahren haben Roethlisberger und Dickson informelle Abläufe in einer amerikanischen Fabrik nachzuzeichnen versucht.[14] Sie stellten unter anderem fest, daß die informellen Strukturen der Kooperation eng, aber nicht unabdingbar mit den Freundschaftsverhältnissen verknüpft waren.

Neben paarweisen Beziehungen gibt es jedoch auch Untergruppen oder Cliquen, die sich anderen Untergruppen überlegen fühlen können und ihnen gegenüber möglicherweise feindselige Gefühle hegen. Jede dieser Gruppen wird Normen ausbilden, beispielsweise darüber, welches Maß an Arbeit zu erledigen ist. Vielleicht kennt A zufällig C, der in einer anderen Abteilung arbeitet, was eine neue Möglichkeit für Zusammenarbeit oder einfach nur für Klatsch — als Teil der „Gerüchteküche" — eröffnet. Zugleich kann A unter Umständen unmöglich mit D zusammenarbeiten, den er nicht mag.

Innerhalb einer Arbeitsgruppe, in der alle Beteiligten von der Organisationshierarchie her gleichrangig sind, werden einige zu inoffiziellen Anführern „ernannt" — vielleicht, weil sie älter und erfahrener, weil sie fachlich kompetenter oder einfach geschickter im Umgang mit Autoritäten sind. Dies beeinflußt wiederum die Art, wie die Struktur der Arbeit festgelegt wird, beispielsweise bei Entscheidungen über die Arbeitsintensität.[15]

Die Hierarchie übt einen starken Einfluß auf die Beziehungen zwischen Menschen und den Stil ihrer Kommunikation miteinander aus.

1. *Beziehungen zwischen Angehörigen einer Arbeitsgruppe von gleichem Status.* Hier können die Beschäftigten zwar kooperieren und sich gegenseitig helfen, gleichzeitig aber auch um eine Beförderung konkurrieren. Beziehungen zu gleichrangigen Mitgliedern anderer Gruppen außerhalb der formellen Organisation können einfacher und von Nutzen sein, um Dinge schnell zu erledigen, oder sie können lediglich einen weiteren Kanal für Gerüchte darstellen. Ungefähr 40 % der Informationen zwischen Managern gehen an andere Personen gleichen Ranges, viele davon außerhalb offizieller Kanäle. Je umfangreicher und komplexer die Organisation ist, desto häufiger verlaufen Kommunikationsstränge neben den Dienstwegen.[16]

2. *Beziehungen zwischen Personen von unterschiedlichem Status* sind schwieriger, besonders, wenn einer der Beteiligten der direkte Vorgesetzte des anderen ist. Der Kontakt kann problemloser

sein, wenn sie zwei Rangstufen voneinander entfernt oder nicht in derselben Linie der Hierarchie stehen. Die Beziehung zwischen Vorgesetztem und Untergebenem, in welcher der eine Macht über den anderen ausübt, schafft gewöhnlich eine gewisse Distanz. Die erforderlichen Fertigkeiten für den Umgang mit dieser Beziehung werden wir später erörtern.

Der Einfluß von Geschlecht, Alter und Status auf Arbeitsbeziehungen

Geschlecht. Beide Geschlechter genießen und brauchen intime Beziehungen ebenso wie das Eingebettetsein in strukturierte Gruppen. Männer sind jedoch stärker in solche Gruppen, Frauen eher in intime Beziehungen einbezogen (vergleiche Kapitel 4). Frauen kümmern sich stärker als Männer um die soziale Seite beruflicher Beziehungen. Diese ist für sie eine der wichtigsten Quellen der Arbeitszufriedenheit, was zum Teil wohl mit den Besonderheiten von Frauenarbeit zu tun hat. Ein Großteil weiblicher Berufstätigkeit läßt sich in einer oder zwei Berufsgruppen zusammenfassen. Viele sind Lehrerinnen, Krankenpflegerinnen, Sozialarbeiterinnen oder Personalleiterinnen — sie alle kümmern sich um andere Menschen. Auch Sekretärinnen, Sachbearbeiterinnen oder Verkäuferinnen üben Dienstleistungsberufe mit unterstützenden Funktionen aus, und sie arbeiten dabei meist in kleinen Gruppen. Möglicherweise ist aus diesen Gründen die Arbeitszufriedenheit von Frauen durchweg höher als die von Männern. Berufstätige Frauen fühlen sich im Durchschnitt glücklicher und wohler als nicht-berufstätige, besonders dann, wenn es letzteren an sonstigen Einbindungen fehlt (sie beispielsweise allein leben oder keine Kinder haben), wenn sie in Geldschwierigkeiten stecken — und wenn die Berufstätigen ihre Arbeit mögen.[17]

In einer Studie über Beziehungen am Arbeitsplatz, die wir zusammen mit Rob McIlveen in einem großen Produktionsbetrieb in Nordengland durchführten, fanden wir, daß Frauen, die ihren Beruf gerade erst aufgenommen hatten, mit ihrer Arbeit zufriedener waren, sich zum Zeitpunkt der Befragung aber auch etwas mehr unter Streß fühlten. Ferner gaben die Frauen an, an ihrer Arbeitsstelle mehr Freunde und Kollegen zu haben, andererseits jedoch auch mehr Leute, mit denen sie nicht zurechtkamen. Frauen scheinen vorwiegend in Berufen zu arbeiten, in denen sie ausgedehntere Sozialbezüge haben als Männer. Diese umfassen sowohl freundschaftlichere als auch konfliktreichere Beziehungen, und so ist vielleicht zu erklären, warum sie ihre Arbeit befriedigender und zugleich belastender finden, als Männer dies tun.

Frauen in Managerpositionen sind allerdings mit einigen speziellen Problemen konfrontiert. Man scheint an sie höhere Erwartungen zu stellen als an ihre männlichen Kollegen, und zudem müssen sie noch mehr Hausarbeit verrichten, so daß es nicht überrascht, wenn sie als wichtigste Streßfaktoren Arbeitsüberlastung (35 %), Zeitdruck und Fertigstellungstermine (25 %) nennen.[18] Auch treffen sie auf Probleme im Umgang mit männlichen Managern: Sie haben nicht selten Schwierigkeiten, sich in solche Männergruppen zu integrieren, vermissen oft soziale Unterstützung durch andere Frauen, wären gern selbstbewußter, durchsetzungsstärker und erfolgreicher dabei, mit männlichen Kollegen fertigzuwerden. Sexuelle Belästigungen sind erstaunlich weit verbreitet: Über die Hälfte der Managerinnen in einer britischen Stichprobe hatte entsprechende Erfahrungen gemacht — wobei allerdings Frauen am Arbeitsplatz zuweilen auch ihrerseits flirten, um Vorteile zu erlangen. Andererseits werden viele Frauen von einem männlichen Vorgesetzten gestützt, der als „Mentor" fungiert und ihre Karriere fördert. Das Ausmaß an Berufsausbildung und Erfahrung ist bei Frauen eng mit dem Grad der Arbeitszufriedenheit verknüpft, nicht jedoch bei Männern.[19] Frauen wird als Vorgesetzten oft ein stärkeres Eingehen auf die Bedürfnisse der Mitarbeiter nachgesagt und häufig sind sie tatsächlich rücksichtsvoller, obwohl Untersuchungen belegen, daß beide Geschlechter sich der gleichen Führungsstile bedienen sollten. Frauen haben selten Schwierigkeiten mit männlichen Untergebenen, eher aber mit Frauen, die sich manchmal nur ungern mit einem weiblichen Chef abfinden.[20] Einige Untersuchungen haben erbracht, daß weibliche Angestellte häufig Angst vor Erfolg haben, was sie daran hindert, ihren beruflichen Aufstieg voranzutreiben. Neuere Forschungsarbeiten haben jedoch gezeigt, daß diese Angst vor Erfolg in Wirklichkeit Angst vor dem Verlust von Weiblichkeit ist. Jüngere Beschäftigte, solche in niedrigeren Lohngruppen und mit weniger Berufsjahren legen eine ausgeprägtere Erfolgsangst an den Tag.[21]

Alter. Junge Menschen müssen eine berufliche „Sozialisation" durchlaufen; sie müssen lernen, als Mitglied einer Gruppe und unter der Anleitung eines Vorgesetzten zu arbeiten. Diese „Berufssozialisation" findet zunächst in der Schule statt, ohne in jedem Fall erfolgreich zu sein. Manche Leute schaffen es einfach nicht, in der üblichen Art und Weise zu arbeiten — weil sie nicht mit Autoritätsfiguren zu Rande kommen, weil sie glauben, für eine Tätigkeit nicht befähigt zu sein, oder aus einem anderen Grund.[22]

Für junge Berufstätige ist die Bezugsgruppe sehr wesentlich. Für ältere Arbeitnehmer und besonders für die weniger erfolgreichen oder diejenigen, die den Höhepunkt ihrer Laufbahn bereits überschritten haben, sind die sozialen Kontakte unter Umständen wichtiger als die Arbeit selbst.

Status. Ranghöhere Personen haben am Arbeitsplatz ganz andere Beziehungsgefüge als tieferstehende. Manager verbringen einen beträchtlichen Teil ihrer Zeit mit Untergebenen und Sekretärinnen — vor allem, wenn sie eine umfangreiche Belegschaft unter sich haben — sowie in Sitzungen. Ranghöhere unterhalten im Betrieb seltener zwanglose Gruppenkontakte zu Gleichgestellten; sie stehen im Zentrum eines komplexen sozialen Netzwerks und müssen eine Menge von Konflikten bewältigen. Sie haben eine Reihe ineinandergreifender Beziehungen aufrechtzuerhalten; andere Menschen sind für sie der hauptsächliche Streßfaktor — unzulängliche Untergebene, fordernde Vorgesetzte und rivalisierende Kollegen.[23] Natürlich sind Menschen mit höherem Status einflußreicher, was ein Grund für ihre wesentlich höhere Berufszufriedenheit sein kann. Auch bei Sitzungen außerhalb des eigenen Betriebes, so hat sich erwiesen, ist ihr Einfluß höher — wahrscheinlich, weil sie dort denselben Verhaltensstil pflegen und gleichartige Beziehungen herstellen wie in ihrer Firma.[24]

Kulturunterschiede in Arbeitsbeziehungen

Die bislang beschriebenen Merkmale von Arbeitsbeziehungen sind nicht auf der ganzen Welt vorzufinden, und Management-Theorien amerikanischer oder europäischer Herkunft sind nicht ohne weiteres überall anwendbar. Im folgenden wollen wir einige der Hauptaspekte schildern, in denen sich Arbeitsplatz-Beziehungen von Kultur zu Kultur unterscheiden können.

Aufsichtshierarchie. Weitreichende gesellschaftliche Veränderungen, unterstützt durch sozialwissenschaftliche Forschung, haben zu weniger autoritären Beziehungen, geringeren Macht- und Statusdifferenzen zwischen den einzelnen Ebenen der Hierarchie sowie zu stärker konsultativen und argumentierenden Führungsstilen geführt. Versuche, Forschungsergebnisse über optimales Vorgesetztenverhalten anderswo zu bestätigen, haben jedoch ergeben, daß ein autoritärer Führungsstil in Ländern wie Indien und Japan ebenso wirksam oder sogar effektiver ist. Die Menschen dort sind offenbar an diesen Stil gewöhnt, und er spiegelt die größeren Machtunterschiede innerhalb der Hierarchie wider. In Japan werden Führungskräfte auf Gehorsam in Hierarchien durch Management-Kurse gedrillt, bei denen sie mit wenig Nahrung Nachtmärsche von 40 Kilometern zurücklegen, die Firmenhymne singen oder brüllen sowie sinnlose Texte lernen und rezitieren müssen. Wir fanden heraus, daß die Beziehungen zwischen Vorgesetzten und Untergebenen in Japan und Hongkong überaus normenfixiert sind: Vorgesetzte sollten Distanz wahren und ihre Gefühle oder Probleme nicht gegenüber ihren Untergebenen äußern; es gibt aber auch Regeln über väterliche Sorge für Untergebene.

Die Bedeutung kleiner Gruppen. In vielen Teilen der Welt wird der Loyalität zu einer Sippe oder anderen Gruppierung, einschließlich Arbeitsgruppen und der Firma, große Bedeutung beigemessen; „Individualismus“ und eigenmächtiges Handeln sind verpönt. Beispiele sind der israelische Kibbuz, die sowjetischen Arbeitsbrigaden und Genossenschaften, der chinesische Kollektivismus und japanische Firmen, die sich lebenslang um ihre Mitarbeiter kümmern, als seien sie Familienmitglieder. Ein hohes Maß an Konformität ist eine Folge davon. Andererseits bilden sich solche Gruppen manchmal nur unter Mitgliedern desselben Stammes oder derselben Sippe heraus, und zwischen den Mitgliedern unterschiedlicher Stämme kann ein krasser Mangel an Kooperation bestehen.[26]

In Indonesien, Japan und anderen Regionen Asiens legt man großen Wert auf harmonische Beziehungen zwischen den Menschen, auf das Vermeiden von Konflikten und die Wahrung des Gesichts. In Verhandlungen kann es deshalb notwendig sein, erhebliche Zugeständnisse zu machen, um zu verhindern, daß der Verhandlungspartner das „Gesicht verliert“. Positiv ist daran, daß derartige Gruppen sehr viel Rückhalt bieten; Firmenangehörige in Japan wissen, daß sie zeitlebens einen sicheren Arbeitsplatz haben.

Innerbetriebliche Demokratie. Hier handelt es sich um eine wichtige Entwicklung der industriellen Organisation, die von Jugoslawien, Norwegen und Westdeutschland ausging. Sie umfaßt abteilungsübergreifende Planungs- und Beratungsgremien, in denen Beschäftigte verschiedener Ebenen vertreten und die befugt sind, wichtige Entscheidungen zu treffen. Ferner gehört zu diesen Modellen die Einsetzung von „Arbeitsdirektoren“ und Betriebsräten. Uns interessiert hier nicht, wie gut das alles funktioniert, sondern wie es sich auf die Sozialbeziehungen auswirkt. Eine Auswirkung besteht darin, daß die Stellung der untersten Ebenen gestärkt und die ihrer Vorgesetzten geschwächt wird, da es für jeden Mitarbeiter die Möglichkeit und einen Weg gibt, deren Autorität anzufechten.[27]

Flexible Arbeitsgestaltung. In westlichen Kulturen werden die Kinder schon in der Schule auf das Berufsleben vorbereitet: durch regelmäßige Arbeitszeiten unter Aufsicht und in disziplinierter Form. In Ländern der Dritten Welt ist es oft schwierig, Menschen eine derart reglementierte Arbeitsweise nahezubringen. Manche Aufgaben kann man zwar einer Gruppe übertragen, welche die Arbeit eigenverantwortlich, nach eigener Fasson und in einem selbstbestimmten Zeitraum erledigt. Leider ist dies aber bei Fließbandarbeit oder anderen Tätigkeiten, bei denen Mensch und Maschine in enger gegenseitiger Abhängigkeit stehen, nicht möglich.[28]

Regeln. Die strukturellen Unterschiede spiegeln sich in verschiedenartigen Regeln wider. Wie wir in Kapitel 3 gesehen haben, gelten Normen über Privatsphäre und Diskretion in sämtlichen von uns untersuchten östlichen und westlichen Kulturen, während jedoch Arbeitsbeziehungen in östlichen Ländern und besonders in Japan durch geringere Nähe zum Gegenüber und weniger emotionale Mitteilsamkeit gekennzeichnet sind. Es gibt Regeln, die den Ausdruck von Zuneigung oder Gefühlen am Arbeitsplatz untersagen.

Kollegiale und freundschaftliche Arbeitsbeziehungen

Wir haben gesehen, daß Menschen am Arbeitsplatz sehr viel Zeit mit anderen verbringen, die den gleichen Status haben wie sie selbst. Verschiedene Intimitätsgrade lassen sich unterscheiden:

1. Viele Menschen begegnen sich am Arbeitsplatz rein dienstlich, nicht aber in anderen sozialen Situationen wie etwa Kaffeepausen. Solche relativ oberflächlichen und aufgabenorientierten Kontakte können durchaus erfreulich sein und sind dies auch oft. Zudem ist über die formalen Anforderungen des Arbeitsbereiches hinaus ein ernsthafter Austausch über berufliche Belange hilfreich, da der Gesprächspartner so zur Bewältigung der Arbeitsaufgaben beiträgt.
2. Plaudereien, Witze und Spiele in Pausen, gemeinsame Lokalbesuche oder Mittagessen in der Kantine sind oft überaus fröhliche und angenehme Anlässe. Solche Begegnungen beschränken sich normalerweise auf die unmittelbare Arbeitsgruppe, in der man sich untereinander gut kennt und als Angehöriger einer eng verwobenen *in-group* betrachtet.

3. Wenn sich zwei Menschen am Arbeitsplatz häufig sehen, sei es aufgrund rein geselliger Aktivitäten oder durch die Arbeit — meist aus beiden Gründen gleichzeitig —, freunden sie sich oft miteinander an. Solche Kontakte unterscheiden sich aber von Freundschaften im üblichen Sinne dadurch, daß man sich in der Regel nicht gegenseitig nach Hause einlädt und daß die Beteiligten keine gemeinsamen Freizeitaktivitäten betreiben. In der Goldthorpe-Untersuchung, über die wir gleich noch auführlicher berichten werden, gaben 55 % der Handarbeiter an, einen oder mehrere enge Freunde am Arbeitsplatz zu haben, aber lediglich 27 % trafen diese Freunde auch außerhalb des Betriebs, und die meisten luden sie nicht zu sich nach Hause ein.
4. Schließlich gibt es auch Freunde im gängigen Sinn, die man bei der Arbeit kennengelernt hat. Wir haben bereits dargestellt, daß ziemlich viele Freundschaften — 25 % nach einer Untersuchung — auf diese Weise zustande kommen. Sie unterscheiden sich von Freunden, die man aus der Nachbarschaft oder durch Freizeitbeschäftigungen kennt, da man sie regelmäßig in mindestens zwei verschiedenen Umgebungen trifft, nämlich am Arbeitsplatz und zu Hause oder sonstwo in der Freizeit. Wir haben gesehen, daß Mittelschichtsangehörige leichter Freunde am Arbeitsplatz finden, weil ihre beruflichen Kontakte — zum Beispiel gesellige Ereignisse, zu denen auch die Ehepartner eingeladen sind, oder Mittagessen außerhalb des Betriebs — das Entstehen von Freundschaft fördern. Jedoch schließen auch Handarbeiter Freundschaften am Arbeitsplatz.

Es gibt vor allem zwei Arten gemeinsamer Aktivität mit Arbeitskollegen, die beide sehr eng miteinander verknüpft sind: Kooperation über die Arbeit und vorwiegend gesellige Gemeinsamkeit. Beide können sehr befriedigend sein, vor allem unter mehr oder weniger eng befreundeten Kollegen, aber auch unter solchen, die nicht zugleich Freunde sind. In unserer Untersuchung über Beziehungen am Arbeitsplatz baten wir mehr als 100 Arbeiter einer großen Produktionsanlage in Nordengland, vier Arbeitskollegen auszuwählen: einen, der auch außerhalb der Arbeit als Freund galt; einen, der ein „Freund am Arbeitsplatz" war; einen, der nur Arbeitskollege und bei Pausen oder Mahlzeiten nicht dabei war; und schließlich einen vierten, den sie als Arbeitskollegen nicht mochten. Jeder der Befragten sollte angeben, wieviel Befriedigung er bei bestimmten Aktivitäten mit jedem der vier Arbeitskollegen erlebte. Tabelle 2 ist zu entnehmen, daß sowohl die Arbeit als auch geselliges Beisammensein im Betrieb mit privaten Freunden und „Freunden am Arbeitsplatz" mehr Befriedigung vermitteln; manche beziehen aber persönliche Zufriedenheit sogar aus Kontakten zu unbeliebten Arbeitskollegen. Wie Tabelle 4 in diesem Kapitel zeigt, können Arbeiter einander — gewöhnlich auf der Basis von Gegenseitigkeit — helfen, und zwar oft weit über das formal Notwendige hinaus. Hilfe

	privater Freund	Freund im Betrieb	Arbeitskollege	unbeliebter Kollege
Zusammenarbeit an einer gemeinsamen Aufgabe	75,3	53,2	34,6	15,2
Rat in Arbeitsangelegenheiten erteilen	64,5	43,6	37,9	34,4
Rat in Arbeitsangelegenheiten erhalten	61,3	45,7	26,3	16,1
Scherzen oder frotzeln	58,1	45,8	31,5	23,7
Einen Plausch halten	67,7	56,0	28,3	17,3

Tabelle 2: Prozentsatz der Arbeiter, die recht große oder sehr große Zufriedenheit mit dem Kontakt in vier verschiedenen kollegialen Beziehungen angaben

und Zusammenarbeit nehmen eine Vielzahl von Formen in unterschiedlichen Situationen an und bilden die Grundlage für erfolgreiche Arbeitsteams. Befreundete Kollegen geben einander auch Informationen, einschließlich solcher über technische und organisatorische Angelegenheiten. Der vorwiegend gesellige Austausch findet in Kaffeepausen oder beim Mittagessen statt, außerdem bei dienstlichen Begegnungen. Der Überschneidungsbereich zwischen jenen, die einander helfen, und denen, die privat etwas zusammen unternehmen, ist meist groß. Handarbeiter mit eintönigen, immer wiederkehrenden Aufgaben erfinden manchmal alle möglichen Arten von Spielen und Späßen, um die Monotonie zu verringern. Man beobachtete zum Beispiel eine Gruppe von Fabrikarbeitern, die zu festen Zeiten an jedem Tag bestimmte „Zwischenfälle" eingeführt hatte: Ein Mann pflegte die Banane eines anderen zu stehlen und zu essen, ein anderer verteilte zu einer bestimmten Zeit Pfirsiche, ein weiterer öffnete ein Fenster und löste damit einen Aufruhr wegen der Zugluft aus und so weiter. „Wenn man nicht reden und Unsinn machen könnte, würde man verrückt.“[29]

Untersuchungen in etlichen Organisationen ergaben eine ziemliche Vielfalt von Beziehungen zwischen Gleichgestellten. In einer großen Ölgesellschaft beispielsweise hatten diese Kontakte durchweg höflichen, kühlen und verbindlichen Charakter.[30] Dabei handelte es sich jedoch um ein Unternehmen, in dem die Manager sehr ehrgeizig waren und zurückhaltend beim Anknüpfen enger Beziehungen zu anderen, die vielleicht nicht lange ihre Kollegen sein würden und womöglich ihre Untergebenen werden könnten. Andere Organisationen — darunter viele amerikanische Firmen sowie Marketing- oder Werbeabteilungen — sind oft durch aufgekratzte, aber ziemlich oberflächliche Kontakte gekennzeichnet. All dies hängt stark von der „Kultur“ eines Unternehmens ab.

In Luton, einer Stadt bei London, führte Goldthorpe eine Untersuchung an Industriearbeitern durch; Tabelle 3 zeigt einige der Ergebnisse.

Tabelle 3: Soziale Interaktion zwischen Industriearbeitern[31]

Häufigkeit von Gesprächen mit Arbeitskollegen

Ziemlich häufig	Ab und zu	Kaum
47 %	39 %	12 %

Emotionale Reaktion auf Trennung von den gegenwärtigen Kollegen

Sehr bestürzt	Ziemlich bestürzt	Nicht besonders betroffen	Überhaupt nicht betroffen
4 %	23 %	32 %	36 %

Zahl der „engen Freunde“ unter den Arbeitskollegen

Keine	1 oder 2	Mehr als 2
45 %	25 %	31 %

Treffen mit befreundeten Arbeitskollegen außerhalb des Betriebs

Besuche zu Hause	Geplante Treffen	Eher zufällige Treffen	Rein zufällige oder überhaupt keine Treffen	Keine engen Freunde unter den Arbeitskollegen
16 %	11 %	11 %	17 %	45 %

Man erkennt, daß es ziemlich viele Gespräche gab und daß viele davon während der Arbeit stattfanden, beispielsweise zwischen Maschinensetzern und Monteuren. Viele dieser Gespräche hatten nichts mit der Arbeit zu tun. Andererseits waren die Beziehungen relativ schwach, wie die fehlende Betroffenheit über eine Versetzung weg von den derzeitigen Kollegen zeigt. Der Vergleich zwischen verschiedenen Arbeitsgruppen bestätigte, was wir schon früher erwähnten — räumliche Faktoren hatten großen Einfluß auf das Zustandekommen von Beziehungen. Gleichzeitig war die Technologie nur ein Faktor unter anderen: Die Männer mit der besten Ausgangsbasis für die Entwicklung sozialer Bindungen waren die Werkzeugmacher, die viel redeten, aber bei einer Versetzung kein allzu großes Bedauern zeigten. Während über die Hälfte der befragten Handarbeiter einen oder mehrere „enge Freunde" am Arbeitsplatz hatte, verabredete sich nur ein gutes Viertel von ihnen außerhalb des Betriebs, und 16 % besuchten einander zu Hause. Die meisten ihrer Freunde waren *keine* Arbeitskollegen.

Kameradschaft am Arbeitsplatz kann jedoch eine recht enge Beziehung umfassen, was sich auf die Art des Umgangs miteinander während der Arbeit auswirkt. In unserer Studie über Beziehungen am Arbeitsplatz stellten wir fest, daß es — wie Tabelle 4 zeigt — sogar mit dem unbeliebten Kollegen erhebliche informelle Kontakte gab.

	mit privatem Freund	Freund im Betrieb	Arbeitskollegen	unbeliebtem Kollegen
Dem anderen bei der Arbeit helfen	52	32	18	8
Arbeit besprechen	49	52	32	17
Einen Plausch halten	72	63	26	15
Mit dem anderen scherzen	72	54	24	13
Den anderen „aufziehen"	46	32	18	20
Privatleben erörtern	30	19	13	11
Persönliche Gefühle erörtern	26	10	5	5
Um persönlichen Rat fragen oder solchen erteilen	33	19	8	6

Tabelle 4: Prozentsatz der Arbeiter, die sich täglich mehrmals an arbeitsbezogenen und geselligen Aktivitäten beteiligen

Darüber hinaus fanden wir, daß die Häufigkeit bestimmter Berufsaktivitäten eng mit den Angaben über Arbeitsstreß und Zufriedenheit verknüpft war. Diese Verknüpfungen waren jedoch abhängig vom Charakter der Beziehung zu dem Kollegen, mit dem man jeweils zu tun hatte. Beispielsweise waren die Befragten hochzufrieden, wenn sie häufig an Diskussionen über die Arbeit teilnahmen, wenn sie anderen etwas beibringen oder zeigen konnten, wenn sie persönliche Ratschläge gaben oder bekamen, und sogar dann, wenn sie bloß Späße machten. Sie waren weniger zufrieden mit ihrer Arbeit, wenn sie solche Dinge kaum taten. Allerdings galt dieser Zusammenhang nur für „Freunde am Arbeitsplatz" und für keine andere Kategorie von Arbeitskollegen. Beschäftigte, die sich häufig an derartigen Aktivitäten oder an sozialen Interaktionen wie lockerem Plaudern bei der Arbeit oder Erörterungen ihres Privatlebens und ihrer Gefühle beteiligten, fühlten sich weniger Streß ausgesetzt. Ein seltenes Auftreten all dieser Kontaktformen war mit einem hohen Streßpegel verbunden. Auch diese Verknüpfung traf lediglich auf eine Kategorie von Arbeitskollegen zu — diesmal auf die privaten Freunde. Offensichtlich empfinden wir unsere Arbeit als um so befriedigender, je häufiger wir mit Freunden am Arbeitsplatz über die Arbeit oder uns selbst sprechen, und wir finden die Arbeit selbst um so weniger belastend, je mehr wir mit privaten Freunden bei der Arbeit zu tun haben.[31a]

Wir haben gesehen, daß Beziehungen am Arbeitsplatz ein bedeutendes Potential sozialer Unterstützung darstellen und dazu beitragen können, die beruflichen Belastungen zu vermindern. Wahrscheinlich sind Freundschaften, die sich am Arbeitsplatz entwickelt haben, in diesem Zusammenhang besonders wichtig — Probleme können fern vom Arbeitsplatz in Ruhe erörtert werden, und man kann sich bei der Arbeit auf den anderen als Verbündeten verlassen.

Anhand unserer Untersuchung über Regeln können wir noch ein wenig mehr darüber sagen, wie Beziehungen am Arbeitsplatz am besten gestaltet werden. Wir fanden eine Anzahl von Regeln für den Umgang mit „Mit-Arbeitern", aber auch für die weniger engen Beziehungen am Arbeitsplatz, die im nächsten Abschnitt beschrieben werden.

Tabelle 5: Regeln für Arbeitskollegen

1.	Einen gerechten Anteil der Arbeitsbelastung übernehmen
2.	Die Privatsphäre des anderen respektieren
3.	Hilfsbereit hinsichtlich der gemeinsamen physischen Arbeitsumstände sein (z. B. Licht, Temperatur, Lärm)
4.	Zur Hilfe bereit sein, wenn sie erbeten wird
5.	Geheimnisse wahren
6.	Unabhängig von persönlichen Abneigungen kooperativ arbeiten
7.	Andere nicht bei Vorgesetzten anschwärzen
8.	Arbeitskollegen mit dem Vornamen ansprechen
9.	Um Rat und Hilfe fragen, wenn nötig
10.	Dem Arbeitskollegen während des Gesprächs in die Augen sehen
11.	Nicht zu neugierig nach dem Privatleben anderer fragen
12.	Schulden zurückzahlen, sich für — auch geringfügige — Gefälligkeiten und Komplimente erkenntlich zeigen
13.	Mit dem Arbeitskollegen keine sexuellen Aktivitäten beginnen
14.	Sich für den Kollegen in seiner Abwesenheit einsetzen
15.	Den Arbeitskollegen nicht öffentlich kritisieren

Wir fragten ferner 120 Personen, wie sehr es ihnen mißfallen würde, wenn elf dieser Regeln von ihren Arbeitskollegen verletzt würden. Am meisten Mißfallen erregten Vertrauensmißbrauch, das Anschwärzen anderer bei einem Vorgesetzten, die Weigerung, einen fairen Anteil der Arbeit zu übernehmen, sowie öffentliche Kritik am anderen. Regelverletzungen wie Vertrauensbruch, öffentliches Kritisieren, Verweigern erbetener Hilfe oder fehlendes Eintreten für einen Kollegen in dessen Abwesenheit waren wesentlich stärker verpönt, wenn sie durch einen „Freund am Arbeitsplatz" begangen wurden, als wenn es sich um jemanden handelte, der schlicht als Arbeitskollege bezeichnet wurde. Von allen Kollegen jedoch — gleich ob engen Privatfreunden, Freunden am Arbeitsplatz, Arbeitskollegen oder sogar „Leuten, mit denen man bei der Arbeit nicht zurechtkommt" — erwartete man, daß sie einen gerechten Teil der Arbeitsbelastung übernehmen, die Persönlichkeitssphäre respektieren, andere nicht bei einem Vorgesetzten anschwärzen, Schulden zurückzahlen, sich für Gefälligkeiten erkenntlich zeigen und sich kooperativ verhalten. Verstöße gegen diese Regeln werden unabhängig von Freundschaftsbeziehung mißbilligt. Offensichtlich werden auch Freunde nicht davon ausgenommen, sich an die aufgabenbezogenen oder informellen Arbeitsregeln halten zu sollen. Und im Falle bestimmter Normen sind sie sogar weit mehr zu Hilfe und Unterstützung verpflichtet.

Beziehungen zwischen Vorgesetzten und Untergebenen

Bereits in Zweiergruppen sind Ansätze von Hierarchie zu beobachten — zumindest, wenn es sich um zwei Männer handelt. In größeren Gruppen bildet sich eine genau festgelegte informelle Hierarchie heraus, und sie bewältigen Aufgaben wirkungsvoller, wenn eine solche Hierarchie etabliert ist. Das Verhältnis zwischen Vorgesetzten und Untergebenen am Arbeitsplatz gehört zu den grundlegendsten und wichtigsten sozialen Beziehungen. In Arbeitsorganisationen besteht fast immer eine formelle Hierarchie, bei der Vorgesetzte eher von außen ernannt als von der Gruppe gewählt werden. Da es für eine einzelne Person schwierig ist, mehr als zehn bis 15 andere zu beaufsichtigen, wächst die Anzahl der Ebenen in einer Hierarchie mit der Größe der Organisation. Sehr umfangreiche Organisationen werden ausgesprochen bürokratisch und weisen zehn oder mehr unterschiedliche Rangstufen auf. In einer informellen Gruppe ist der Anführer meist der erfahrenste oder derjenige, der über die anstehende Aufgabe am besten Bescheid weiß; theoretisch ist der Aufstieg in Organisationen von ähnlichen Prinzipien abhängig.

Formell ernannte Chefs besitzen eine gewisse Macht, zu belohnen oder zu bestrafen. In Gefängnissen können sie bestrafen, in der Industrie belohnen — indem sie über Beförderung, Sonderzahlungen und Gehaltserhöhungen bestimmen. Bei freiwilligen Zusammenschlüssen, an Universitäten und in Krankenhäusern können Vorgesetzte auch an das innere Engagement ihrer Mitarbeiter appellieren, und sie können aufgrund ihrer Sachkenntnis Macht besitzen. Möglicherweise leitet die Macht eines Vorgesetzten sich auch aus persönlichen Bindungen zwischen ihm und seinen Untergebenen her, so daß er sie zur Loyalität auffordern kann.

Doch Untergebene verfügen ebenfalls über Macht. Sie können sich in Gewerkschaften oder kleineren Gruppen, die ihnen kollektive Macht verleihen, zusammenschließen, da der Chef gewöhnlich nicht alle miteinander entlassen kann. Sie können ihn von Belohnungen ihrerseits abhängig machen, entweder in Form von hohem Arbeitseinsatz oder einfach durch menschliche Zuwendung, die entzogen werden kann, wenn sich der Chef nicht anständig aufführt.

Gibt es einen Austausch von Hilfe oder anderen Belohnungen zwischen Vorgesetzten und Untergebenen? Ein Vorgesetzter hat eine Position inne, in der er Untergebenen dazu verhelfen kann, gut zu verdienen, befördert zu werden oder auf andere Weise ihr Wohlergehen zu steigern. Er kann ihnen auch bei ihrer Arbeit helfen, obwohl dies möglicherweise als Verfolgung seiner eigenen Interessen ausgelegt wird. Berufstätige werden durch die Arbeitsorganisation in vielfältiger Hinsicht belohnt; Vorgesetzte können diese Belohnungen so steuern, daß sie an Leistung geknüpft sind.

Untergebene unterstützen ihren Vorgesetzten, indem sie gute Arbeit leisten. Es ist vorgeschlagen worden, daß Vorgesetzte für jeden Untergebenen ein anderes Belohnungsschema ausarbeiten sollten, so daß manche stärker begünstigt und gleichzeitig höhere Erwartungen an sie gestellt werden. Dies ist jedoch wegen der Gruppennormen, welche die gerechte Aufteilung von Belohnungen regeln, nur begrenzt möglich. Ferner wurde darauf hingewiesen, daß die Anerkennung seines höheren Status eine weitere „Belohnung" sei, die Untergebene ihrem Vorgesetzten gewähren.[32]

Der Vorgesetzte einer Gruppe von Arbeitern oder der Leiter einer Gruppe von untergeordneten Managern arbeitet gewöhnlich in deren Nähe, manchmal im selben Raum. Er bleibt mit ihnen und ihrer Arbeit in regelmäßigem Kontakt, sowohl durch offizielle Zusammenkünfte, die vielleicht einmal wöchentlich stattfinden, als auch durch häufigere formlose Treffen am Arbeitsplatz und in Kaffeepausen. Er kann unmittelbar zur informellen Gruppe gehören oder auch nicht. Der tatsächliche Ablauf der Arbeit von direkten Vorgesetzten ist höchst unterschiedlich; er ist beispielsweise abhängig von Einzelheiten der technischen Bedingungen, von räumlichen Gegebenheiten und davon, ob sie für Dinge wie Produktionsplanung, Arbeitskontrolle, Instandhaltung von Maschinen, die Festsetzung von Überstunden und anderes verantwortlich sind.[33]

Ein Großteil der Interaktionen zwischen Vorgesetzten und Untergebenen wird vom Vorgesetzten begonnen; dazu gehören Anordnungen darüber, welche Arbeiten wie erledigt werden müssen, Bemerkungen zur Leistung des Untergebenen und Vorschläge, wie bestimmte Aufgaben anders gelöst werden können. Auch der Mitarbeiter kann die Initiative ergreifen: Man könnte erwarten, daß er Hilfe oder Rat zu suchen pflegt, doch tut er dies oft lieber bei seiner Bezugsgruppe, um den Eindruck von Unfähigkeit zu vermeiden; Mitarbeiter berichten über den Fortgang der Arbeit — im Fall schlechter Nachrichten wird dies gern „geschönt" oder hinausgezögert, bis der Chef gerade guter Laune ist; sie liefern Vorschläge und bringen Beschwerden vor, obgleich diese oft ignoriert werden. Es kann auch offene Diskussionen über Arbeitsprobleme geben, bei denen die Vorgesetzten nicht immer eine Führungsrolle einnehmen müssen.

Die Manager in der Untersuchung von Rosemary Stewart verbrachten durchschnittlich 26 % ihrer Zeit mit Mitarbeitern und 8 % mit ihren eigenen Vorgesetzten. Die Zahl der von einem Manager beaufsichtigten Personen — ihr „Kontrollbereich" — ist recht klein: fünf bis sieben sowie eine Sekretärin; er ist umfangreicher bei Vorarbeitern und Unterabteilungsleitern, wo er bis zu 20 oder mehr betragen kann, meist jedoch um die 15 liegt.

Was tun Manager tatsächlich? Nach Mintzberg[34] üben sie zehn Funktionen aus:

Interpersonelle Rollen

Repräsentant — offizielle Verpflichtungen, Feierlichkeiten;
Leiter — er initiiert und verfolgt Zielsetzungen der Organisation, stellt ein und entläßt;
Verbindungsmann — zu anderen Organisationen und der Außenwelt;

Informations-Rollen

Beobachter — er findet heraus, was innerhalb und außerhalb der Organisation geschieht, und liest Berichte;

Multiplikator — er gibt Informationen an die Mitglieder der Organisation weiter;

Sprecher — er gibt Informationen an Personen außerhalb weiter;

Entscheidungsrollen

Unternehmer — er leitet Schritte zur Verbesserung einer Situation durch Delegation oder Überwachung ein;

Krisenmanager — er regelt Konflikte und geht mit kritischen Lagen um;

Finanzverwalter — er genehmigt Ausgaben, Budgets und so weiter für unterschiedliche Vorhaben;

Verhandlungsführer — mit dem Betriebsrat, bei Käufen, Verkäufen und anderem.

Der zeitliche Aufwand für diese unterschiedlichen Rollen variiert von Tätigkeits- zu Tätigkeitsbereich. „Linien-Manager" (in Produktions- oder Verwaltungshierarchien) verwenden mehr Zeit auf Entscheidungsfunktionen, vor allem bei der Beseitigung von Schwierigkeiten, während „Stabs-Manager" in stärkerem Maß Informations-Aufgaben ausüben, vor allem in den Rollen des Beobachters und Sprechers. Manchmal werden diese Funktionen auf zwei oder drei Manager aufgeteilt. Die Tätigkeitsmerkmale auf höheren Management-Ebenen unterscheiden sich beträchtlich von denen der unteren Ränge. Hier geht es mehr um Repräsentation, um geschäftliche Verbindungen und Selbstdarstellung nach außen, weniger um die Bewältigung akuter Probleme und um Verhandlungen.

Wie sieht das Verhältnis zwischen Vorgesetzten und Untergebenen im Vergleich zu anderen Beziehungen aus, die wir untersucht haben? Nach der Dimensions-Studie von Wish (vergleiche Abbildung 2 in diesem Kapitel) scheint sie als *oberflächlich, sehr ungleich* sowie leicht *feindselig* und *konkurrierend* angesehen zu werden. Bei unserer Untersuchung über Zufriedenheit und Konflikte wurden Vorgesetzte als sehr schwache

Quelle von Befriedigung — kaum besser als Nachbarn —, aber als eine bedeutende Konfliktquelle empfunden, die lediglich vom Ehepartner übertroffen wird. Dabei ist allerdings zu berücksichtigen, daß Wishs Versuchspersonen, ebenso wie einige der unseren, entweder kaum oder nur eng umgrenzte Berufserfahrung hatten. Sofer[35] fand bei seiner Studie über das mittlere Management in großen Firmen, daß die Beziehungen zu Vorgesetzten höflich und informell waren; allerdings bildete die Tatsache, daß Vorgesetzte ihre Untergebenen zu beurteilen hatten, ein Problem. Diesen Managern war Karriere sehr wichtig; und dafür spielten natürlich ihre unmittelbaren Vorgesetzten eine wesentliche Rolle, indem sie ihren Schützlingen manchmal erhebliche Hilfe zukommen ließen.

Wodurch entstehen Konflikte zwischen Vorgesetzten und Untergebenen? Manche Menschen stehen Autoritäten ablehnend gegenüber, andere fühlen sich durch Vorgesetzte eingeschüchtert. Feindseligkeit kann durch ungerechte Behandlung, Ängstlichkeit durch Furcht vor Bestrafung verursacht werden. Das Grundproblem liegt möglicherweise darin, daß Vorgesetzte Macht besitzen, besonders die Macht, zu bestrafen oder Vergünstigungen vorzuenthalten. Außerdem ist für beide Seiten geboten, wenig von sich selbst preiszugeben.

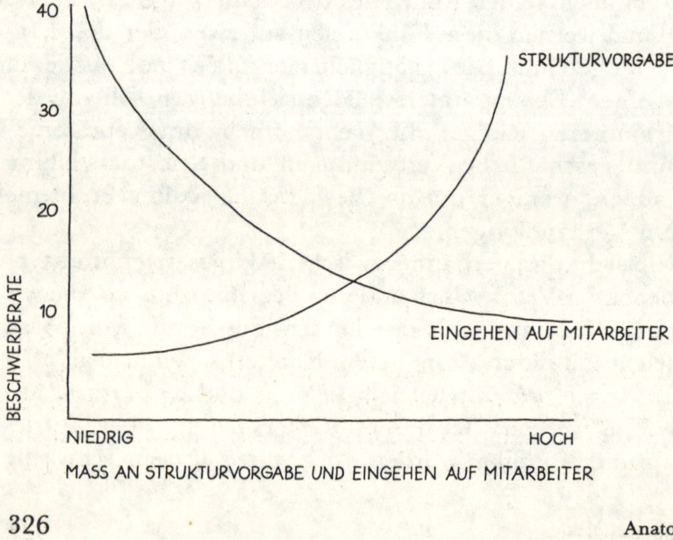

Abb. 4: Die Häufigkeit von Klagen über die Arbeitssituation als Funktion der Vorgabe von Strukturen und des Eingehens auf die Mitarbeiter durch Vorgesetzte

Andererseits ist erwiesen, daß Arbeitszufriedenheit, Fehlzeiten und Fluktuation beträchtlich durch das Verhältnis zum Vorgesetzten beeinflußt werden. Vor allem von zwei Merkmalen des Verhaltens Vorgesetzter hat sich gezeigt, daß sie sich auf die Zufriedenheit der Untergebenen auswirken:

Wir werden gleich noch genauer erklären, was diese Führungs-Dimensionen bedeuten. Vorläufig wollen wir bloß darauf hinweisen, daß zwar viele Menschen keine sehr guten Beziehungen zu ihren Vorgesetzten haben, andere jedoch durchaus, und daß dies stark davon abhängt, ob ihre Chefs sie „richtig" behandeln.

Vorgesetzte beeinflussen auch den Gesundheitszustand. Die bereits beschriebenen Untersuchungen zu sozialem Rückhalt ergaben, daß ein unterstützender Vorgesetzter — mit einem hohen Wert für „Eingehen auf Mitarbeiter" — zu besserer körperlicher und psychischer Gesundheit beiträgt. Teilweise ist das so zu erklären, daß er in seiner Position auf die Arbeit bezogene Probleme lösen und dadurch eine Streßursache ausräumen kann. Zudem kann man sich möglicherweise mit jederlei persönlichen Schwierigkeiten an ihn wenden. Eine Befragung von Vorarbeitern in der Industrie erbrachte, daß sie durchschnittlich zweieinhalb Stunden in der Woche damit verbrachten, mit ihren Untergebenen alltägliche oder ernstere Probleme zu besprechen. Am gängigsten waren Arbeitsprobleme wie Unzufriedenheit mit der Tätigkeit und Konflikte mit anderen Beschäftigten, aber es kam auch eine große Zahl persönlicherer Schwierigkeiten vor — mit Ehe oder Sexualität, Nervosität und Depression sowie mit Kindern, Alkohol oder Drogen. Die meisten Vorarbeiter begrüßten es, in diese Helferrolle gebracht zu werden, und betrachteten sie als wichtigen Teil ihrer Aufgabe.[37] Umgekehrt ist ein schlechter Vorgesetzter eine der schlimmsten Ursachen von Streß. Eine Studie von Caplan und anderen[38] legt den Schluß nahe, daß Unterstützung durch Vorgesetzte zwar Ängstlichkeit und Depression mindert, Unterstützung durch Kollegen dabei aber noch etwas wirkungsvoller ist. Andere Untersuchungen belegen, daß Rückhalt bei Vorgesetzten einen „Puffer"-Effekt hat. Das bedeutet: Unterstützung durch den Vorgesetzten wirkt sich in Belastungssituationen förderlich auf die Gesundheit aus, ansonsten hat sie jedoch keinen solchen Einfluß (vergleiche auch Kapitel 2, Abbildung 6).

Was sollten also Vorgesetzte tun, um die „richtige“ Beziehung zu ihren Untergebenen zu finden? Abbildung 4 zeigt, daß sowohl die Vorgabe von Arbeitsstrukturen als auch das Eingehen auf die Bedürfnisse der Mitarbeiter wichtige Faktoren für deren Arbeitszufriedenheit sind. Diese Führungs-Dimensionen können folgendermaßen definiert werden:

1. *Strukturvorgabe:* Planung der Arbeit, Anleiten und Einarbeiten, Kontrollieren und Korrigieren, Untergebene motivieren.
2. *Eingehen auf Mitarbeiter:* sich um die Bedürfnisse der Untergebenen kümmern, eine herzliche und tragfähige Beziehung zu ihnen herstellen und sich mit zwischenmenschlichen Problemen in der Gruppe auseinandersetzen.

Industriearbeiter sind am zufriedensten, wenn ihre Vorgesetzten *hohe* Werte im „Eingehen auf Mitarbeiter“, aber *niedrige* für „Strukturvorgabe“ erzielen.

Welchen Einfluß haben Vorgesetzte auf die Produktivität? Sowohl Eingehen auf die Bedürfnisse der Mitarbeiter als auch ein gewisses Maß an Struktur sind notwendig — aber nicht zuviel. Aus Rücksicht auf Bedürfnislagen resultieren die Belohnungen, die erforderlich sind, um die Vorgabe von Strukturen zu stützen. Dies ist einer der Schlüssel zur erfolgreichen Menschenführung. Die Führungskraft belohnt Verhalten, das den Zielen der Organisation nützt — Sie bindet Belohnungen an erwünschtes Verhalten. Freilich hat die Sache einen Haken: Menschen mögen es nicht, wenn man ihnen Befehle erteilt, auch wenn damit Belohnungen verknüpft sind. Ein weiteres Problem ist, daß diese Führungsfertigkeiten unter verschiedenen Arbeitsbedingungen unterschiedliche Wirkungen haben. Tabelle 6 zeigt die Effekte in Produktions- und in Dienstleistungsabteilungen. Die Sternchen bezeichnen signifikante Korrelationen — das sind Zahlenwerte für einen direkten (positives Vorzeichen) oder umgekehrten Zusammenhang (negatives Vorzeichen), die hoch genug sind, um bei gegebener Stichprobengröße nahezu sicher ausschließen zu können, daß die Ergebnisse nur zufällig zustande gekommen und auf andere Gruppen nicht übertragbar sind. Eine ausgeprägte Rücksichtnahme auf Mitarbeiterwünsche geht danach beispielsweise in Produktionsbetrieben mit weniger guten Leistungen, zugleich aber auch mit geringeren Fehlzeiten einher; in Dienstleistungsabteilungen ist sie jedoch nur mit rückläufigen Unfallzahlen verknüpft. Ein hohes Maß an Strukturvorgaben in der Produktion verbessert die Leistungen, erzeugt aber auch mehr Verärgerung und Unruhe. Im Dienstleistungsbereich ist lediglich ein enger Zusammenhang mit hoher Fluktuation zu erkennen.

Tabelle 6: Zusammenhänge zwischen Führungsstil und Führungserfolg[39]

	Leistung	Fehlzeiten	Unfälle	Beschwerden	Fluktuation
Eingehen auf Mitarbeiter					
Produktion	−0,31*	−0,49*	−0,06	−0,07	0,13
Dienstleistung	0,28	−0,38	−0,42*	0,15	0,04
Strukturvorgabe					
Produktion	0,47*	0,27*	0,15	0,45*	0,06
Dienstleistung	−0,19	0,06	0,18	0,23	0,51*

* = statistisch überzufälliger Zusammenhang

Wie erteilen Vorgesetzte Anweisungen, ohne die Arbeitszufriedenheit zu vermindern? Die Antwort liegt in der Form, in der Anordnungen erteilt werden, und die beste Art scheint der *demokratisch-argumentative* Stil zu sein. Er besteht darin, Menschen eher durch Erklären und Überzeugen als einfach durch Anordnungen zu etwas zu bewegen; er ermöglicht den Untergebenen, an Entscheidungen teilzuhaben, und greift auf Techniken der Gruppendiskussion und Gruppenentscheidung zurück. Bei der Anwendung partizipatorischer Methoden liegt jedoch eine Hauptschwierigkeit darin, daß sie unter bestimmten Bedingungen funktionieren, unter anderen nicht. Zum einen sind es nur bestimmte Typen von Untergebenen, die diesen Führungsstil bevorzugen und positiv bewerten; sehr autoritätsfixierte Beschäftigte etwa gehören nicht dazu, genausowenig die meisten Mitglieder von Kulturen außerhalb Europas und Nordamerikas. Weniger effektiv ist Mitbestimmung auch unter Zeitdruck sowie bei einem unbeliebten

Tabelle 7: Regeln für Vorgesetzte

1.	Die Arbeit effektiv planen und zuteilen
2.	Untergebene über sie betreffende Entscheidungen auf dem laufenden halten
3.	Die Privatsphäre des anderen respektieren
4.	Geheimnisse wahren
5.	Untergebene in Dingen, die sie betreffen, konsultieren
6.	Die Karriere des Untergebenen fördern
7.	Untergebene beraten und ermutigen
8.	Wenn nötig, für die Interessen des Untergebenen kämpfen
9.	Nicht neidisch auf die Fähigkeiten des Untergebenen sein
10.	Keine Befehle ohne Erklärung erteilen
11.	Rücksicht auf persönliche Probleme des Untergebenen nehmen
12.	Dem Untergebenen während des Gesprächs in die Augen sehen
13.	Den Untergebenen nicht öffentlich kritisieren
14.	Den Untergebenen nicht unangekündigt privat aufsuchen
15.	Keine zu direkte Aufsicht ausüben
16.	Keine sexuellen Aktivitäten mit dem Untergebenen aufnehmen
17.	Schulden zurückzahlen, sich für Gefälligkeiten und Komplimente erkenntlich zeigen
18.	Keine persönlichen Geldangelegenheiten mit dem Untergebenen erörtern

oder nicht besonders persönlichkeitsstarken Vorgesetzten. Sehr erfolgreich ist sie dagegen bei höheren Dienstgraden, in Personal- und Service-Abteilungen.

Für den sinnvollen und erfolgsträchtigen Umgang zwischen Mitarbeitern und Vorgesetzten können wir aus unserer eigenen Untersuchung einige weitere Regeln nennen, die von beiden Seiten befolgt werden sollten. Tabelle 7 zeigt die Regeln für Vorgesetzte, denen unsere britischen Befragten beipflichteten.

Entsprechende Regeln fanden wir auch für Untergebene (Tabelle 8).

Tabelle 8: Regeln für Untergebene

1.	Nicht zögern, zu fragen, wenn Anweisungen unklar sind
2.	Wo möglich, Initiative ergreifen
3.	Eigene Ideen vorbringen und verteidigen
4.	Sich zuerst beim Vorgesetzten beschweren, bevor man sich an andere wendet
5.	Die Privatsphäre des anderen respektieren
6.	Willig und freundlich sein
7.	Nicht zu unterwürfig sein
8.	Bereit sein, Kritik zu akzeptieren
9.	Geheimnisse wahren

10. Bereit sein, Weisungen entgegenzunehmen
11. Nicht geringschätzig über den Vorgesetzen sprechen
12. Dem Vorgesetzten während des Gesprächs in die Augen sehen
13. Den Anweisungen des Vorgesetzen folgen
14. Den Vorgesetzen nicht unangekündigt privat aufsuchen
15. Den Vorgesetzen nicht öffentlich kritisieren

Wir haben gesehen, daß die Arbeitsbeziehung zwischen Vorgesetzten und Untergebenen von den meisten Menschen als spannungsreich und wenig befriedigend angesehen wird. Andererseits *können* Vorgesetzte auch einen beträchtlichen positiven Einfluß auf Gesundheit und Zufriedenheit ausüben, wenn sie sich die richtigen Verhaltensweisen zu eigen machen. Gewöhnlich ist die Beziehung nicht sehr eng, und es werden keine dauerhaften Bindungen entwickelt. Das trifft allerdings nicht immer zu, und es ist interessant, daß die Lehrer-Schüler-Beziehung sich bei der in Abbildung 2 dargestellten Untersuchung als sehr viel positiver erwies als die zwischen Vorgesetzten und Untergebenen am Arbeitsplatz. In Japan existiert manchmal eine ausgesprochen enge Beziehung zwischen Vorgesetzten und Untergebenen — die schon im dritten Kapitel erwähnte sogenannte *oyabum-kobun*-Beziehung, in welcher der Vorgesetzte eine Art von Patenrolle einnimmt.

Anscheinend können die durch Macht- und Statusunterschiede errichteten Barrieren aber mit Hilfe bestimmter Führungsfertigkeiten und mehr noch durch eine Haltung anteilnehmender Fürsorge reduziert werden.

Rivalen, Konkurrenten und Feinde

Der Konflikt zwischen einzelnen und Gruppen gehört geradezu unausweichlich zu Arbeitsorganisationen, wie wir sie kennen. Diese können als Zusammenschlüsse von Interessengruppen betrachtet werden, die sich in einem Dauerzustand interner Auseinandersetzungen und teilweise gelöster Konflikte befinden.[40] Es wurde behauptet, daß Konflikte auch einige positive Auswirkungen haben: Gruppen werden zum Wettbewerb angespornt, die beste Lösung siegt, und Streitigkeiten werden offen ausgetragen.[41] Andere Konflikte sind weniger schätzenswert, etwa die zwischen Menschen von unterschiedlichem Einfluß und Status; sie können aber ebenfalls unvermeidlich sein, weil sie gesamtgesellschaftliche Differenzen widerspiegeln.

Auch am Arbeitsplatz gibt es eine Anzahl problematischer Beziehungen. Einige davon sind das Ergebnis von Reibereien zwischen einzelnen wegen unterschiedlicher Aufgaben, wegen Statusrivalitäten oder einfach wegen gegensätzlicher Persönlichkeiten. Oft muß man mit solchen Leuten, vielleicht über viele Jahre hinweg, irgendeine Art von Arbeitsbeziehung aufrechterhalten, obwohl man ihnen außerhalb der Arbeit einfach aus dem Weg gehen würde.

Konflikte zwischen Personen

Manchmal unterliegt das Rollenverhalten des einzelnen höchst widersprüchlichen Zwängen und Erwartungen. Ein Kunde wird beispielsweise etwas ganz anderes von einem verlangen als ein Arbeitskollege. Vorarbeiter und Vorgesetzte stellen oft fest, daß ihre eigenen Chefs und ihre Untergebenen unterschiedliche Erwartungen an sie richten. Nicht weniger als 48 % der Beschäftigten in der Industrie erleben irgendwelche Rollenkonflikte. Diese rufen Anspannung, Unzufriedenheit und psychosomatische Erkrankungen hervor; ferner sinkt die Arbeitsleistung. Eine mögliche Reaktion besteht darin, die sozialen Kontakte mit jenen Leuten zu verringern, die derart gegensätzlichen Druck ausüben. Man kann aber auch einen „Rollenkompromiß“ schließen, um so vielleicht einen Weg zu finden, der beide Parteien zufriedenstellt. Merkwürdigerweise sind jene Menschen, denen Rollenkonflikte die größten Schwierigkeiten bereiten, die „Vernünftigen“ und „Umgänglichen“, da andere sie für besonders beeinflußbar halten; bei starren und eigensinnigen Leuten geben sie bald auf. Wo nicht genügend allgemeine Übereinstimmung über den Inhalt einer Rolle und das erwünschte Verhalten herrscht, macht vielen Berufstätigen „Rollen-Unklarheit“ zu schaffen.[42]

Eine der verbreitetsten Formen von Rollenkonflikt am Arbeitsplatz ist „Rollen-Überlastung“, bei der von allen Seiten Zwänge ausgeübt werden, mehr zu leisten, als möglich ist. Die Lösung kann darin bestehen, ein System von Prioritäten auszuarbeiten und es denen, die Forderungen stellen, nahezubringen. Viele Konflikte resultieren aus Statusunterschieden. Personen mit höherem Status werden besser bezahlt, haben angenehmere Büros und Arbeitsbedingungen, mehr Macht und Einfluß auf Entscheidungen. (Dabei wird nicht immer berücksichtigt, daß Menschen in Spitzenpositionen meist länger arbeiten müssen, daß die Tätigkeit sehr belastend ist und daß Verantwortung oft eine Ursache für Herzkrankheiten und damit verbundene Beschwerden ist.) Dies weckt leicht den Neid von Schlechtergestellten, die sich für genauso geeignet halten (was gelegentlich auch zutrifft). Oft gibt es heftige Rivalitäten um Status und Beförderung. Andere Probleme können hinzutreten: Ein älterer Arbeitnehmer mit geringerer Qualifikation verdient weniger als ein jüngerer; jemand fühlt sich befugt, Anweisungen zu erteilen, während andere das nicht so sehen und nicht bereit sind, sie auszuführen.

Zuweilen kommen zwei Personen bei der Arbeit einfach nicht miteinander aus, teilweise aus organisatorischen Gründen, häufiger jedoch, weil sie sich gegenseitig nicht mögen. Sie würden privat nie Freundschaft schließen, aber die Arbeit erfordert vielleicht jahrelange Zusammenarbeit. Bei unseren Forschungen über Arbeitsbeziehungen stießen wir auf allgemeine Ursachen für Konflikte mit mißliebigen Arbeitskollegen. Wie Tabelle 9 zeigt, geht es bei einem Großteil der Spannungen und Auseinandersetzungen um rein arbeitsbezogene Fragen, ebenso aber auch um zwischenmenschliche Probleme.

Können wir Vorschläge anbieten, wie Schwierigkeiten in diesen Beziehungen zu mindern wären? Aus unserer Untersuchung über Regeln lassen sich immerhin Verhaltensempfehlungen für den Umgang mit einer Sorte von schwierigen Beziehungen ableiten (Tabelle 10).

Tabelle 9: Schwierigkeiten mit unbeliebten Arbeitskollegen aus verschiedenen Konfliktursachen

Konflikt über	% der Nennungen *gewisse Schwierigkeiten*	*mittlere oder große Schwierigkeiten*
Unterschiedliche Meinungen und Überzeugungen	23,8	52,2
Konkurrenz um Beförderung oder Arbeitsplatz	22,8	23,9
Zeitliche Beanspruchungen	35,2	27,3
Konkurrenz um Beachtung durch andere	28,3	28,5
Seine/ihre Arbeitsgewohnheiten	28,4	38,7
Seine/ihre persönlichen Gewohnheiten	22,7	42,0
Konkrete Arbeitsprobleme	28,3	45,5

Ein weiterer Weg, zwischenmenschliche Konflikte zu lösen, besteht in vermehrter Kommunikation zwischen den Beteiligten, so daß beide Seiten dahin kommen, einander besser zu verstehen und dem anderen mehr zu vertrauen. Mißtrauen und Ablehnung steigen, wenn man nicht weiß, was der andere vorhat. Gewisse Erfolge, so besagen Erfahrungsberichte, wurden mit Gruppensitzungen unterschiedlicher Art erzielt, bei denen Freimütigkeit und Selbst-Öffnung angeregt wurden (siehe Kapitel 12). Auch Rollentausch hilft, den Standpunkt des anderen zu verstehen. Manchmal kann eine dritte Partei vermitteln, als Schiedsrichter fungieren oder alternative Kooperationsmöglichkeiten vorschlagen.

Tabelle 10: Regeln für den Umgang mit Leuten, mit denen wir nicht zurechtkommen

1. Die Privatsphäre des anderen respektieren
2. Nach Fairneß in den Beziehungen zueinander streben
3. Über vertrauliche Mitteilungen nicht weiter debattieren
4. Nicht bei einer Familienfeier zum Essen einladen
5. Keine sexuellen Aktivitäten aufnehmen
6. Die Zeit des anderen nicht nach Belieben beanspruchen
7. Den anderen nicht hinterrücks anschwärzen
8. Den anderen nicht ignorieren
9. Den anderen nicht unangemeldet privat besuchen
10. Schulden zurückzahlen, sich für Gefälligkeiten und Komplimente unabhängig von deren Wert erkenntlich zeigen
11. Dem anderen während des Gesprächs in die Augen sehen
12. Keine Zuneigung heucheln

Konflikte zwischen Gruppen

Andere Spannungen am Arbeitsplatz entstehen aus Konflikten zwischen Gruppen. Verschiedene Abteilungen können unterschiedliche Interessen oder Standpunkte vertreten. Der Verkauf verlangt zum Beispiel nach einer Vielzahl von Produkten, um unterschiedliche Bedürfnisse zu befriedigen, während die Fertigung es vorzieht, nur ein paar Produkte herzustellen und so wenig wie möglich zu ändern. Produktion und Personalabteilung, Techniker und Nicht-Techniker sowie natürlich Management und Betriebsrat können leicht in Streit miteinander geraten.

Konflikte zwischen Gruppen unterscheiden sich von Auseinandersetzungen zwischen Personen: Die Mitglieder der anderen Gruppe werden über einen Kamm geschoren und eben eher als Angehörige der gegnerischen Gruppe denn als Individuen behandelt. Die beiden Konfliktarten können gekoppelt auftreten und miteinander verwechselt werden. Zwei Leute können beispielsweise glauben, daß sie einander persönlich nicht mögen, während es in Wirklichkeit die Situation zwischen den Gruppen ist, was sie entzweit; unter anderen Bedingungen könnten sie gute Freunde sein.

Gruppenmitglieder trennen gewöhnlich sorgfältig zwischen Angehörigen der eigenen und denen anderer Gruppen. Allgemein besteht die Tendenz, Mitglieder der eigenen Gruppe zu überschätzen und Mitglieder anderer Gruppen abzuwerten. Dies wird damit gerechtfertigt, daß man bei der eigenen Gruppe Eigenschaften entdeckt, die sie von anderen abheben und von denen man dann behauptet, sie würden der eigenen Gruppe zur Überlegenheit verhelfen und zeigten doch überdeutlich das Gefälle zwischen den beiden Gruppen.

So können beispielsweise die Beschäftigten in der Produktion der Auffassung sein, die eigentliche Arbeit zu leisten oder über besonders wichtige Fertigkeiten zu verfügen, während die Leute aus der Entwicklungsabteilung sich wegen ihrer technischen Qualifikationen und besseren Arbeitsbedingungen für etwas Besseres halten. Derartige Überzeugungen ermöglichen es den Angehörigen jeder Gruppe, ihr Selbstbewußtsein zu stärken und ablehnendes Verhalten gegenüber der anderen Gruppe zu legitimieren.[43]

Solche eingefleischten Empfindungen über die eigene Bezugsgruppe und besonders über andere Gruppen spitzen sich unter bestimmten Bedingungen zu. So kann es zu einem echten Konkurrieren zwischen Gruppen um Arbeitserleichterungen, bessere Bezahlung oder andere materielle Vorteile kommen. Auch kann ein Kampf um Anerkennung oder Status stattfinden; eine Gruppe könnte in den Genuß einer Vergünstigung gelangt sein, die von der anderen als unberechtigt betrachtet wird.

Eine Auswirkung von Konflikten zwischen Gruppen ist die verzerrte Bewertung der eigenen Gruppe. Ein weiterer Effekt ist Feindseligkeit gegenüber der anderen Gruppe und die Weigerung, mit deren Mitgliedern zusammenzuarbeiten. Unterschiede zwischen den Gruppen werden begierig aufgegriffen, übertrieben und dienen dazu, die eigene Überlegenheit sowie Fehlverhalten gegenüber der anderen Gruppe zu rechtfertigen. Außerdem führen Gruppenkonflikte zu stärkerem Zusammenhalt und größerer Loyalität innerhalb der beteiligten Gruppen und rufen eine Neigung zur Wahl autoritärer Anführer sowie die Forderung nach strikter Konformität hervor.

Wie kann mit Konflikten zwischen Gruppen umgegangen werden? Eine Lösung sind sich überschneidende Mitgliedschaften, so daß nach unterschiedlichen Zugehörigkeits-Kriterien einige Personen einmal der einen und dann wieder der anderen Gruppe angehören. Die Betonung gemeinsamer Ziele und die Beseitigung von Konfliktursachen sind weitere Möglichkeiten.

Verhandlungen, beispielsweise zwischen Management und Gewerkschaftsvertretern, stellen einen interessanten Fall von Konflikt zwischen Gruppen dar. Auch hier haben sich Regeln entwickelt, die zur besseren Bewältigung der Situation beitragen: „Offensichtliche Unwahrheiten sind zu vermeiden, ausdrückliche Versprechen müssen gehalten werden, niemals dürfen Beschimpfungen gebraucht werden, es dürfen keine offenen Drohungen ausgesprochen werden, eine grundsätzliche Übereinkunft darf bei der späteren Ausarbeitung von Einzelheiten nicht eklatant verletzt werden, und gegenseitige Abmachungen dürfen im nachhinein nicht absichtlich mißdeutet werden."[44] Zusätzlich sind bestimmte soziale Fertigkeiten für den Umgang mit solchen Situationen nötig. Man hat herausgefunden, daß ein erfolgreicher Verhandler folgende Richtlinien beherzigt:[45]

1. Er sollte seinen Standpunkt überzeugend darstellen, klare Forderungen stellen und nur geringe Zugeständnisse machen.
2. Er sollte jedoch nicht zu hart auftreten, weil sonst keine Übereinstimmung erzielt werden könnte, und er sollte die Gegenseite nicht angreifen oder reizen.
3. Er sollte offen für ein breites Spektrum von Alternativen sein und sich nicht im voraus auf ein bestimmtes Ergebnis festlegen.
4. Er sollte eine rationale, problemorientierte Haltung einnehmen, in der er alle Möglichkeiten auslotet, einiges über die andere Seite und ihre Probleme erfährt, aber auch selbst Informationen gibt sowie klar und unzweideutig kommuniziert.
5. Er sollte sich den Ruf von Aufrichtigkeit und Entschlossenheit erwerben und das Ansehen seiner Partei stärken.

Beziehungen zu Kunden, Schülern und Klienten

„Professionelle" und Dienstleistungsbeziehungen beinhalten den Umgang mit anderen Personen in einer sehr spezifischen, aufgabenorientierten Form. Sie sind Beziehungen, die durch einen direkten Austausch von Gütern und Dienstleistungen zustande kommen, sich aber im Laufe der Zeit und durch wiederholte Begegnungen zu sehr intensiven Beziehungen entwickeln können — beispielsweise zwischen Lehrern und Schülern, Ärzten und Patienten sowie Psychotherapeuten und Klienten.

Professionelle Beziehungen variieren allerdings erheblich im Grad an Nähe, in der Dauer und Intensität des Kontakts, in den Gefühlen, die jeder der Beteiligten dem anderen entgegenbringt, und in der Machtverteilung. Lehrer und Schüler beispielsweise können einander sehr nahe stehen, fast wie Eltern und Kinder, während andere Beziehungen, etwa die zwischen Vermieter und Mieter, eher von Konflikt und Ablehnung als von Zuneigung und Nähe gekennzeichnet sind. Wieder andere Beziehungen, wie die zwischen Therapeut und Klient, können ein hohes Maß an Nähe und persönlicher Offenheit umfassen, unterscheiden sich jedoch von intimen Beziehungen durch ihre Einseitigkeit. Anders als bei einem Freund erwartet man von einem Therapeuten keine Selbstoffenbarung oder die wechselseitige Mitteilung von Gefühlen und Einstellungen. In einigen Richtungen der Psychoanalyse ist dieses Ungleichgewicht sehr stark ausgeprägt: Der Patient soll sein Innerstes nach außen kehren, während der Psychiater die meiste Zeit schweigend dasitzt oder sich zumindest jeglicher Wertungen enthält.

Wie in privaten und Arbeitsbeziehungen können Konflikte auch in professionellen und Dienstleistungsbeziehungen auftreten; Regeln und Normen dienen der Vermeidung solcher Konflikte, indem sie das Verhalten beider Partner innerhalb gewisser Grenzen festlegen. Manchmal ist sogar ein Kodex von Verhaltensmaßregeln niedergeschrieben — beispielsweise die Standesethik von Ärzten und Therapeuten oder Firmenregeln für Verkäufer. Aber auch hier spielen, wie in jeder Beziehung, zugleich die weniger formellen und eher unausgesprochenen Umgangsnormen eine Rolle. Darüber hinaus sind für jede spezielle Beziehung Regeln zur wirkungsvollen Bewältigung der jeweiligen Aufgaben wichtig — beispielsweise Regeln über das Unterrichten für Lehrer und über das Lernen für Schüler, Behandlungsregeln für Ärzte oder Regeln über das Befolgen ärztlicher Ratschläge und Verschreibungen für Patienten.

Lehrer und Schüler

Die Literatur über Techniken und Praxis des Unterrichts ist kaum noch überschaubar. In zahlreichen Untersuchungen wurden die Menge des Gelernten oder die Prüfungsnoten mit unterschiedlichen Lehrmethoden verglichen.[46] Als wirkungsvollste haben sich die folgenden Vorgehensweisen erwiesen:

1. Klares Einführen (Strukturieren) von Themen oder Tätigkeiten;

2. verständliches Erklären anhand von Beispielen und erläuterndem Material;
3. systematische und praktische Einteilung des Stoffs;
4. Abwechslung in Unterrichtsmaterial und -methoden;
5. Einsatz von Fragen, vor allem von Fragen nach größeren Zusammenhängen;
6. Verwendung von Lob und anderen (verbalen und nichtverbalen) Bestärkungen;
7. Ermutigung der Mitarbeit von Schülern;
8. Aufgreifen, Vertiefen und Weiterentwickeln der Ideen von Schülern;
9. Ausdruck von Herzlichkeit, Zuwendung und Freude, hauptsächlich nichtverbal.

Darüber hinaus ist es aber auch wichtig, die richtige Beziehung zu den Schülern herzustellen; Schulkinder haben dar-

Tabelle 11: Regeln für Lehrer

1. Gut über den Unterrichtsstoff informiert sein
2. Die Arbeit des Schülers konstruktiv kritisieren
3. Den Schüler gerecht behandeln
4. Die Arbeit des Schülers ernst nehmen
5. Unterrichtsstunden gründlich vorbereiten
6. In der Lage sein, Fragen zu klären
7. Den Schüler, wenn nötig, zurechtweisen
8. Geheimnisse wahren
9. Die Privatsphäre des anderen respektieren
10. Zu regelmäßigen Zeiten erreichbar sein
11. Unwissenheit zugeben, wenn es nötig ist
12. Rücksicht auf persönliche Probleme des Schülers nehmen
13. Dem Schüler während des Gesprächs in die Augen sehen
14. In Anwesenheit von Schülern keine Schimpfworte gebrauchen
15. Keine sexuellen Aktivitäten mit dem Schüler aufnehmen
16. Keine Befehle ohne Erklärung erteilen
17. Den Schüler nicht um materielle Hilfe bitten
18. Den Schüler mit dem Vornamen ansprechen
19. Emotionale Unterstützung gewähren
20. Keine persönlichen Geldangelegenheiten mit dem Schüler erörtern
21. Danach streben, sich im bestmöglichen Licht darzustellen

über sehr klare Vorstellungen. Es hat sich herausgestellt, daß sie „Regeln für Lehrer" haben: Sie lehnen arrogante und distanzierte Lehrer ab, Lehrer, die die Namen der Schüler nicht kennen, nicht für Ordnung sorgen können, unfair sind oder ungerechte Strafen verteilen. Wenn Lehrer diese Regeln verletzen, können sie „bestraft" werden — durch verbale Beleidigungen, Disziplinlosigkeit oder sogar körperliche Angriffe.[47]

Das Lehrer-Schüler-Verhältnis hat zwei Aspekte: (1) einen aufgabenorientierten, der auf Wissensvermittlung abzielt; (2) einen zwischenmenschlichen, der eine relativ langfristige Beziehung beinhaltet.

Für Lehrer wie Schüler müssen Normen bestehen, die sowohl aufgabenorientiert sind als auch das Maß an Nähe festlegen. Die wichtigsten Regeln für Lehrer, die wir ermittelt haben, zeigt Tabelle 11 in der Reihenfolge ihrer Bedeutsamkeit.[47]

Etliche dieser Regeln sind spezifisch für die Lehrer-Schüler-Beziehung und befassen sich mehr mit den sachlichen Unterrichtszielen als mit der persönlichen Beziehung zwischen Lehrer und Schüler. Andere regeln den Grad an Nähe: Lehrer sollten Schülern Rückhalt geben, aber keine persönlichen Informationen ausplaudern.

Wir fragten 29 Lehrer, welche Normen ihrer Meinung nach im einzelnen bei der Beziehung zu ihren Schülern wichtig waren. Diese Regeln stimmten mit den von unserer Gesamtgruppe aufgestellten überein, bis darauf, daß Lehrer ferner noch die folgenden Normen für wesentlich hielten:

1. Mit dem Schüler über Religion und Politik sprechen.
2. Mit dem Schüler über Sexualität und Tod sprechen.
3. Sich für den Schüler in seiner Abwesenheit einsetzen.
4. Mit dem Schüler Witze machen und frotzeln.

Wir baten die befragten Lehrer auch um Angaben zu ihrem eigenen Verhalten im Klassenzimmer. Dabei ergab sich, daß die persönliche Gewichtung einer Regel und das entsprechende Verhalten des einzelnen in der Praxis hochgradig miteinander in Einklang standen. Allerdings gab es einige Regeln, bei denen zwischen der Beurteilung ihrer Bedeutung und der Häufigkeit ihrer Befolgung durch den Lehrer kein starker Zusammenhang bestand. Darunter waren auch solche Regeln, die von den Lehrern als besonders bedeutsam eingestuft worden waren: Fragen zu erklären, nötigenfalls eigene

Unwissenheit zuzugeben, die Arbeit des Schülers ernst zu nehmen, konstruktive Kritik zu üben und auf die persönlichen Probleme des Schülers Rücksicht zu nehmen. Offensichtlich ist es für einen Lehrer nicht immer möglich, sich so strikt an die für wichtig erachteten Regeln zu halten, wie er dies eigentlich für notwendig hält. Hier handelt es sich wiederum tendenziell eher um aufgabenbezogene Normen. Lehrer legen eine recht hohe Übereinstimmung zwischen ihrem tatsächlichen Verhalten und ihren Ansichten über zwischenmenschliche Normen an den Tag. Wenn ein Lehrer glaubt, es sei wichtig, persönliche Belange zu erörtern, emotionale Unterstützung zu gewähren und mit den Schülern zu scherzen oder sie „aufzuziehen" und so weiter, dann wird er dies sehr wahrscheinlich in der Praxis auch regelmäßig tun; hält er diese Regeln jedoch für unbedeutend oder in der Unterrichtssituation nicht anwendbar, dann wird er sie selten oder nie befolgen. Vielleicht liegt hierin der Unterschied zwischen Lehrern, die nur ihr Fach unterrichten, und jenen, die ihren Schülern eine umfassendere Vorbereitung auf das Erwachsenenleben angedeihen lassen — in der Betonung des Unterrichtens als einer zwischenmenschlichen Beziehung.

Regeln gelten nicht nur für Lehrer, sondern auch für Schüler. Unsere Regel-Studie erbrachte für Schüler die in Tabelle 12 wiedergebenen Verhaltensnormen.

Als wir „unsere" Lehrer danach fragten, welche Regeln wohl für Schüler gültig seien, waren ihre Auskünfte praktisch identisch mit den von unserer Gesamtgruppe genannten Normen. Darüber hinaus erschien es Lehrern aber wesentlich, daß Schüler folgendes tun:

1. Dem Lehrer persönliche Probleme und Gefühle offenbaren.
2. Mit dem Lehrer über Religion und Politik sprechen.
3. Mit dem Lehrer über Sexualität und Tod sprechen.
4. Angst oder Aufregung gegenüber dem Lehrer zeigen.
5. Um persönlichen Rat fragen.
6. Sich selbst im bestmöglichen Licht darstellen.

Was für das Verhalten von Lehrern galt, trifft hier erneut zu: Sowohl Lehrer als auch die von uns befragten Nicht-

Lehrer meinen, Schüler sollten vorrangig aufgabenbezogene Regeln befolgen, obgleich — wie für die Lehrer — Normen über die Privatsphäre und das Bewahren von Geheimnissen ebenfalls hoch angesiedelt werden. Im Vergleich zu Nicht-Lehrern messen Lehrer jedoch Normen über Intimität eher großes Gewicht bei, was darauf hindeutet, daß sie stärkeren Wert auf die zwischenmenschliche Beziehung legen.

Tabelle 12: Regeln für Schüler

1. Ideen vorbringen und verteidigen
2. Initiative ergreifen, wo es möglich ist
3. Konstruktive Kritik akzeptieren
4. Nicht zögern, zu fragen, wenn etwas unklar ist
5. Aufgetragene Arbeiten erledigen
6. Übungsaufgaben rechtzeitig abliefern
7. Dem Lehrer gegenüber nicht unverschämt sein
8. Die Privatsphäre des Lehrers respektieren
9. Geheimnisse nicht preisgeben
10. Den Anweisungen des Lehrers folgen
11. Dem Lehrer während des Gesprächs in die Augen sehen
12. Dem Lehrer Erfolgsnachrichten mitteilen
13. Dem Lehrer gegenüber nicht unterwürfig sein
14. Keine sexuellen Aktivitäten mit dem Lehrer aufnehmen
15. In Anwesenheit des Lehrers keine Schimpfworte gebrauchen

Wir haben außerdem die Regeln für das Verhältnis zwischen Hochschullehrern und Studenten untersucht, indem wir 30 Studenten baten, die Bedeutung von Beziehungsnormen sowohl für den Dozenten als auch für sich selbst einzuschätzen. Die entscheidenden aufgabenbezogenen Regeln für Dozenten und Studenten waren denen für Lehrer und Schüler sehr ähnlich. Weniger wichtig waren jedoch die Intimitäts-Normen. Auch wurden nicht nachdrücklich Regeln vertreten, die das Fluchen, sexuelle Kontakte oder die Erörterung von Privatangelegenheiten innerhalb der Dozent-Student-Beziehung untersagen, wie es in Lehrer-Schüler-Beziehungen der Fall ist.

Offenbar haben Lehrer einheitliche aufgabenorientierte Normen zu beachten, gleichgültig, ob sie an einer Schule oder an einer Universität unterrichten. Diese Regeln ähneln sich, unabhängig davon, ob sie nun durch Lehrer, Schüler, Studenten oder eine größere Stichprobe älterer und jüngerer Männer und Frauen eingeschätzt wurden. Regeln über das Maß an Nähe weichen allerdings je nach der Situation voneinander ab, wobei Nähe oft von Schülern gefordert und Lehrern untersagt, aber nicht durchgängig für beide als besonders wesentlich eingestuft wird.

Ärzte und Patienten

Eine weitere und wichtige professionelle „Beziehung" ist die zwischen Arzt und Patient. Die meisten unserer Arztbesuche haben die Behandlung körperlicher Beschwerden zum Ziel; zugleich neigen wir dazu, den Arzt unseres Vertrauens bei emotionalen und sozialen Leiden ebenso zu Rate zu ziehen wie bei physischen. Historisch betrachtet, war die Rolle des Hausarztes schon immer stark auf den Umgang mit solchen Problemen ausgerichtet, und auch heute noch werden Ärzte eher als Therapeuten und Hilfsinstanzen gesehen, nicht nur als körperliche „Heiler". In unserer Untersuchung an Getrenntlebenden und Geschiedenen stellten wir fest, daß 42 % von ihnen einen Arzt oder anderen Vertreter der Heilberufe wegen ihrer Scheidung oder Trennung sowie anderer persönlicher Belange um Rat gefragt hatten. In Interviews mit Herzinfarkt-Patienten bezeichneten viele Männer ihren Arzt als Vertrauten — jemanden, an den sie sich in Notsituationen jederzeit wenden würden.

Die Arzt-Patient-Beziehung umfaßt also mehr als die schlichte Diagnose und Behandlung somatischer Leiden. Selbst dann, wenn wir ihn wegen rein körperlicher Beschwerden aufsuchen, ist die menschliche Beziehung zwischen Arzt und Patient ein wesentlicher Punkt. So zeigte sich, daß Patienten bei der Beschreibung von erfreulichen und unangenehmen Arztbesuchen, die sie erlebt hatten, den emotionalen Gehalt der Konsultation und das Verhalten des Arztes stärker betonten als den damit verbundenen Behandlungsvorgang. Insgesamt bezogen sich 35 % der Aussagen über befriedigende Konsultationen auf die medizinische Behandlung und 62 % auf den Gefühlsgehalt des Arzt-Verhaltens, während sich 21 % der negativen Kommentare auf unbefriedigende Heilmaßnahmen und 70 % auf das Verhalten des Arztes oder das emotionale Geschehen bei

unerquicklichen Praxisbesuchen bezogen. Positiv beurteilte Konsultationen beinhalteten:
1. Der Arzt verschafft dem Patienten ein Gefühl der Zuversicht und Beruhigung;
2. der Arzt bewirkt beim Patienten das Gefühl, daß die Konsultation keine Zeitverschwendung war;
3. der Arzt sorgt beim Patienten für ein Gefühl der Entspannung;
4. das Verhalten des Arztes ist verständnisvoll, freundlich oder vertraulich, interessiert oder frei von Überlegenheitsgehabe.

Bei negativ bewerteten Konsultationen
1. machte der Arzt dem Patienten Angst;
2. gab er dem Patienten das Gefühl, daß die Unterredung für den Arzt eine Zeitverschwendung war;
3. war das Verhalten des Arztes nicht verständnisvoll, unfreundlich, desinteressiert, überheblich oder zögerlich.[48]

Wie bei Lehrern ist auch bei Ärzten in der Interaktion mit dem Patienten eine besondere Aufgabe zu erfüllen (Diagnose und Behandlung), und es besteht zugleich eine zwischenmenschliche Beziehung mit einem gewissen Maß an Nähe. Von daher erwarteten wir, daß wiederum sowohl aufgabenbezogene als auch nähe-regulierende Verhaltensnormen gelten würden. Was wir fanden, ist in Tabelle 13 dargestelt.

Tabelle 13: Regeln für Ärzte

1. Dem Patienten sorgfältig zuhören
2. Immer deutliche Erklärungen geben
3. Über Vorbeugemaßnahmen beraten
4. Offen und ehrlich sein
5. Vom Patienten erhaltene Informationen streng vertraulich behandeln
6. Geheimnisse wahren
7. Die Wünsche des Patienten respektieren
8. Den Patienten nicht öffentlich kritisieren
9. Dem Patienten während des Gesprächs in die Augen sehen
10. Die Privatsphäre des Patienten respektieren
11. Emotionale Unterstützung gewähren
12. Keine sexuellen Aktivitäten mit dem Patienten aufnehmen
13. Zu einer klaren Diagnose kommen
14. In der Praxis sauber und ordentlich gekleidet auftreten
15. In Gegenwart des Patienten keine Flüche benutzen

16. Keine persönliche Beziehung mit dem Patienten aufnehmen
17. Sorge oder Angst nicht vor dem Patienten zeigen
18. Danach streben, sich dem Patienten im bestmöglichen Licht zu zeigen
19. Den Patienten nicht um materielle Hilfe bitten

Regeln für den Arzt sind einerseits behandlungsorientiert (Erklärung, Beratung), andererseits gibt es solche, die ebenso zur Nähe ermutigen (offen und ehrlich zu sein, Blickkontakt zu halten) wie diese schützen (die Privatsphäre respektieren, Geheimnisse bewahren).

Die Regeln für Patienten lauteten:

Tabelle 14: Regeln für Patienten

1. Den Arzt fragen, wenn etwas unklar oder man unsicher ist
2. Dem Arzt alle wichtigen Informationen geben
3. Die Anweisungen des Arztes sorgfältig befolgen
4. Absolut ehrlich sein
5. Für Reinlichkeit bei der ärztlichen Untersuchung sorgen
6. Die Zeit des Arztes nicht vergeuden
7. Die Zeit des Arztes nicht über Gebühr beanspruchen
8. Dem Arzt vertrauen
9. Die Privatsphäre des Arztes respektieren
10. Die Probleme der Reihe nach berichten
11. Dem Arzt während des Gesprächs in die Augen sehen

Für den Patienten bestehen also gleichermaßen behandlungsbezogene Regeln wie auch Normen, welche die Vertrautheit innerhalb der Interaktion fördern und kontrollieren.

Wohnungsinhaber und Handwerker

Während die Beziehungen zwischen Lehrer und Schüler sowie zwischen Arzt und Patient ziemlich dauerhaft und relativ eng sein können, sind viele Dienstleistungskontakte recht zufällig, oberflächlich und beschränken sich oft auf ein einmaliges Zusammentreffen. Darunter fallen Beziehungen wie etwa die zwischen Käufer und Verkäufer, Sachbearbeiter und Antragsteller, Busfahrer und Fahrgast. Während einige davon sich durchaus zu einer dauerhafteren Bekanntschaft entwickeln können — zum Beispiel beim Kunden im Dorfladen —, sind die meisten eher flüchtig. Dementsprechend gibt es hier weniger Regeln, die den Kontakt bestimmen, weil die Begegnung nicht als weiterführend betrachtet wird. Vielleicht ist so auch die bekannte Situation zu erklären, daß jemand einem Fremden, beispielsweise einem Mitreisenden im Zug, den er nie wiederzutreffen erwartet, sein halbes Leben anvertraut. Weil hier keine Aussicht auf fortgesetzte Interaktion besteht, gibt es auch weniger Einschränkungen für das, was man sagt oder tut.

Die meisten Dienstleistungsbeziehungen unterliegen daher weniger Regeln, die den Grad an Nähe festlegen, doch Normen zur Bewältigung der vorliegenden Aufgaben sind durchaus anzutreffen.

Tabelle 15: Regeln für Handwerker

1. In Notfällen schnell zur Stelle sein
2. Angerichtete Unordnung wieder beseitigen
3. Termine pünktlich einhalten
4. Die Privatsphäre des Wohnungsinhabers respektieren
5. Geheimnisse wahren
6. Einen festen Preis für die Dienstleistung verlangen
7. Den Anweisungen des Wohnungsinhabers folgen
8. Bei der Arbeit keine Zeit durch Geplauder vergeuden
9. Dem Wohnungsinhaber während des Gesprächs in die Augen sehen
10. Den Wohnungsinhaber nicht öffentlich kritisieren

Regeln für Wohnungsinhaber

1. Platz und Arbeitsmöglichkeiten für den anderen vorbereiten
2. Die beruflichen Fähigkeiten und den Rat des anderen respektieren
3. Erfrischungen anbieten
4. Geheimnisse wahren
5. Die Privatsphäre des Handwerkers respektieren

Als Beispiel einer kurzfristigen Dienstleistungsbeziehung haben wir die zwischen Wohnungsinhaber und Handwerker ausgewählt. Sie stellt nämlich insofern einen interessanten Fall dar, als sie im Privatbereich eines der Beteiligten stattfindet und deshalb potentiell vertrauter verlaufen könnte. Also wäre anzunehmen, daß sie etwas stärker normgebunden sein müßte als andere kurzzeitige Dienstleistungskontakte, vor allem im Hinblick auf Intimitäts-Regeln.

Wie wir bereits in Kapitel 3 gesehen haben, gelten für diese Beziehung aber nur sehr wenige Regeln, und diese werden nicht so wichtig genommen wie in den meisten anderen Beziehungen. Die für Handwerker und Wohnungsinhaber bedeutsamen Regeln sind aus Tabelle 15 zu ersehen.

Zwar stoßen wir hier noch immer auf die beiden allgemeinen Intimitäts-Regeln (Wahrung der Privatsphäre und von anvertrauten Geheimnissen), doch werden diese weniger stark betont als in anderen professionellen Beziehungen wie denen zwischen Arzt und Patient oder zwischen Lehrer und Schüler. Und ein weiteres Mal sind die Regeln sehr viel eher aufgaben- als kontaktbezogen.

11
NACHBARN

Die Beziehung zu Nachbarn ist unter den von uns betrachteten die schwächste. Dennoch sie ist aber von beträchtlichem wissenschaftlichem Interesse und praktischer Bedeutung. Das *Shorter Oxford Dictionary*, ein englisches Wörterbuch, definiert einen Nachbarn als „jemand, der in der Nähe von oder unmittelbar neben jemand anderem wohnt; das heißt, in einem angrenzenden Haus oder in derselben Straße oder Ortschaft". Wir werden in diesem Kapitel jedoch nur die Beziehungen zu denjenigen Nachbarn erörtern, die man kennt und grüßt. Hier gibt es Überschneidungen mit Freunden, Verwandten und Arbeitskollegen; Nachbarschaft ist eine der wichtigsten Entstehungsbedingungen für Freundschaften. Wir werden uns vor allem mit der großen Mehrheit jener Nachbarn beschäftigen, die uns nicht so nahe wie Freunde stehen, die wir beispielsweise nicht zum Essen einladen oder mit denen wir keine gemeinsamen Ausflüge unternehmen. Wir werden auch Personen berücksichtigen, die im gleichen Viertel wohnen und die man regelmäßig in Lokalen, in der Kirche oder in Vereinen sowie in Geschäften oder auf der Straße trifft.

Die umfassendste Untersuchung über Nachbarn in Großbritannien wurde von *Market Opinion and Research International* (MORI) an 1801 Erwachsenen durchgeführt (siehe Tabelle 1).[1] Den Befragten wurden unterschiedliche Definitionen von „Nachbarn" angeboten, von denen die folgenden am geläufigsten waren:

für 36 %: „wohnen nebenan"
für 36 %: „wohnen in derselben Straße oder im selben Gebäude"
für 22 %: „wohnen in unmittelbarer Nähe oder ein paar Straßen weiter"

Stadtplaner definieren „Nachbarschaftsviertel" als recht große Einheiten von 10.000 bis 15.000 Einwohnern mit eigenen Schulen und Einkaufszentrum, die ungefähr einen Quadratkilometer einnehmen und durch Hauptverkehrsstraßen, Eisenbahnlinien und ähnliches abgegrenzt sind. Bittet man jedoch Leute, ihr eigenes Viertel auf einer Karte einzuzeichnen, so grenzen sie ein erheblich kleineres Gebiet von knapp einem halben Quadratkilometer mit 3000 bis 3500 Bewohnern ein, das gewöhnlich Geschäfte, Kneipe, ihre Kirche und andere Treffpunkte umfaßt.[2] Einen Bruchteil dieser Menschen, jene, die man kennt und regelmäßig sieht, die aber keine Freunde im engeren Sinn sind, betrachten wir als Nachbarn.

Fragt man Leute danach, zu wem sie die stärksten Bindungen oder die engsten Beziehungen haben, so tauchen Nachbarn und Arbeitskollegen am Ende der Liste, weit hinter Familie, Verwandten und Freunden, auf. Nachbarn scheinen freilich recht zahlreich zu sein: In der MORI-Umfrage konnten 22 % der Befragten mehr als 20 Nachbarn nennen, 47 % nannten elf oder mehr und nur 16 % nannten drei oder weniger. Ähnlich wie Arbeitskollegen kann man Nachbarn recht oft treffen, öfter beispielsweise als nicht im selben Haus wohnende Verwandte. Im Rahmen der MORI-Studie wurde die Häufigkeit unterschiedlicher Arten von Begegnungen mit Nachbarn ermittelt (Tabelle 1).

Tabelle 1: Häufigkeit des Kontakts mit Nachbarn[1]

	Einmal täglich oder öfter	Einmal wöchentlich, aber weniger als einmal täglich	Einmal im Monat, weniger als als einmal pro Woche	Weniger als einmal im Monat
Sie sprechen mit einem Nachbarn	61	30	6	3
Sie besuchen einen Nachbarn zu Hause	12	29	15	43
Ein Nachbar ruft an, um zu plaudern	17	30	14	38
Sie haben einen Nachbarn zum Essen bei sich	0	2	4	92
Sie laden einen Nachbarn auf einen Drink zu sich ein	2	7	8	81
Sie treffen sich in einer Kneipe oder einem Verein	2	10	7	79

Man erkennt, daß die meisten Menschen häufig mit ihren Nachbarn sprechen und daß 41 % einmal in der Woche oder öfter ein Nachbarhaus aufsuchen, wogegen es weniger verbreitet ist, zusammen ein Glas zu trinken, und gemeinsame Essen noch seltener sind. Andere Untersuchungen zeigen, daß 53 % der Bevölkerung aktive Vereinsmitglieder sind und daß 52 % mindestens einmal im Monat in eine Kneipe gehen.[3] Nicht erfaßt sind Kontakte mit Personen, mit denen man auf der Straße oder in Geschäften spricht.

Anhand der Umgebung, in der man sich begegnet, können wir unterschiedliche Typen nachbarlicher Beziehungen unterscheiden.

1. *Wohnungsnähe:* Nachbarn, die wirklich Tür an Tür oder sehr nahe beieinander wohnen, die sich am Gartenzaun, an der Tür oder im Treppenhaus treffen können.

2. *In der Öffentlichkeit:* Der häufigste Treffpunkt im „Viertel" ist die Straße, gefolgt von Lokalen, Cafés und Lebensmittelgeschäften.[4] In Städten gibt es meistens einen zentralen Platz oder andere Örtlichkeiten, wo Menschen sich informell begegnen können.

3. *Vereine und ähnliches:* Wir haben gesehen, daß die meisten Menschen einer oder mehreren Vereinigungen angehören, beziehungsweise die Angebote von Einrichtungen wie Volkshochschulen oder Wohlfahrtsverbänden nutzen; darunter fallen zum Beispiel Kirchen, Clubs, Abendkurse oder Sportvereine, von denen viele in der unmittelbaren Nachbarschaft liegen.

Netzwerkanalyse

Es ist nützlich und erhellend, das gesamte Geflecht von Kontakten und Beziehungen in einer Gruppe oder Gemeinschaft zu untersuchen. Die Verbindungen zwischen Paaren von Individuen können als Teil eines größeren Systems betrachtet werden; wenn nur wenige der möglichen Beziehungen aktiv aufgenommen und gepflegt werden, ist der Begriff des „Netzwerks" oft zutreffender als der der „Gruppe". Netzwerke lassen sich nachzeichnen, indem man alle Bewohner eines umgrenzten Bereichs bittet anzugeben, wem sie sich am nächsten fühlen oder mit wem sie am häufigsten zu tun haben. Außerdem kann man weitere Einzelheiten über den Charakter der Verbindung erheben: ob sie Hilfe und Unterstützung einschließt oder rein geselliger Natur ist, ob sie Information und Rat, Einflußnahmen („Beziehungen"), etwa hinsichtlich der Arbeitssuche, materieller und finanzieller Hilfe, oder gemeinsame Unternehmungen beinhaltet. Netzwerke sind wichtig, weil sie die Pfade bilden, über die jegliche Information, Hilfe und Unterstützung verlaufen. Das Netzwerk in einer Nachbarschaft umfaßt Personen, die Freunde, Verwandte, Arbeitskollegen oder eben lediglich Nachbarn sind. Eine Verbindung kann aus mehr als einem Strang bestehen — der andere kann Arbeitskollege und zugleich auch Nachbar sein.

Netzwerke unterscheiden sich in etlichen Merkmalen. Eines der wichtigsten ist *Dichte*; darunter versteht man den Anteil der aktiven Verbindungen unter den möglichen. In einem dichten Netzwerk wie dem in Abbildung 1a dargestellten zum Beispiel kennen die drei besten Freunde eines Beteiligten sich untereinander ebenfalls gut.

Unter bestimmten Bedingungen sind Netzwerke dichter oder enger verflochten: wenn Menschen verstärkt Hilfe oder Schutz benötigen, weil die Behörden sie nicht gewährleisten; innerhalb ethnischer Minderheiten oder Religionsgruppen; unter älteren verheirateten Menschen, in traditionellen Arbeitergegenden und dort, wo die Beteiligten einander in Schichtzugehörigkeit, Alter oder anderen Merkmalen gleichen.

In dichten Netzwerken übt die soziale Umgebung intensiveren Einfluß aus, und ein Ehepaar etwa, das mit denselben Leuten in Kontakt steht, wird durch das Netzwerk zusam-

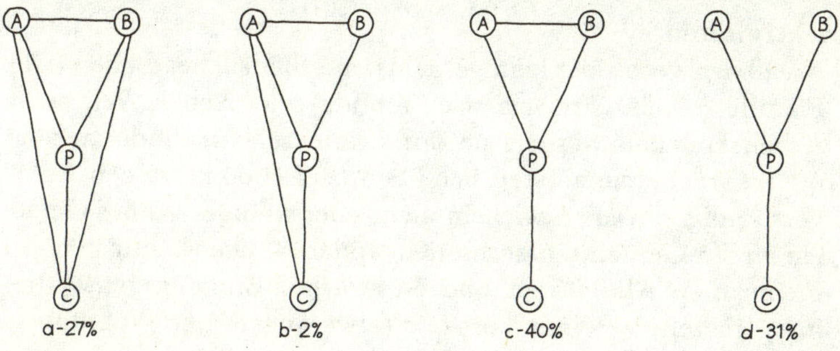

Abb. 1: Soziale Netzwerke unterschiedlicher Dichte

mengehalten. Obwohl solche dichten Netzwerke sehr hilfreich sein können, haben auch lockerere Netzwerke ihre Vorzüge — so ist in ihnen der Konformitätsdruck geringer. Desgleichen haben Netzwerke, die auf einer Anzahl unterschiedlicher Verbindungen beruhen, Vorteile, weil sie den Zugang zu einer größeren Bandbreite von Personen erlauben, die in irgendeiner Weise von Nutzen sein könnten (vergleiche den Abschnitt über Netzwerke in Kapitel 4).[6]

Netzwerke weichen ferner in ihrer Homogenität — dem Grad an Ähnlichkeit zwischen ihren Mitgliedern — voneinander ab. Im Vergleich zu Verwandten, Freunden und anderen sind Gruppen von Nachbarn hinsichtlich Ausbildung, Vermögen und beruflichem Status am wenigsten homogen (siehe Tabelle 2).

Tabelle 2: Die Ähnlichkeit von Freunden und der Ursprung der Freundschaft: Prozentsatz der Freunde mit gleichem Status wie die Befragten[7]

	Beruflicher Status	Einkommen	Ausbildung	Ethnische Abstammung	Alter
Nachbarschaft	39	42	43	32	53
Arbeit	60	81	51	23	49
Kindheit	40	50	49	42	56
Verein	54	60	53	42	56
Ursprung nicht bekannt	36	49	46	31	60
Insgesamt	45	56	48	34	58

Dies könnte ein entscheidender Befund über Nachbarn sein und erklären, warum die Beziehungen zu ihnen relativ kühl sind — sie gehören nicht selten unterschiedlichen sozialen Schichten an.

Aktivitäten

Nachbarn verbindet kein gemeinsames häusliches Leben (wie Familien), keine Freizeit (wie Freunde) oder Arbeit. Wie auch Arbeitskollegen werden sie durch äußere Umstände zusammengebracht, sie müssen sich über das Leben im selben Areal verständigen und entwickeln mehr oder weniger großes Gefallen an der Gemeinschaft mit dem anderen. Die wichtigsten gemeinsamen Aktivitäten sind Gespräche, Einladungen, Ordnung halten, vereinte Vorstöße (etwa gegenüber Wohnungsgesellschaften und Stadtverwaltungen), gegenseitige Hilfe und die Mitarbeit in Vereinen.

Gespräch. Reden ist vielleicht die Hauptbeschäftigung unter Nachbarn. Oft geht es dabei lokale Neuigkeiten — wer umgezogen ist, ein Kind bekommen hat, was der Gemeinderat plant. Manches ist „Klatsch" — über die Berufe und Einkommen anderer Familien, außereheliche „Verhältnisse", ungebührliches Verhalten von Jugendlichen und so weiter. Anderes ist schlicht gemütliche Plauderei, vor allem zwischen Frauen, und ohne großen persönlichen Tiefgang. Derartige Unterhaltungen sind am üblichsten zwischen nicht berufstätigen Ehefrauen, besonders solchen mit Kleinkindern, und unter Rentnern, die ebenfalls zu Hause sind. Bei britischen Arbeitern und ihren Frauen finden diese Gespräche über den Gartenzaun hinweg, an der Tür, auf der Straße oder in Geschäften statt; bei Frauen aus der Mittelschicht geschieht dies öfter im Haus oder der Wohnung. Manche Gespräche nehmen die Form ernsthafterer Hilfe und Kooperation an; auf sie kommen wir noch zurück.

Bei Hausfrauen in den USA ist es sehr verbreitet, Kaffeekränzchen abzuhalten, und manche britischen Mittelschichtsgattinnen, die keinem Beruf nachgehen, tun dies ebenfalls. Abgesehen von denen, mit denen man sich wirklich anfreundet, werden Nachbarn jedoch kaum zum Essen eingeladen, oder wenn, dann nur zu Grillfesten im Garten. Die Nachbarn werden durch diese unpersönlichere Art der Bewirtung auf Distanz gehalten. In den USA ist es auch gebräuchlich, Hausfeste mit gemeinsamem Kochen und Spielen für die Kinder zu veranstalten, zu denen alle Familien kommen. In Großbritannien ist dies sehr selten, außer bei Anlässen wie Hochzeiten im Königshaus.

Ordnung halten und vereinte Vorstöße. Nachbarn halten in ihrer Straße und Umgebung Ordnung. Sie üben Druck auf die Eltern von lauten Kindern oder die Eigentümer schlecht erzogener Haustiere aus. Die Kehrseite der Medaille ist die vermeintliche Notwendigkeit, mit Meiers gleichziehen zu müssen, indem man den Vorgarten ebenso pflegt oder ähnliche

Güter und Geräte anschafft. Gelegentlich müssen Nachbarn mit drohenden Maßnahmen von außen fertigwerden und schließen sich zu diesem Zweck zusammen. Immer häufiger bilden Gruppen von Nachbarn Bürgerinitiativen — gegen eine Umgehungsstraße, ein geplantes Gefängnis, eine neue Wohnsiedlung und so weiter. Manchmal sammeln sie Unterschriften, organisieren Demonstrationen und wenden sich an Gemeinderäte. In den USA breiten sich zunehmend „Bürgerwehren" aus, um Kriminelle abzuschrecken.

Gegenseitige Hilfe. Dies ist wahrscheinlich die wichtigste nachbarliche Aktivität. Die MORI-Umfrage ergab, daß Nachbarn einander im Verlauf eines Jahres umfangreiche Hilfe in kleinen Dingen geleistet hatten (siehe Abbildung 2).[8] Allerdings wurden die Nachbarn nicht um anspruchsvollere Arten von Hilfe gebeten. Nur 3 % der Befragten würden einen Nachbarn wegen finanzieller Schwierigkeiten ansprechen, 7 % we-

Abb. 2: Kleinere nachbarschaftliche Hilfeleistungen im Laufe eines Jahres (Angaben in Prozent der Befragten)

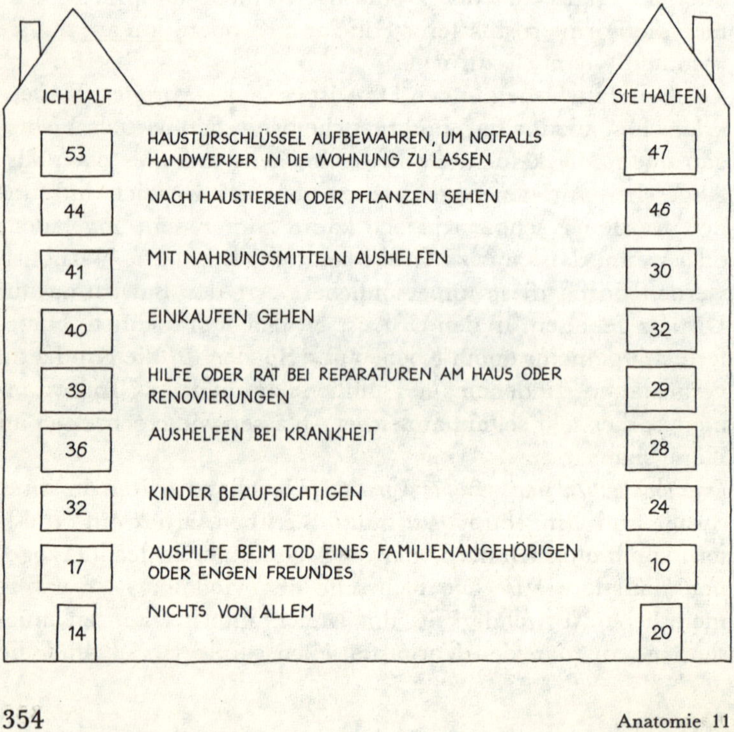

gen Hilfe oder Rat bei einem Todesfall in der Familie, 3 % wegen Arbeitslosigkeit und 4 % wegen einer zerbrochenen Ehe. Bei solchen Problemen wandten sich die Leute an ihre Ehepartner (im letzten Fall natürlich nicht) und an sonstige Familienmitglieder.

Die Hilfeleistungen verändern sich mit dem Lebensalter und unter anderen Gesichtspunkten. Junge Ehefrauen helfen einander bei der Betreuung und Beaufsichtigung der Kinder, älteren Leuten wird durch Einkaufen geholfen, Gartenbesitzer leihen einander Werkzeug und tauschen Setzlinge aus, Autofahrer helfen, wenn ein Auto nicht anspringt oder im Schnee steckengeblieben ist.

Unter Angehörigen der Arbeiterschicht ist Hilfe häufiger. Viel gegenseitige Unterstützung wird auch auf dem Land zwischen Bauern geleistet, die beim Einsatz großer Maschinen oder bei der Schafschur zusammenarbeiten und in dringenden Fällen, etwa für die Heuernte, Arbeitskräfte zur Verfügung stellen.[9]

Eine weitere Form von Hilfe besteht darin, Rat oder Auskunft zu Gesundheit, Recht, Gartenbau, Mode und vielen andere Themen zu erteilen. Seit langem weiß man, daß es „Meinungsführer" gibt — Personen, die dafür bekannt sind, daß sie über einen bestimmten Gegenstand gut Bescheid wissen. Oft wird ein Problem zuerst angegangen, indem man es mit einem dieser Leute erörtert, bevor man einen Arzt, Psychiater, Rechtsanwalt oder sonstigen Experten aufsucht. Eine der Aufgaben sozialer Netzwerke ist, den Zugang zum richtigen Ansprechpartner zu ermöglichen, und manchmal wird der örtliche Fachmann tatsächlich den benötigten Dienst erweisen können. Beispielsweise gibt es Leute, die bei persönlichen Schwierigkeiten gute Zuhörer sind und sozusagen zu Nachbarschafts-Psychotherapeuten werden; es hat sich herausgestellt, daß sie ebenso erfolgreich sein können wie die ordentlich ausgebildeten Therapeuten.

Selbsthilfegruppen. Hier handelt es sich um eine neue soziale Bewegung aus den USA. Auf Ortsebene organisieren sich Gruppen von Menschen, die ein ähnliches Problem miteinander teilen. In gewisser Weise gibt es dies schon seit langer Zeit — etwa Gruppen von jungen Müttern, die einander bei der Beaufsichtigung der Kinder helfen und sich gegenseitig beispielsweise wertvolle Ratschläge geben können. Eine der ersten organisierten Selbsthilfegruppen waren die Anonymen Alkoholiker. Mittlerweile gibt es Gruppen für Witwen, frisch Geschiedene, Eltern von behinderten Kindern, Familien von Häftlingen, Neurotiker, Spieler, Übergewichtige und viele andere. Manchmal umgibt diese Gruppen eine fast religiöse Atmosphäre der „Erleuchtung". Oft weisen sie die folgenden Merkmale auf:

1. Alle Mitglieder haben das gleiche oder ein ähnliches Problem; sie können darüber sprechen und fühlen sich verstanden.
2. Die Mitglieder treffen sich regelmäßig, um sich gegenseitige Hilfe und Unterstützung zu gewähren.
3. Die Hilfsbedürftigen gelangen dahin, anderen zu helfen, was umgekehrt auch ihnen selbst hilft.
4. Durch den Zusammenschluß mit anderen beginnen sich die Mitglieder selbst als normal statt abweichend zu sehen.
5. Die Gruppe verfolgt gemeinschaftlich das Ziel, miteinander an einem Problem wie Übergewicht, Spielsucht und so weiter zu arbeiten.
6. Durch die Zugehörigkeit zur Gruppe erhalten die Mitglieder Information und Ausbildung.
7. Solidarisches Handeln und Engagement vermindern Passivität und fördern das Erreichen von Zielen.[10]

In einem gewissem Grad hängen solche Gruppen von der natürlichen informellen Führerschaft einzelner ab, die besser ausgebildet oder informiert sind und die mit dem Problem oder mit Behörden umzugehen wissen. Zuweilen hilft den Gruppen auch ein Sozialarbeiter oder anderer Experte. In der Praxis herrscht oft eine enge Zusammenarbeit zwischen professionellen und Laien-Leitern. Professionelle können den ersten Schritt unternehmen, um eine Gruppe ins Leben zu rufen, und sie können fachliche Information geben oder Unterstützung anbieten, wenn es erforderlich ist. Zu ihrer Entlastung können sie auch ehrenamtliche Helfer heranziehen. Bei einem Projekt in Philadelphia wurde eine Anzahl von hilfsbereiten Netzwerk-Angehörigen ausfindig gemacht und in verschiedenen Helferfertigkeiten geschult, besonders im Umgang mit Lebenskrisen. Bei einem weiteren Projekt wurden Friseure in Beratungstechniken geschult, da Kunden häufig mit dem Friseur über ihre Probleme sprechen.[11]

Vereine, Kirchen und Freizeiteinrichtungen. Viele Menschen arbeiten in Vereinen, Kursen, Kirchen und so weiter mit. Diese werden meist auf Orts- oder Nachbarschaftsebene und stärker informell organisiert als die Gruppen, die wir bislang betrachtet haben. Das Ausmaß solcher Aktivitäten ist in Tabelle 3 aufgeführt.

Tabelle 3: Mitgliedschaft bei freiwilligen Vereinigungen

Untersuchungen von Young und Willmott[12]	Angaben in %
Aktive Mitglieder in einem oder mehreren Vereinen	53
Amtsträger oder Ausschußmitglieder	16
Kirche (mindestens einmal im Monat zum Gottesdienst)	15

Untersuchung von Bracey[13]	*Männer*	*Frauen*
Mitglieder bei geselligen Vereinen	17	14
Mitglieder bei Sportvereinen	9	1
Mitglieder bei Elternbeiräten	—	3
Besuch von Abendkursen oder anderen kulturellen und Bildungsveranstaltungen	6	1

Untersuchung „Soziale Trends"[14]	*Männer*	*Frauen*
Tanzen (in den letzten 4 Wochen)	14	16
Fußballspiel besuchen	7	1
Bingo spielen	2	6
Dart spielen	15	4
Soziale und freiwillige Arbeit	8	9
Laienmusik/-schauspiel	4	3

MORI-Untersuchung[15]	Beste Bekannte *Männer*	Beste Bekannte *Frauen*
Leute in der örtlichen Kneipe oder im Verein	23	10
Mitglieder der Kirchengemeinde	7	12
Mitglieder des Sportvereins	11	5
Mitglieder eines Clubs, der mit einem Hobby oder Interesse zu tun hat	10	7
Mitglieder einer sozialen Vereinigung	2	3

Die Befragung von Young und Willmott ergab, daß 53 % der verheirateten, ganztägig berufstätigen Männer aktive Mitglieder in zumindest einem Verein, 16 % Vorsitzende von Vereinen waren. Ferner besuchten 52 % von ihnen einmal monatlich oder häufiger eine Gastwirtschaft, und 15 % gingen regelmäßig zur Kirche. Die MORI-Untersuchung zeigt, daß viele Menschen ihre besten Bekannten in Lokalen und unterschiedlichsten Vereinen finden. Bracey stellte bei jungen Vorstadt-Familien in Bristol fest, daß Männer sich häufiger als Frauen in Sportvereinen und Fortbildungs-Gruppen engagierten. Eine berühmte Studie über *Yankee City* führte Lloyd Warner durch[16] und beobachtete sehr weitreichende Vereinsmitgliedschaften. Er fand, daß viele dieser Vereinigungen und Ortsgruppen ziemlich klein waren — 28 % hatten unter 10 Mitglieder, 54 % 20 oder weniger. Er ermittelte ferner, daß die Mitglieder dieser Gruppen oft drei oder vier der sechs sozialen Schichten umfaßten, obwohl sich manche Gruppen nur aus Angehörigen einer oder zweier angrenzender Schichten zusammensetzten, wobei Frauen eher zu solchen exklusiven Gruppen tendierten.

„Nutzen" und „Kosten" von Nachbarn

Verglichen mit anderen Beziehungen stellen Nachbarn ein recht geringes Potential sowohl für Zufriedenheit als auch für Konflikte dar — noch etwas weniger als Arbeitskollegen, wie unsere in Abbildung 5 des vierten Kapitels wiedergebenen Befunde zeigen. Nichtsdestoweniger geben 36 % der Bürger an, daß sie mit ihren Nachbarn „sehr zufrieden" sind.

Wir haben gerade geschildert, daß Nachbarn tatsächlich eine gewisse Hilfe sind, vor allem in Krisensituationen und für ältere Leute. Darüber hinaus betreiben Menschen rund um das Haus und in Vereinen beachtlich viele soziale Aktivitäten. Steigert regelmäßiger Kontakt mit Nachbarn unsere Gesundheit oder unser Glück? Viele Untersuchungen haben sich damit befaßt, und die Antwort scheint zu sein, daß gute oder häufige nachbarliche Kontakte, Mitgliedschaft in Religionsgemeinschaften oder anderen örtlichen Gruppierungen in der Tat deutlich mit größerem Glücksgefühl, Wohlbefinden, besserer körperlicher und psychischer Gesundheit verknüpft sind — und daß dieser Effekt von den Wirkungen der Ehe oder anderer Formen sozialen Rückhalts unabhängig ist. Es gibt einige — wenn auch nicht sehr zwingende — Hinweise darauf, daß eher der Kontakt zu Nachbarn die Gesundheit und das Wohlbefinden fördert als umgekehrt. Zugleich sind die Einflüsse von Nachbarn zweifellos schwächer als die von Ehe, Freunden oder Verwandten. Eine Untersuchung an einer chinesisch-amerikanischen Gemeinschaft in Washington ergab, daß hohe soziale Unterstützung aus der Nachbarschaft durchweg mit einem Fehlen psychiatrischer Symptome einherging.[17]

Nachbarn und Nachbarschaftsgruppen wirken sich auf Ältere, Angehörige der unteren Sozialschichten und Menschen in schlechtem Gesundheitzustand stärker positiv aus. In Großbritannien leben 29 % der 65- bis 74jährigen und 47 % der über 75jährigen allein, und viele von ihnen fühlen sich einsam. Außerdem haben sie oft keine in der Nähe lebenden Kinder oder Verwandten, und viele ihrer früheren Freunde sind bereits gestorben. Für sie sind Nachbarn und nachbarschaftliche Gruppen sehr wichtig.[18]

Nachbarn sind allerdings auch eine Ursache von vielfältigen — meist aber recht geringfügigen — Ärgernissen. 78 % der Befragten in der MORI-Umfrage hatten innerhalb eines Zeitraums von zwei Jahren keine Probleme mit Nachbarn. Die am häufigsten genannten Schwierigkeiten waren Lärm (7 %), Haustiere (4 %) und das Verhalten von Kindern (4 %). Nach anderen Untersuchungen sehen etliche Leute ihre Privatsphäre gefährdet — Nachbarn sind meist keine wirklichen Freunde, obwohl sie in so großer Nähe leben, daß sie viel über uns wissen —, daher das Bedürfnis nach Zäunen, Hecken und Tüllgardinen. Zuweilen wird auch der Klatsch gefürchtet — die Menschen wissen, daß die Nachbarn über sie reden und die jüngsten Neuigkeiten weitergeben. Außerdem besteht das Problem eines sozialen Gefälles in der Nachbarschaft — ihre Häuser, Gärten, Kinder und Haustiere sind vielleicht ein wenig schmutziger und stehen in schlechterem Ruf oder umgekehrt. Ehrbare Angehörige der Arbeiterschicht wollen nicht mit den „asozialen" Familien am anderen Ende der Straße zu tun haben. Und während die Menschen einerseits das Gefühl haben möchten, in Notzeiten ihre Nachbarn um Hilfe bitten zu können, möchten sie sich andererseits weder diesen verpflichtet fühlen, noch selbst zu sehr herangezogen werden.

Machen sich Leute Sorgen, „mit den Meiers von nebenan mithalten zu können"? Die MORI-Untersucher wollten wissen, in welcher Hinsicht die Nachbarn der Befragten nach deren Meinung „besser dran" wären. Etwa die Hälfte von ihnen glaubte, ihren Nachbarn ginge es tatsächlich in irgendeiner Weise besser. Von manchen meinte man, sie seien glücklicher (14 %), sie hätten bessere Autos oder Berufe (beide 13 %), Kinder oder Sozialkontakte (beide 12 %). Nur sehr wenige Befragte gaben jedoch zu, darauf neidisch zu sein — insgesamt 11 %, wobei Autos am meisten Neid erweckten (3 %).

Auswirkungen der räumlichen Umgebung

Das also ist das Wesentliche an Nachbarn: Sie sind Menschen, die einander hauptsächlich oder teilweise deshalb kennen, weil sie nahe beieinander wohnen. Viele Untersuchungen haben gezeigt, daß räumliche Nähe eine wichtige Rolle dabei spielt, ob Menschen einander kennen oder mögen. Manchmal ist dieser Effekt sehr stark: Festinger und seine Kollegen[19] fanden heraus, daß in Studentenwohnheimen nicht weniger als 41 % der Zimmernachbarn zu Freunden wurden; bei verheirateten Studenten, die in Privatwohnungen lebten, waren es 27 % der nächsten Nachbarn. Nähe und Kontakthäufigkeit können aber auch den entgegengesetzten Effekt haben und zu Ablehnung führen; dies kommt allerdings seltener vor. Die Wirkungen von räumlicher Nähe sind in schon länger bestehenden und weniger homogenen Gruppen, die bereits über gut ausgebaute Kontaktnetze außerhalb der Nachbarschaft verfügen, erheblich schwächer. In einer alten Arbeitergegend von Oxford akzeptierten nur 40 % der Anwohner ihre Nachbarn, obgleich 60 % überhaupt keine Freunde hatten.[20] In einem großen Appartement-Gebäude in New York sagten nur wenige Mieter mehr als „Guten Tag“ zueinander, obwohl sie sich in Einkommen, Alter und Religionszugehörigkeit recht ähnlich waren.[21] Menschen mögen ihre Nachbarn mehr, wenn sie sie öfter sehen — wenn sie nicht zur Arbeit fortgehen, wenn sie in einer kleinen Siedlung oder in einer Sackgasse wohnen.

Die Kontakte zwischen Nachbarn werden durch Eigenheiten der Architektur stark beeinflußt. Baum und Valins[22] verglichen Studenten, die in Gruppen von 34 Personen entlang eines langen Korridors mit einer Halle wohnten, mit anderen, die in Dreiergruppen wohnten und miteinander eine Eingangshalle, aber keinen Korridor teilten. Die Studenten in den Gebäuden mit Korridor fühlten sich beengt, vermißten Privatsphäre, wollten anderen aus dem Wege gehen und stellten keine engeren Beziehungen untereinander her.

Ein weiteres Beispiel sind Hochhäuser und andere Arten riesiger Wohnanlagen, in denen die Menschen einander oft nicht kennenlernen. Hilfreich ist es, wenn Einrichtungen für geselligen Kontakt und Freizeitaktivitäten vorhanden sind. Ein Problem liegt bei diesen Gebäuden darin, daß es meist dunkle Winkel gibt, die von niemandem kontrolliert werden und sich zum Schauplatz von Straftaten entwickeln können. Eine Lösung wäre die Schaffung von Bereichen, die für kleine Gruppen von Bewohnern einsehbar und kontrollierbar sind — „geschützter Raum“.[23] Die meisten Menschen kommen freilich besser mit ihren Nachbarn aus, wenn sie in Einfamilienhäusern leben. Je nach Wohnform betrugen bei einer Studie in Neuseeland[24] die Prozentsätze der Familien, die im vorangegangenen Monat Kontakt zu Nachbarn hatten, für

Einfamilienhäuser	61 %
Zweifamilienhäuser	47 %
Wohnanlagen	19 %

Eine australische Untersuchung ergab hingegen, daß die Bewohner von Hochhäusern nicht besonders isoliert waren. Sie kannten zwar nur Leute, die im selben Gebäude lebten, und sahen sie gegenüber anders Wohnenden seltener, sie unterhielten sich aber länger mit ihnen, wenn sie ihnen begegneten, und sie kannten eine größere Zahl von Mitbewohnern.[25]

Im traditionellen Dorf, wo so gut wie jedermann auf einem Bauernhof arbeitete, bestand eine festgefügte Gemeinschaft von Nachbarn und Verwandten, in der jeder zwangsläufig auf die verläßliche Hilfe des anderen angewiesen war. „Ob Klatsch, kleinliches Gezänk und Familienfehden ein stärker ausgeprägtes Merkmal als der umfassende Sinn für Zusammengehörigkeit waren, konnte von Dorf zu Dorf unterschiedlich sein."[26] All dies hat sich jedoch mit dem Beschäftigungsrückgang in der Landwirtschaft und dem starken Zustrom von Pendlern verändert, die ihre Arbeitszeit und den Großteil ihres geselligen Lebens außerhalb des Dorfes verbringen. Sie werden häufig von den eingesessenen Dorfbewohnern abgelehnt, die wehmütig — und gewiß verklärend — auf ein Goldenes Zeitalter sozialer Einheit zurückblicken.

Manche Soziologen prophezeien, die wachsende Verstädterung werde zu weiter ansteigender sozialer Isolation und zum Verfall von Familie, Verwandtschaft, Nachbarschaft und anderer Formen unmittelbaren Sozialkontakts führen. Erwiesenermaßen kennen die Menschen mit zunehmender Größe ihres Wohnorts ihre Nachbarn im allgemeinen immer weniger. In einer amerikanischen Untersuchung wurden die Teilnehmer gefragt: „Wieviele Menschen in ihrer Nachbarschaft kennen sie ungefähr namentlich?" Die Antworten waren:[27]

	unter 3	*über 20*
in Großstädten	22 %	27 %
außerhalb von Städten	3 %	70 %

Es stimmt also wirklich, daß die Menschen auf dem Dorf ihre Nachbarn besser kennen. Allerdings gibt es auch innerhalb von Städten recht unterschiedliche Gegenden. Heruntergekommene Innenstadtbereiche in der Nähe von Fabriken und Häfen weisen tatsächlich die Merkmale auf, die Soziologen schon frühzeitig befürchteten — alleinlebende und voneinander isolierte Menschen, hohe Raten von Verbrechen und geistigen Erkrankungen. Andererseits fand man, daß in traditionsreichen Arbeitergegenden westlicher Metropolen, die jetzt oft als „Slums" abgerissen werden, ebensoviel Zusammenhalt und nachbarliche Aktivität herrschen wie auf Dörfern. In den USA sind vor allem jüngere und wohlhabendere Familien scharenweise in die Vorstädte hinausgezogen. Auch diesen Vorstädten sagen Soziologen eine düstere Zukunft voraus — sie würden eine stammesähnliche Konformität mit eingeschränkter sozialer Beteiligung und begrenzten Bindungen entwickeln. Tatsächlich jedoch verfügen amerikanische Vorstädte über mehr aktives Sozialleben und Engagement innerhalb der Nachbarschaft als andere Bezirke von US-Städten; es gibt mehr örtliche Freundschaften, allerdings weniger Kontakt mit den im Zentrum zurückgebliebenen Verwandten.[28] Britische Vororte und Wohnsiedlungen sind nicht ganz so nachbarschaftlich, was zum Teil mit dem Fehlen von Vereinen und anderen sozialen Einrichtungen zu tun hat.

Wann lernen Menschen ihre Nachbarn kennen?

Wir können jetzt einige der wichtigsten Thesen dieses Kapitels zusammenfassen, indem wir die Bedingungen aufzählen, unter welchen zwei Menschen eine nachbarliche Beziehung herstellen werden.

1. Welche Leute haben den engsten Kontakt zu Nachbarn? Es sind diejenigen, die tagsüber zu Hause sind — Ehefrauen, Rentner und Pensionäre — ferner Leute mit Kindern und langjährige Anwohner. Frauen treffen Nachbarn häufiger auf der Straße, während Männer mehr Zeit in Vereinen verbringen.
2. Zu welchen Nachbarn werden bevorzugt Beziehungen aufgenommen? Die wichtigsten Faktoren bei der Auswahl sind: in der Nähe oder im gleichen Häuserblock zu wohnen, sich in Alter, sozialer Schicht und Rasse zu ähneln und andere Dinge gemeinsam zu haben — Religion, politische Einstellung, Beruf oder auch die gleichen Probleme.
3. Welche Viertel sind am nachbarschaftlichsten? Es sind kleine Einheiten wie Dörfer, Straßen in den Slums, manche neuen Siedlungsgebiete, vorausgesetzt, es gibt geeignete Treffpunkte und gesellige Clubs. Hochhäuser und dergleichen

sind weniger nachbarlich als Straßen mit Einzelhäusern. Vor allem hinsichtlich Alter und sozialer Schicht homogene Gebiete, speziell in Arbeitervierteln, sind nachbarschaftlicher geprägt.

Unterschiede nach Alter, Geschlecht, Schicht und Nation

Alter. Der Kontakt zu Nachbarn verändert sich mit den Stadien des Lebenszyklus und entsprechend der Familienkonstellation. Verheiratete mit Kindern treffen viele ihrer Nachbarn und verlassen sich auch weitgehend auf sie, was Hilfe in bezug auf die Kinder, Einkauf und so weiter angeht. 45 % von ihnen suchen wöchentlich einen Nachbarn zu Hause auf, gegenüber 35 % bei ledigen Erwachsenen oder Paaren ohne Kinder. Auch ältere Menschen treffen und besuchen ihre Nachbarn recht oft, obwohl sie nicht sehr viele kennen. Zum Teil hat es damit zu tun, daß man tagsüber zu Hause ist: Junge Ehefrauen mit Kindern und Rentner beiderlei Geschlechts sind am häufigsten zu Hause und begegnen den meisten ihrer Nachbarn. Je älter Menschen sind, desto mehr stammen ihre Freunde aus der direkten Nachbarschaft. Jüngere Menschen geben sich gewöhnlich kaum mit den Leuten von nebenan ab, auch wenn sie die sozialen Einrichtungen der Nachbarschaft benutzen und mit Zimmernachbarn in Wohnheimen schnell Freundschaft schließen.

Geschlecht. Wir haben gesehen, daß Frauen, die zu Hause sind, viel Zeit mit anderen Frauen in ähnlicher Situation verbringen und daß das Gespräch ihre Hauptbeschäftigung ist — sowohl Klatsch als auch die Weitergabe nützlicher Informationen. Frauen sind in Vereinen, vor allem Sportvereinen, weniger aktiv als Männer.

Schicht. In unterschiedlichen sozialen Schichten werden Nachbarn recht verschieden definiert. Für Angehörige der Arbeiterschicht in Großbritannien sind Nachbarn herkömmlich die Leute, die nebenan oder nicht weit weg in derselben Straße wohnen; sie sind das wichtigste Potential für Freundschaft und Hilfe. „Ich nehme an, daß Leute von außerhalb dies für eine furchtbare Gegend halten, aber wir Alteingesessenen mögen sie. Hier macht man einfach die Tür auf und sagt zu jedermann ‚Hallo'."[29] In einem New Yorker Slum wurde genau das gleiche festgestellt: Nachbarn waren sehr wichtig. Die Leute trafen sich in örtlichen Bars und Siedlungshäusern, und sie fühlten sich „zu Hause" in ihrer eigenen Straße, wo sie bei warmem Wetter oft auf den Treppen saßen und sich unterhielten.[30] Angehörige der Arbeiterschicht leben eng mit ihren Nachbarn zusammen und nehmen eigentlich keine sehr klare Trennung zwischen diesen und Freunden vor, wobei auch Verwandte in das soziale Geflecht einbezogen sind. Sie helfen einander häufig im Alltag, indem sie sich Dinge wie eine Tasse Zucker, einen Laib Brot oder Handtücher leihen.

In der Mittelschicht stammen Freunde aus einem weiteren Umkreis, allerdings oft auch aus der Nachbarschaft; wer in der Nähe lebt, aber einer anderen Schicht angehört, wird gar nicht wirklich als Nachbar angesehen.[31] Angehörige der Mittelschicht laden ihre Nachbarn nach Hause ein, allerdings nicht zum Essen, während Leute aus der Arbeiterschicht sich mit ihren Nachbarn auf der Straße oder in der Kneipe unterhalten. Mittelschichtsangehörige sind recht autark, obwohl sie sich manchmal Gartenwerkzeuge ausleihen. Sie treten eher Vereinen bei und sind dort mit wesentlich höherer Wahrscheinlichkeit Amtsträger oder Vorstandsmitglieder.[32]

Bei der MORI-Untersuchung wurden Nachbarschaften in elf Grundtypen eingeordnet. Am meisten sozialer Kontakt bestand in modernen Wohnanlagen für Arbeiterfamilien sowie in ländlichen Gebieten, am wenigsten in übervölkerten und ärmlichen Einwanderervierteln, obwohl in übervölkerten Gegenden viele Nachbarn namentlich benannt werden konnten. Die Hilfsbereitschaft war am höchsten in modernen Familiensiedlungen für Besserverdienende, in Wohngebieten von Studenten und statushohen Alleinstehenden sowie in traditionell „gehobenen" Vororten. Die geringste Unterstützung gab es in einkommensschwachen Regionen mit hohem Ausländeranteil und in städtischen Sozialwohnungen.

Nationale Unterschiede. Gleichartige Untersuchungen wurden auch über Nachbarn in den USA durchgeführt, wobei sich etliche interessante Abweichungen herausstellten. Bracey[33] verglich ähnliche Wohnsiedlungen in den beiden Ländern und fand stärkere Nachbarschaftlichkeit in den USA, während viele der befragten englischen Ehefrauen recht einsam waren, obwohl man in beiden Ländern zu den Nachbarn Distanz hielt. Die amerikanischen Frauen hielten mehr Kaffeekränzchen ab, und es gab mehr Picknicks oder Grillfeste in der Nachbarschaft. In den amerikanischen Wohnvierteln gab es auch mehr soziale Einrichtungen; indessen klagten die englischen Familien darüber, daß die Gemeinschaftsangebote vor allem für Kinder unzureichend seien. Andere Untersuchungen haben gezeigt, daß 85 % oder mehr der Amerikaner im Gegensatz zu etwa 50 % der Briten Vereinen oder anderen Zusammenschlüssen angehören. Amerikanische Kirchen bieten beispielsweise eine breite Skala sozialer Dienste zusätzlich zu den Gottesdiensten und kirchlichen Feiern an. Ein Vergleich von zwei Kleinstädten[34] erbrachte, daß sich Amerikaner und Briten in unterschiedlichen räumlichen Umgebungen trafen. In der englischen Kleinstadt traf man sich auf der Straße; die nächsthäufigen Treffpunkte waren Lokale und Geschäfte. Die Amerikaner trafen sich am häufigsten in Schulen; dann folgten Straßen und Geschäfte. US-Bürger begegnen sich bei vielen Gelegenheiten, die für oder durch Heranwachsende und Kinder organisiert sind.

Wie sind diese nationalen Unterschiede zu erklären? Zum Teil liegt die Erklärung wahrscheinlich in der größeren Mobilität von Amerikanern. Sie sind es gewohnt, umzuziehen und neu Zugezogene zu begrüßen und aufzunehmen, auch Einwanderer aus dem Ausland. Die Kirchen und andere Institutionen sind darauf eingerichtet, Neuankömmlingen in der Gemeinde zu helfen. Darüber hinaus erleichtern das warme Sommerwetter und das Leben im Freien Kontakte zwischen Familien. Allerdings schwankt das Ausmaß an nachbarschaftlicher Aktivität mit den räumlichen Gegebenheiten; es gibt auch Viertel, in denen sich so gut wie kein Kontakt zu Nachbarn entwickelt.

Die MORI-Untersuchung brachte einige interessante regionale Unterschiede innerhalb Großbritanniens an den Tag.

Die Schotten konnten die bei weitem größte Anzahl von Nachbarn namentlich aufführen — 39 % konnten 20 oder mehr nennen. Die Bewohner des Nordens riefen am häufigsten an, um einen Schwatz zu halten, die Mittelengländer gingen am häufigsten in einen Pub, um mit ihren Nachbarn ein Glas zu trinken, und die Leute im Süden gingen in eine Kneipe, luden Nachbarn aber auch häufiger als andere zum Essen ein — 28 % taten dies im Vergleich zu 16 % im Norden.

Regeln für Nachbarn

In unsere Studie über Regeln waren auch Nachbarn eingeschlossen, wobei die Gültigkeit von zwölf Normen für diese Beziehung bekräftigt wurde (siehe Tabelle 4).

Tabelle 4: Regeln für Nachbarn

1.	Bereit sein, im Notfall zu helfen
2.	Die Privatsphäre des Nachbarn respektieren
3.	Im Hinblick auf Lärm, Haustiere, Kinder und Aktivitäten rücksichtsvoll sein
4.	Auf das Haus des anderen bei dessen Abwesenheit aufpassen
5.	Geheimnisse wahren
6.	Einander in der Öffentlichkeit stets grüßen
7.	Versuchen, das Grundstück in dem in der Nachbarschaft üblichen Zustand zu halten
8.	Sich bemühen, einander kennenzulernen
9.	Eine gemeinsame Grundstücksgrenze nicht unberechtigt überschreiten
10.	Versuchen, Schulden zurückzuzahlen und sich für Gefälligkeiten und Komplimente unabhängig von deren Wert erkenntlich zu zeigen
11.	Dem anderen während des Gesprächs in die Augen sehen
12.	Die Zeit des anderen nicht nach eigenem Gutdünken beanspruchen

Wir stellten fest, daß ältere Befragte eine Reihe dieser Regeln ausdrücklicher vertraten, was möglicherweise ihre größere Erfahrung mit Nachbarschaftskontakten widerspiegelt.

Die erhobenen Normen entsprechen genau dem, was wir in Kenntnis der Schwierigkeiten nachbarlichen Umgangs vermutet hatten. Anwohner erwarten Hilfe in Notfällen (Regel 1), sind jedoch besorgt um ihre Privatsphäre (2) und über Klatsch (5); sie suchen Belästigungen wie Lärm (3) und Streit um Grundstücksgrenzen (9) oder Ordnungsmaßstäbe (7) zu vermeiden. Sie möchten nicht, daß Hilfe einseitig ist (4 und

10) oder zuviel Zeit kostet (12); man sollte sich jedoch bemühen, irgendeine Art von Beziehung herzustellen (6 und 8). Wir halten diese Liste von Regeln für sehr nützlich und glauben, diejenigen, die sie befolgen, werden bessere Nachbarn sein.

Das Wesen nachbarschaftlicher Beziehungen

Nun können wir die Schlüsselmerkmale dieser merkwürdigen Beziehung herausarbeiten. Sie hebt sich insofern von anderen Beziehungen, die wir betrachtet haben, ab, als Nachbarn näher beieinander leben, sich jedoch weniger gleichen und ihr Kontakt unpersönlicher ist. Man hat häufig miteinander zu tun, dies führt aber gewöhnlich zu keiner engen Beziehung, sondern eher zu einer „herzlichen, aber distanzierten". Die Privatsphäre stellt ein Problem dar, weil Nachbarn einander normalerweise nicht ähnlich oder vertraut genug sind, um soviel übereinander zu wissen, wie es meist doch der Fall ist. Die wichtigste nachbarschaftliche Aktivität ist, sich bei Bedarf gegenseitig zu helfen — durch alltägliche Hilfen unter Müttern mit Kindern oder zwischen Ehefrauen aus der Arbeiterschicht, die sich Dinge ausleihen; durch regelmäßige Zusammenarbeit unter Landwirten, Unterstützung bei häuslichen Notlagen und die Bildung von Selbsthilfegruppen oder Bürgerinitiativen. Auf der Straße, über den Gartenzaun, in Lokalen und Vereinen spielt sich auch eine Menge rein geselliger Aktivität ab. Spezielle und sehr verbreitete Schwierigkeiten gibt es mit Nachbarn wegen Lärm, Hunden, Kindern und Zäunen.

Wohngemeinschaften

Viele Menschen, vor allem jüngere Leute und Studenten, teilen eine Wohnung miteinander. So entsteht eine Beziehung, die einerseits recht vertraut ist, da die Beteiligten in enger räumlicher Nachbarschaft leben, häufig gemeinsam die Kosten tragen sowie bestimmte Räume und Einrichtungen gemeinschaftlich nutzen; andererseits handelt es sich aber kaum um eine zwischenmenschliche Intimbeziehung im eigentlichen Sinn. Während Zimmergenossen oder Menschen, die sich Wohnungen und Häuser teilen, oft schon vor dem Zusammenleben Freunde sind, gibt es — etwa im Fall der meisten Studentenunterkünfte — gleichzeitig viele, die sich vorher nicht kannten. Wir haben bereits in Kapitel 4 erwähnt, daß Nähe und Kontakt Sympathien und Freundschaften fördern, daß sie jedoch unter bestimmten Bedingungen auch zu Antipathien und Konflikten führen können.

Die Besorgnisse, die wir bei Nachbarn festgestellt haben, kommen bei Zusammenwohnenden ebenfalls häufig und sogar noch augeprägter vor. Weil es in den gemeinsamen Wohnungen außer Zimmertüren meist keine räumlichen Grenzen gibt, hinter die man sich zurückziehen könnte, wird die Privatsphäre ein kritischer Punkt. Zugleich ist die Verständigung über Störungen und Ärgernisse wichtig.

Tabelle 5: Regeln für Zusammenwohnende

1.	Das Eigentum des anderen respektieren
2.	Die Hausarbeit teilen
3.	Im Hinblick auf Lärm, Besucher, Warmwasser usw. rücksichtsvoll sein
4.	Die Ausgaben teilen oder Regeln dafür entwickeln
5.	Den anderen mit dem Vornamen ansprechen
6.	Geheimnisse wahren
7.	Seine/ihre Privatsphäre respektieren
8.	Den Freunden des anderen gegenüber tolerant sein
9.	Gegenseitiges Vertrauen zeigen
10.	Bereit sein, die Probleme des anderen anzuhören
11.	Ihm/ihr während des Gesprächs in die Augen sehen
12.	Sich um den anderen kümmern, wenn er/sie krank ist
13.	Dem anderen gegenüber loyal sein
14.	Schulden zurückzahlen, sich für Gefälligkeiten und Komplimente unabhängig von deren Wert erkenntlich zeigen
15.	Interesse an den Alltagsaktivitäten des anderen zeigen
16.	Am anderen nicht herumnörgeln
17.	Sich für den anderen in seiner Abwesenheit einsetzen
18.	Ihm/ihr gute Neuigkeiten mitteilen
19.	Ihn/sie nicht in der Öffentlichkeit kritisieren

Für Wohngemeinschaften, in denen die Beteiligten gleichen Geschlechts sind, ermittelten wir die in Tabelle 5 aufgeführten Regeln. Ebenso wie für Nachbarn gibt es auch hier Normen für den Umgang mit Problemen und Konflikten, die beim Zusammenleben auf mehr oder weniger engem Raum eintreten können. Zusätzlich gelten jedoch Regeln über Nähe und Unterstützung, die sich teilweise mit den Normen für Freundschaft, unverheiratetes Zusammenleben und Ehe überschneiden.

12
Training und Therapie von Beziehungen

Nachdem wir nun all diese Erkenntnisse über zwischenmenschliche Beziehungen zusammengetragen haben, was läßt sich damit anfangen? Wir wollen mit der Beschreibung bestehender Trainings- und Therapiemethoden für Beziehungen beginnen und dann zu zeigen versuchen, wie diese auf der Grundlage des neuen Wissens verbessert werden könnten. Ferner werden wir darstellen, wie Menschen von selbst dahin gelangen können, mit ihren Beziehungen besser zurechtzukommen — indem sie die Regeln befolgen, die wir gefunden haben, indem sie Fertigkeiten für den Umgang mit anderen erwerben und sich ein tieferes Verständnis sozialer Beziehungen aneignen.

Interventionsverfahren haben sich herkömmlich auf die Verbesserung gestörter Beziehungen, wie zum Beispiel unglücklicher Ehen, oder auf den „Problemfall" in der Familie konzentriert. Diese Methoden waren eher auf die klinische Behandlung „Kranker" ausgerichtet und wurden von fachlich geschultem Personal wie Psychiatern, klinischen Psychologen, Sozialarbeitern oder ausgebildeten Beratern als Einzel-, Ehe- oder Familientherapie ausgeführt. Seit einiger Zeit zielen Interventionsmethoden aber auch auf Vorbeugung ab: Man versucht, das Individuum, das Paar oder die Familie mit Fertigkeiten auszustatten, die Schwierigkeiten verhindern oder gering halten sollen. Folglich stehen dabei nicht-gestörte Beziehungen im Mittelpunkt, die auf einem angemessenen oder hohen Niveau von Zufriedenheit und sozialer Kompetenz durchaus funktionsfähig sind. Derartige Präventionstechniken dienen zugleich dazu, Menschen auf möglicherweise problemträchtige Veränderungen in ihrem Leben, wie eine Eheschließung, und deren Bewältigung vorzubereiten.

Manche Verfahren befassen sich auch mit einer Steigerung des Zusammenlebens um seiner selbst willen. Ihnen geht es darum, zugunsten des einzelnen, des Paars oder der Familie soviel wie möglich aus der Beziehung herauszuholen. Dazu gehören Programme, welche die „Bereicherung" von Familie und Ehe anstreben, ebenso wie Methoden des Sensitivitätstrainings.

Darüber hinaus gibt es Selbsthilfe-Techniken und -Gruppen, die Beziehungsfähigkeiten vermitteln oder bei belasteten Beziehungen hilfreich sein können. In Buchhandlungen sind zahlreiche Anleitungen zur Selbsthilfe erhältlich. Weitere Quellen von Hilfe umfassen Beratung, wie Religionsgemeinschaften sie anbieten, Hilfe oder Rat durch praktische Ärzte, informellen Rat von Freunden, Familie, Nachbarn und dergleichen. Obwohl die letzteren keine ausgebildeten Therapeuten oder Berater sein mögen, ist erwiesen, daß solche Laien-Psychotherapie Belastungen durchaus lindern kann.

Während die meisten dieser Verfahren sich mit unseren intimeren Beziehungen beschäftigen, widmen sich andere Methoden auch den sozialen Fertigkeiten, die am Arbeitsplatz oder bei Kontakten mit Kunden und Klienten erforderlich sind. Sie schließen eine breite Vielfalt von Lehrprogrammen ein, die in Schulungen für Manager und Führungskräfte, beim Lehrertraining und ähnlichem verwendet werden.

Herkömmliche Ansätze für Beziehungstraining und -therapie

Psychotherapie

Bei der Anwendung von Psychotherapie auf Beziehungsschwierigkeiten wird vorausgesetzt, daß eine Person innere Probleme haben könnte — Ängste, Konflikte, Aggressionen, mangelndes Selbstwertgefühl oder irrige Überzeugungen —, die sie daran hindern, bestimmte Beziehungen anzuknüpfen oder erfolgreich zu gestalten. Gewöhnlich werden diese Probleme schwierigen zwischenmenschlichen Beziehungen in der Kindheit, vor allem zum andersgeschlechtlichen Elternteil, zugeschrieben. Seit Freud haben sich vielfältige Formen der Psychotherapie entwickelt, die durchweg den leidenden einzelnen ins Zentrum rücken. Die folgenden Prinzipien sind nahezu sämtlichen Spielarten der Psychotherapie gemein und werden von Therapeuten (T) gegenüber Patienten (P) angewandt:[1]

1. T bringt gegenüber P eine herzliche, akzeptierende und

(meist) nicht bewertende Haltung interessierter Anteilnahme zum Ausdruck und schafft so eine starke zwischenmenschliche Beziehung; dies ist eine Art von idealer Freundschaft, an der T emotional teilnimmt, wenn sie auch auf die Therapiestunde beschränkt ist.

2. P wird ermutigt, über Ängste, Konflikte und andere aufgestaute Emotionen zu sprechen; der kathartische Ausdruck dieser Gefühle und ihr Erleben gemeinsam mit einer anderen Person, die nicht mit Kritik reagiert, hilft, schmerzliche Probleme zu lindern, und ermöglicht P, über diese nachzudenken.

3. T versucht, die subjektive Gefühls- und Gedankenwelt von P zu erforschen, P's Sichtweise zu verstehen und die Kommunikation mit ihm auszuweiten.

4. T versucht, P Einsicht in die Gründe für sein Verhalten zu vermitteln und so Veränderungen herbeizuführen. Dies geschieht durch das verbale Benennen und Einordnen von P's Verhalten; Psychoanalytiker und Vertreter anderer Richtungen werden außerdem eine theoretische Deutung anbieten, etwa, daß zwanghaftes Händewaschen als symbolische Reinigung von Schuld erklärt werden könne.

5. T hilft P, zu planen und eindeutige Entscheidungen zu fällen — neue Wege des Umgangs mit Menschen und Situationen zu erproben und positive Anstrengungen zu unternehmen, um Engagement zu entwickeln, statt gleichgültig und passiv zu bleiben.

Psychoanalytiker legen besonderes Gewicht auf Deutungen (Punkt 4); nicht-direktive Therapeuten betonen das unvoreingenommene Akzeptieren (1); „existentielle" Therapeuten das Fällen von Entscheidungen (5). Kognitive und „rational-emotive" Therapeuten konzentrieren sich auf die Beseitigung unvernünftiger Überzeugungen wie der, daß man von allen geliebt und bewundert werden müsse; hier handelt der Therapeut als eine Art Lehrer. Wir werden weiter unten eine Erweiterung dieses Ansatzes für die Anwendung auf Beziehungen vorschlagen.

Tatsächlich entstehen die Probleme vieler Psychotherapiepatienten hauptsächlich aus ihren Beziehungen. Heranwachsende und ältere Menschen haben möglicherweise Konflikte mit der Eltern-Generation — sie können beispielsweise zugleich Feindseligkeit und Abhängigkeit empfinden oder unfähig sein, auszubrechen und eine gleichberechtigte Beziehung herzustellen. Die klassischen Fälle der Psychoanalyse beinhalteten tatsächlich Schwierigkeiten dieser Art. Psychotherapeutische Methoden wie Selbsterfahrungsgruppen oder kognitive Therapie wurden auch, scheinbar gewinnbringend, eingesetzt, um das Problem der Einsamkeit zu bewältigen.[2]

Es gibt Anhaltspunkte dafür, daß Psychotherapie im allgemeinen einigermaßen erfolgreich ist: Sie führt *im Durchschnitt* zu weniger Angst, stärkerem Selbstwertgefühl, besserer Anpassung und höheren Leistungen im Beruf, als es bei unbehandelten Kontrollpersonen der Fall ist.[3] Allerdings sind beträchtliche Schwankungen festzustellen, wobei manche Psychotherapeuten regelmäßig gute Resultate erreichen, während es anderen ebenso regelmäßig mißlingt, ihren Patienten zu helfen. Und wie wir bereits erwähnten, können nur kurz ausgebildete Hausfrauen oder Studenten genauso hilfreich sein wie professionelle Therapeuten.

Das Training Sozialer Fertigkeiten

Das *Training Sozialer Fertigkeiten* (TSF, im Original: *Social Skills Training*, SST) ist eine strukturierte Lernmethode zur Vermittlung von geeignetem Interaktionsverhalten. Es zielt darauf ab, bestimmte zwischenmenschliche Verhaltensweisen zu verändern, die unsere Beziehungen zu anderen beeinflussen: das Maß an Selbstbehauptung, die Fähigkeit zum Zuhören und zum Gespräch, nichtverbaler Ausdruck und andere Verhaltensweisen im Zusammenhang mit sozialer Kompetenz. Das TSF basiert auf der Vorstellung, daß soziales Verhalten ähnlich wie ein Bewegungsablauf (beispielsweise beim Autofahren oder Schwimmen) in seine „Einzelteile" zerlegt und gelehrt werden kann. Durch Techniken wie direkte Anleitung, Video-Feedback, Rollenspiel, Nachahmungslernen (siehe unten) und Übung können ungünstige soziale Gewohnheiten „verlernt" und durch sozial geschickteres Verhalten ersetzt werden.

Die grundlegende Technik ist das Rollenspiel, das sich in drei Stufen vollzieht:

1. Am Anfang stehen ein Vortrag, eine Diskussion, eine Vorführung, eine Bandaufzeichnung oder ein Film über einen speziellen Gesichtspunkt der einzuübenden Verhaltensweise. Dies ist vor allem wichtig, wenn eine unbekannte Fertigkeit beigebracht werden soll oder wenn es um recht schwierige soziale Techniken geht. Besonders wertvoll ist das „Lernen am Modell", indem Gruppenleiter oder sonstige Anwesende ein bestimmtes Verhalten vorführen.
2. Eine Problemsituation wird festgelegt, und es werden „Sparringspartner" aufgestellt, mit denen jeder der Teilnehmer für sieben bis 15 Minuten ein Rollenspiel durchführt. In TSF-Gruppen können andere Teilnehmer gut den Part des „Strohmanns" übernehmen. Zur Ausschmückung der Szene können schriftliche Materialien wie die Bewerbungsunterlagen von Kandidaten für ein Vorstellungsgespräch oder Hintergrundinformationen über die Schwierigkeiten des „Hauptdarstellers" dienen. Die Mitspieler werden vorher möglichst sorgfältig darauf vorbereitet, für einschlägige heikle Momente zu sorgen — indem sie etwa ohne Punkt und Komma reden oder ausgeklügelte und plausible Entschuldigungen vorbringen.
3. Danach findet eine Feedback-Sitzung statt, die sich aus Kommentaren des Trainers, Anmerkungen von anderen Teilnehmern und dem Vorspielen etwaiger Tonband- oder Videoaufzeichnungen zusammensetzt. Verbale Rückmeldungen werden eingesetzt, um die Aufmerksamkeit in konstruktiver und taktvoller Weise auf Fehler zu lenken, die der Übende macht, und alternative Verhaltensstile vorzuschlagen. Anhand von Bandaufzeichnungen läßt das Gesagte sich meist erheblich besser nachvollziehen.

Oft schließt sich noch eine vierte Phase an, in der das Rollenspiel wiederholt wird, um das neu erprobte Verhalten weiter einzuüben und so das "Umlernen" zu fördern.

Diese Grundmethode wurde inzwischen erweitert, so daß sie zusätzlich zum reinen Rollenspiel eine Anzahl weiterer Übungskomplexe umfaßt wie:

nichtverbale Kommunikation
das Wahrnehmen nichtsprachlicher Signale
die Rolle des anderen einnehmen
belohnendes Verhalten zeigen
die Analyse schwieriger sozialer Situationen
Aufschlüsselung von Gesprächs- und Verhaltenssequenzen
Selbstdarstellung.[4]

Da spezifische Fähigkeiten vermittelt werden, sollten diese möglichst auf die Erfordernisse der sozialen Schicht oder andere Aspekte der Subkultur, aus der die Trainingsteilnehmer stammen, abgestimmt werden. Mit Fertigkeiten, die bei Diplomaten und höheren Managern höchst angebracht sind, können arbeitslose Jugendliche wohl kaum etwas anfangen. Arbeitskräfte, die sich auf einen Einsatz im Ausland vorbereiten, können sich die in der dortigen Kultur üblichen Umgangsformen aneignen.

TSF-Programme sind bereits auf etlichen Gebieten angewandt worden:

1. Aufbau neuer Beziehungen, wie das Schließen von Freundschaften oder die Anbahnung von Partnerschaften.
2. Selbstsicheres Auftreten, Ausdruck positiver und negativer Gefühle, Stellen und Zurückweisen von Forderungen sowohl in engen als auch in weniger persönlichen Beziehungen, etwa zu Ladeninhabern oder Kellnern.
3. Das Training bestimmter aufgabenbezogener Fertigkeiten wie Interview-, Verkaufs- und Unterrichtstechniken oder das Sprechen vor einem größeren Publikum.

Auf die Anwendung des TSF in der Ehetherapie kommen wir später zu sprechen. Außerdem hat es sich als nützlich erwiesen, um Eltern sinnvolles Erziehungsverhalten beizubringen,[5] einsamen Menschen Fertigkeiten des Zuhörens und der Gesprächsführung zu vermitteln sowie Probleme mit Schüchternheit und Kontaktarmut zu mindern.[6]

TSF wird auch in der beruflichen Bildung eingesetzt. Der durchschnittliche Manager beispielsweise hat im Lauf einer Arbeitswoche mit einem weiten Spektrum unterschiedlicher Situationen zu tun, die sich vom Leiten einer Konferenz, Gesprächen mit Stellenbewerbern, Umgang mit Kunden über Entgegennehmen und Erteilen von Anordnungen, das Führen von Verhandlungen, Weitergabe von Informationen an Kollegen und die Lösung von Konflikten bis zur Ausbildung des Nachwuchses und so weiter erstrecken. All diese Situationen verlangen ein differenziertes Vorgehen und teilweise unterschiedliche Verhaltensstile.

Ähnliche Methoden dienen auch zum Training einer Vielzahl von Arbeitskontakten zwischen Fachleuten und Klienten, beispielsweise das Arzt-Patient-Gespräch und diagnostische Befragungen[7] oder Lehrer-Schüler-Beziehungen. Die meisten Unterrichtsprogramme verwenden TSF-Methoden zur Verbesserung didaktischer Fähigkeiten.[8] Daneben gibt es auch Programme zur Schulung von Polizeibeamten im Verhalten gegenüber Bürgern oder für Verhandlungen mit Geiselnehmern.[9]

Sowohl in der Fachausbildung von Lehrern, Interviewern, Verkäufern, Ärzten und so weiter als auch in der Behandlung eines weiten Spektrums klinischer Verhaltensstörungen ist TSF alternativen Methoden erwiesenermaßen gleichwertig oder sogar überlegen.

Eheberatung

Eheprobleme gehören zu den drei häufigsten Gründen, warum Menschen eine Therapie aufsuchen.[10] Jährlich wenden sich in Großbritannien etwa 100.000 Menschen an Eheberater oder Sozialarbeiter mit dem Wunsch nach Hilfe. Die wichtigsten Hilfsinstanzen sind in etwa dieser Reihenfolge:[11]
Ärzte
Eheberatungs-Einrichtungen von Kommunen und Wohlfahrtsverbänden
Sozialarbeiter
Familie und Freunde
Geistliche
Psychiater
Private Hilfsvereinigungen.

Einige der wichtigsten Beratungs- und Behandlungsansätze wollen wir kurz vorstellen. Meist wird mit beiden Partnern zugleich gearbeitet, allerdings wird Eheberatung auch von Einzelpersonen in Anspruch genommen. Sofern Eheberater keine professionellen Sozialarbeiter oder Psychologen sind, haben sie in der Regel eine Spezialausbildung als Laienhelfer absolviert und verfügen über Erfahrung im Umgang mit Eheschwierigkeiten. Sie hören zu, versuchen als „neutrale Dritte" dem Paar bei der Lösung seiner Probleme zu helfen, bieten gewöhnlich Anleitung oder Rat an und tun ihr möglichstes, um die Ehe zu retten[12] — obgleich in manchen Fällen nur eine Scheidung als Ausweg bleibt.

Verhaltensorientierte Partnertherapie

Die beiden Hauptrichtungen der *verhaltens*therapeutischen Bearbeitung von Ehekonflikten sind:

Kommunikationstraining. Dies Verfahren soll Menschen in die Lage versetzen, ihre Ansichten und Empfindungen zu einem Problem klar, direkt und offen darzulegen, ohne anzuklagen oder zu beschuldigen. Die Partner lernen, sich in hilfreicher Form mitzuteilen und einfühlsam aufeinander einzugehen. Durch Techniken wie den „kontrollierten Dialog" (bevor ein Partner selbst etwas äußert, gibt er wieder, wie er das zuletzt vom anderen Gesagte verstanden hat) wird die Kommunikation durchschaubarer, zweideutige und verschwommene Aussagen werden vermieden und Schwierigkeiten können miteinander ausgehandelt werden.

Verhaltensmodifikation basiert auf Vorstellungen aus der Lerntheorie und der Sozialpsychologie und wird von Psychologen durchgeführt. Dabei gibt es mehrere Zentralthemen der Therapie, die einige der von uns beschriebenen Erkenntnisse über gestörte Ehen widerspiegeln. Die Behandlung zielt in erster Linie darauf ab, den gegenseitigen Austausch positiven und belohnenden Verhaltens anzuregen. Wie beim Kommunikationstraining werden häufig auch Gesprächsfertigkeiten und Problemlösestrategien vermittelt. Ferner werden Methoden des Verhandelns und des Abschließens von Verträgen eingesetzt.

Der Ablauf einer Therapie beginnt damit, daß die Paare ihre Schwierigkeiten „auf den Tisch lagen". Jedem der Partner wird beigebracht, seine Sicht des Falles mit möglichst genau umschriebenen Beschwerden behutsam darzulegen, ohne den anderen zu verärgern oder herabzusetzen, sich zum eigenen Anteil an den Konflikten zu bekennen und zu versuchen, das unmittelbar anstehende Problem zu lösen. Paar und Therapeut arbeiten dann gemeinsam einen Lösungsweg aus, und zwar für eine Schwierigkeit nach der anderen; dabei geht es oft um beiderseits belohnenderes Verhalten sowie das Treffen von Vereinbarungen.

1. *Belohnungen steigern.* Jeder Partner findet heraus, was dem anderen am meisten Freude macht, und versucht ihn damit verstärkt zu belohnen. Manchmal wird ein Tag in der Woche als „Liebestag" festgelegt und besondere Anstrengungen unternommen, um die Belohnungen zu vergrößern. Bei einer Variante nennt jeder Partner drei Verhaltensweisen, von denen er sich wünscht, daß der andere sie häufiger zeigt, und die Partner vergeben gegenseitig Punkte dafür, wie oft der andere den Wünschen nachkommt.

2. *Kommunikation verbessern.* Die Partner werden — zuweilen mit Hilfe von Videotechniken und „Lernen am Modell" — geschult, bessere „Sender" und „Empfänger" beispielsweise für nichtverbale Hinweisreize auf Gefühle und Absichten zu werden; ferner werden die Fähigkeiten eingeübt, zuzuhören und sich in die innere Welt des anderen zu versetzen. Häufig benötigen die Partner Training in sozialen Fertigkeiten, damit sie lernen, ihre Anliegen vor dem anderen rücksichtsvoll und konstruktiv zu vertreten. Manche verhaltensorientierten Ehetherapeuten bedienen sich neuerdings des Verfahrens der „Umetikettierung"; es geht auf die Erkenntnis zurück, daß sogenannte Zuschreibungen von Verhaltensursachen im zwischenmenschlichen Kontakt eine wesentliche Rolle spielen.[13] Bei Paaren mit Schwierigkeiten vermutet der eine hinter dem zurückweisenden oder bösartigen Verhalten des anderen oft fälschlich bestimmte Ursachen, und die Klärung oder Veränderung solcher Zuschreibungen kann die Beziehung verbessern.

3. *Verträge schließen.* Neuerungen werden ausgehandelt: Wenn der Mann dies tut, wird die Frau jenes tun. Erklärt er sich bei-

spielsweise bereit, einmal wöchentlich mit ihr auszugehen, so ist sie an einem Abend in der Woche mit sexuellen Spielen seiner Wahl einverstanden. Ein gängiger Tauschhandel besteht darin, daß die Frau mehr Sex zustimmt, wenn sich der Mann dafür häufiger mit ihr unterhält.[14] Bestandteil derartiger Verträge ist stets, daß die Partner keine Verhaltensänderungen verlangen, die für den anderen unzumutbar oder unangenehm sind. Gelegentlich werden die Kontrakte schriftlich aufgesetzt,[15] wobei es zwei Haupttypen formeller Verträge gibt.[16] Der *quid pro quo*-Vertrag („Wie Du mir, so ich Dir") bedeutet, daß der Verhaltenswandel des einen von einer bestimmten Veränderung beim anderen abhängig gemacht wird. So erklärt ein Ehemann beispielsweise, mit seiner Frau einmal pro Woche unter der Bedingung zum Tanzen zu gehen, daß sie ihn am Samstagnachmittag ins Fußballstadion begleitet. Meist handelt es sich um Dinge, die man zusammen unternimmt, so daß der Vertrag zu mehr gemeinsamen Aktivitäten führt. Anders ist der Kontrakt „auf Treu und Glauben" geartet, bei dem jeder von beiden sich darauf einläßt, bestimmte Belohnungen nur dann zu erhalten, wenn er seinen Teil des Vertrages eingehalten hat, ohne daß dies zwingend vom Verhalten des anderen abhängig wäre. Zum Beispiel kann der Mann versprechen, nur dann fernzusehen, wenn er vorher mit seiner Ehefrau ein vertrautes Gespräch geführt hat.

Zu dieser Sorte von Therapie wurden zahlreiche Nachuntersuchungen mit überwiegend positiven Ergebnissen angestellt.[17] Die Verhaltensmodifikation führt tendenziell zu dauerhafteren Besserungen, obwohl beide Methoden im allgemeinen kurzfristige Verbesserungen bringen.[18] Ehetherapie wirkt sich alles in allem auf etwa 65 % der Klienten positiv aus.[19]

Beratung vor der Ehe

Hierbei wird vor allem die Regel-Abhängigkeit von Beziehungen betont. Die Beratung ist angelegt auf die Verbesserung der Selbstwahrnehmung sowie der Kommunikations- und Interaktionsfähigkeit mit dem langfristigen Ziel, Paaren jene Kompetenzen zu vermitteln, die mit ehelicher Zufriedenheit verknüpft sind (siehe Kapitel 6). Manche Programme legen den Akzent auf spezifische Fertigkeiten: etwa Zuhören und Sprechen, Herausfinden von für den Partner erfreulichen oder unangenehmen Verhaltensweisen, Selbstbehauptung und das Stellen von Forderungen, das Schließen von Verträgen, Verhaltensbeobachtung und „Freude machen“.[20] Andere Programme stellen umfassendere zwischenmenschliche Qualitäten wie Offenheit, Einfühlungsvermögen und Problemlösefähigkeit in den Vordergrund.

Bereicherung von Beziehungen

„Bereicherungsverfahren“ wenden sich an gut funktionierende, nicht gestörte, gefestigte Beziehungen. Sie verfolgen das Ziel, gesunden Paaren oder Familien zur vollen Entfaltung des Wachstumspotentials ihrer Beziehung zu verhelfen, indem sie die Intensität der Begegnung und die Wahrnehmung der eigenen Gefühle und Bedürfnisse sowie derer des Partners oder der Familie soweit wie möglich zu steigern versuchen. Um das Ausmaß an Liebe und Nähe zu vermehren, sollen die Fähigkeiten zu ehelicher Kommunikation, Sexualität, Konflikt- und Problemlösung gesteigert werden, wobei im allgemeinen auf den Ausdruck von Gefühlen und einfühlsames Zuhören mehr Wert gelegt wird als auf spezielle Verhaltenstechniken.

Die verwendeten Methoden sind unterschiedlich und reichen von strukturierten Diskussionen, Vorträgen, experimentellen Übungen und Simulationen durch Rollenspiel über Feedback oder Situationsanalsysen bis hin zu „Hausaufgaben“. In den Vereinigten Staaten werden viele solcher „Bereicherungsprogramme“ angeboten[21], und ihre Beliebtheit wächst zusehends.

Familientherapie

Sie ist eine weitere Form von Gruppen-Psychotherapie, die gewöhnlich zwei Eltern und ein gestörtes Kind einbezieht. Angestrebt wird, das gegenseitige Verständnis, die Kommunikation und Problemlösung zu verbessern. Außerdem wird versucht, die Gleichgewichte innerhalb der Systemeinheit „Familie“ zu verändern. Das Grundprinzip der Familientherapie besteht darin, durch Änderungen des sozialen Umfelds im Familiensystem einen Wandel beim einzelnen in Gang zu setzen. 58 % der Familientherapeuten sind der Ansicht, daß eine verbesserte Kommunikation für alle Familien wichtig sei, während nur 23 % die Besserung der Symptome eines Individuums für wesentlich halten.[22] Die Familientherapie legt besonderen Wert auf:

1. Eindeutige und wirkungsvolle Kommunikation unter den Familienangehörigen;
2. Aufdeckung unausgesprochener Regeln, so daß diese unmittelbar überprüft und möglicherweise neu ausgehandelt werden können;
3. Vermittlung von Verhandlungstechniken, um Konfliktsituationen bewältigen zu können.

Selbsthilfe

Zusätzlich zu den professionellen Diensten klinischer Behandlungseinrichtungen gibt es auch eine Reihe nicht-professioneller oder Selbsthilfe-Organisationen, die bei gestörten Beziehungen Unterstützung oder Gelegenheiten zum Anknüpfen neuer Kontakte anbieten. Häufig werden solche ortsgebundenen oder landesweit verbreiteten Initiativen von einzelnen ins Leben gerufen, um anderen, die sich — etwa nach einer Scheidung oder als alleinerziehende Eltern — in ähnlichen Lebenslagen befinden, zu helfen.

In den USA breiten sich „Scheidungshilfe-Gruppen“ immer weiter aus, und offenbar erleichtert es der soziale Rückhalt von Leidensgefährten in diesen Gruppen, Selbstvertrauen und emotionale Eigenständigkeit zu gewinnen sowie sich erfolgreich auf die neue Lebenssituation nach einer Trennung einzustellen.[23] Auch existieren beispielsweise Unterstützungsprogramme für Einsame, bei denen freiwillige Mitarbeiter ältere Menschen besuchen und ihnen Gesellschaft leisten.[24]

Daneben gibt es kommerzielle Agenturen wie Partnervermittlungen per Computer, die helfen, neue Beziehungen anzuknüpfen. Zudem haben wir bereits darauf hingewiesen, wie sehr Nachbarschaft und Gemeindeorganisationen das Zusammentreffen von Menschen und fortgesetzte Begegnungen fördern können (siehe Kapitel 11); auch die Bedeutung von Familien und Freunden ist nicht zu unterschätzen, wenn es darum geht, bei gestörten Beziehungen Hilfestellung zu leisten (siehe Kapitel 3).

Eine weitere Form von Selbsthilfe bildet die Lektüre von Büchern, die eigens zu diesem Zweck geschrieben sind und Übungen enthalten. Schriftliche Anregungen zur Gewichtsreduktion, zu Lern- und Arbeitsverhalten oder körperlichem Training haben durchaus Erfolge gezeitigt.[25] Welchen Wert es hat, Menschen zu einem besseren Verständnis von Beziehungen und deren Funktionsweise zu verhelfen, werden wir am Schluß noch erörtern.

Neue Trainings- und Behandlungsmethoden

Anhand der in diesem Buch beschriebenen Forschungsarbeiten möchten wir nun eine Reihe von Vorschlägen anbieten, wie sich die Wirksamkeit herkömmlicher Beziehungstrainings noch steigern ließe.

Regeln für Beziehungen

Wir haben für jede der erörterten Beziehungen Regeln vorgestellt und in einigen Fällen Belege dafür angeführt, daß der Bruch dieser Regeln den Beziehungen schadet. Leuten solche Regeln nahezubringen, könnte ohne weiteres in eine eher didaktische Therapieform oder in Selbsthilfeprogramme integriert werden.

Die von uns ermittelten Normen können in zwei große Bereiche eingeteilt werden. Es gibt zum einen Regeln über belohnendes Verhalten — über Austausch und Nähe —, und zum anderen Regeln über Konflikte — wie sie sowohl vermieden als auch ausgetragen werden können. Außerdem werden wir auf zwei weitere Sorten von Normen eingehen: aufgabenbezogene Regeln, die sich mit der praktischen Seite von „dienstlichen" Kontakten wie denen am Arbeitsplatz oder in professionellen Dienstleistungsbeziehungen beschäftigen, und Regeln der Selbstdarstellung: die eher formellen Normen der Etikette und des Auftretens.

Belohnungs-Regeln. Weiter unten werden wir uns mit zwei wichtigen Formen beschäftigen, sich belohnend zu verhalten — durch Nähe und durch Rückhalt. Doch welche Arten von Regeln, die diese Fertigkeiten betreffen, gelten in Beziehungen? Wie drücken wir Nähe aus, und wie zeigen wir sie? Die folgenden Regeln stellen solche Möglichkeiten dar.

1. Die andere Person mit dem Vornamen ansprechen.
2. Interesse an den Aktivitäten des anderen zeigen.
3. Gute Neuigkeiten mitteilen.
4. Dem anderen Vertrauen schenken.
5. Der anderen Person vorbehaltlose positive Wertschätzung zeigen.
6. An Geburtstage und andere besondere Ereignisse denken.
7. Danach streben, daß sich der andere in unserer Gesellschaft wohlfühlt.
8. Den anderen zu Familienfeiern oder sonstigen persönlichen Anlässen einladen.
9. Den anderen herzlich empfangen.
10. Zuneigung zeigen.
11. Über persönliche Themen wie Sexualität oder Tod, Religion oder Politik sprechen.

Wie wir in den vorangegangenen Kapiteln gesehen haben, gehören diese Regeln zu den wichtigsten, die Menschen in engen Beziehungen wie Ehe, Familie, Freundschaften und Liebesbeziehungen für gültig halten. Sie werden jedoch in den distanzierteren Beziehungen — denen zu Arbeitskollegen, Nachbarn oder in beruflichen und Dienstleistungsverhältnissen — kaum angewandt. Sie stellen deshalb Normen dar, die für unsere intimen Beziehungen spezifisch sind, und das Gewicht, das wir dieser Art von Regeln beimessen, wird sich mit der Enge einer Beziehung verändern.

Wenn wir uns schon nicht intimer Verhaltensweisen bedienen, um weniger enge Beziehungen belohnend werden zu lassen, wie tun wir es dann? Regeln über Unterstützung und

Austausch sind sowohl für intime als auch nicht-intime Dauerbeziehungen wichtig; die Form des Austauschs und der Unterstützung pflegt sich aber je nach dem Wesen der Beziehung zu verändern.

Die folgenden Regeln sind Beispiele dafür:

1. Freiwillige Hilfe leisten, wenn sie gebraucht oder erbeten wird, beziehungsweise bei Unglücksfällen.
2. Sich um den anderen kümmern, wenn er oder sie krank ist, oder sich um die Kinder kümmern, wenn sich der andere nicht wohlfühlt.
3. Sich für den anderen in seiner Abwesenheit einsetzen.
4. Emotionalen Rückhalt geben.
5. Rat, Ermutigung oder Anleitung anbieten und bereit sein, einen Rat anzunehmen.
6. Schulden zurückzahlen, sich für — auch geringfügige — Komplimente und Gefälligkeiten erkenntlich zeigen.
7. Für die Interessen des anderen kämpfen, wenn es nötig ist.
8. Rücksicht auf die persönlichen Probleme des anderen nehmen.

Diese Regeln werden gleichermaßen in intimen und in weniger intimen Beziehungen wie denen zu Nachbarn, Arbeitskollegen und Vorgesetzten für gültig erachtet. Die Art der angebotenen Hilfe und Unterstützung wird sich natürlich zwischen den beiden Kategorien von Beziehungen unterscheiden. Von Freunden erwartet man emotionalen Rückhalt, von Arbeitskollegen und Nachbarn im allgemeinen nicht. Dafür sind Arbeitskollegen gehalten, bei arbeitsbezogenen Problemen in praktischer Hinsicht zu helfen. Auch die Vorstellungen über ein gerechtes Geben und Nehmen variieren von Beziehung zu Beziehung. Von Nachbarn sowie von Schwiegereltern beziehungsweise von Schwiegersöhnen und -töchtern wird erwartet, daß sie Schulden begleichen und sich für Geschenke, Komplimente oder Gefälligkeiten erkenntlich zeigen, während unter Freunden, Ehepartnern und in der Familie ein solcher „Wie Du mir, so ich Dir"-Austausch nicht verlangt wird. In unseren engsten Beziehungen müssen wir nicht unbedingt gleich Gegenleistungen erbringen.

Konflikt-Regeln. Der Gedanke an *Verbots*-Regeln, die zur Vermeidung von Schwierigkeiten dienen sollen, ist uns geläufiger als der von Verhaltens*geboten*, die belohnendes Verhalten nahelegen. So kennen wir etwa Verkehrsregeln, um Unfälle zu vermeiden und einen ungehinderten Verkehrsfluß zu gewährleisten, oder es gibt Spielregeln im Sport, um einen ordnungsgemäßen Spielverlauf sicherzustellen. Ähnlich haben wir Normen, die ein reibungsarmes Funktionieren unserer zwischenmenschlichen Beziehungen ermöglichen sollen, indem sie häufige Konfliktursachen unterbinden, die eine Beziehung zerrütten könnten.

Welche Regeln jeweils im einzelnen gelten, hängt weitgehend vom Typ der Beziehung ab. Normen über Treue beispielsweise können in bestimmten Beziehungen wie Ehen oder anderen erotischen Verhältnissen sehr wesentlich sein; sie werden aber kaum Bedeutung für Beziehungen zu Arbeitskollegen oder Verwandten besitzen, weil hier Fragen von Treue oder Untreue so gut wie nie Anlaß zu Konflikten bieten. Wir haben jedoch bereits in Kapitel 3 gesehen, daß es einige allgemeine Regeln gibt, die über unterschiedliche Beziehungen und Kulturen hinweg anzutreffen sind. Sie betreffen Angelegenheiten, die in jeglicher Beziehung spannungsträchtig sind — Privatsphäre, das Bewahren von Geheimnissen und öffentliche Kritik.

Wie lauten nun die konfliktregelnden Normen? Einige der wichtigsten wollen wir, zusammen mit den zugehörigen Beziehungen, nennen:

1. Man sollte die Privatsphäre des anderen respektieren (alle Beziehungen).
2. Man sollte anvertraute Geheimnisse bewahren (alle Beziehungen).
3. Man sollte den anderen nicht in der Öffentlichkeit kritisieren (die meisten Beziehungen).
4. Man sollte treu sein („junge Liebe", unverheiratetes Zusammenleben und Ehe).
5. Man sollte zu Verabredungen pünktlich und bei Bedarf unverzüglich erscheinen (Rendezvous-Beziehungen, Handwerker, Studenten).

6. Man sollte nicht übermäßig behütend oder besitzergreifend sein (Geschwister, Eltern).
7. Man sollte gemeinsame Grenzen nicht unbefugt überschreiten (Nachbarn).
8. Man sollte einen gerechten Anteil der Arbeitslast übernehmen (Arbeitskollegen).

Aus der Liste ist ersichtlich, daß diese Regeln sämtlich dazu dienen, Spannungen zu verhindern, indem sie Verhalten so steuern, daß die Konfliktsituation gar nicht erst eintritt. In etlichen Fällen kommen gewisse Konflikte nur innerhalb bestimmter Beziehungen vor, so daß die Regel beziehungsspezifisch ist. Erneut können wir den „funktionalen Sinn" derartiger Normen in der Regelung des zwischenmenschlichen Umgangs erkennen (vergleiche Kapitel 3).

Aufgabenbezogene Regeln. Viele der von uns ermittelten Regeln schreiben ein bestimmtes Verhalten vor, damit ein konkreter Auftrag wirksam ausgeführt werden kann. Dies gilt besonders für aufgabenzentrierte Beziehungen wie die zwischen Arzt und Patient, Lehrer und Schüler, Wohnungsinhaber und Handwerker oder andere Arbeitsbeziehungen. Für diese Kontakte besitzen wir Regeln über die wirkungsvollste Art, mit der anstehenden Aufgabe fertigzuwerden — beispielsweise Normen zur gründlichen Unterrichtsvorbereitung für Lehrer, zur effizienten Planung und Zuteilung von Arbeit für Vorgesetzte, zur Beratung über Vorsorgemaßnahmen für Ärzte oder zur Befolgung ärztlicher Anweisungen für Patienten. Diese Regeln zielen nicht auf die Vermeidung von Konflikten, sondern auf die erfolgreiche Bewältigung der jeweiligen Aufgaben ab.

Regeln der Selbstdarstellung. Ferner verfügen wir über Normen zur Selbstdarstellung — die eher formellen Regeln für Auftreten und Erscheinungsbild in Gesellschaft sowie das Verhalten in der Öffentlichkeit. Zwar fragten wir unsere Auskunftspersonen nach der Bedeutung einer gepflegten oder adretten äußeren Erscheinung und nach dem „Streben, sich selbst im bestmöglichen Licht darzustellen", doch wurden solche Normen in unserer westeuropäischen Kultur selten als wichtig bezeichnet; sie rangierten deutlich unterhalb unserer sonstigen Kategorien beziehungsübergreifender Regeln.

Regeln in einer sich wandelnden Beziehung. Wir haben bereits gesehen, daß auf unterschiedliche Beziehungen andersartige Regeln angewandt werden. Weichen Normen aber auch je nach dem Stadium, in dem eine Beziehung sich befindet, voneinander ab? Aus eigener Erfahrung wissen wir, daß sich Beziehungen im Lauf der Zeit nach Art und Qualität verändern: Einstmals enge Freundschaften können im Sande verlaufen, Arbeitskollegen Freunde werden, Liebesbeziehungen sich in Ehen verwandeln, und Ehepartner können zu Geschiedenen werden. Ändern sich unter solchen Umständen auch die Regeln des Umgangs miteinander?

Wir haben in den Kapiteln 4 und 5 gesehen, daß wir, soll es zu einer Beziehung kommen, von einer anderen Person als „attraktiv" angesehen werden müssen — nicht nur körperlich, sondern auch hinsichtlich unserer sozialen Kompetenz und ähnlicher Eigenschaften. In diesem Stadium sind wahrscheinlich Regeln für die Selbstdarstellung am wichtigsten, weil unser Aussehen und erkennbares Verhalten die einzigen Gesichtspunkte sind, anhand derer der andere uns als begehrenswerten oder unerwünschten möglichen Beziehungspartner einschätzen kann.

Mit zunehmender Vertrautheit verlieren solche Normen jedoch an Gewicht, und die Anziehungskraft der äußeren Erscheinung beginnt gegenüber tieferliegenden Bereichen der Persönlichkeit und des Verhaltens eine zweitrangige Rolle zu spielen. Regeln über belohnendes Verhalten werden für die Aufrechterhaltung einer Beziehung wesentlich. Wenn Menschen einander besser kennenlernen, wächst auch die persönliche Offenheit — was allerdings schrittweise und ausgewogen geschehen sollte —, so daß nun Normen zur Steuerung wie zur Steigerung von Intimität in den Vordergrund rücken (beispielsweise die Privatsphäre des anderen zu respektieren, zugleich aber an seinen Erfolgen teilzuhaben). Regeln über Austausch und Unterstützung sind hier ebenfalls bedeutsam. Hilfsangebote, Gefälligkeiten und auch finanzielle Verbindlichkeiten sollten auf Gegenseitigkeit beruhen.

Darüber hinaus sind Normen zur Vermeidung von Konflikten wichtig, besonders über das Bewahren von Geheimnissen, da der mittlerweile erreichte Grad an Nähe diesen Bereich für mögliche Auseinandersetzungen anfällig macht. Gegenseitiges Vertrauen wird immer wichtiger.

Wenn eine Beziehung dann ganz eng wird, geraten Regeln über Intimität in den Mittelpunkt, damit dieses hohe Maß an Nähe erhalten bleibt. Desgleichen spielen Regeln über Unterstützung eine Rolle; Hilfe und Rückhalt werden erwartet; Vorschriften, sich durch direkte Gegenleistungen erkenntlich zu zeigen, verlieren hingegen an Bedeutung. Während Regeln zur Vermeidung von Konflikten ebenfalls in den Hintergrund treten können, nimmt das Gewicht von Normen über das Verhandeln im Streitfall möglicherweise zu.

Beziehungen können auch in die Brüche gehen. Wenn Beziehungen sich auflösen, pflegen Regeln, die Nähe begünstigen, solchen zur Begrenzung von Intimität zu weichen (beispielsweise können Gefühlsausdruck, die Erörterung persönlicher Themen und persönliche Offenheit dann eher unterbunden als gefordert werden).

Wie können wir dieses Wissen verwenden, um unsere Beziehungen zu verbessern? Wenn wir uns die Regeln und Fertigkeiten in den verschiedenen Stadien anschauen, lassen sich durchaus einige Leitlinien angeben. Beim Anknüpfen einer Beziehung etwa sind die ersten Eindrücke wichtig. Oft ist entscheidend, wie wir in dieser Anfangsphase auf andere wirken und uns benehmen, gleichgültig, ob es sich um eine potentielle Freundschaft oder Liebesbeziehung oder um ein eher formelles Zusammentreffen mit einem Vorgesetzten oder Prüfer handelt. Die Normen und Fertigkeiten der Selbstdarstellung spielen eine große Rolle. Trainings des Sozialverhaltens richten zum Beispiel ihr Augenmerk oft auf diese ersten Begegnungen zwischen Menschen, indem die Wahl geeigneter Gesprächsthemen, geschicktes nichtverbales

Verhalten oder die Fähigkeit zum Zuhören eingeübt und sogar Körperpflege und äußere Erscheinung behandelt werden.

Normen und Fertigkeiten zur Aufrechterhaltung von Beziehungen werden auch in der Eheberatung oder Familientherapie aufgegriffen. Regeln des Austauschs können etwa in der bereits geschilderten Form des Verhaltens-Vertrags ausdrücklich für gültig erklärt werden. Regulierungs-Regeln können verbindlich festgesetzt werden, vor allem dann, wenn sie zuvor verletzt worden waren — etwa der Respekt vor der Privatsphäre des anderen. Eher zur Bereicherung als zur „Bestandssicherung" einer Beziehung werden kommunikative Fertigkeiten gelehrt, wobei gewöhnlich auch einige unserer Intimitäts-Normen herangezogen werden. Partner lernen, sich mitzuteilen, sich zu öffnen und sich wechselseitig belohnender zu verhalten. Wir haben bereits in Kapitel 6 gesehen, daß unglücklich verheiratete Paare miteinander erheblich häufiger abfällige Bemerkungen und nichtverbale Mißfallenskundgebungen austauschen. Die Beteiligten sind — im Vergleich zu glücklichen Ehen — auch weniger offen, und vor allem die Männer tun sich schwerer mit dem Ausdruck ihrer Empfindungen oder der Deutung von Gefühlen ihrer Frau. Offensichtlich wäre es hier besonders wichtig, Regeln über die Mitteilung von Stimmungen, den Ausdruck von Gefühlen und die Vermittlung emotionalen Rückhalts zu befolgen.

Derartige Regeln und Fertigkeiten sind nicht nur für die Ehe wesentlich, sondern auch für andere enge Beziehungen wie Freundschaften. Ebenso wie in der Ehe ist belohnendes Verhalten auch unter Freunden von grundlegender Bedeutung. Eine enge Freundschaft zu erhalten, setzt die Beachtung der Regeln über Nähe und Austausch voraus, und wie wir in Kapitel 4 gesehen haben, gehört die Verletzung einiger dieser Normen zu den Hauptursachen für das Zerbrechen von Freundschaften. Da wir unsere Freunde als wichtige Quelle von Unterstützung betrachten, kommt hier vor allem Austausch-Regeln beträchtliches Gewicht zu.

Die Vermittlung von Beziehungs-Fertigkeiten

Die beschriebenen Regeln sagen etliches darüber aus, wie Beziehungen gehandhabt und aufrechterhalten werden. Sie sagen uns jedoch nicht immer, wie man das *macht*. Wir haben bereits erwähnt, daß stets der Aspekt der *Ausführung* eines bestimmten Verhaltens zu berücksichtigen ist. Wie stellt man es beispielsweise an, emotional unterstützend zu sein? Ein Handbuch zum Autoreparieren oder zum Turmspringen teilt einem in gewisser Hinsicht mit, wie man es macht; zur erfolgreichen Ausführung benötigt man jedoch außerdem Unterricht und eine Menge Übung.

Beginnen wir mit *belohnendem Verhalten*. Die vorhin aufgelisteten Belohnungs-Regeln geben die wichtigsten Formen entsprechenden Verhaltens wieder, das Menschen in den meisten Beziehungen an den Tag legen sollten. Zu einem Gutteil sind „Belohnungen" in Facetten nichtverbaler und verbaler Verhaltensweisen enthalten. Beliebte Menschen beispielsweise wirken eher belohnend, und man weiß, daß der wichtigste Verhaltensunterschied zwischen Beliebten und Unbeliebten darin besteht, daß Beliebte belohnender auftreten — sie sind heiter und freundlich, an anderen interessiert, hilfsbereit und höflich, interessant und amüsant. Unbeliebte Leute sind mißmutig und feindselig, angeberisch und hauptsächlich an sich selbst interessiert, und sie versuchen, andere für sich auszunutzen.[26] Menschen können auch beliebt sein, weil sie in der Lage sind, auf die eine oder andere Art tatkräftige Hilfe zu leisten. Personen, deren Aufgabe es ist, Belohnungen zu verteilen, sind beliebter als jene, die für Bestrafungen verantwortlich sind. Und: Körperlich attraktive Individuen beiderlei Geschlechts sind beliebter.

Viele belohnende Verhaltensweisen sind nichtverbal: Lächeln, Blickkontakt, Berührungen, ein freundlicher Ton der Stimme. Aber auch die Worte sind wichtig: etwas auf zugewandte und mitfühlende Art zu sagen, statt kritisch, sarkastisch, aggressiv oder überheblich zu sein.

Belohnungsverhalten in Beziehungen kann ferner in zwei miteinander verknüpfte Bereiche aufgeteilt werden — Intimität und Unterstützung. Unsere engsten Beziehungen sind höchst intim. Gemeinsam erlebte Intimität sowohl körperlicher als auch sozial-emotionaler Art bereitet uns Freude. Die körperliche Nähe der Sexualität ist ein wichtiger (allerdings, wie wir gesehen haben, nicht *der* wichtigste) Bestandteil erotischer Beziehungen. Nicht-sexuelle Berührung ist ebenfalls in hohem Maße belohnend, wie das Schmusen zwischen Eltern und Kind oder eine Umarmung unter guten Freunden. Sie dient dazu, die Bindung zu verstärken, und hebt die Enge der Beziehung hervor. Auch verbale Vertrautheit ist sehr belohnend. Wir teilen gute Neuigkeiten unseren Freunden und unserer Familie mit und erleben beim Erzählen erneut die Freude über das Ereignis. In intimen Beziehungen eröffnen wir unserem Gegenüber zudem sehr persönliche Gedanken und Empfindungen, was unser Gefühl von Selbstwert, persönlicher Identität und Akzeptiertwerden bekräftigt. Zu den Belohnungs-Fertigkeiten in Beziehungen gehört deshalb die Fähigkeit zur Intimität — Erfahrungen durch Selbst-Preisgabe miteinander zu teilen und *beiderseitige* Offenheit zuzulassen.

Beziehungen belohnen auch dadurch, daß sie Unterstützung bieten. Wenn wir Schwierigkeiten haben, neigen wir dazu, uns in der Hoffnung auf sozialen Rückhalt an Freunde und Verwandte zu wenden. Diese Hilfe kann praktische (etwa finanzielle und materielle) oder psychologische und emotionale Formen annehmen. Die Kunst der Hilfsbereitschaft ist folglich eine wesentliche Beziehungs-Fertigkeit. Sie umfaßt beispielsweise die Fähigkeit zu einfühlendem Zuhören, um jemandem emotionalen Rückhalt zu geben, oder die Fähigkeit, Ratschläge zu geben, ohne zu kritisieren.

Ein zweiter allgemeiner Bereich sozialer Fertigkeiten ist die *Beeinflussung* anderer Menschen. Jemand, der bloß belohnend wirkt, indem er ständig anderen nachgibt, wäre nicht fähig, persönliche oder berufliche Ziele zu erreichen. Welches sind die sozialen Fertigkeiten, um Menschen zu beeinflussen? 1. Der Kernpunkt ist die verbale Bitte oder Aufforderung. Diese muß höflich und überzeugend formuliert sein, das heißt, man muß dem anderen gute Gründe und Vorteile dafür anbieten, ihr zu folgen.

2. Das Äußern der Anfrage sollte vom richtigen nichtverbalen Ausdruck begleitet sein, wozu Elemente der Durchsetzung wie eine kräftige (aber nicht zu laute) Stimme, eine ernste Miene, aufrechte Haltung und der direkte Blick in die Augen des Gegenübers gehören.

3. Gleichzeitig sollte man sich verbal wie nichtverbal herzlich und belohnend genug verhalten, um den Kontakt zu bewahren.

4. Einfluß kann schlicht dadurch ausgeübt werden, daß man Verhaltensweisen des anderen mit sprachlichen und nichtverbalen Bekundungen von Beifall oder Mißbilligung verfolgt, etwa durch den Einsatz oder das Unterlassen von Lächeln, Kopfnicken, Blickkontakt, Stirnrunzeln und dergleichen.

5. Die Beeinflussung ist einfacher, wenn man dem anderen kürzlich einen Dienst erwiesen hat, für den er sich erkenntlich zeigen sollte, oder wenn man die Macht hat, Gunst zu gewähren oder zu entziehen.[27]

Dann gibt es noch den *Umgang mit Konflikten.* Wir haben gesehen, daß in den meisten Beziehungen ein gewisses Maß an Konflikten vorkommt, vor allem in der Ehe, in den Beziehungen zwischen Vorgesetzten und Untergebenen oder in anderen Kontakten am Arbeitsplatz sowie im Verhältnis zwischen Eltern und Kindern. In all diesen Fällen kann es unumgänglich sein, die Beziehung, vielleicht sogar über eine lange Zeitspanne hinweg, aufrechtzuerhalten, obwohl beide Seiten dies schwierig finden.

Die beste Möglichkeit, mit solchen schwierigen Beziehungen fertigzuwerden, zeigen unsere Regel-Studien und auch andere Untersuchungen: Man sollte aggressives Verhalten vermeiden und stattdessen ein vertretbares Maß an Selbstbehauptung einsetzen; man sollte den Standpunkt des anderen anhören und ihn verstehen wollen; man sollte nach einer Lösung suchen, die für beide annehmbar ist, und bereit sein, in gewissem Umfang nachzugeben. Die Einzelheiten sind je nach Beziehung unterschiedlich. Wir haben gesehen, daß

Konflikte in der Ehe häufig auftreten und daß es vorteilhaft ist, sich ihnen zu stellen und sie durchzuarbeiten. Verhaltensorientierte Ehetherapie bietet eine hoch formalisierte Möglichkeit dazu, erinnert jedoch stark an Verhandlungen zwischen Arbeitgebern und Gewerkschaften. Die Ehe hat den Vorteil, daß diese Debatten ebensogut in Verbindung mit einem guten Essen, auf einem bequemen Sofa oder sogar im Bett stattfinden können. Mit anderen Worten: Häusliche Vertrautheit und deren Annehmlichkeiten können zum Erreichen einer Lösung beitragen. Zwischen Vorgesetzten und Untergebenen hat das Durcharbeiten jeglicher Konflikte keine derartigen angenehmen Seiten, und es kann besser sein, sie einfach zu vermeiden. Gelegentlich kommen solche Spannungen in Encounter-Gruppen ans Tageslicht — nicht immer mit günstigen Ergebnissen.

Einige Sonderaspekte sozialer Fertigkeiten sollten ebenfalls noch erwähnt werden. Die *nichtverbale Kommunikation* haben wir bereits im Zusammenhang mit belohnendem Verhalten angesprochen. Sie ist zugleich ein wichtiges Mittel, um emotionale Befindlichkeiten mitzuteilen, beispielsweise Freude oder Trauer, und Haltungen gegenüber anderen — etwa freundschaftliche oder feindselige — deutlich werden zu lassen. Dies geschieht hauptsächlich durch den Gesichtsausdruck und den Klang der Stimme.[28] Manchen Menschen gelingt es nicht sehr gut, ihre Gemütsverfassung auszudrücken, und manche haben Schwierigkeiten, die Signale anderer richtig zu deuten. Es hat sich gezeigt, daß in gestörten Ehen vor allem die Ehemänner schlechte Sender und Empfänger von nichtverbalen Hinweisreizen auf Emotionen sind.[29] Die Folge ist, daß keiner der Partner genau sagen kann, was der andere empfindet. Daraus kann man den Schluß ziehen, daß Ehetherapie möglichst auch ein Training in nichtverbaler Kommunikation für Ehemänner einschließen sollte.

Ein weiteres Feld sozialer Fertigkeiten ist die *Bewältigung von längeren Interaktionsabläufen* wie Unterhaltungen. Wir haben in Kapitel 6 dargestellt, daß es in gestörten Ehen oft Verhaltenszyklen gibt, die zu „Szenen" führen. Solche Kräche können lediglich aus einer einzigen negativen Botschaft bestehen wie einem Vorwurf, der eine zurückweisende Reaktion auslöst, aber auch aus komplexeren Zyklen mit ungutem Ausgang.[30] Im Fall von Einsamkeit und bei Menschen, die nur schwer Freunde finden, liegt ein gängiges Problem in der Unfähigkeit, ein Gespräch zu führen. In all diesen Fällen ist es möglich, die Fertigkeiten zum Umgang mit solchen Verhaltenssequenzen zu trainieren.[31]

So können derartige Verhaltensdefizite mit einem erweiterten *Training Sozialer Fertigkeiten* angegangen werden, bei dem eher das Paar im Mittelpunkt steht als die beteiligten einzelnen. Die Partner werden gebeten, eine Situation, die ihnen häufig Schwierigkeiten bereitet hat, im Rollenspiel darzustellen; die Szene wird auf Video aufgenommen; anschließend erhalten sie Rückmeldungen, und man erörtert gemeinsam den Handlungsablauf.

Als nächstes wollen wir die für *Freundschaft* erforderlichen Fertigkeiten etwas eingehender betrachten:

1. Freundschaften durchlaufen eine Reihe von Stadien, in denen jeweils bestimmte Fertigkeiten notwendig sind: Zuerst wählen wir mögliche Freunde aus, indem wir darauf achten, welche Menschen wir nach ihrer äußeren Erscheinung und ihrem Verhalten mögen; dann laden wir eine der betreffenden Personen zu einem gemütlichen Abend, einem Essen oder einem anderen geselligen Ereignis ein, bei dem man sich näher kennenlernt; und wenn dieses zweite Stadium schließlich vorüber ist, werden regelmäßige Treffen irgendeiner Art zur festen Einrichtung.
2. Es ist wichtig, den anderen zu belohnen, besonders indem wir ihm zeigen, daß wir ihn mögen. Dies geschieht sowohl durch das, was wir sagen, als auch durch den Gesichtsausdruck, den Klang der Stimme und so weiter, mit dem wir etwas sagen. Beim Training Sozialer Fertigkeiten wird diesem Punkt meist besondere Aufmerksamkeit gewidmet.
3. Körperliche Attraktivität ist für Freundschaften genauso wesentlich wie für Liebesbeziehungen; und vielfach ist das Aussehen leichter zu verändern als das Verhalten.

4. Selbstoffenbarung beweist Vertrauen und ist unabdingbar, wenn eine Beziehung vertieft werden soll; sie sollte jedoch schrittweise und ausgewogen geschehen.

Nun zu den Fertigkeiten, die *Arbeitsvorgesetzte* benötigen. Die *Regeln* haben wir schon beschrieben, wie steht es jedoch mit den *Fertigkeiten*?

1. Zunächst ist entscheidend, die Grundaufgabe eines Vorgesetzten zu erfüllen — die zu erledigende Arbeit zu planen und einzuteilen, für das Vorhandensein von Material und das Funktionieren der Ausrüstung zu sorgen, Untergebene anzuleiten und auszubilden, ihre Arbeit zu überprüfen und zu korrigieren, ihnen Rückmeldung über ihre Leistung zu geben und sie zu effektiver Arbeit zu motivieren. All dies muß jedoch sehr behutsam und sehr taktvoll erfolgen — Menschen lassen sich nicht gern herumkommandieren.

2. Ferner ist wesentlich, sich um die Mitarbeiter zu kümmern, ihnen zu Vergünstigungen zu verhelfen und Nachteile zu vermeiden, eine freundschaftliche Beziehung zu ihnen herzustellen, sich persönlich für die einzelnen zu interessieren, Verständnis für Mißgeschicke zu zeigen und sich um zwischenmenschliche Probleme in der Gruppe zu kümmern. Dies hat wiederum zum Teil mit nichtverbaler Kommunikation zu tun.

3. Das Erfolgsgeheimnis, wie man Kontrolle über die Gruppe behält und mit ihren Mitgliedern zugleich auf gutem Fuß steht, liegt jedoch in der Art, wie Anordnungen erteilt werden. Vorteile hat der „demokratisch-argumentative" Stil, bei dem die Untergebenen eher durch Erklären und Überzeugen motiviert, als allein durch das Erteilen von Befehlen zur Arbeit angehalten werden. Ihnen wird zugestanden, sich soweit wie möglich an Entscheidungen zu beteiligen, die sie betreffen. Damit verbunden ist auch der Einsatz von ziemlich schwierigen Techniken der Diskussion und Entscheidungsfindung in Gruppen.[32]

Lernen, wie das Leben ist: Was man über Beziehungen wissen muß

Wir haben bereits die „kognitive Therapie" erwähnt, also die Behandlung von Menschen durch Befreiung von irrigen

Ansichten. Auch einige Formen des Trainings Sozialer Fertigkeiten enthalten eine erzieherische Komponente. Die Vorbereitung von Arbeitskräften auf eine Tätigkeit im Ausland schließt gewöhnlich ein, sie über die andersartigen Bräuche der fremden Kultur mitsamt den Eigenarten von sozialem Verhalten und Beziehungen zu unterrichten. Uns erscheint es sowohl beim Vorbereitungstraining wie in der Therapie nützlich, fälschliche Auffassungen auszuräumen und den Betreffenden einige wesentliche Lebenswahrheiten über Beziehungen zu vermitteln. Tatsächlich wurde dieses Buch teilweise in genau dieser Absicht geschrieben, und wir hoffen, daß es sich als hilfreich erweist.

Wir möchten nun nicht nochmals den gesamten Inhalt wiederholen oder zusammenfassen, wollen aber einige Schlüsseltatsachen des Lebens aufgreifen, die wir für sehr wichtig und nicht so weithin bekannt halten, wie sie es sein sollten.

Ehe. 1. In ihr teilen die Partner viele Aspekte des Lebens einschließlich Eigentum, Geld und Kindererziehung miteinander; dazu bedarf es viel gemeinsamer, kooperativer Arbeit.

2. Die Beziehung ist intensiv und gewöhnlich auch durchaus glücklich; dies ist sexueller Befriedigung, enger Verbundenheit und wechselseitiger Unterstützung zuzuschreiben. Sie hat positive Auswirkungen auf körperliche und psychische Gesundheit sowie das Glücksempfinden. Ihr Ende durch Scheidung oder Tod des Partners verursacht beträchtliches Leid.

3. Es gibt auch eine Menge Auseinandersetzungen und Konflikte, die nichtsdestoweniger mit einer glücklichen Ehe vereinbar sind; es ist notwendig und wertvoll, diese Konflikte durchzuarbeiten.

4. Die Ehe verändert sich insofern, als Frauen heute mehr Geld verdienen und mehr Einfluß besitzen, Männer mehr Hausarbeit verrichten. Die Familie mit zwei Vollberufstätigen birgt freilich zusätzlichen Konfliktstoff.

5. Die Scheidungsrate steigt, unter anderem wegen zu hoher Erwartungen und der Weigerung oder Unfähigkeit, mit Konflikten fertigzuwerden. Scheidung führt jedoch zu einer Periode großer Belastung, und zweite Ehen funktionieren noch

weniger wahrscheinlich als erste. Die Alternative ist, sich an die Regeln zu halten und sich die erforderlichen Fertigkeiten anzueignen, um schon die erste Ehe erfolgreich zu gestalten.
Beziehungen zwischen Eltern und Heranwachsenden. 1. Die Pubertät ist die schlimmste Periode in der Eltern-Kind-Beziehung. Das Eheglück ist am geringsten, und die Jugendlichen sind oft einsam und deprimiert.
2. Dennoch überlebt die Eltern-Kind-Beziehung in fast allen Fällen die Pubertät; sie bildet vorübergehend eine Klippe in einer Beziehung, die 50 Jahre und länger dauern kann. Die während der frühen Kindheit geformten Bindungen scheinen beständig zu sein; die Kontakthäufigkeit verringert sich auch nicht mit den Jahren, wenn die Kinder erwachsen werden.
3. Die Konflikte entspringen dem Bedürfnis des Kindes, erwachsen und unabhängig zu sein und eine eigenständige Identität zu erwerben, die kein bloßer Abklatsch der Familie ist. Die Eltern machen sich Sorgen um Verhaltensweisen, die ihnen abartig, unvernünftig und manchmal gar gefährlich erscheinen.
4. Wie in allen Verwandtschaftsbeziehungen leistet man sich gegenseitig erhebliche Hilfe, wenn sie erbeten wird.
Freunde. 1. Freunde sind Menschen, mit denen wir uns gern unterhalten und gemeinsam Dinge unternehmen. Um einen Freund oder eine Freundin nicht zu verlieren, muß man sich belohnend verhalten; es entwickeln sich aber auch Verpflichtungen und eine Sorge um den anderen. Von Freunden werden allerdings nur geringfügige Hilfeleistungen erwartet.
2. Die Aktivitäten unter Freunden sind kennzeichnend: gemeinsam die Freizeit genießen, Reden, Essen und Trinken.
3. Besonders wichtig sind Freundschaften im Zeitraum vom Heranwachsen bis zur Heirat sowie im Alter; in den Jahren dazwischen sind sie von geringerer Bedeutung. Sie nehmen bei Männern und Frauen sowie in unterschiedlichen sozialen Schichten recht verschiedene Formen an.
4. Freundschaften existieren nicht als isolierte Zweierbeziehungen, sondern als Bestandteile eines sozialen Netzwerks. Um Eifersuchtsprobleme zu vermeiden, Vertraulichkeit zu

bewahren, und für anderes mehr kommt es darauf an, auch die übrigen Kontakte im Auge zu behalten.

Beziehungen am Arbeitsplatz. 1. Menschen werden durch die Arbeitsumwelt und -organisation zusammengebracht. Zusammenarbeit, Hilfe und Information sind sowohl für die einzelnen als auch für den Erfolg eines Unternehmens unerläßlich.

2. Die einzelnen Beschäftigten brauchen bei der Arbeit sozialen Rückhalt; je nach Qualität können die Kontakte Quellen von Unterstützung, Zufriedenheit und Gesundheit oder auch das Gegenteil sein.

3. Am Arbeitsplatz gedeiht eine Vielzahl von Beziehungen, von enger Freundschaft bis hin zu offener Feindseligkeit. Eine verbreitete Form ist das freundschaftliche, aber auf den Arbeitstag beschränkte Verhältnis, das sich auf Klatsch, Scherzen und Spiele in Kaffeepausen und über Mittag gründet.

Gebrauchsanweisung für Beziehungen

Die wissenschaftlichen Befunde über das Handhaben von Beziehungen führen teilweise zu recht verschiedenartigen Empfehlungen. Eindeutiger sind allerdings die Hinweise, wie man einen Beziehungspartner jeweils am besten auswählt, was man mit ihm oder ihr zusammen unternehmen sollte, wo man es tun und wie man sich gegenüber Außenstehenden verhalten sollte.

Zunächst zur Frage, für wen man sich entscheiden soll. Manchmal haben wir keine oder kaum eine Wahl — bei Familie, Arbeitskollegen und Nachbarn beispielsweise. Bei Freunden hingegen haben wir völlige Wahlfreiheit. Wer neue Freunde gewinnen möchte, sollte sich Menschen von vergleichbarer Herkunft und Interessenlage, mit ähnlichen Wert- und Zielvorstellungen aussuchen, die er häufig trifft oder treffen kann. Solche Menschen findet man am Arbeitsplatz, bei Freizeitaktivitäten und in der Nachbarschaft. Am einfachsten ist es, sich einem Verein, einer Religionsgemeinschaft oder einer anderen Gruppe Gleichgesinnter in der näheren Umgebung anzuschließen. Die Wahl eines Ehepartners ist ebenfalls sehr weitgehend ins persönliche Belieben gestellt, zumindest in unserer Kultur. Er oder sie muß nicht unbedingt in der Nähe leben — das wird sich über kurz oder lang von selbst ergeben. Möglicherweise aus biologischen Gründen fühlen wir uns eher zu Fremden als zum „Mädchen von nebenan" hingezogen. Heiraten wir jedoch jemanden, der sich von uns zu sehr unterscheidet, so verringern sich die Aussichten auf eine erfolgreiche Ehe. Die Partner sollten — wie bei Freunden — einen ähnlichen Lebenshintergrund, ähnliche Interessen und Wertvorstellungen haben. Eine Ehe zwischen Partnern aus unterschiedlichen Ländern, ethnischen Gruppen oder Glaubensrichtungen wird mit geringerer Wahrscheinlichkeit funktionieren.

Was die Wahl der Aktivitäten angeht: Jede Beziehung lebt im Grunde davon, irgend etwas gemeinsam zu unternehmen. Und für jede Beziehung gibt es ein charakteristisches Spektrum von Tätigkeiten. Freunde beispielsweise beschäftigen sich hauptsächlich mit Essen, Trinken, Reden und gemeinschaftlichen Vergnügungen. Verheiratete Paare verbringen viel Zeit miteinander, vor allem im Bett, vor dem Fernseher, bei Mahlzeiten und bei gemeinsamer Arbeit, um Haus und Familie auf Trab zu halten. Besonders bedeutsam dürfte sein, zu zweit Erfreuliches und Bereicherndes zu unternehmen und miteinander zu sprechen, um ein gemeinsames Weltbild aufrechtzuerhalten. Bei Verwandten ist es wichtig, Kontakt zu halten, sie einfach zu besuchen und zu helfen, wenn es nötig ist. Mit Freunden am Arbeitsplatz tratscht und scherzt man in den Arbeitspausen, und man sollte ihnen in Arbeitsbelangen helfen. Mit Nachbarn plaudert man über den Gartenzaun und hilft in Kleinigkeiten.

Die äußere Umgebung spielt ebenfalls eine Rolle und kann, wenn auch nur zum Teil, von uns beeinflußt werden. Wir haben beispielsweise gesehen, daß es für Ehen gefährlich ist, wenn das Paar — etwa durch einen Arbeitsplatzwechsel — getrennt lebt oder wenn einem Partner irgendwo eine sturmfreie Bude zur Verfügung steht, in die er sich nach Auseinandersetzungen zurückziehen kann. Freunde werden um so eher Freunde bleiben, je näher sie beisammen wohnen und je öfter sie sich treffen. Die architektonischen Gegebenheiten von Studentenheimen oder Etagenwohnungen wirken sich darauf aus, ob Nachbarn sich miteinander anfreunden oder nicht. Ähnliche Effekte haben die räumliche Umgebung am Arbeitsplatz sowie Einrichtungen für Kaffeepausen und Mittagsmahlzeiten.

Zudem kann nicht nur die räumliche Umgebung zur Aufrechterhaltung von Beziehungen beitragen, sondern auch das soziale Netzwerk. Ein Freundes- oder Ehepaar wird mit größerer Wahrscheinlichkeit zusammenbleiben, wenn sie in ein gemeinsames Netz sozialer Kontakte eingebunden sind.

Schluß

Zu Beginn dieses Buches stellten wir den großen Nutzen befriedigender Beziehungen für körperliche und seelische Gesundheit, Glück und Lebenserwartung dar. Ein beträchtliches Maß an Leid und Krankheit trifft jene, denen es nicht gelingt, ihre Beziehungen erfolgreich zu gestalten. Ehepartner, Freunde, Verwandte und Arbeitskollegen — sie alle sind auf unterschiedliche Art und Weise höchst bedeutsam für uns.

Wir haben versucht, die Hauptmerkmale jeder dieser Beziehungen zu durchleuchten, einschließlich der Quellen von Zufriedenheit und Konflikt, der Basis der Bindung, der zugehörigen Aktivitäten und der Veränderungen dieser Beziehungen in Abhängigkeit von Alter, Geschlecht, sozialer Schicht, Kultur und Geschichte. Wir haben ferner versucht, Verständnis für sie zu vermitteln und verbreitete Mißverständnisse auszuräumen. Und wir haben schließlich die wichtigsten Regeln vorgestellt, die zu befolgen sind, sowie die Fertigkeiten, die eingesetzt werden sollten, um jede Beziehung erfolgreich zu gestalten.

Nun ist es an Ihnen, sich den „Tatsachen des Lebens“ zu stellen.

Anmerkungen

1 Einführung

1. B. Wellman (1979): „The community question: the intimate networks of East Yorkers". *American Journal of Sociology,* 84, 1201-31.
2. M. Wish, M. Deutsch & S. J. Kaplan (1976): „Perceived dimensions of interpersonal relations". *Sociometry,* 40, 234-46.
3. D. T. Campbell (1975): „On the conflicts between biological and social evolution and between psychology and moral tradition". *American Psychologist,* 30, (12), 1103-26.
4. G. A. Allan (1979): *A Sociology of Friendship and Kinship.* London: Allen & Unwin.

2 Vorzüge sozialer Beziehungen

1. A. Campbell (1981): *The Sense of Well Being in America: Patterns and Trends.* New York: McGraw-Hill.
2. J. L. Freedman (1978): *Happy People.* New York & London: Harcourt Brace Jovanovich.
3. J. W. Reich & A. Zautra (1981): „Life events and personal causation: some relationships with satisfaction and distress". *Journal of Personality and Social Psychology,* 41, 1002-12.
4. M. Morgan (1980): „Marital status, health, illness and service use". *Social Science and Medicine,* 14A, 633-43.
5. M. Young, B. Benjamin & C. Wallis (1963): „Mortality of widowers". *Lancet,* 2, 454-6.
6. M. S. Stroebe & W. Stroebe (1983): „Who suffers more? Sex differences in health risks of the bereaved". *Psychological Bulletin,* 93, 279-301.
7. B. L. Bloom, S. R. Asher & S. W. White (1978): „Marital disruption as a stressor". *Psychological Bulletin,* 85, 867-94.
8. J. J. Lynch (1977): *The Broken Heart.* New York: Basic Books.
9. W. R. Gove (1979): „The relationship between sex roles, marital status, and mental illness". *Social Forces,* 51, 34-44.
10. Lynch: *The Broken Heart.*
11. A. Campbell, P. E. Converse & W. L. Rodgers (1976): *The Quality of American Life.* New York: Sage.
12. L. F. Berkman & S. L. Syme (1979): „Social networks, host resistance, and mortality: a nine-year follow-up study of Almeda county residents". *American Journal of Epidemiology,* 109, 186-204.
13. F. Kobrin & G. Hendershot (1977): „Do family ties reduce mortality: Evidence from the United States 1966-68". *Journal of Marriage and the Family,* 39, 737-45.
14. L. M. Verbrugge (1983): „Multiple roles and physical health of women and men". *Journal of Health and Social Behavior,* 24, 16-30.

15. Lynch: *The Broken Heart.*
16. J. H. Medalie & U. Goldbourt (1976): „Angina pectoris among 10,000 men“. *American Journal of Medicine,* 60, 910-21.
17. M. R. DiMatteo & R. Hays (1981): „Social support and serious illness“. In: B. H. Gottlieb (ed.): *Social Networks and Social Support,* Beverly Hills: Sage.
18. P. Warr & G. Parry (1982): „Paid employment and women's psychological well-being“. *Psychological Bulletin,* 91, 478-516.
19. H. T. Reis (1984): „Social interaction and well-being“. In: S. Duck (ed.): *Personal Relationships. 5. Repairing Personal Relationships.* London: Academic Press.
20. Gove: „The relationship between sex roles ...“.
21. M. Hughes & W. R. Gove (1981): „Living alone, social integration and mental health“. *American Journal of Sociology,* 87, 48-74.
22. W. W. Eaton (1978): „Life events, social supports, and psychiatric symptoms: a re-analysis of the New Haven data“. *Journal of Health and Social Behavior,* 19, 230-4.
23. R. J. Turner (1981): „Social support as a contingency in psychological well-being“. *Journal of Health and Social Behavior,* 22, 357-67.
24. R. L. Leavy (1983): „Social support and psychological disorder: a review“. *Journal of Community Psychology,* 11, 3-21.
25. G. W. Brown & T. Harris (1978): *Social Origins of Depression.* London: Tavistock. C. S. Aneshensel, R. R. Frerichs & V. A. Clark (1981): „Family roles and sex differences in depression“. *Journal of Health and Social Behavior,* 22, 379-93.
26. A. Tyerman & M. Humphrey (1983): „Life stress, family support and adolescent disturbances“. *Journal of Adolescence,* 6, 1-12.
27. F. Andrews & S. Withey (1976): *Social Indicators of Well Being.* New York: Plenum.
28. Campbell, Converse and Rodgers: *The Quality of American Life.*
29. A. Peplau & D. Perlman (1982): *Loneliness.* New York: Wiley.
30. E. S. Paykel, B. McGuiness & J. Gomez (1976): „An Anglo-American comparison of the scaling of life-events“. *British Journal of Medical Psychology,* 49, 237-47.
31. A. D. Kanner, J. C. Coyne, and C. Schaefer (1984): „Comparison of two modes of stress measurement: daily hassles and uplifts versus major life events“. *Journal of Behavioral Medicine* 4, 1-39.
32. R. Cochrane (1980): „Life stresses and psychological consequences“. In: P. Feldman & J. Orford (eds.): *Psychological Problems.* Chichester: Wiley.
33. J. M. Innes (1981): „Social psychological approaches to the study of the inducation and alleviation of stress: influences upon health and illness“. In: G. M. Stephenson & J. H. Davies (eds.): *Progress in Applied Social Psychology,* 1. Chichester: Wiley.
34. Bloom, Asher & White: „Marital disruption ...“.

35. S. Henderson & P. Duncan-Jones (1981): *Neurosis and the Social Environment.* Sydney: Academic Press.
36. S. C. Kobasa (1982): „The hardy personality: towards a social psychology of stress and health". In: G. S. Sanders & J. Suls (eds.): *Social Psychology of Health and Illness.* Hillsdale, NJ: Erlbaum.
37. H. M. Lefcourt, R. S. Miller, E. E. Ware & D. Sherk (1981): „Locus of control as a modifier of the relationship between stressors and moods". *Journal of Personality and Social Psychology,* 41, 357-69.
38. K. Parkes (1984): „Locus of control, cognitive appraisal and coping in stressful episodes". *Journal of Personality and Social Psychology,* 46, 655-680.
39. C. S. Carver & C. Humphries (1982): „Social psychology of the type A coronary prone behavior pattern". In: Sanders & Suls: *Social Psychology of Health and Illness.*
40. J. C. Coyne, C. Aldwin & R. S. Lazarus (1981): „Depression and coping in stressful episodes". *Journal of Abnormal Psychology,* 90, 439-47.
41. S. Cohen & G. McKay (1984): „Social support, stress and the buffering hypothesis: a theoretical analysis". In: A. Baum, J. E. Singer & S. E. Taylor (eds.): *Social Psychological Aspects of Health,* vol. IV. Hillsdale, N. J.: Erlbaum.
42. K. B. Nuckolls, J. Cassell & B. H. Kaplan (1972): „Psychosocial assets, life crisis and the prognosis of pregnancy". *American Journal of Epidemiology,* 95, 431-41.
43. S. Cobb (1976): „Social support as a moderator of life-stress". *Psychosomatic Medicine,* 38, 300-14. S. Gore (1978): „The effect of social support in moderating the health consequence of unemployment". *Journal of Health and Social Behavior,* 19, 157-65.
44. Brown & Harris: *Social Origins of Depression.*
45. Henderson & Duncan-Jones: *Neurosis and the Social Environment.*
46. I. G. Sarason & B. R. Sarason (1982): „Concomitants of social support: attitudes, personality characteristics, and life experiences". *Journal of Personality,* 50, 331-44.
47. J. Suls (1982): „Social support, interpersonal relations, and health: benefits and liabilities". In: Sanders & Suls: *Social Psychology of Health and Illness.*
48. A. H. McFarlane, G. R. Norman, D. L. Streiner & R. G. Roy (1983): „The process of social stress: stable, reciprocal and mediating relationships". *Journal of Health and Social Behavior,* 24, 160-73.
49. W. R. Gove, M. Hughes & C. B. Style (1983): „Does marriage have positive effects on the psychological well-being of the individual?". *Journal of Health and Social Behavior,* 24, 122-131.
50. Brown & Harris: *Social Origins of Depression.*
51. Leavy: „Social support and psychological disorder ...".
52. H. T. Reis: „Social interaction and well being ... ".

53. Leavy: „Social support and psychological disorder ...".
54. J. D. Fisher *et al.* (1982): „Recipient reactions to aid". *Psychological Bulletin,* 91, 27-54.
55. P. Warr (1983): „Work, jobs and employment". *Bulletin of the British Psychological Society,* 36, 305-11.
56. C. A. Nathanson (1980): „Social roles and health status among women: the significance of employment". *Social Science and Medicine,* 14 A, 463-71. P. Warr & G. Parry (1982): „Paid employment and women's psychological well-being". *Psychological Bulletin,* 91, 478-516.
57. J. S. House (1980): *Occupational Stress and the Mental and Physical Health of Factory Workers.* Ann Arbor: University of Michigan Survey of Research Center.
58. R. Larson (1978): „Thirty years of research on the subjective well-being of older Americans". *Journal of Gerontology,* 33, 109-25.
59. N. Lin *et al.* (1979): „Social support, stressful life-events, and illness: a model and an empirical test". *Journal of Health and Social Behavior,* 20, 108-19.
60. McFarlane *et al.:* „The process of social stress ...".
61. R. C. Kessler & M. Essex (1982): „Marital status and depression: the importance of coping resources". *Social Forces,* 61, 484-507.
62. Reis: „Social interaction and well-being". S. S. Brehm (1982): „Social support processes: a theoretical model". Unpublished, University of Kansas.
63. S. Cohen & H. M. Hoberman (1982): „Positive events and social supports as buffers on life change stress: maximizing the prediction of health outcome". Unpublished, University of Oregon.
64. House: *Occupational Stress ...*
65. S. M. Plant & S. B. Friedman (1981): „Psychosocial factors in infectious disease". In: R. Ader (ed.): *Psychoneuroimmunology.* New York: Academic Press.
66. W. E. Broadhead *et al.* (1983): „The epidemiologic evidence for a relationship between social support and health". *American Journal of Epidemiology,* 117, 521-37.
67. Broadhead *et al.:* „The epidemiologic evidence ...".
68. B. E. Vanfossen (1981): „Sex differences in the mental health effects of spouse support". *Journal of Health and Social Behavior,* 22, 130-43.
69. Leavy: „Social support and psychological disorder ...".
70. D. Schmidt *et al.* (1982): „Social alienation and social support". *Personality and Social Behavior Bulletin,* 8, 515-21.
71. M. S. Stroebe & W. Stroebe (1983): „Who suffers more? ...".
72. D. P. McAdams & G. E. Valliant (1982): „Intimacy, motivation and psychological adjustment: a longitudinal study". *Journal of Personality Adjustment,* 46, 586-93.
73. R. Liem & J. Liem (1978): „Social class and mental illness reconsid-

ered: the role of economic stress and social support". *Journal of Health and Social Behavior,* 19, 139-56.
74. C. S. Fischer & S. L. Phillips (1982): „Who is alone? Social characteristics of people with small networks". In: L. A. Peplau & D. Perlman (eds.): *Loneliness.* New York: Wiley.
75. M. Hammer (1983): „‚Core' and ‚extended' social networks in relation to health and illness". *Social Science and Medicine,* 17, 405-11.
76. Turner: „Social support as a contingency ...".
77. Broadhead *et al.:* „The epidemiologic evidence ...".

3 Regeln

1. M. Argyle, A. Furnham & J. A. Graham (1981): *Social Situations.* Cambridge: Cambridge University Press.
2. Argyle *et al.: Social Situations.*
3. L. Mann (1969): „Queue culture: the waiting line as a social system". *American Journal of Sociology,* 75, 34-54.
4. M. Harris (1968): *The Rise of Anthropological Theory.* London: Routledge & Kegan Paul, 590.
5. W. Twining & D. Miers (1976): *How to do Things with Rules.* London: Weidenfeld & Nicolson, p. 57.
6. T. Parsons (1951): *The Social System.* Glencoe, Ill.: Free Press.
7. L. Sharp (1952): „Steel axes for stone-age Australians". *Human Organization,* 11, no. 2, 17-22.
8. M. Argyle (1983): *„The Psychology of Interpersonal Behaviour". 4. Aufl.* Harmondsworth: Penguin Books.
9. M. Argyle (ed.) (1981): *Social Skills and Work.* London: Methuen.
10. R. H. Price & D. L. Bouffard (1974): „Behavioral appropriateness and situational constraint as dimensions of social behavior". *Journal of Personality and Social Psychology,* 30, 579-86.
11. P. Marsh, E. Rosser & R. Harré (1978): *The Rules of Disorder.* London: Routledge & Kegan Paul.
12. A. Campbell (1980): *Female Delinquency in Social Context.* Oxford: Blackwell.
13. M. Argyle, J. A. Graham, A. Campbell & P. White (1979): „The rules of different situations". *New Zealand Psychologist,* 8, 13-22.
14. Argyle: *The Psychology of Interpersonal Behaviour.*
15. E. Goffman (1963): *Behaviour in Public Places.* London: Collier — Macmillan.
16. E. Donald (1981): *Debrett's Etiquette and Modern Manners.* London: Debrett's Peerage Ltd.
17. Donald: *Debrett's Etiquette* ..., 311.
18. Donald: *Debrett's Etiquette* ..., 311.
19. Donald: *Debrett's Etiquette* ..., 251.
20. Argyle *et al.: Social Situations.*

20a. M. Argyle, M. Henderson and A. Furnham (in press): „The rules of relationships". *British Journal of Social Psychology.*
21. R. Brislin & P. Pederson (1976): *Cross-Cultural Orientation Programs.* New York: Gardner Press, p. 10.
22. E. Hall & W. Whyte (1960): „Intercultural communication: a guide to men of action". *Human Organization,* 19, 5-12.
23. H. Morsbach (1977): „The psychological importance of ritualized gift exchange in modern Japan". *Annals of the New York Academy of Science,* 293, 98-113. H. Morsbach (1977): „Some characteristics of Japanese interpersonal relations — a Westerner's view"; paper presented at the Conference of the British Psychological Society, London, December.
24. K. Shimoda, M. Argyle & P. Ricci Bitti (1978): „The intercultural recognition of emotional expressions by three national racial groups: English, Italian and Japanese". *European Journal of Social Psychology,* 8, 169-79.
25. T. Lebra (1976): *Japanese Patterns of Behaviour.* Honolulu: University of Hawaii Press.
26. T. Doi (1971): *„Amae no kozo"* (The Anatomy of Dependence). Tokyo: Kodansha International.

4 Freundschaften

1. C. S. Fischer *et al.* (1977): *Networks and Places.* New York: Free Press.
2. S. R. Parker (1964): „Type of work, friendship patterns, and leisure". *Human Relations,* 17, 215-19.
3. Fischer *et al.: Networks and Places.*
4. M. Young & P. Willmott (1973): *The Symmetrical Family:* London: Routledge & Kegan Paul.
5. T. Brennan (1982): „Loneliness at Adolescence". In: L. Peplau and D. Perlman: *Loneliness: A Sourcebook of Current Theory, Research and Therapy.* New York: John Wiley.
6. D. D. Clarke & C. M. B. Allen (unpublished): „The effects of different types of residential accommodation on individuals' numbers and types of friendships: an exploratory study". Department of Experimental Psychology, Oxford University.
7. A. Szalai (ed.) (1972): *The Use of Time.* The Hague: Mouton.
8. N. Shulman (1975): „Life-cycle variations in patterns of close relationships". *Journal of Marriage and the Family,* 37, 813-21.
9. S. L. Feld & R. Elmore (1982): „Patterns of sociometric choices: transitivity reconsidered". *Social Psychology Quarterly,* 45, 77-85.
10. M. Hallinan (1979): „Structural effects on children's friendships and cliques". *Social Psychology Quarterly,* 42, 43-54.
11. R. C. Roistacher (1974): „A microeconomic model of sociometric choice". *Sociometry,* 37, 219-38.
12. J. Boissevain (1974): *Friends of Friends.* Oxford: Blackwell.

13. Fischer *et al.: Networks and Places.*
14. B. H. Gottlieb (ed.) (1981): *Social Networks and Social Support.* Beverly Hills: Sage.
15. S. W. Duck (1973): *Personal Relationships and Personal Constructs.* Chichester: Wiley.
16. M. Lea & S. Duck (1982): „A model for the role of similarity of values in friendship development". *British Journal of Social Psychology,* 21, 301-10.
17. M. Henderson & A. Furnham (1982): „Similarity and attraction: the relationship between personality, beliefs, skills, needs and friendship choice". *Journal of Adolescence,* 5, 111-23.
18. M. Snyder, S. Gangestad & J. A. Simpson (1983): „Choosing friends as activity partners: the role of self-monitoring". *Journal of Personality and Social Psychology,* 45, 1061-72.
19. R. C. Bailey, P. Finney & B. Helm (1975): „Self-concept support and friendship duration". „*Journal of Social Psychology,* 96, 237-43.
20. L. Jacobs, E. Berscheid & E. Walster (1971): „Self-esteem and attraction". *Journal of Personality and Social Psychology,* 17, 84-91.
21. M. S. Clark & J. Mills (1979): „Interpersonal attraction and communal relationships". *Journal of Personality and Social Psychology,* 37, 12-24.
22. S. M. Jourard (1971): *Self-Disclosure.* New York: Wiley.
23. Fischer *et al.: Networks and Places.*
24. J. M. Riesman (1981): „Adult friendships": In: Duck & Gilmour, *Personal Relationships* Vol. 2. *Developing Personal Relationships.*
25. A. J. Reiss (1959): „Rural-urban and status differences in interpersonal contacts". *American Journal of Sociology,* 65, 182-95.
26. J. Tognoli (1980): „Male friendship and intimacy across the life span". *Family Relations,* 29, 233-9.
26a. L. Wheeler, H. Reis and J. Nezlek (1983): Loneliness, social interaction and social roles. *Journal of Personality and Social Psychology,* 45, 943-53.
27. P. Shaver & D. Buhrmester (1983): „Loneliness, sex-role orientation and group life: a social needs perspective". In: P. B. Paulus (ed.): *Basic Group Processes.* New York: Springer-Verlag.
28. R. L. Selman & D. Jacquette (1977): „Stability and oscillation in interpersonal awareness: a clinical-development analysis". *Nebraska Symposium on Motivation,* Vol. 25, Lincoln, Neb.: University of Nebraska Press.
29. G. A. Fine (1981): „Friends, impression management and preadolescent behaviour". In: S. R. Asher & J. Gottman (eds.): *The Development of Friendship.* Cambridge: Cambridge University Press.
30. Shaver & Buhrmester: „Loneliness, sex-role orientation . . .".
31. C. Gilligan (1982): *In a Different Voice.* Cambridge, Mass.: Harvard University Press.

32. I. S. Kon (1981): „Adolescent friendship: some unanswered questions for future research". In: Duck & Gilmour: *Personal Relationships* Vol. 2.
33. D. Matteson (1979): „From identity to intimacy: It's not a one way street". In: *Symposium on Identity Development.* Groningen, Rijksuniversitat.
34. J. C. Coleman (1974): *Relationships in Adolescence.* London: Routledge & Kegan Paul.
35. Coleman: *Relationships in Adolescence.*
36. S. Chown (1981): „Friendship in old age". In: S. Duck & R. Gilmour (eds.): *Personal Relationships* Vol. 2.
37. Young & Willmott: *The Symmetrical Family.*
38. G. Allan (1979): *A Sociology of Friendship and Kinship.* London: Allen & Unwin.
39. L. M. Verbrugge (1977): „The structure of adult friendship choices". *Social Forces,* 56, 576-97.
40. R. Brain (1976): *Friends and Lovers.* New York: Basic Books.
41. M. Argyle & A. Furnham (1983): „Sources of satisfaction and conflict in long-term relationships". *Journal of Marriage and the Family,* 45, 481-93.
42. H. Kelley & J. Thibaut (1978): *Interpersonal Relations: A Theory of Interdependence.* New York: John Wiley.
43. E. H. Walster, G. W. Walster & E. Berscheid (1978): *Equity: Theory and Research.* Boston: Allyn & Bacon.
44. H. Luyanski & G. Mikula (1983): „Does equity theory explain the quality and stability of romantic attachments?". *British Journal of Social Psychology,* 22, 101-12.
45. R. Lamb & P. Collett (1984): „Can equity theory do justice to change?". Unpublished manuscript. Oxford University, Department of Experimental Psychology.
46. Lamb & Collett (1984): ...
47. C. E. Rusbult (1983): A longitudinal test of the investment model: the development (and deterioration) of satisfaction and commitment in heterosexual investments. *Journal of Personality and Social Psychology,* 45, 101-17.
48. A. Campbell, P. E. Converse & W. L. Rodgers (1976): *The Quality of American Life.* New York: Sage.
49. Campbell *et al.: The Quality of American Life.*
50. L. F. Berkman & S. L. Syme (1979): „Social networks, host resistance, and mortality: a nine-year follow-up study of Alameda county residents". *American Journal of Epidemiology,* 109, 186-204.
51. B. Bochner, B. M. McLeod & A. Lin (1977): „Friendship patterns of overseas students: a functional model". *International Journal of Psychology,* 12, 277-94.
52. G. Arling, „The elderly widow and her family, neighbours and friends". *Journal of Marriage and the Family,* 38, 1976, 757-68.

53. E. Cumming & D. M. Schneider (1961): „Sibling solidarity: a property of American kinship". *American Anthropologist,* 63, 498-507.
54. S. Schneider (1972): „Patterns of social interaction". In: Szalai: *The Use of Time.* 317-33.
55. S. Henderson, D. G. Byrne & P. Duncan-Jones (1982): *Neurosis and the Social Environment.* Sydney: Academic Press.
56. S. Chown (1981): „Friendship in old age". In: Duck and Gilmore: *Personal Relationships* Vol. 2.
57. MORI (1982): *Neighbours and Loneliness.* London: Market Opinion and Research International.
58. J. G. Williams & C. H. Solano (1983): „The social reality of feeling lonely". *Personality and Social Behavior Bulletin,* 9, 237-42.
59. J. M. Atkinson (1970): *Social Isolation and Communication in Old Age.* Unpublished MS.
60. L. A. Peplau & D. Perlman (eds.) (1982): *Loneliness.* New York: Wiley.
61. C. Solano, P. Batten & E. Parish (1982): „Loneliness and patterns of self-disclosure". *Journal of Social and Personality Psychology,* 43, 524-31.
62. W. H. Jones, S. A. Hobbs & D. Hockenbury (1982): „Loneliness and social skill defects". *Journal of Personality and Social Psychology,* 42, 682-9.
63. C. Anderson, L. Horowitz & F. deSales (1983): „Attributional style of lonely and depressed people". *Journal of Personality and Social Psychology,* 45, 127-36.
64. W. Jones, C. Sansone & B. Helm (1983): „Loneliness and interpersonal judgements". *Personality and Social Psychology Bulletin,* 9, 437-41.
65. J. J. La Gaipa & H. D. Wood (1981): „Friendship in disturbed adolescents". In: S. Duck and R. Gilmour (eds.): *Personal Relationships 3. Personal Relationships in Disorder.* London: Academic Press.
66. M. Argyle and M. Henderson (1984): „The rules of friendship". *Journal of Social and Personal Relationships* 1, 211-37.
67. Argyle and Henderson: „The rules of friendship".

5 Liebe...

1. J. L. Freedman (1978): *Happy People.* New York & London: Harcourt Brace Jovanovich.
2. Z. Rubin (1970): „Measurement of romantic love". *Journal of Personality and Social Psychology,* 16, 265-73.
3. K. E. Davis & M. Todd (1982): „Friendship and love relations". *Advances in Descriptive Psychology,* 2, 79-122.
4. L. Steck, D. Levitan, D. McLane & H. Kelley (1982): „Care, need and conceptions of love". *Journal of Social and Personality Psychology,* 43, 481-91.
5. K. S. Pope *et al.* (1980): *On Love and Loving.* San Francisco: Jossey-Bass, p. 4.

6. E. Walster & G. W. Walster (1978): *A New Look at Love.* Reading, Mass.: Addison-Wesley.
7. Walster & Walster: *A New Look at Love.*
8. J. Traupmann & E. Hatfield (1981): „Love and its effects on mental and physical health". In: R. Fogel, E. Hatfield, S. Kiesler & E. Shanas (eds.): *Aging: Stability and Change in the Family.* New York: Academic Press.
9. W. M. Kephart (1967): „Some correlates of romantic love". *Journal of Marriage and the Family,* 29, 470-4.
10. E. J. Kanin, K. D. Davidson & S. R. Scheck (1970): „A research note on male-female differentials in the experience of heterosexual love". *Journal of Sex Research,* 6, 64-72.
11. MORI (1983): Survey. London: Market Opinion Research International.
12. J. P. Forgas & B. Dubosz (1980): „Dimensions of romantic involvement: towards a taxonomy of heterosexual relationships". *Social Psychology Quarterly,* 43, 290-300.
13. T. L. Huston et al. (1981): „From courtship to marriage: mate selection as an interpersonal process". In: S. Duck & R. Gilmour (eds.): *Personal Relationships 2. Developing Personal Relationships.* London: Academic Press.
14. Huston *et al.:* „From courtship to marriage ...".
15. Huston *et al.:* „From courtship to marriage ...".
16. C. H. Swenson (1972): „The behavior of love". In: H. A. Otto (ed.): *Love Today: A New Exploration.* New York: Association Press.
17. I. Reid (1978): *Social Class Differences in Britain.* 2. Aufl., London: McIntyre.
18. MORI (1979): Survey. London: Market Opinion Research International.
19. R. Jessor, F. Costa, L. Jessor & J. Donovan (1983): „Time of first intercourse: a prospective study". *Journal of Personality and Social Psychology,* 44, 608-26.
20. L. A. Peplau, Z. Rubin & C. T. Hill (1977): „Sexual intimacy in dating relationships". *Journal of Social Issues,* 33, 86-109.
21. H. B. Braiker & H. H. Kelley (1979): „Conflict in the development of close relationships". In: R. L. Burgess & T. L. Huston (eds.): *Social Exchange in Developing Relationships.* New York & London: Academic Press.
22. Braiker & Kelley: „Conflict in the development ...".
23. Huston *et al.:* „From courtship to marriage ...".
24. H. H. Kelley *et al.* (1983): *Close Relationships.* New York: Freeman.
25. R. A. Hinde (1979): *Towards Understanding Relationships.* London: Academic Press.
26. B. I. Murstein (1970): „Stimulus-Value-Role: a theory of marital choice". *Journal of Marriage and the Family,* 32, 465-81.

27. E. H. Walster *et al.* (1966): „Importance of physical attractiveness in dating behavior". *Journal of Personality and Social Psychology,* 4, 508-16.
28. E. Berscheid *et al.* (1971): „Physical attractiveness and dating choice: a test of the matching hypothesis". *Journal of Experimental Social Psychology,* 7, 173-89.
29. G. Wilson & D. Nias (1976): *Love's Mysteries: The Psychology of Sexual Attraction.* London: Open Books.
30. J. C. Touhey (1974): „Effects of dominance and competence on heterosexual attraction". *British Journal of Social and Clinical Psychology,* 13, 22-26.
31. R. Centers (1972): „The completion hypothesis and the compensatory dynamic in intersexual attraction and love". *Journal of Psychology,* 82, 111-126.
32. MORI (1983): Survey. London: Market Opinion Research International.
33. Huston *et al.:* „From courtship to marriage ...".
34. P. Bateson (1983): *Mate Choice.* Cambridge: Cambridge University Press.
35. Bateson: *Mate Choice.*
36. R. Fox (1967): *Kinship and Marriage.* Harmondsworth: Penguin.
37. M. R. Parks, C. M. Stan & L. L. Eggert (1982): „Romantic involvement and social network involvement". *Social Psychology Quarterly,* 43, 116-31.
38. J. Coleman (1963): *The Adolescent Society.* Glencoe, Ill.: Free Press.
39. E. E. Jones & C. Wortman (1973): *Ingratiation: An Attributional Approach.* Morristown, N.J.: General Learning Press.
40. H. Arkowitz *et al.* (1975): „The behavioral assessment of social competence in males". *Behavior Therapy,* 6, 3-13.
41. M. Cook & R. McHenry (1978): *Sexual Attraction.* Oxford: Pergamon.
42. H. T. Reis *et al.* (1982): „Physical attractiveness in social interaction. II Why does appearance affect social experience?". *Journal of Personality and Social Psychology,* 43, 979-96.
43. M. D. Newcomb (1981): „Heterosexual cohabitation relationships". In: S. Duck & R. Gilmour (eds.): *Personal Relationships 1. Studying Personal Relationships.* London: Academic Press, p. 163.
44. and 45. D. Ramprakash & J. Morris (1984): *Social Trends no. 14.* London: H.M.S.O.
46. Newcomb: „Heterosexual cohabitation relationships".
47. P. C. Rosenblatt & L. G. Budd (1975): „Territoriality and privacy in married and unmarried cohabiting couples". *Journal of Social Psychology,* 97, 67-76.
48. C. T. Hill, Z. Rubin & L. A. Peplau (1976): „Breakups before marriage: the end of 103 affairs". *Journal of social Issues,* 32, 147-68.

49. C. E. Rusbult (1980): „Commitment and satisfaction in romantic associations: a test of the investment model". *Journal of Experimental Social Psychology,* 16, 172-86.
50. J. D. Cunningham & J. K. Antill (1981): „Love in developing romantic relationship". In: Duck & Gilmour: *Personal Relationships,* Vol. 2.
51. Freedman: *Happy People.*
52. Walster & Walster: *A New Look at Love,* p. 73.
53. A. Brown & K. Kiernan (1981): „Cohabitation in Great Britain: Evidence from the General Household Survey". *Population Trends,* 25, 4-10.
54. Newcomb: „Heterosexual cohabitation relationships".
55. B. Thornes & J. Collard (1979): *Who Divorces?* London: Routledge & Kegan Paul.
56. P. Collett & R. Lamb (1984): Personal communication.
57. C. Kirkpatrick & T. Caplow (1945): „Courtship in a group of Minnesota students". *American Journal of Sociology,* 51, 114-25.
58. C. E. Rusbult, I. M. Zembrodt & L. K. Gunn (1982): „Exit, voice, loyalty and neglect: responses to dissatisfaction in romantic involvements". *Journal of Personality and Social Psychology,* 43, 1230-42.
59. L. A. Baxter (in press): „Strategies for ending relationships: two studies". *Western Journal of Speech Communication.*
60. D. Tennov (1973): „Sex differences in romantic love and depression among college students". *Proceedings of the American Psychological Association,* 8, 419-20.
61. Kirkpatrick & Caplow: „Courtship in a group ...".
62. Kephart: „Some correlates of romantic love".
63. Cunningham & Antill: „Love in developing ...".
64. Cunningham & Antill: „Love in developing ...".
65. Hill *et al.:* „Breakups before marriage ...".
66. Cunningham & Antill: „Love in developing ...".
67. Wilson & Nias: *Love's Mysteries.*
68. M. Schofield (1965): *The Sexual Behaviour of Young People.* London: Longman.
69. K. K. Dion & K. L. Dion (1975): „Self-esteem and romantic love". *Journal of Personality,* 43, 39-57.
70. J. Goody (1976): *Production and Reproduction.* Cambridge: Cambridge University Press.
71. W. J. Goode (1959): „The theoretical importance of love". *American Sociological Review,* 24, 38-47.
72. M. Guttentag & P. F. Secord (1983): *Too Many Women?* New York: Sage.
73. P. C. Rosenblatt & P. C. Cozby (1972): „Courtship patterns associated with freedom of choice of spouse". *Journal of Marriage and the Family,* 34, 689-95.

74. E. O. Wilson (1978): *On Human Nature.* Cambridge, Mass.: Harvard University Press.
75. Wilson & Nias: *Love's Mysteries,* p. 128.
76. E. Berscheid & E. Walster (1974): „A little bit of love". In: T. L. Huston (ed.): *Foundations of Interpersonal Attraction.* New York: Academic Press.
77. D. G. Dutton & A. P. Aron (1974): „Some evidence for heightened sexual attraction under conditions of high anxiety". *Journal of Personality and Social Psychology,* 30, 510-17.
78. Cook & McHenry: *Sexual Attraction.*
79. M. Hewstone, M. Argyle & A. Furnham (1982): „Favouritism, fairness and joint profit in long-term relationships". *European Journal of Social Psychology,* 12, 283-95.
80. C. Seligman, R. H. Fazio & M. P. Zanna (1980): „Effects of salience of extrinsic rewards on liking and loving". *Journal of Personality and Social Psychology,* 38, 453-60.
81. M. S. Davis (1973): *Intimate Relations.* New York: Free Press.
82. Cunningham & Antill: „Love in developing ...".

6 Ehe

1. *Social Trends* (1984): no 14, London: H.M.S.O.
2. MORI (1982): *A Woman's Place.* London: Market Opinion Research International.
3. *Social Trends.*
4. G. H. Elder (1974): *Children of the Great Depression.* University of Chicago Press.
5. J. P. Robinson (1977): *How Americans Use Time.* New York: Praeger.
6. A. Oakley (1974): *The Sociology of Housework.* London: Routledge & Kegan Paul.
7. S. Edgell (1980): *Middle-Class Couples.* London: Allen & Unwin.
8. J. Miller & H. H. Garrison (1982): „Sex roles: the division of labor at home and in the work-place". *Annual Review of Sociology,* 8, 237-62.
9. R. Centers, B. H. Raven & A. Rodrigues (1971): „Conjugal power structure: a re-examination". *American Sociological Review,* 36, 264-78.
10. Edgell: *Middle-Class Couples.*
11. J. Scanzoni (1979): „Social processes and power in families". In: W. R. Burr *et al.* (eds.): *Contemporary Theories about the Family,* vol. 1. London: Collier-Macmillan.
12. H. H. Keller *et al.* (1983): *Close Relationships.* New York: Freeman.
13. B. Gray-Little & N. Burks (1983): „Power and satisfaction in marriage: a review and critique". *Psychological Bulletin,* 93, 513-38.
14. E. J. Nettles & J. Loevinger (1983): „Sex role expectation and ego level in relation to problem marriages". *Journal of Personality and Social Psychology,* 45, 676-87.

15. R. M. Sabatelli, R. Buck & A. Dreyer (1982): „Non-verbal communication accuracy in married couples: relationship with marital complaints“. *Journal of Personality and Social Psychology,* 43, 1008-97.
16. P. Noller (1984): *Nonverbal Communication and Marital Interaction.* Oxford: Pergamon.
17. B. E. Vanfossen (1981): „Sex differences in the mental health effects of spouse support“. *Journal of Health and Social Behavior,* 22, 130-43.
18. L. Wheeler, H. Reis and J. Nezlek (1983): „Loneliness, social interaction, and social roles“. *Journal of Personality and Social Psychology,* 45, 943-53.
19. M. P. Johnson & L. Laird (1982): „Couple involvement and network structure: a test of the dyadic withdrawal hypothesis“. *Social Psychology Quarterly,* 45, 34-43.
20. C. Walker (1977): „Some variations in marital satisfaction“. In: R. Chester & J. Peel (eds.): *Equalities and Inequalities in Family Life.* London: Academic Press.
21. T. Lake (1967): *Relationships.* London: Joseph.
22. K. A. Polonko, J. Scanzoni & J. D. Teachman (1982): „Childlessness and marital satisfaction“. *Journal of Family Issues,* 3, 545-73.
23. Kelley *et al.: Close Relationships.*
24. R. Gilford & V. Bengtson (1979): „Measuring marital satisfaction in three generations: positive and negative dimensions“. *Journal of Marriage and the Family,* 41, 387-98.
25. *Social Trends,* no. 14.
26. C. Gibson (1974): „The association between divorce and social class in England and Wales“. *British Journal of Sociology,* 25, 79-93.
27. I. Reid (1981): *Social Class Differences in Britain.* 2. Aufl. London: McIntyre.
27a. J. Haskey (1983): „Social class patterns of marriage“. *Population Studies,* no. 34, 12-19.
28. H. Locksley (1982): „Social class and marital attitudes and behavior“. *Journal of Marriage and the Family,* 44, 427-40.
29. J. L. Hawkins, C. Weisberg & D. C. Ray (1977): „Marital communication style and social class“. *Journal of Marriage and the Family,* 39, 479-90.
30. Oakley: *The Sociology of Housework.*
31. A. Heath (1981): *Social Mobility.* London: Fontana. Reid: *Social Class Differences in Britain.*
32. J. Roth & R. F. Peck (1951): „Social class mobility and factors related to marital adjustment“. *American Sociological Review,* 16, 478-87.
33. J. E. O'Brien (1971): „Violence in divorce-rpone families“. *Journal of Marriage and the Family,* 33, 692-8.
34. B. Blood & M. Blood (1978): *Marriage.* 3. Aufl. London: Collier Macmillan.

35. O. D. Duncan, H. Schumann & B. Duncan (1973): *Social Change in Metropolitan Detroit: the 1950s to 1971.* New York: Sage.
35a. M. Argyle and A. Furnham (1982): „The ecology of relationships: choice of situation as a function of relationship". *British Journal of Personality and Social Psychology,* 21, 259-62.
36. Reid: *Social Class Differences in Britain.*
37. Blood & Blood: *Marriage.*
38. L. K. White (1983): „Determinants of spousal interaction: marital structure or marital happiness". *Journal of Marriage and the Family,* 45, 511-19.
39. H. J. Locke (1951): *Predicting Adjustment in Marriage.* New York: Holt, Rinehart & Winston.
40. B. Fletcher (1983): „Marital relationships as a cause of death: an analysis of occupational mortality and the hidden consequences of marriage — some U.K. data". *Human Relations,* 36, 123-34.
41. W. A. James (1983): „Decline in coital rates with spouses' ages and duration of marriage". *Journal of Biosocial Science,* 15, 83-7.
42. J. L. Freedman (1978): *Happy People.* New York & London: Harcourt Brace Jovanovich.
43. J. Udry, F. Deven & S. Coleman (1982): „A cross-national comparison of the relative influences of male and female age on the frequency of marital intercourse". *Journal of Biosocial Science,* 14, 1-6.
44. H. J. Eysenck (1983): *„I do": Your Guide to a Happy Marriage.* London: Century Publishing & Multimedia Publication.
45. D. P. J. Przybla & D. Byrne (1981): „Sexual relationships". In: S. Duck & R. Gilmour (eds.): *Personal Relationships 1. Studying Personal Relationships.* London: Academic Press.
46. N. Glenn & C. Weaver (1981): „The contribution of marital happiness to global happiness". *Journal of Marriage and the Family,* 43, 161-8.
47. M. Abrams (1973): „Subjective social indicators". *Social Trends,* no. 4, 35-50.
48. D. K. Snyder & J. M. Regts (1982): „Factor scales for assessing marital harmony and disaffection". *Journal of Consulting and Clinical Psychology,* 50, 736-43.
49. J. W. Howard & R. M. Dawes (1976): „Linear prediction of marital happiness". *Personality and Social Psychology Bulletin,* 2, 478-80.
50. J. Gottman: *Marital Interaction.* New York: Academic Press. D. K. Snyder (1979): „Multi-dimensional assessment of marital satisfaction". *Journal of Marriage and the Family,* 41, 813-23.
51. Abrams: „Subjective social indicators".
52. R. L. Burgess (1981): „Relationships in marriage and the family". In: Duck & Gilmour: *Personal Relationships 1. Studying Personal Relationships.*
53. Blood & Blood: *Marriage.*

54. M. Straus, R. Gelles & S. Steinmetz (1980): *Behind Closed Doors: Violence in the American Family.* New York: Doubleday.
55. R. Bluglass (1979): „The psychiatric assessment of homicide". *British Journal of Hospital Medicine,* 19, 366-77. D. Mulvihill, M. Tumin & L. Curtis (1969): „Crimes of violence: a staff report submitted to the National Commission on the causes and prevention of violence". U.S. Govt. Printing Office, Washington.
56. J. Wiggins (1983): „Family violence as a case of interpersonal aggression: a situational analysis". *Social Forces,* 62, 102-23.
57. M. Henderson (1984): „Personality and social skills in violent offenders". D. Phil. thesis, Oxford University.
58. Wiggins: „Family violence ...".
59. M. Argyle & A. Furnham (1983): „Sources of satisfaction and conflict in long-term relationships". *Journal of Marriage and the Family,* 45, 481-93.
60. From Opinion Research Centre Survey for *Woman* Magazine, 1978, published in Eysenck: „I do' ...".
61. Gottman: *Marital Interaction.*
62. Gilford & Bengtson: „Measuring marital satisfaction ...".
63. B. Braiker & H. H. Kelley (1979): „Conflict in the development of close relationships". In: R. L. Burgess & T. L. Huston (eds.): *Social Exchange in Developing Relationships.* New York: Academic Press.
64. R. M. Knudson, A. A. Sommers & S. L. Golding (1980): „Interpersonal perception and mode of resolution in martial conflict". *Journal of Personality and Social Psychology,* 38, 751-63.
65. F. D. Fincham & K. D. O'Leary (in press): „Causal inferences for spouse behavior in distressed and nondistressed couples." *Journal of Consulting and Clinical Psychology.*
66. Blood & Blood: *Marriage.*
67. A. M. Honoré (1978): *Sex Law.* London: Duckworth.
68. MORI: *A Woman's Place.*
69. C. B. Ford & F. A. Beach (1952): *Patterns of Social Behaviour.* London: Methuen.
70. M. Hunt (1974): *Sexual Behavior in the 1970s.* New York: Dell.
71. N. D. Glenn & C. N. Weaver (1979): „Attitudes towards premarital, extramarital, and homosexual relations in the U.S. in the 1970s". *The Journal of Sex Research,* 15, 108-118.
72. Glenn & Weaver (1979).
73. MORI (1980): Survey. London: Market Opinion Research International.
74. I. Reiss, R. Anderson & G. Spinangle (1980): „A multivariate model of the determinants of extramarital sexual permissiveness". *Journal of Marriage and the Family,* 42, 395-411.
75. Reiss *et al.* (1980).

76. Reiss *et al.* (1980).
77. R. Bell, S. Turner & L. Rosen (1975): „A multivariate analysis of female extramarital coitus". *Journal of Marriage and the Family,* 37, 375-84.
78. G. Gorer (1971): *Sex and Marriage in England Today.* London: Nelson.
79. J. H. Gagnon (1977): *Human Sexualities.* Glencoe, Ill.: Scott, Foresman & Co.
80. R. O. Blood (1967): *Love Match and Arranged Marriage.* New York: Free Press.
81. W. J. Goode (1963): *World Revolution and Family Patterns.* New York: Free Press.
82. G. D. Bartell (1971): *Group Sex: A Scientist's Eyewitness Report on the American Way of Swinging.* New York: Wyden.
83. Blood & Blood: *Marriage.*
84. M. D. Newcomb & P. M. Bentler (1981): „Marital breakdown". In: S. Duck & R. Gilmour (eds.): *Personal Relationships. 3. Personal Relationships in Disorder.* London: Academic Press.
85. R. Rapoport & R. N. Rapoport (1971): *Dual-Career Families.* Harmondsworth: Penguin Books.
86. R. C. Kessler & J. A. McRae (1982): „The effect of wives' employment on the mental health of married men and women". *American Sociological Review,* 47, 216-27.
87. S. Lewis & C. L. Cooper (1983): „The stress of combining occupational and parental roles: a review of the literature". *Bulletin of the British Psychological Society,* 36, 341-5.
88. R. D'Amico (1983): „Status maintenance or status competition? Wife's relative wages as a determinant of labor supply and marital instability". *Social Forces,* 61, 1186-1205.
89. F. Pepitone-Rockwell (ed.) (1980): *Dual Career Couples.* Beverly Hills: Sage.
90. J. Scanzoni (1980): „Contemporary marriage types". *Journal of Family Issues,* 1, 125-80.
91. M. S. Davis (1973): *Intimate Relations.* New York: Free Press.
92. R. H. Turner (1970): *Family Interaction.* New York: Wiley.

7 Scheidung

1. J. Haskey (1983): „Remarriage of the divorced in England and Wales — a contemporary phenomenon". *Journal of Bisocial Science,* 15, 253-71.
2. Adapted from: *Social Trends* (1981) and *Social Trends* (1982) London: H. M. S. O. and *The Economist:* „Who pays for no-fault divorce?" April, 1982.
3. R. Chester (ed.) (1977): *Divorce in Europe.* Leiden: Nijhoff.
4. Chester: *Divorce in Europe.*
5. Office of Population, Census and Surveys, *Monitor.*

6. MORI (1981): Survey. London: Market Opinion Research International.
7. G. Levinger (1966): „Sources of marital dissatisfaction among applicants for divorce“. *American Journal of Othopsychiatry,* 36, 803-7.
8. G. Birchler (1979): „Communication skills in married couples“. In: A. Bellack & M. Hersen (eds.): *Research and Practice in Social Skills Training.* Plenum.
9. R. Blood (1969): *Marriage.* New York: Free Press, 6-7.
10. J. Freedman (1978): *Happy People.* New York: Harcourt Brace Jovanovich.
11. C. Gibson (1974): „The association between divorce and social class in England and Wales“. *British Journal of Sociology,* 25, 79-93.
12. R. F. Winch (1971): *The Modern Family.* New York: Holt, Rinehart & Winston.
13. B. Thornes & J. Collard (1979): *Who Divorces?* London: Routledge & Kegan Paul.
14. G. C. Kitson & M. B. Sussman (1982): „Marital complaints, demographic characteristics, and symptoms of mental distress in divorce“. *Journal of Marriage and the Family,* 44, 87-101.
15. MORI (1982): Survey. London: Market Opinion Research International.
16. Kitson & Sussman: „Marital complaints . . .“.
17. G. Hagestad & M. Smyer (1982): „Dissolving long-term relationships: patterns of divorcing in middle age“. In: S. Duck (ed.): *Personal Relationships 4. Dissolving Personal Relationships.*
18. K. A. Moore & L. J. Waite (1981): „Marital dissolution, early motherhood and early marriage“. *Social Forces,* 60, 20-40.
19. J. Haskey (1983): „Marital status before marriage and age at marriage: their influence on the chance of divorce“. *Population Trends,* 32, 4-14.
20. *Social Trends* no. 14.
21. Chester: *Divorce in Europe.*
22. Thornes & Collard: *Who Divorces?*
23. Kitson & Sussman: „Marital complaints . . .“.
24. J. Dominian (1981): „Major factors which contribute to marital breakdown“. Paper presented at Long-Term Relationships Conference, Oxford.
25. Thornes & Collard: *Who Divorces?*
26. Thornes & Collard: *Who Divorces?*
27. Thornes & Collard: *Who Divorces?*
28. Chester: *Divorce in Europe.*
29. M. Argyle & B. Beit-Hallahmi (1975): *The Social Psychology of Religion.* London: Routledge & Kegan Paul.
30. Kitson & Sussman: „Marital complaints . . .“.

31. M. D. Newcomb & P. M. Bentler (1981): „Marital breakdown". In: S. Duck & R. Gilmour (eds.): *Personal Relationship 3. Personal Relationships in Disorder.* J. Dominian (1968): *Marital Breakdown.* Harmondsworth: Penguin Books.
32. J. R. Udry (1981): „Marital alternatives and marital disruption". *Journal of Marriage and the Family,* 43, 889-97.
33. N. Hart (1976): *When Marriage Ends.* London: Tavistock.
34. Hart: *When Marriage Ends.*
35. M. Rands (1980): „Social Networks before and after marital separation: a study of recently divorced persons". Phil. D. thesis, University of Massachusetts.
36. G. C. Kitson (1982): „Attachment to the spouse in divorce". *Journal of Marriage and the Family,* 44, 379-91.
37. Newcomb & Bentler: „Marital breakdown", p. 81.
38. R. R. Rindfuss & L. L. Bumpass (1977): „Fertility during marital disruption". *Journal of Marriage and the Family,* 39, 517-28.
39. J. H. Harvey *et al.* (1982): „An attributional approach to relationship breakdown". In: Duck: *Personal Relationships 4. Dissolving Personal Relationships.*
40. Hart: *When Marriage Ends.*
41. G. B. Spannier & F. F. Furstenberg (1982): „Remarriage after divorce: a longitudinal analysis of well-being". *Journal of Marriage and the Family,* 44, 709-20.
42. J. Haskey (1983): „Children of divorcing couples". *Population Trends,* 31, 20-6.
43. F. Furstenberg, J. Peterson, C. Windquist-Nord & N. Zill (1983): „The lifecourse of children of divorce: Marital disruption and parental contact". *American Sociological Review,* 48, 656-68.
44. F. Nye (1957): „Child adjustment in broken and unhappy unbroken homes". *Marriage and Family Living,* 19, 356-61.
45. R. E. Emery (1982): „Interparental conflict and the children of discord and divorce". *Psychological Bulletin,* 92, 310-30.
46. E. M. Hetherington, M. Cox & R. Cox (1977): „The aftermath of divorce". In: J. H. Stevens & M. Mathew (eds.): *Mother-Child, Father-Child Relations.* Washington: National Association for the Education of Young Children.
47. M. Rutter (1972): *Maternal Deprivation.* Harmondsworth: Penguin.
48. J. Pardeck & E. Izikoff (1983): „A comparative study of the self concepts of adolescents from intact and unintact families". *Personality and Individual Differences,* 4, 551-3.
49. Newcomb & Bentler: „Marital breakdown".
50. N. D. Colletta (1979): „Support systems after divorce: incidence and impact". *Journal of Marriage and the Family,* 41, 837-46. B. Wilcox (1981): „Social support in adjusting to marital disruption: A network

analysis". In: B. Gottlieb (ed.): *Social Networks and Social Support:* Beverly Hills: Sage.
51. H. J. Rashke (1977): „The role of social participation in postseparation and postdivorce adjustment". *Journal of Divorce,* 1, 129-40.
52. Wilcox: „Social support in adjusting . . .".
52a. M. Henderson and M. Argyle (in press): „Source and nature of Social Support given to women at divorce/separation". *British Journal of Social Work.*
53. Hagestad & Smyer: „Dissolving long-term relationships . . .".
54. Hagestad & Smyer: „Dissolving long-term relationships . . .".
55. J. C. Meyers (1976): „The adjustment of women to marital separation: the effects of sex-role identification and stage in family life". Unpublished MS, University of Colorado, cited by B. L. Bloom, S. R. Asher & S. W. White (1978): „Marital disruption as a stressor". *Psychological Bulletin,* 85, 867-94.
56. S. W. White & S. R. Asher (1976): „Separation and divorce: a study of the male perspective". Unpublished MS, University of Colorado, cited by Bloom *et al.:* „Marital disruption . . .".
57. Hetherington *et al.:* „The aftermath of divorce".
58. Spannier & Furstenberg: „Remarriage after divorce . . .".
59. Adapted from *The Economist:* „Who pays for no-fault divorce?". April 1982.
60. Haskey: „Remarriage of the divorced . . .".
61. R. Blood & M. Blood (1978): *Marriage.* 3. Aufl. New York: Free Press.
62. Haskey: „Remarriage of the divorced . . .".
63. Blood & Blood: *Marriage.*
64. N. Glenn & C. Weaver (1977): „The marital happiness of remarried divorced persons". *Journal of Marriage and the Family,* 39, 331-7.
65. Blood & Blood: *Marriage.*
66. Blood & Blood: *Marriage.*
67. Haskey: „Marital status before marriage . . .".
68. K. S. Renne (1970): „Correlates of dissatisfaction with marriage". *Journal of Marriage and the Family,* 32, 54-67.
69. R. Chester (1983): „Relationships with step-children". Seminar at Oxford.
70. D. E. Anspach (1976): „Kinship and divorce". *Journal of Marriage and the Family,* 38, 323-30.
71. Winch: *The Modern Family.*
72. Chester: *Divorce in Europe 2,* p. 314.

8 Eltern und Kinder

1. J. W. M. Whiting & I. L. Child (1953): *Child Training and Personality.* New Haven: Yale University Press.

2. I. Reid (1981): *Social Class Difference in Britain.* 2. Aufl. London: McIntyre.
3. D. Ramprakash & J. Morris (1984): *Social Trends* no. 14. London: H. M. S. O.
4. J. Newson & E. Newson (1963): *Infant Care in an Urban Community.* J. Newson & E. Newson (1968): *Four Years Old in an Urban Community.* J. Newson & E. Newson (1976): *Seven Years Old in the Home Environment.* London: Allen & Unwin.
5. L. W. Hoffman & J. D. Manis (1982): „The value of children in the United States". In: F. I. Nye (ed.): *Family Relationships.* Beverly Hills: Sage.
6. F. E. Kobrin & G. E. Hendershot (1977): „Do family ties reduce mortality?" Evidence from the United States 1966-1968. *Journal of Marriage and the Family,* 39, 737-45.
7. J. Orford (1980): „The domestic context". In: P. Feldman & J. Orford (eds.): *Psychological Problems.* Chichester: Wiley.
8. G. W. Brown & T. Harris (1978): *Social Origins of Depressions.* London: Tavistock.
9. Newson & Newson: *Infant Care.* Newson & Newson: *Four Years Old.* Newson & Newson: *Seven Years Old.*
10. *F. I. Nye (1982): „A theoretical perspective on running away". In: F. I. Nye (ed.): Family Relationships.* Beverly Hills: Sage.
11. J. Freedman (1978): *Happy People.* New York: Harcourt Brace Jovanovich.
12. H. R. Schaffer & P. E. Emerson (1964): „The development of social attachments in infancy". *Monographs in Social Research and Child Development,* 29, no. 3.
13. M. D. S. Ainsworth (1982): „Attachment, retrospect and prospect". In: C. M. Parkes & J. Stevenson-Hinde (eds.): *The Place of Attachment in Human Behaviour.* London: Tavistock.
14. R. Parke & S. Asher (1983): „Social and personality development". *Annual Review of Psychology,* 34, 465-509.
15. M. E. Lamb *et al.* (1981): *The Role of the Father in Child Development.* New York: Wiley.
16. M. Main & D. Weston (1981): „The quality of the toddler's relationship to mother and to father: related to conflict behavior and the readiness to establish new relationships". *Child Development,* 52, 932-40.
17. Freedman: *Happy People.*
18. J. Block, J. Block & A. Morrison (1981): „Parental agreement — disagreement on child-rearing orientations and gender-related personality correlates in children". *Child Development,* 52, 965-74.
19. J. Money, J. G. Hampson & J. L. Hampson (1957): „Imprinting and the establishment of gender role". *Archives of Neurology and Psychiatry,* 77, 333-6.

20. H. A. Moss (1967): „Sex, age and state as determinants of mother-infant interaction". *Merrill-Palmer Quarterly,* 13, 19-36.
21. H. Barry, M. K. Bacon & I.L. Child (1957): „A cross-cultural survey of some sex differences in socialization". *Journal of Abnormal and Social Psychology,* 55, 327-32.
22. R. Brown (1965): *Social Psychology.* New York: Free Press, p. 161.
23. Newson & Newson: *Seven Years Old.*
24. E. C. Devereux (1970): „Socialization in cross-cultural perspective: comparative study of England, Germany and the United States". In: R. Hill & R. König (eds.): *Families in East and West.* Paris & The Hague: Mouton.
25. J. W. M. Whiting, R. Kluckhohn & A. Anthony (1958): „The function of male initiation ceremonies at puberty". In: E. E. Maccoby, T. M. Newcomb & E. L. Hartley (eds.): *Reading in Social Psychology.* 3. Aufl. New York: Holt, Rinehart & Winston.
26. E. M. Hetherington (1965): „A developmental study of the effects of sex of the dominant parent on sex-role preference, identification, and imitation in children". *Journal of Personality and Social Psychology,* 2, 188-94.
27. F. F. Schachter (1982): „Sibling deidentification and split-parent identification". In: M. E. Lamb & B. Sutton-Smith (eds.): *Sibling Relationships.* Hillsdale, N.J.: Erlbaum.
28. N. Beail (1983): „The psychology of fatherhood". *Bulletin of the British Psychological Society,* 36, 312-14.
29. Schaffer & Emerson: „The development of social attachments ...".
30. MORI (1982): Survey. London: Market Opinion Research International.
31. Lamb *et al.: The Role of the Father.*
32. Newson & Newson: *Seven Years Old.*
33. J. J. Conger (1973): *Adolescence and Youth.* New York: Harper & Row.
34. S. Crockenberger (1982): „Infant irritability, mother responsiveness, and social support influences on the security of infant-mother attachment". *Child Development,* 52, 857-65.
35. S. Salzinger, S. Kaplan & C. Artemyeff (1983): „Mother's personal social networks and child maltreatment". *Journal of Abnormal Psychology,* 92, 68-76.
36. D. Pilling & M. K. Pringle (1978): *Controversial Issues in Child Development.* London: Elek.
37. L. W. Hoffman (1974): „Effects of maternal employment on the child — a review of research". *Development Psychology,* 10, 204-28.
38. Conger: *Adolescence and Youth.*
39. J. C. Coleman (1974): *Relationships in Adolescence.* London: Routledge & Kegan Paul.
40. Coleman: *Relationships in Adolescence.*

41. D. B. Kandel (1983): „On processes of peer influences in adolescence". In: R. K. Silbereisen (ed.): *Perspectives on Youth Development.* Berlin: Springer.
42. U. Bronfenbrenner (1974): „Children, families and social policy: an American perspective". In: *The Family in Society, Dimensions of Parenthood.* London: H. M. S. O., 161-2.
43. G. H. Elder (1968): *Adolescent Socialization and Personality Development.* Chicago: Rand McNally.
44. Newson & Newson: *Four Years Old.* Newson & Newson: *Seven Years Old.*
45. J. H. Plumb (1975): „The new world of children in eighteenth century England". *Past and Present,* 67, 64-95.
46. M. E. Wood (1977): „Changing social attitudes to childhood". In: R. Chester & J. Peel (eds.): *Equalities and Inequalities in Family Life.* London: Academic Press.
47. R. Rapoport, R. N. Rapoport, Z. Strelitz & S. Kew (1977): *Fathers, Mothers and Others.* London: Routledge & Kegan Paul.
48. Devereux: „Socialization in cross-cultural . . .".
49. E. Zigler & I. L. Child (1968): „Socialization". In: G. Lindzey & E. Aronson (eds.): *The Handbook of Social Psychology.* 2. Aufl., vol. 3. Reading, Mass.: Addison-Wesley.
50. D. C. McClelland (1961): *The Achieving Society.* Princeton: Van Nostrand.
51. Barry *et al.:* „A cross-cultural survey . . .". H. Barry, I. L. Child & M. K. Bacon (1959): „Relation of child training to subsistence economy". *American Anthropologist,* 61, 51-63.
52. J. Levin (1982): *Grant and Levin: Family Law.* London: Sweet & Maxwell.
53. S. Glueck & E. T. Glueck (1950): *Unraveling Juvenile Delinquency.* Cambridge, MA: Harvard University Press.
54. R. Loeber & T. Dishion (1983): „Early predictors of male delinquency: a review". *Psychological Bulletin,* 94.
55. M. L. Hoffman (1970): „Moral development". In: P. H. Mussen (ed.): *Carmichael's Handbook of Child Psychology.* 3. Aufl., vol 2. New York: Wiley.
56. T. Smith (1983): „Adolescent reactions to attempted parental control and influence techniques". *Journal of Marriage and the Family,* 45, 533-42.
57. G. H. Elder (1962): „Structural variations in the child rearing relationship". *Sociometry,* 25, 241-62. G. H. Elder (1963): „Parental power legitimation and its effects on the adolescent". *Sociometry,* 26, 50-65.
58. Elder: „Structural variations . . .". Elder: „Parental power . . .".
59. J. Riskin & E. E. Faunce (1976) (1970): „III Discussion of methodology and substantive findings". *Archives of General Psychiatry,* 22, 527-37.

9 Verwandte

1. R. Firth, J. Hubert & A. Forge (1969): *Families and Their Relatives.* London: Routledge & Kegan Paul, p. 108.
2. E. Shanas, P. Townsend *et al.* (1968): *Old People in Three Industrial Societies.* New York: Atherton.
3. B. Wellman (1979): „The community question: The intimate networks of East Yorkers". *American Journal of Sociology,* 84, 1201-31.
4. Shanas *et al.: Old People.*
5. Firth *et al.: Families and Their Relatives.*
6. B. N. Adams (1968): *Kinship in an Urban Setting.* Chicago: Markham.
7. R. Hill *et al.* (1970): *Family Development in Three Generations.* Cambridge, Mass.: Schenkman.
8. Firth *et al.: Families and Their Relatives.*
9. B. Soldo (1980): „The dependency squeeze on middleaged women". Paper presented at meeting of the Secretary to Advisory Committee on Rights and Responsibilities of Women; US Dept. Health and Human Services.
10. Hill *et al.:* Family Development.
11. G. K. Leigh (1982): „Kinship interaction over the family life span". *Journal of Marriage and the Family,* 44, 197-208.
12. Adams: *Kinship in an Urban Setting.*
13. Adams: *Kinship in an Urban Setting.*
14. L. Fischer (1983): „Mothers and mothers-in-law". *Journal of Marriage and the Family,* 45, 187-92.
15. Adams: *Kinship in an Urban Setting.*
16. Firth *et al.: Families and Their Relatives.*
17. A. Lang & E. Brody (1983): „Characteristics of middleaged daughters and help to their elderly mothers". *Journal of Marriage and the Family,* 45, 193-202.
18. Lang & Brody: „Characteristics of middleaged daughters . . .".
19. Hill *et al.: Family Development.*
20. T. Caplow (1981): „Christmas gifts and kin networks". *American Sociological Review,* 47, 383-92.
21. Firth *et al.: Families and Their Relatives.*
22. Firth *et al.: Families and Their Relatives.*
23. P. Willmott & M. Young (1960): *Family and Class in a London Suburb.* London: Routledge & Kegan Paul.
24. Willmott & Young: *Family and Class.*
25. M. Komarovsky (1964): *Blue Collar Marriage.* New York: Random House.
26. Willmott & Young: *Family and Class.*
27. Adams: *Kinship in an Urban Setting.*
28. Leigh: „Kinship interaction . . .".

29. G. Baruch & R. Barnett (1983): „Adult daughter's relationships with their mothers". *Journal of Marriage and the Family,* 45, 601-12.
30. Adams: *Kinship in an Urban Setting.*
31. H. G. Ross & J. L. Milgram (1982): „Important variables in adult sibling relationships: a quantitative study". In: M. E. Lamb and B. Sutton-Smith (eds.): *Sibling Relationships.* Hillsdale, N.J.: Erlbaum.
32. D. D. Clarke and C. M. B. Allen (unpublished): „The effects of different types of residential accommodation on individuals' numbers and types of friendships: an exploratory study". Department of Experimental Psychology, Oxford University.
33. Clarke and Allen: „The effects of different types ...".
34. Ross & Milgram: „Important variables ...".
35. J. Dunn & C. Kendrick (1982): *Siblings: Love, Envy and Understanding.* London: Grant McIntyre.
36. Ross & Milgram: „Important variables ...".
37. F. F. Schachter (1982): „Sibling deidentification and split-parent identification: A family tetrad". In: Lamb & Sutton-Smith, *Sibling Relationships.*
38. W. Ickes & M. Turner (1983): „On the social advantages of having an older, opposite-sex sibling: birth order influences in mixed-sex dyads". *Journal of Personality and Social Psychology,* 45, 210-12.
39. H. Kivnick (1983): „Dimensions of grandparenthood meaning: deductive conceptualization to empirical derivation". *Journal of Personality and Social Psychology,* 44, 1056-68.
40. B. L. Neugarten & K. K. Weinstein (1964): „The changing American grandparent". *Journal of Marriage and the Family,* 26, 199-204.
41. V. Wood & J. F. Robertson (1976): „The significant grandparenthood". In: J. F. Gubrium (ed.): *Time, Roles and Self in Old Age.* New York: Human Science Press.
42. Adams: *Kinship in an Urban Setting.*
43. L. E. Troll, S. J. Miller & R. C. Atchley (1979): *Families in Later Life.* Belmont, Cal.: Wadsworth.
44. Fischer: „Mothers and mothers-in-law".
45. Fischer: „Mothers and mothers-in-law".
46. Shanas *et al.*: *Old People.*
47. M. F. Nimkoff & R. Middleton (1960): „Types of family and types of economy". *American Journal of Sociology,* 66, 215-25.
48. W. J. Goode (1963): *World Revolution and Family Patterns.* Glencoe, Ill.: Free Press.
49. C. L. Johnson (1982): „Sibling solidarity: its origin and functioning in Italian-American families". *Journal of Marriage and the Family,* 44, 155-67.
50. R. O. Blood (1972): *The Family.* London: Collier-Macmillan.
51. T. S. Weisner (1982): „Sibling interdependence and child caretaking: cross-cultural view". In: Lamb & Sutton-Smith: *Sibling Relationships.*

10 Arbeitsbeziehungen

1. T. Keon & B. McDonald (1982): „Job satisfaction and life satisfaction: an empirical evaluation of their interrelationships". *Human Factors,* 35, 167-80.
2. R. Cohen (1984): „Laypersons' conceptions of social relationships: A test of contract theory". *Journal of Social and Personal Relationships* (in press).
3. S. Cohen & G. McKay (1984): „Social support, stress and the buffering hypothesis: an empirical and theoretical analysis". In: A. Baum, J. E. Singer & S. E. Taylor (eds.): *Handbook of Psychology and Health,* vol. 4. Hillsdale, N.J.: Erlbaum.
4. M. J. Kelly (1982): „Stress among blue-collar workers". In: A. Kakabadse (ed.): *People and Organisations.* Aldershot: Gower.
5. J. Marshall & C. L. Cooper (1979): *Executives under Stress.* London: Macmillan.
6. J. H. Goldthorpe, D. Lockwood, F. Bechhofer & J. Platt (1968): *The Affluent Worker.* Cambridge: Cambridge University Press.
7. M. Wish, M. Deutsch & S. J. Kaplan (1976): „Perceived dimensions of interpersonal relations". *Sociometry,* 40, 234-46.
8. F. C. Mann & H. J. Baumgartel (1953): *Absences and Employee Attitudes in an Electric Power Company.* Ann Arbor, MI: Institute for Social Research.
9. R. Stewart (1967): *Managers and Their Jobs.* London: Macmillan.
10. Stewart: *Managers and Their Jobs.*
11. H. Mintzburg (1973): *The Nature of Managerial Work.* New York: Harper & Row.
12. Stewart: *Managers and Their Jobs.*
13. G. Homans (1950): *The Human Group.* London: Routledge & Kegan Paul.
14. F. J. Roethlisberger & W. J. Dickson (1939): *Management and the Worker.* Cambridge, Mass.: Harvard University Press.
15. Roethlisberger & Dickson: *Management and the Worker.*
16. J. Hage, M. Aiken & C. B. Marrett (1971): „Organization structure and communication". *American Sociological Review,* 36, 860-71.
17. P. Warr & G. Parry (1982): „Paid employment and women's psychological well-being". *Psychological Bulletin,* 91, 478-516.
18. C. Cooper & M. Davidson (1982): *High Pressure: Working Lives of Women Managers.* London: Fontana.
19. G. Forgionne & V. Peeters (1982): „Differences in job motivation and satisfaction among female and male managers". *Human Relations,* 35, 101-18.
20. Cooper & Davidson: *High Pressure.*

20a. K. Janman (in press): „Gender dependency of occupational deviance and role overload as Determinants of fear of Success". *European Journal of Social Psychology.*

21. G. Popp & W. Muhs (1982): „Fear of success and women employees“. *Human Relations,* 35, 511-19.
22. W. S. Neff (1968): *Work and Human Behavior.* New York: Atherton.
23. Mintzburg: *The Nature of Managerial Work.*
24. Mintzburg: *The Nature of Managerial Work.*
25. P. McGill (1983): „Why Japan sends Samuri managers to a training hell“. *The Observer,* 19 June, p. 15.
26. L. Mann (1980): „Cross-cultural studies of small groups“. In: H. Triandis (ed.): *Handbook of Cross-cultural Psychology,* vol. 5, Reading, Mass.: Addison-Wesley.
27. P. Blumberg (1968): *Industrial Democracy: The Sociology of Participation.* London: Constable.
28. M. Argyle (1972): *The Social Psychology of Work.* Harmondsworth: Penguin.
29. D. F. Roy (1959): „Banana time: job satisfaction and informal interaction“. *Human Organization,* 18, 158-68.
30. C. Sofer (1970): *Men in Mid-Career.* Cambridge University Press.
31. J. H. Goldthorpe *et al.: The Affluent Worker.*
31a. M. Henderson and M. Argyle (in press): „Social support by four categories of work colleagues: relationship, between activities, stress and satisfaction“. *Journal of Occupational Behaviour.*
32. J. K. Chadwick-Jones (1976): *Social Exchange Theory.* New York & London: Academic Press.
33. K. Thurley & H. Wirdenius (1973): *Supervision: a Reappraisal.* London: Heinemann.
34. Mintzburg: *The Nature of Managerial Work.*
35. Sofer: *Men in Mid-Career.*
36. E. A. Fleishman & E. F. Harris (1962): „Patterns of leadership behavior related to employee grievance and turnover“. *Personnel Psychology,* 15, 43-56.
37. E. Kaplan & E. Cowen (1981): „Interpersonal helping behavior of industrial foremen“. *Journal of Applied Psychology,* 66, 633-8.
38. R. D. Caplan *et al.* (1975): *Job Demands and Worker Health.* US Dept. of Health, Education and Welfare.
39. E. A. Fleishman, E. F. Harris & H. E. Burtt (1955): *Leadership and Supervision in Industry.* Columbus, Ohio: Ohio State University, Bureau of Education Research.
40. R. M. Cyert & J. G. March (1963): *A Behavioral Theory of the Firm.* Englewood Cliffs, N.J.: Prentice-Hall.
41. A. Kornhauser (1965): *Mental Health of the Industrial Worker.* New York: Wiley.
42. R. L. Kahn, D. M. Wolfe, R. P. Quinn & H. D. Snoek (1964): *Organizational Stress.* New York: Wiley.
43. J. Turner & H. Giles (1981): *Intergroup Behaviour.* Oxford: Blackwell.

44. F. C. Ile (1964): *How Nations Negotiate.* New York: Harper & Row.
45. N. Rackham & J. Carlisle (1978, 1979): „The effective negotiator". *Journal of European Industrial Training,* 2, no. 6, 6-11, & no. 7, 2-5.
46. B. Rosenshine (1971): *Teaching Behaviours and Student Achievement.* Slough: NFER.
47. P. Marsh, E. Rosser & R. Harré (1978): *The Rules of Disorder.* London: Routledge & Kegan Paul.
47a. M. Henderson and M. Argyle (1984): „Endorsed and applied rules of relationships reported by teachers". *Oxford Review of Education,* 10, 193-202.
48. J. M. F. Jaspers & D. Pendleton (1983): „The consultation: a social psychological analysis". In: D. Pendleton & J. Hasler (eds.): *Doctor-Patient Communication.* London: Academic Press.

11 Nachbarn

1. MORI (1982): *Neighbours and Loneliness.* London: Market Opinion Research International.
2. T. R. Lee (1968): „Urban neighbourhood as a socio-spatial schema". *Human Relations,* 21, 241-67.
3. M. Young & P. Willmott (1957): *Family and Kinship in East London.* London: Routledge & Kegan Paul.
4. R. G. Barker & P. Schoggen (1973): *Qualities of Community Life.* San Francisco: Jossey-Bass.
5. E. O. Laumann (1973): *The Bonds of Pluralism.* New York: Wiley.
6. B. Wellman (1979): „The community question: the intimate networks of East Yorkers". *American Journal of Sociology,* 84, 1201-31.
7. C. S. Fischer (1977): *Networks and Places.* New York: Free Press.
8. MORI: *Neighbours and Loneliness.*
9. W. M. Williams (1963): *A West Country Village, Ashworthy.* London: Routledge & Kegan Paul.
10. M. Killilea (1975): „Mutual help systems: interpretations in the literature". In: G. Caplan & M. Killilea (eds.): *Support Systems and Mutual Help.* New York: Grune & Stratton.
11. B. H. Gottlieb (ed.) (1981): *Social Networks and Social Support.* Beverly Hills: Sage.
12. M. Young & P. Willmott (1973): *The Symmetrical Family.* London: Routledge & Kegan Paul.
13. H. E. Bracey (1964): *Neighbours.* London: Routledge & Kegan Paul.
14. *Social Trends* (1982): vol. 12, Central Statistical Office; London: H.M.S.O.
15. MORI: *Neighbours and Loneliness.*
16. W. L. Warner (1963): *Yankee City.* New Haven & London: Yale University Press.
17. N. Lin, R. S. Simeone, W. M. Ensel & W. Kuo (1979): „Social sup-

port, stressful life events and illness: a model and an empirical test". *Journal of Health and Social Behavior,* 20, 108-19.
18. S. Chown (1981): „Friendship in old age". In: S. Duck & R. Gilmour (eds.): *Personal Relationships. 2. Developing Personal Relationships.* London: Academic Press.
19. L. Festinger, S. Schachter & K. W. Back (1950): *Social Pressures in informal Groups.* New York: Harper.
20. J. M. Mogey (1956): *Family and Neighbourhood.* Oxford: Oxford University Press.
21. J. M. Zito (1974): „Anonymity and neighbouring in an urban, high-rise complex". *Urban Life and Culture,* 3, 243-63.
22. A. Baum & S. Valins (1979): „Architectural mediation of residential density and control: crowding and the regulation of social contact". *Advances in Experimental Social Psychology,* 12, 131-75.
23. O. Newman (1972): *Defensible Space.* New York: Macmillan.
24. P. Mullins & J. H. Robb (1977): „Residents' assessment of a New Zealand public-housing scheme". *Environment and Behavior* 9, 573-624.
25. B. Crabbe & K. M. Alexander (1980): „Social contact and dwelling types". In: R. Thorne & S. Arden (eds.): *People and the Man Made Environment.* Sydney: Sydney University Architecture Dept.
26. H. Newby (1980): „Urbanization and the rural class structure: reflections on a case study". In: F. H. Buttel & H. Newby (eds.): *The Rural Sociology of the Advanced Societies.* London: Croom Helm.
27. C. S. Fischer (1976): *The Urban Experience.* New York: Harcourt Brace Jovanovich.
28. Fischer: *The Urban Experience.*
29. Young & Willmott: *Family and Kinship.*
30. M. Fried & P. Gleicher (1961): „Some sources of residential satisfaction in an urban slum". *Journal of the American Institute of Planners,* 27.
31. M. Stacey (1960): *Tradition and Change.* Oxford: Oxford University Press.
32. Young & Willmott: *The Symmetrical Family.*
33. Bracey: *Neighbours.*
34. Barker & Schoggen: *Qualities of Community Life.*

12 Training und Therapie

1. M. Argyle (1983): *The Psychology of Interpersonal Behaviour.* 4. Aufl. Harmondsworth: Penguin Books.
2. W. Jones, R. Hansson & C. Cutrona (1984): „Helping the lonely: issues of intervention with younger and older adults". In: S. Duck (ed.): *Personal Relationships 5. Repairing Personal Relationships.* London: Academic Press.
3. M. L. Smith & G. V. Glass (1977): „Meta-analysis of psychotherapy outcome studies". *American Psychologist,* 32, 752-60.

4. M. Argyle (1981): „The contribution of social interaction research to social skills training". In: J. D. Wine & M. D. Smye (eds.): *Social Competence.* New York: Guilford Press.
5. S. O'Dell, W. Krug, J. O'Quin & M. Kasnetz (1980): „Media-assisted parent training — a further analysis". *Behavior Therapist,* 3, 19-21.
6. W. Jones, S. Hobbs & D. Hockenbury (1982): „Loneliness and social skill deficits". *Journal of Personality and Social Psychology,* 42, 682-9. C. Gallup (1980): „A study to determine the effectiveness of a social skills training program in reducing the perceived loneliness of social isolation". *Dissertation Abstracts International,* 41, 3424.
7. D. Pendleton & J. Hasler (eds.) (1983): *Doctor-Patient Communication.* London: Academic Press.
8. M. J. Dunkin & B. J. Biddle (1974): *The Study of Teaching.* New York: Holt, Rinehart & Winston.
9. A. Goldstein (1981): *Psychological Skill Training: The Structured Learning Technique.* New York: Pergamon.
10. J. Broderick, J. Friedman & E. Carr (1981): „Negotiating and contracting". In: A. Goldstein, E. Carr, W. Davidson & P. Wehr (eds.): *In Response to Aggression: Methods of Control and Prosocial Alternatives.* New York: Pergamon.
11. Home Office (1979): *Marriage Matters.* London: HMSO.
12. J. Brannen & J. Collard (1982): *Marriage in Trouble.* London: Tavistock.
13. F. D. Fincham (1983): „Clinical applications of attribution theory: problems and prospects". In: M. Hewstone (ed.): *Attribution Theory: Social and Functional Extensions.* Oxford: Blackwell.
14. H. Eysenck (1983): *„I Do": Your Guide to a Happy Marriage.* London: Century Publishing and Multimedia Publication.
15. N. S. Jacobson & G. Margolin (1979): *Marital Therapy.* New York: Brunner/Mazel. G. Birchler (1979): „Communication skills in married couples". In: A. Bellack & M. Hersen (eds.): *Research and Practice in Social Skills Training.* New York: Plenum.
16. Broderick *et al.:* „Negotiating and contracting".
17. N. S. Jacobson (1977): „Behavioral treatments for marital discord: a critical appraisal". *Progress in Behavior Modification,* 8, 169-205.
18. H. Hahlweg, D. Revenstorf & L. Schindler (1982): „Treatment of marital distress: comparing formats and modalities". *Advances in Behavior Research and Therapy,* 4, 57-74.
19. A. S. Gurman & D. P. Kniskern (1978): „Research on marital and family therapy: progress, perspective and prospect". In: S. L. Garfield & A. E. Bergin (eds.): *Handbook of Psychotherapy and Behavior Change.* New York: Wiley.
20. H. J. Markman & D. Floyd (1980): „Possibilities for the prevention of marital distress: a behavioral perspective". *American Journal of Family Therapy,* 8, 29-48.

21. H. A. Otto (ed.) (1976): *Marriage and Family Enrichment, New Perspectives and Programs.* Nashville, Tenn.: Parthenon Press.
22. D. H. Olson (1975): „A critical overview". In: A. S. Gurman and D. G. Rice (eds.): *New Directions in Marital Therapy.* New York: Jason Aronson.
23. S. Cobb & S. Jones (1984): „Social support, support groups and marital relationships". In: S. Duck (ed.): *Personal Relationships 5.*
24. R. Butler & M. Lewis (1982): *Aging and Mental Health: Positive Psychosocial and Biomedical Approaches.* St. Louis, MO: C. V. Mosby.
25. R. D. Glasgow & G. M. Rosen (1978): „Behavioral bibliotherapy: a review of self-help behavior therapy manuals". *Psychological Bulletin,* 85, 1-23.
26. H. H. Jennings (1950): *Leadership and Isolation.* New York: Longmans Green.
27. Argyle: *The Psychology of Interpersonal Behavior.*
28. M. Argyle (1975): *Bodily Communication.* London: Methuen.
29. P. Noller (1980): „Misunderstanding in marital communication: a study of couples' nonverbal communication". *Journal of Personality and Social Psychology,* 39, 1135-48.
30. J. M. Gottman (1979): *Marital Interaction.* New York: Academic Press.
31. D. Clarke & M. Argyle (1982): „Conversation sequences". In: C. Fraser & K. Scherer (eds.): *Advances in the Social Psychology of Language.* Cambridge: Cambridge University Press.
32. M. Argyle (1972): *The Social Psychology of Work.* Harmondsworth: Penguin Books.

Weiterführende Literatur

Adams, B. N. (1968): *Kinship in an Urban Setting.* Chicago: Markham.

Allan, G. A. (1979): *Sociology of Friendship and Kinship.* London: Allen & Unwin.

Argyle, M. (1972): *The Social Psychology of Work.* Harmondsworth: Penguin

Argyle, M. (1983): *The Psychology of Interpersonal Behaviour.* 4. Auflage, Harmondsworth: Penguin.

Blood, R. O. (1972): *The Family.* London: Collier-Macmillan.

Blood, R. & Blood, M. (1978): *Marriage.* 3. Auflage, New York: Free Press.

Brace, H. E. (1964): *Neighbours.* London: Routledge & Kegan Paul.

Burgess, R. L. & Huston, T. L. (eds.) (1979): *Social Exchange in Developing Relationships.* New York: Academic Press.

Campbell, A., Converse, P. E. & Rodgers, W. L. (1976): *The Quality of American Life.* New York: Sage.

Coleman, J. C. (1974): *Relationships in Adolescence.* London: Routledge & Kegan Paul.

Cook, M. & McHenry, R. (1978): *Sexual Attraction.* Oxford: Pergamon.

Dominian, J. (1980): *Marital Pathology.* London: Darton, Longman & Todd, & B.M.A.

Duck, S. and Gilmour, R. (eds.) (1981-5): *Personal Relationships.* 5 Bände, London: Academic Press.

Firth, R., Hubert, J. & Forge, A. (1969): *Families and their Relatives.* London: Routledge & Kegan Paul.

Hinde, R. A. (1979): *Towards Understanding Relationships.* London: Academic Press.

Lamb, M. E. & Sutton-Smith, B. (eds.) (1982): *Sibling Relationships.* Hillsdale, N.J.: Erlbaum.

Lynch, J. J. (1977): *The Broken Heart.* New York: Basic Books; deutsch (1979): Das gebrochene Herz. Reinbek, Rowohlt.

Pendleton, D. & Hasler, J. (1983): *Doctor-Patient Communication.* London: Academic Press

Peplau, A. & Perlman, D. (1982): *Loneliness.* New York: Wiley.

Pilling, D. & Pringle, M. K. (1978): *Controversial Issues in Child Development.* London: Elek.

Thornes, B. & Collard, J. (1979): *Who Divorces?* London: Routledge & Kegan Paul.

Troll, L. E., Miller, S. J. & Atchley, R. C. (1979): *Families in Later Life.* Belmont, Cal.: Wadsworth.

AUTORENREGISTER

Sachregister